□ 信息安全系列丛书

计算机网络安全的理论与实践

（第3版）

王　杰　Zachary A. Kissel　孔凡玉

Computer Network Security

Theory and Practice

U0305615

高等教育出版社·北京

图书在版编目（CIP）数据

计算机网络安全的理论与实践 / 王杰，（美）扎卡里·A·基塞尔（Zachary A. Kissel），孔凡玉编著 . --3 版 . -- 北京：高等教育出版社，2017.11

ISBN 978-7-04-048617-9

Ⅰ.①计… Ⅱ.①王… ②扎… ③孔… Ⅲ.①计算机网络 – 网络安全 Ⅳ.① TP393.08

中国版本图书馆 CIP 数据核字（2017）第 234482 号

策划编辑	刘 英	责任编辑 刘 英	封面设计 张雨微	版式设计	马 云
插图绘制	于 博	责任校对 窦丽娜	责任印制 赵义民		

出版发行	高等教育出版社	网　　址	http://www.hep.edu.cn	
社　　址	北京市西城区德外大街4号		http://www.hep.com.cn	
邮政编码	100120	网上订购	http://www.hepmall.com.cn	
印　　刷	中国农业出版社印刷厂		http://www.hepmall.com	
开　　本	787 mm×1092 mm　1/16		http://www.hepmall.cn	
印　　张	27.25	版　　次	2006 年10月第 1 版	
			2017年11月第 3 版	
字　　数	580千字			
购书热线	010-58581118	印　　次	2017年11月第 1 次印刷	
咨询电话	400-810-0598	定　　价	69.00元	

本书如有缺页、倒页、脱页等质量问题，请到所购图书销售部门联系调换

版权所有　侵权必究

物料号　48617-00

第 3 版前言

本书第 3 版是在中文版第 2 版（2011）及英文版第 2 版（2015）的基础上修订和补充而成的。在保持中文版第 2 版的结构和指导思想下，修正了一些笔误并增补了以下内容：侧信道攻击、键盘记录攻击、防止缓冲区溢出的编译措施、SHA-3 散列标准、比特币协议、电子投票协议及云安全。此外，第 3 版对第 2 版专业词汇的中文表示作了全面修订，更加符合中国读者的阅读习惯，比如将"SYN 充斥"改为"SYN 洪水攻击"、将"一次性便签"改为"一次一密密码本"及将"小地址存储"改为"小端存储"等。

第 3 版共分 10 章，每章附有一定数量的习题。本书假设读者具有使用 Windows、UNIX 和 Linux 等操作系统的经验及一定的网络实际工作经验，并修过本科离散数学课程和计算机网络课程。

第 1 章介绍网络安全概论。首先讨论网络安全的任务，综述常见的网络攻击类型和防范措施，然后讨论攻击者的分类及定义网络安全模型。

第 2 章介绍数据加密算法。首先讨论加密算法的设计要求，介绍 Feistel 分组密码结构，DES 和 AES 标准分组密码算法，RC4 序列密码算法并讨论它们的完全性，然后介绍分组密码使用模式及密钥生成算法。

第 3 章介绍公钥密码体系和密钥管理。首先讨论公钥密码体系的指导思想，介绍 Diffie-Hellman 密钥交换体系，RSA 公钥密码体系和椭圆曲线公钥密码体系，然后介绍密钥传递和管理方法。

第 4 章介绍数据认证。首先讨论安全散列函数的设计要求，介绍散列函数结构，SHA-512 散列函数，漩涡散列函数，SHA-3 散列标准，消息认证码算法，HMAC 算法模式，OCB 操作模式和生日攻击，然后介绍数字签名标准，双重签名协议、盲签名协议、比特币协议及电子现金协议。

第 5 章介绍实用网络安全协议。首先讨论在网络体系各层部署密码算法的优、缺点，介绍公钥基础设施，然后介绍网络层 IPsec 协议、传输层 SSL/TLS 协议、应用层电子邮件安全协议、Kerberos 身份认证协议及安全外壳协议。

第 6 章介绍无线网安全性。首先介绍无线局域网体系结构，有线隐私等价协议的安全问题和改进后的网络安全存取协议，然后介绍无线个人网蓝牙安全协议，并讨论无线网状网的安全问题。

第 7 章介绍云安全。首先介绍云计算服务模式和云安全模型，然后讨论多租户共享、访问控制及不可信云的安全问题，最后介绍加密环境下的搜索方法。

第 8 章介绍网络边防。首先讨论防火墙的设计思想，介绍网络层数据包过滤、传输层线路网关、应用层代理服务器和堡垒主机等防火墙技术，然后介绍防火墙设置方案，网址转换技术和在 Linux 操作系统中设置防火墙的基本方法。

第 9 章介绍抗恶意软件。首先讨论计算机病毒和病毒分类，介绍病毒、蠕虫和特洛伊木马传播原理，然后介绍拒绝服务攻击，万维网安全性及抗恶意软件方法。

第 10 章介绍入侵检测系统。首先讨论入侵检测的基本思想，介绍网检系统、机检系统、混合系统、特征检测、行为分析和数据挖掘等检测技术，然后介绍蜜罐系统。

另外，需要说明的是，第 3.5 节介绍的椭圆曲线公钥体系、第 7.5 节介绍的迷惑随机存取机及第 7.6 节介绍的可搜索加密算法等内容涉及的数学内容较深，可跳过不读，不会影响对其他章节的理解。

附录 A 给出部分习题的解答。

授课使用的 PPT 幻灯片可在 http://www.cs.uml.edu/~wang/NetSec 网页下载。麻省大学罗威尔分校计算机科学系博士研究生为本书的写作提供了帮助，他们是（按拼音姓氏为序）白亦琦、贾明、卢山、邵立群、宋春瑶。麻省大学罗威尔分校计算机科学系访问学者王涛博士（陕西师范大学副教授）及沈凌女士（武汉东湖学院副教授、校长助理）协助作者将授课用 PPT 幻灯片译成了中文。高等教育出版社刘英编辑负责本书的策划及编辑加工。对以上所有人的帮助，谨在此致以诚挚的谢忱。

本书不妥之处，恳请读者及采用本书的教师不吝赐教。来信和建议请寄至作者的电子信箱：wang@cs.uml.edu。

王杰 (J. Wang)，麻省大学罗威尔分校

Zachary A. Kissel，莫瑞麦克学院

孔凡玉，山东大学

2017 年 2 月

第 2 版前言

本书第 2 版是在第 1 版和英文版的基础上修订和补充而成的。它在保持第 1 版的结构和指导思想下增加了以下内容：彩虹表及其在字典攻击中的应用，RC4 序列密码安全性讨论，中国余数定理及其在证明 RSA 算法正确性的应用，漩涡散列函数，OCB 操作模式，无线网状网安全问题，Linux 操作系统中的防火墙设置，微软 Windows 便携式执行格式病毒传播原理及第二代万维网技术的一些安全问题，行为分析入侵检测技术和 Honeynet 计划。第 2 版还充实了第 1 版中的部分章节，包括电子邮件安全协议、无线局域网安全协议和无线个人网安全协议。为便于自学，第 2 版在书后还给出了部分习题的解答。此外，第 2 版对某些英语名词的翻译作了一些修改，比如 phishing 在第 1 版译为钓取，而译为网络钓鱼更为贴切。

第 2 版共分九章。

第 1 章介绍网络安全的概貌。首先讨论网络安全的任务，综述常见的网络攻击类型和防范措施，然后讨论攻击者的分类及定义网络安全模型。

第 2 章介绍对称密钥加密算法和密钥生成算法。首先讨论加密算法的设计要求，介绍 Feistel 分组密码结构，DES 和 AES 标准分组密码加密算法，RC4 序列密码加密算法和讨论它们的完全性，然后介绍分组密码使用模式及密钥生成算法。

第 3 章介绍公钥密码体系和密钥管理方法。首先讨论公钥密码体系的指导思想，介绍 Diffie-Hellman 密钥交换体系，RSA公钥密码体系和椭圆曲线公钥密码体系，然后介绍密钥传递和管理方法。

第 4 章介绍数据认证方法。首先讨论安全散列函数的设计要求，介绍散列函数结构，SHA-512 散列函数，漩涡散列函数，信息认证代码算法，HMAC 算法模式，OCB 操作模式和生日攻击，然后介绍数字签名标准，双签名协议和盲签协议。

第 5 章介绍常用的网络安全协议。首先讨论在网络体系各层配置密码算法的优缺点，介绍公钥基础设施，然后介绍网络层 IPsec 协议、传输层 SSL/TLS 协议、应用层电子邮件安全协议、Kerberos 身份认证协议及安全外壳协议。

第 6 章介绍设置在数据链路层的无线网安全协议。首先介绍无线局域网体系结构，有线隐私等价协议的安全问题和改进后的网络安全存取协议，然后介绍无线个人网蓝牙安全协议，并讨论无线网际网的安全问题。

第 7 章介绍网络周边安全体系。首先讨论防火墙的设计思想，介绍网络层数据包过滤、传输层线路网关、应用层代理服务器和堡垒主机等防火墙技术，然后介绍防火墙设置方案，网址转换技术和在 Linux 操作系统中设置防火墙的基本方法。

第 8 章介绍抗恶意软件的技术。首先讨论计算机病毒和病毒分类，介绍病毒、蠕虫和特洛伊木马传播原理，然后介绍服务阻断攻击，万维网安全性及抗恶意软件方法。

第 9 章介绍入侵检测技术。首先讨论入侵检测的基本思想，介绍网检系统、机检系统、混合系统、特征检测、行为分析和数据挖掘等检测技术，然后介绍诱饵体系。

附录 A 给出部分习题的解答，并特别在第 6 章的习题解答中介绍了一个如何破译无线局域网 WEP 安全协议加密算法的方法，并给出了程序的源代码。

第 2 版的结构与英文版基本相同。英文版的写作得到许多同行的建议和帮助，特别是 Gordan College 的 Stephen Brinton 教授审阅了英文版初稿的第 1~5 章和第 7~8 章，麻省大学罗威尔分校陈冠岭教授审阅了第 6 章，付新文教授提供了不少相关资料和建议，美国银行 (Bank of America) 网络安全工程师 Jared Karro 审阅了全部章节，Worcester Polytechnic Institute 楼文菁教授审阅了第 1~2 章和第 6 章。麻省大学罗威尔分校部分博士研究生和硕士研究生亦对英文版和中文第 2 版的写作提供了帮助，他们是 (按英文和拼音姓氏为序): Anthony Kolodziej、Blake Skinner、Bora Seng、David Einstein、Hengky Susanto、Jeff Brown、Karen Uttecht、Michael Court、Nathaniel Tuck、Ryan Buckley、William Brown、杜春燕、方正、侯强、李楠、李优、刘忠丽、潘娴、杨杰、袁旭。此外，Stephen Brinton、方正、潘娴、杨杰协助提供了习题解答。作者谨在此致以诚挚的谢意。

感谢高等教育出版社编辑刘英博士对本书的编辑加工。

作者在 2008 年秋季和 2009 年秋季用本书英文版给本系研究生讲授计算机网络安全课程，授课用的 PPT 幻灯片可在 http://www.cs.uml.edu/~wang/NetSec 网页上找到。

作者在授课的基础上对本书作了进一步修订。尽管如此，本书不妥之处在所难免，恳请读者及采用本书的教师发现错误后通知作者。来信和建议请寄至作者的电子信箱: wang@cs.uml.edu。

王 杰 (J. Wang)，美国麻省大学罗威尔分校

2011 年 1 月

第 1 版前言

网络安全是计算机科学的新分支，也是信息产业的新领域。它的产生源于网络通信的保密需要，它的发展得益于人们为应对侵犯网络通信和联网计算机系统的各种攻击所做出的锲而不舍的努力。随着互联网应用的深入和普及，如何不断地采取更有效的安全措施保护网络通信内容不被窃取、篡改和伪造以及保护联网计算机系统免受侵扰已变得至关重要。除军事和金融通信以外，网络安全如今已成为电子商务、信息管理及资源共享等领域不可缺少的工具和保障，因而也越来越受到政府、商业及家庭计算机用户的重视。毫无疑问，网络安全将继续成为计算机科学研究与应用中一个举足轻重的领域。

互联网是在有线电话网的基础上发展起来的，由于当初在设计互联网通信协议时忽视了安全因素，导致互联网通信存在许多本来可以避免的缺陷和漏洞。为了解决互联网技术中的一系列问题，包括网络安全问题，美国国家科学基金会已号召研究人员探索和开发新一代互联网技术，研究互联网如果从零开始，应该有怎样的体系结构才能更好地适应今后的发展并解决现有的网络安全问题。无论结果如何，维护网络安全的努力将是持续不断的，原因包括以下几点：第一，旧的网络安全机制可能由于计算理论的进展、计算机性能的提高或新技术的产生而不再有效。第二，旧的网络安全问题解决之后，新的网络安全问题又将不断出现。第三，新的应用可能需要新的安全措施加以保护。比如近年来出现的网络安全攻击，特别是对大型企业计算机系统的攻击，已从几年前用蠕虫和服务阻断所进行的撒网式攻击变成更具针对性的攻击了。

经过多年的努力，特别是最近十几年的研究与实践，网络安全已逐渐形成了一些成熟的理论和有效的方法。学习这些理论与方法将为今后研究网络安全和开发安全系统打下良好的基础，同时也为系统安全管理提供牢靠的依据。因此，网络安全已成为美国各大学计算机科学系本科生与研究生的主要课程。中国的大学近年来也开始逐渐重视网络与信息安全的教学。

　　本书主要围绕着两条主线展开。第一条主线是以计算机密码学为根基而建立起来的各种安全协议和相应的工业化标准，它以加密算法和网络安全协议设计为主导。第二条主线是为弥补通信协议缺陷和系统漏洞而发展出来的防火墙、抗恶意软件和入侵检测等技术，它以网络设置和管理为主导。网络安全的这两条主线相辅相成，缺一不可。遗憾的是，现有的网络安全教材基本上是围绕网络安全的第一条主线展开的。围绕第二条主线展开的书则通常是面向系统管理人员而编写的，不太适合作为教材使用。本书是为弥补这一缺陷所做的一点尝试，其宗旨是以较短的篇幅向读者深入浅出、系统地介绍计算机网络安全理论与实践的主要研究成果和发展动向，使读者在一个学期的学时之内既学到理论知识又学到实用的安全技术。由于篇幅的限制，本书在不影响全局的条件下放弃了一些内容。一本书只能做一本书的事，愿本书能达到预期目标。

　　本书作为教材，其对象是高等院校修过计算机网络课程的高年级本科生和一年级研究生。本书亦可作为计算机工作者和系统管理人员的参考书或自修读物。

　　本书对专用英语名词的汉语翻译尽量与大众习惯保持一致，同时也参考了中国台湾地区和海外华人社团的一些用法。有些名词的汉语翻译虽然有待斟酌，但却已经被广泛使用，故不便改动。如果某个名词存在多种流行译法，本书将尽量采用意译的方法。如互联网也称为因特网或网际网，因特网是音译，网际网是直译，互联网是意译，本书采用互联网这一译法。又如网络协议层次结构的底层有物理层和实体层两种译法，物理层是直译，实体层是意译，本书采用实体层这一译法。为了方便读者阅读，书后附有专用名词汉英对照表。

　　本书在介绍加密算法时涉及数论及离散概率里的一些熟知的概念和定理，自学的读者如果对算法不予深究可省略这些内容。本书的一部分练习具有一定难度，需要读者有一定的系统编程经验，包括二进制数操作和二进制文件存取及编写网络应用程序的经验。后者主要是指建立在 TCP/IP 通信协议上的套接字编程。这些练习是为以本书为教材的计算机科学系和计算机工程系的学生而设计的。不过，即使不做这些练习，也不会影响读懂本书的任何章节。所以，读者如果只希望对网络安全有全面的了解，但没有时间或不愿花时间编写程序的话，则可跳过这些程序练习。

　　本书的基本结构如下所述。第 1 章介绍网络安全的研究领域，讨论网络安全所要解决的问题。第 2~4 章介绍网络安全领域的标准常规加密算法，公钥密码体系，密钥的产生、输送与管理方法，公钥证书，数据认证方法。第 5 章介绍实用网络安全协议和无线网安全协议。第 6~8 章介绍防火墙、抗恶意软件和入侵检测系统。标有星号的章节内容较深，故作为本科生教材时可略去。习题分常规、中等难度 (以 * 为记)、较难 (以 ** 为记) 三种级别。本科生应能完成不带星号的习题，研究生应能完成不带星号和带一个星号的习题，学有余力的本科生和研究生可试做带两个星号的习题。带星号的编程练习也可以作为实验设计。有些练习的内容是在带星号的章节内讲授的, 所以虽然不难, 也标上了一个星号。

本书是根据作者多年来积累的网络安全教学经验和学生们的反馈, 在以前写过的讲义的基础上整理、补充和加工而成的。本书内容除少部分外, 均在本系的高年级本科生和研究生的网络安全课程中讲授过。作者在 2006 年春季特别用本书的手稿给本系研究生讲授网络安全课程, 并在此基础上对本书手稿做了进一步的加工和修改。尽管如此, 本书不妥之处在所难免, 恳请读者及采用本书为教材的人员一旦发现错误后尽快通知作者。来信和建议请寄到作者的电子邮箱: wang@cs.uml.edu, 或寄到作者的通信地址: J. Wang, Department of Computer Science, University of Massachusetts, Lowell, MA 01854, USA。

作者有幸从 1996 年起一直从事计算机网络安全的本科生与研究生课程的设计与教学, 并从 2002 年起组织并参与了本校网络与信息安全中心每周一次的讨论班, 在此期间得到许多同事、学生和校外专家的帮助, 谨在此表示感谢。感谢在北卡罗来纳州任教时的同事保罗·杜沃 (Paul Duvall) 教授和现在的同事大卫·马丁 (David Martin) 教授的帮助。杜沃教授是美国国家安全局 (NSA) 的密码学专家, 马丁教授是计算机保密和软件法检的专家。我从他们那里获益良多。

用母语写此书是我的心愿, 感谢高等教育出版社给我这个机会。

斯娃提·古塔 (Swati Gupta) 曾在 2002 年将作者的讲课内容做过详细笔记, 刘本渊教授阅读了本书初稿的部分章节, 助教杜春燕阅读了本书初稿的全部章节, 部分曾在中国受过高等教育的博士研究生和硕士研究生也对本书的写作提供了帮助, 他们是余芷君、钟宁、黄蓓 (按姓氏笔画为序), 谨在此致以诚挚的谢意。

写此书所花的时间和精力比约稿时预计的超出了许多。为写此书不可避免地占用了与家人共聚的时间, 我对此深怀歉意。感谢妻子赵虹和儿子、女儿的谅解与支持。

愿此书能为中国计算机网络安全的高等教育的普及尽一点力量。

王 杰 (J. Wang), 美国麻省大学罗威尔分校
2006 年 5 月

目　录

第 1 章

网络安全概论

　　知己知彼，百战不殆；不知彼而知己，一胜一负；不知彼，不知己，每战必殆.

《孙子兵法·谋攻篇》

　　计算机网络安全的目的是保障人们在日常生活和商业活动中能自由和放心地使用计算机网络而不必担心自身的权益受损，它的任务是保护联网计算机系统不被侵犯，保证存储在联网计算机系统内的数据及在网络传输中的数据不被窃取、篡改和伪造. 简单地说就是看机护网. 公共互联网是当今联网技术的主导，它允许任何团体和个人经过简单手续和少量费用将自己的计算机、路由器、嗅探器或其他网络设备连到互联网而成为互联网的一部分. 经过几十年的发展，互联网如今已成为一个纵横交错、庞大的计算机网络系统，它连接着上千万分布在全球各地的计算机，而且还在不断地增长扩大.

　　互联网是基于 IP 通信协议发展起来的联网技术，其主要特点是用存储和转寄交换技术通过由他人控制的路由器接收和传递数据. 因而用户甲可以读到用户乙经由用户甲的网络设备传递的数据，反之亦然. 也就是说，任何单位和个人都可以设法读到他人在网上转递的数据，或利用网络侵入他人的计算机系统. 因此，用户在使用计算机网络时，其在网络传输中的数据和存储在联网计算机中的信息资料都有可能被他人窃取、篡改和伪造. 此外，任何单位和个人都可以成为攻击者和攻击对象. 即使用户不想攻击别人，用户的联网计算机仍可能被他人利用而变成攻击工具. 这是一条看不见的战线，攻击者可能是老谋深算的行家，也可能只是初出茅庐的新手. 他们或远在千里之外或就在周围左右. 孙武子曰: 知己知彼，百战不殆.

为看好自家门户，用户应首先对可能遭受打击的目标和攻击手段，以及攻击者的背景和动机有一个全面和正确的认识.

1.1　网络安全的任务

网络安全的主要任务是维护数据的机密性、完整性和不可否认性，并协助提供数据的可用性. 数据的概念在这里是广义的，它指任何可以用计算机执行和处理的对象，包括源程序、可执行代码以及各种格式的文件，如图像文件、声音文件和影像文件. 数据应只能被合法用户读取和修改，未经许可的任何单位或个人不能读取和修改数据. 未经许可的单位和个人统称为第三者.

与中央处理器、内存、硬盘和网络带宽等资源一样，数据也是一种资源. 数据有时也称为信息.

数据有两种状态，一种是传输状态，一种是存储状态. 数据的具体表现形式在传输状态和存储状态下可能是不相同的. 数据的机密性和完整性主要体现在以下两个方面：

(1) 维护网传数据的机密性和完整性

机密性是指保证数据在网络传输过程中不会被第三者读取，完整性是指保证数据在网络传输过程中不会被第三者修改或伪造.

(2) 维护存储数据的机密性和完整性

机密性是指不允许第三者通过网络非法进入联网计算机系统读取存储在其中的数据，完整性是指不允许第三者通过网络非法进入联网计算机系统修改存储在其中的数据或存入伪造数据.

数据的不可否认性指的是数据的合法拥有者无法向任何人抵赖自己是该数据的拥有者. 不可否认性也称为不可抵赖性.

数据的可用性指的是联网计算机系统的各种资源不会被第三者通过网络协议缺陷或设置漏洞阻碍合法用户的使用. 比如当计算机系统受病毒感染后能及时发现并消除病毒，服务器在遭受拒绝服务攻击时不致瘫痪.

协议缺陷和设置漏洞指的是通信协议、应用软件和系统软件中含有可被第三者利用的意外成分，它可能是协议中的某些步骤不完善，软件中的某些语句含有副作用，或系统的设置不严谨.

1.1.1　网络安全的指导思想

网络安全的指导思想是防御. 网络安全的防御应是全面的，但同时又是被动的，因为人们在遭到攻击前，通常不知道谁将是攻击者和攻击者将在哪里发起攻击. 当受到攻击后，即使能及时发现和确认攻击者的计算机系统，被攻击者也不能擅自采取以夷治夷的方针反击攻击者的计算机系统，因为这样做可能是违法的. 有关这些问题的探讨涉及法律条文, 不在本书论述范围之内. 所以, 虽然兵法认为进攻是最好的防御, 但主动进攻的策略在网络安全领域并不适用. 对网络安全而言, 纵深防御乃是最有效的防御手段. 纵深防御的目的是在网络通信系统内外建造一个多层次的交叉防御体系, 利用各种有效和合法的手段层层抵御可能来犯之敌.

1.1.2 信息安全的其他领域

网络安全是信息安全的重要组成部分. 除网络安全外, 信息安全还包括安全策略、安全审计、安全评估、可信赖操作系统、数据库安全、安全软件、入侵应对、计算机与网络取证及灾难恢复等领域. 下面简要给出这些领域所涉及和要解决的问题.

1. 安全策略

针对具体的计算机网络系统在高层次上制定的安全规则, 包括制定哪些数据需要保护和所需保护的程度, 数据读写的权限和流程, 从而保证数据得到应有的保护. 安全策略不关心具体实施.

2. 安全审计

用于检查在一个具体的计算机网络系统中, 所制定的安全策略是否全部实施及贯彻执行的方法和机制, 包括人工审核步骤和软件工具.

3. 安全评估

用于衡量和测定一个具体的计算机网络系统的安全强弱程度的方法和机制, 包括评估所制定的安全策略是否合理及系统中存在哪些安全漏洞.

4. 可信赖操作系统

原则上是一个从设计到具体实施都没有任何安全缺陷的操作系统, 从而保证不会被任何第三者所利用. 如何设计和建造这样的操作系统是可信赖操作系统所要解决的问题.

5. 数据库安全

针对具体的数据库而制定和实施的安全措施. 比如在大型数据库内, 哪些数据区域或哪些数据记录能被哪些用户读出或写入都必须有明确的规定.

6. 安全软件

原则上是指从设计到具体实施的所有程序语句都没有任何安全缺陷的软件. 如何构造这样的软件是软件安全所要解决的问题.

7. 入侵应对

指当一个具体的计算机网络系统在遭到入侵时应如何应对的具体措施和方法.

8. 计算机与网络取证

指如何从计算机存储资源 (如硬盘、U 盘和光盘) 及网络通信收集证据的方法和机制, 从而达到将利用计算机和计算机网络进行违法活动的犯罪分子绳之以法的目的. 计算机取证又可再分为计算机取证和网络取证两个子领域.

9. 灾难恢复

指当一个具体的计算机系统遭到攻击（天灾或人祸）而造成破坏后，如何恢复到原来面貌的措施和方法.

虽然在后面的章节中会提到这些领域中的某些方面，但这些领域的详细讨论不在本书范畴之内.

1.2 基本攻击类型和防范措施

常见的网络安全攻击技术可以归纳成若干基本类型. 任何已知的网络攻击的形式大都是由这些基本攻击类型组成的，它可能是基于其中一种类型或是混合几种类型组成的攻击. 本节将分别介绍这些基本攻击类型和相应的防范措施.

在互联网中传输的数据是以 IP 包的形式出现的，包括数据包和控制包. 有时也用网包表示 IP 包.

1.2.1 窃听

窃听是一个古老但却行之有效的盗密手段，而且屡试不爽. 窃听有时也称为侦听，即侦听别人的谈话；有时也称为监听. 对于网络通信而言，窃听的目的是利用网络通信设备和技术窃取处于传输状态中的数据. 例如，将一个路由器连接在互联网上，便可用窃听软件读取所有经过此路由器的 IP 包. 窃听软件也称为网包嗅探软件或网络嗅探软件. 窃听软件可从网上下载. 比如，TCPdump 和 Wireshark（见习题 1.10）是两个可免费下载且广泛使用的窃听软件. 窃听软件也可根据 TCP/IP 开放程序按照自己的需要编写. 编写这样的软件不是件太难的事. 不过，这种形式的窃听犹如守株待兔，因为窃听者不知道想窃听的数据是否会从此路由器经过.

窃听者如果希望窃听特定目标的通信，则首先需要知道想窃听的网包将经过哪些路径，然后设法在这些路径中安插自己的网络设备或设法控制某些已安装在这些路径上的路由器. 在别人的通信路径中安插自己的网络设备虽然不容易，但却是能够做到的，比如窃听者可设法在窃听目标的网络交换器上安装由自己支配的窃听软件. 窃听者还可利用 ARP 诈骗技术将 IP 包转送到其控制的窃听软件而盗取数据，这样做的好处是不必设法控制网络设备. ARP 诈骗技术将在第 1.2.4 节中讲述. 窃听无线网通信相对容易，窃听者只需携带一台无线信号接收器和相关设备，驾车经过窃听目标的街道便可能窃取窃听目标在无线网上传输的数据. 还有一种特殊的窃听方式，用一种特殊的信号接收器窃取他人计算机屏幕上显示的数据. 这是一种特殊的信号处理技术，与网络技术没有太多关系.

由于互联网技术的特点是利用他人控制的网络设备传递数据，所以互联网上的窃听行为是不可能被阻止的. 防止窃听最有效的方式是将数据加密后再传输. 计算机密码学是为此目的建立起来的学科. 数据加密是计算机密码学的一个主要部分, 它用加密算法和密钥将原文通过数学运算转变成难以辨认的密文, 使窃听者难以从密文中获得任何有价值的信息. 密钥是一个字符串, 也称为密匙. 密文的原文称为明文. 密文通过解密算法和密钥还原成明文. 在常规数据加密算法中, 加密所用的密钥和解密所用的密钥是相同的.

1.2.2 密码分析

从网络通信窃听得来的数据如果是密文, 则不经解密是很难获得有用信息的. 密码分析是指在不知道密钥的情形下找出密文的原文, 或至少找出一些有价值的东西. 密码分析的目的是破译, 它是一门科学, 也是一门艺术, 因为它含有靠经验进行猜测的成分, 任何能从密文挖掘有用信息的方法都是有用的. 密码分析最基本的方法是分析密文的统计特征并对照明文的统计特征而破译密文. 比如, 破译者首先算出明文所用语言的字母及常用字母序列在具体使用中出现的统计概率, 然后计算密文中各字母及字母短序列出现的频率, 最后比较两者之间的相似性而找出有用信息. 如果密文保持或部分保持了明文的统计特征, 则这种破译方法具有很高的成功率. 例如, 在英语里字母 e 出现的频率最高, 其次为字母 t. 因此密文中出现频率最高的字母就很可能相应于原文的字母 e, 而出现频率第二高的字母则很有可能相应于原文的字母 t, 如此类推到其他字母及长度为 2、3 或更大的字母短序列. 分析密文统计特征的破译方法对早期使用的一些简单加密算法有很好的效果 (参见习题 1.13). 这种方法对用汉字书写的明文和密文同样适用, 只是分析的对象是汉字和汉字词组.

不过, 加密算法发展到今天已经能轻而易举地产生没有统计特征的密文了, 因此密码分析通常是从研究加密算法入手, 用统计和数学分析方法及高性能计算机找出原文.

此外, 蛮力分析也是简单常用的密码分析方法. 蛮力分析法穷举所有可能为密钥的字符串, 把每一个这样的字符串当成密钥, 将所窃得的密文作为解密算法的输入, 并检查计算结果是否很像明文, 如是, 则破译成功. 假设密钥的二元长度为 ℓ, 则所有可能是密钥的二进制字符串共有 2^ℓ 个.

防止破译的主要方法包括, 设计更安全的加密算法使之能抵御各种可能的统计和数学分析, 使用更长的密钥使得蛮力分析失效, 管理好密钥的传播和存储以确保密钥不会被窃取, 并开发出更严密的软件系统及硬件装置, 使得用它们运行加密算法时不会有任何可被利用的缺陷和漏洞.

1.2.3 盗窃登录密码

计算机用户通常需要向将要登录的操作系统或应用程序证明自己是合法用户. 身份验证有以下三种基本方法: 一是使用秘密, 如口令和暗语; 二是使用生物特征, 如指纹和声音; 三是使用信物, 如身份证和通行证. 这三种认证方法在计算机领域中都有应用.

第一种方法的基本形式是用户名和登录密码. 登录密码是由字母和其他字符组成的字符串，通常由用户自己选取，用于系统登录时验证用户的身份. 用户在登录时首先输入用户名和登录密码，然后由所要登录的系统验证所输入的信息是否正确以确认用户的合法性. 用户名是公开的，但登录密码必须保密，只有用户本人及登记该用户的操作系统或应用程序才知道用户的登录密码. 登录密码也简称为密码. 因为用户身份代表计算机资源的使用资格和权限，所以非法用户如能得到某合法用户的用户名及登录密码，就可通过该用户的账号直接进入计算机系统，"名正言顺"地接收数据、伪造数据、传输数据或篡改有效数据.

第二种方法的基本形式是生物特征识别器，如掌形识别器、指纹识别器和视网膜识别器等. 这种方法需要专门设备，目前还不普及. 值得指出的是，一些计算机厂家最近生产的便携式计算机已经允许购买者付费安装指纹识别器. 美国的个别连锁店也已开始使用指纹付款模式：顾客在商家建立账号并将指纹存档后，再到这些商店购物就不用当场支付现金、信用卡或支票结账，而只需要在付款时扫描一下指纹便可结账，商家通过客户的指纹信息将账目记在客户账号上. 用指纹结账与用信用卡结账本质上没有区别，并且比信用卡更安全，所以指纹付款可望得到普及.

第三种方法的基本形式是使用具有授权者数字签名的通行证，它被用于设计较复杂的身份认证协议.

到目前为止，使用登录密码是最普遍和最容易实行的身份认证方式. 登录密码通常是保护用户身份的第一道防线，有时可能也是仅有的防线，所以必须保护好登录密码不被他人非法获得. 为此，有必要研究和了解常见的密码盗窃技术和手段，以便制定和采取相应措施确保用户登录密码不被窃取.

盗窃登录密码的基本方式包括密码猜测、社交工程、网络钓鱼、网转、字典攻击和密码嗅探，其中网络钓鱼攻击已成为一种大规模的社交工程攻击手段.

1. 密码猜测

密码猜测，顾名思义就是猜测用户所使用的登录密码. 如果用户选取的登录密码太短或太常见，则其密码便很有可能被猜出. 如果用户没有更改系统默认密码或不经常更换密码，则其密码也可能被猜出. 根据 https://www.teamsid.com/worst-passwords-2015/ 公布的"2015 年最差登录密码"，表 1.1 所示 25 个登录密码是最常使用的登录密码，排首位者使用率最高，依次递减.

根据这个调查结果，攻击者自然会首先猜测这些最常用的登录密码. 因此如果用户采用了这些密码，则攻击者便可轻而易举地猜出用户的登录密码.

2. 社交工程

社交工程指的是攻击者用社交手段获取用户名和登录密码等信息. 常用的方法包括收集公司的垃圾废纸，从中寻找可能写在纸片上的用户名和登录密码，以及伪装成系统管理人员或单位领导假装处理紧急事件，从警惕性不高或经验不足的工作人员那里套出登录密码. 伪装行骗的形式或者由攻击者本人亲自上马或者伪造电子邮件和网页. 此外, 攻击者还可能在用户上网时弹出一个新的窗口, 诱使用户输入其用户名和登录密码.

表 1.1   25 个最常使用的登录密码

序号	密码	序号	密码
1	123456	14	111111
2	password	15	1qaz2wsx②
3	12345678	16	dragon
4	qwerty①	17	master
5	12345	18	monkey
6	123456789	19	letmein
7	football	20	login
8	1234	21	princess
9	1234567	22	qwertyuiop③
10	baseball	23	solo
11	welcome	24	passw0rd④
12	1234567890	25	starwars
13	abc123		

① 它们分别是常规键盘数字键 1 2 3 4 5 6 下方的 6 个键.
② 它们分别是常规键盘最左边的数字键和字母键依次从上到下两列共8个键.
③ 它们分别是常规键盘数字键 1 2 3 4 5 6 7 8 9 0 下方的 10 个键.
④ 用数字 0 取代字母 o。

社交工程攻击例子   下面列出一段对话, 括号内的内容为双方的心理活动. 对话中的贝蒂是某部门的秘书, 她是一位热情和助人为乐的人, 但也很容易相信别人. 攻击者掌握了这些情况, 装扮成中国区销售经理琳娜套出贝蒂的登录信息.

攻击者 (模仿市场经理的语气, 希望能蒙住贝蒂): "你好, 贝蒂, 我是亚洲区销售经理琳娜. "

贝蒂 (心想此人知道我的名字和电话号码, 而且说话的语气很像市场经理, 因此不疑有诈): "您好, 我能帮您什么忙吗?"

攻击者: "也许你能帮这个忙. 情况是这样的, 贝蒂, 我现在广州与一家公司洽谈一项生意. 为了签合同, 我急需核实你们部门负责的一些数据, 这些数据存在你们的计算机内. 我昨天已登录核实了一半, 本打算今天核实余下的一半, 但刚才试了几次却怎么也登录不上, 昨天还是好好的, 今天不知为什么就不行了, 你们的计算机系统出故障了吗?"

贝蒂 (心想此人昨天还能登录, 今天登录不上的原因可能是系统故障, 先让她试试我的登录账号再说吧): "琳娜, 可能是吧, 要不您先用我的账号试试? 我的用户名是贝蒂, 登录密码是 ……"

3. 网络钓鱼

　　网络钓鱼攻击指的是攻击者利用不少用户盲目信任权威的心理，假冒权威人士向用户发起的攻击. 网络钓鱼攻击通常是通过伪造电子邮件和网站进行的大规模攻击. 比如，攻击者伪造成银行账号管理部门、互联网服务提供机构或其他相关机构给受害者发送电子邮件，谎称因为安全或管理原因需要验证用户的用户名和登录密码，要求用户将这些信息送给指定地址. 网络钓鱼攻击的另一种实施方式是以假乱真冒充别人的网站，比如将假冒网站的网址做成跟真网站网址相差无几，并将假冒网站的首页做得和真网站完全一样（当然其中的链接将引到不同的地址），要求用户输入用户名和登录密码以便截取这些信息. 用户如不仔细分辨则难以看出破绽而受骗上当. 下面是一个真实的网络钓鱼攻击电子邮件，它是假冒美国银行送给用户的邮件（请注意邮件中若干不地道的英文用法）.

　　From: UML NEW EMAIL <helpdesk@uml.edu>

　　To:

　　Date: Wed, Jul 7, 2010 at 2:28 AM

　　Subject: Re UNIVERSITY I.T.S UPDATE

　　Welcome to the university of Massachusetts Lowell New webmail system.

　　Many of you have given us suggestions about how to make the Umass Lowell webmail better and we have listened.This is our continuing effort to provide you with the best email services and prevent the rate of spam messages received in your inbox folder daily .Consequently all in-active old email accounts will be deleted during the upgrade.

　　To prevent your account from deletion and or being suspended we recommends all email accounts owner users to upgrade to the new email.Fill in your data in the blank space provided;

　　(Email:_____), (User I.D_____), (password_____) (Retype password_____).

　　The University I.T.S

　　www.uml.edu

　　Checked by AVG - Version: 8.5.437 Virus Database: 271.1.12840 - Release

　　此邮件中的链接是预设的陷阱，它将用户导向攻击者制作的网页，以假乱真，引诱用户输入用户名和登录密码. 这个网页表面看起来和美国银行的正式网页没有区别，因此用户很容易受骗. 这里邮件和网页是诱饵，在网页后面运行的密码嗅探软件是钓钩，用作诱饵的网页也称为网络钓鱼场. 此外，现代网络钓鱼技术能将恶意软件嵌入到网页中，当用户打开网页时，其嵌入的恶意软件也同时被启动. 所以如果用户出于好奇,明知是鱼饵还想看看网络钓鱼场的模样而点击诱饵链接,则即使用户不输入任何信息,也可能已将自己的计算机置于攻击者的控制之下.

抵御网络钓鱼攻击的最好方法是不上钩. 所以无论诱饵邮件给出的理由看上去多么冠冕堂皇,也不要点击其包含的任何链接. 此外,近年来发展起来的浏览器抗钓附载模块新技术可用来检测和阻止用户进入诱饵网页.

4. 网转攻击

网转攻击指的是攻击者用偷梁换柱的手段,将用户欲上网的网址自动改换成攻击者指定的网址. 如同网络钓鱼攻击一样,网转攻击可用于密码盗窃,不同的是网转攻击可省去网络钓鱼攻击所用的诱饵邮件,更容易蒙蔽用户. 网转攻击的实施可通过更改域名系统(DNS)软件或用户主机上的 hosts 文件而进行. 域名系统软件被非法更改也称为"域名系统中毒".

抵御网转攻击的最好方法是确保域名系统软件和 hosts 文件不被非法更改,并在上网时首先验证网址的正确性后,才继续进行其他活动.

5. 字典攻击

为安全起见,存储在主机系统的用户登录密码是经过加密处理的,其明文不在系统之内存放. 验证用户身份的基本操作是这样的:用户在登录时首先输入用户名和登录密码,系统在得到这些信息后,将登录密码进行加密处理得到密文 Q,然后在密码文件中找到用户名和其加密后的登录密码 P,验证是否 $Q = P$,如是则允许用户登录,否则拒绝. 这样做的好处是,即使攻击者能设法得到存储在主机系统内的登录密码,也难以立即知道密码明文而用其登录.

字典攻击是针对存储在计算机系统内的登录密码进行的. 比如在 UNIX 和 Linux 操作系统中,用户登录密码经过加密后集中存在一个密码文件内. 登录密码所用的加密算法不是一一对应的,即算法能将给定的密码明文加密,但对加密后的密文却没有唯一的密码明文与之对应. 这种加密算法也称为*散列加密*. 在此方法之下,任何能产生相同密码的明文都是等价的,它们均可视为同一用户的登录密码. 在这些操作系统的早期版本中,用户的用户名及其加密后的登录密码均以 ASCII 码的形式存在 /etc 文件夹下一个名为 passwd 的系统文件中,而且可被用户读到. 后期版本已不再以这种方式存储登录密码了,而是将它们存在 /etc 文件夹下一个名为 shadows 的系统文件中,只有系统程序具有读写此文件的权利.

又比如,Windows NT 和 Windows XP 操作系统将用户名和加密后的登录密码存在系统的注册表中一个名为 SAM 的文件中,此文件可被专门软件(如 pwdump)读出.

字典攻击是根据某些用户喜欢使用单词、地名、人名或日期来设置登录密码的习惯而设计的,其基本算法如下:

(1) 事先用系统所用的散列加密算法逐一加密所有单词、日期、人名和地名,并将所得的密文与相应的原文存起来备用,即如果 w 是一个单词、日期、名字或地名，计算 $p_w = crypt(w)$，其中 $crypt$ 是系统所用的散列加密算法，并将 (w, p_w) 逐一存起来.

(2) 设法窃取存储在计算机系统内的登录密码文件.

(3) 将盗来的密文与事先计算好的密文逐一比较，找出相同者，则其对应的明文便是登录密码. 换句话说，假设 (u, p_u) 是从盗来的密码文件中一对用户名及其加密后的登录密码，如果存在 w 使得 $p_w = p_u$，则 w 便是用户 u 的登录密码.

将所有单词、日期、人名和地名加密并存储起来需要很大的存储空间. 为节省存储空间也可不做预先计算，等到登录密码文件盗来后再边算边比较. 但这样做将大大延长字典攻击所需时间. 解决这个问题的方法是寻求一个时间和空间都可接受的折中方案，基本思路是只预先计算和存储某些明文－密文对，在盗得密码文件后利用它们计算其他的明文－密文对，边算边做比较. 这样做比原算法不但节省了许多空间，而且比不做任何预先计算的方法节省了大量时间. 彩虹表便是为此目的而设计的方法.

彩虹表 彩虹表是由如下方法构造的一个多行两列表格. 令 P 为登录密码的集合，P_h 为登录密码经过散列加密处理后的密文集合，即

$$P = \{w \mid w \text{ 为登录密码}\},$$
$$P_h = \{w' \mid w \in P \text{ 及 } w' = crypt(w)\}.$$

尽管登录密码 w 有长有短，但 $w' = crypt(w)$ 的长度却总是相同的，而且一般要比 w 长许多.

令 $r : P_h \to P$ 为函数，称为缩减函数. 函数 r 的定义方法由多种. 比如，假设 P 为所有长度为 8 的字符串（即含 8 个字符的字符串），其中每一个字符可以是字母、数字、标点符号或其他在标准键盘上有定义的符号. 如果 h 的输出是长度为 16 的字符串，则令 $r(h(w))$ 为 $h(w)$ 的右半边长度为 8 的子字符串，其中 $w \in P$. 同理可令 $r(h(w))$ 为 $h(w)$ 的左半边长度为 8 的子字符串，或 $h(w)$ 中任意一个长度为 8 的子字符串. 在定义 r 时，应避免将其定义成 h 的反函数.

令 w_1 为给定的登录密码，并令 $h = crypt$. 构造彩虹表的基本运算是以 w_1 为输入，交替使用函数 h 和 r，生成如下互不相同的密码链：

$$w_1, w_2, \cdots, w_n,$$

其中 n 为用户选取的正整数（见图 1.1），$w_i = r(h(w_{i-1}))$, $i = 2, 3, \cdots, n$.

令 w_{11} 为给定的登录密码. 第 1 轮运算以 w_{11} 为输入，并交替使用函数 h 和 r，生成如下互不相同的密码链：

$$w_{11}, w_{12}, \cdots, w_{1n_1},$$

其中 n_1 为用户选取的正整数，$w_{1i} = r(h(w_{1,i-1}))$, $i = 2, 3, \cdots, n_1$.

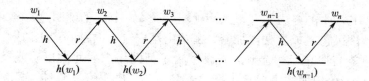

图 1.1 彩虹表构造示意图

彩虹表的第 1 行便是 $(w_{11}, h(w_{1n_1}))$, 其中 w_{11} 在第一列, $h(w_{1n_1})$ 在第二列.

第 2 轮运算首先选取一个在前面的运算中没有产生过的登录密码 w_{21}, 然后以 w_{21} 为输入, 重复第 1 轮的 h 和 r 的交替运算而获得第 2 个互不相同的密码链:

$$w_{22}, w_{23}, \cdots, w_{2n_2},$$

其中 n_2 为用户选取的正整数, $w_{2i} = r(h(w_{2,i-1}))$, $i = 2, 3, \cdots, n_2$. 这样便得到彩虹表的第 2 行:

$$(w_{21}, h(w_{2n_2})).$$

以此类推, 重复 k 轮运算后便可得到一个 k 行彩虹表如下:

第一个元素	最后元素的密文
w_{11}	$h(w_{1n_1})$
w_{21}	$h(w_{2n_2})$
$\vdots$	$\vdots$
w_{k1}	$h(w_{kn_k})$

其中 w_{j1} 为第 j 条链的第一个元素, 而 $h(w_{jn_j})$ 是此链最后一个元素的密文.

令 Q 为某登录密码的密文. 下述算法可用来找到一个登录密码 w, 使得 $h(w) = Q$.

(1) 检查是否存在 $1 \leqslant j \leqslant k$, 使得 $Q = h(w_{jn_j})$.

(2) 如是, 则 w_{jn_j} 便是以 Q 为密文的一个登录密码, 而且它可由第 j 条链的第一个元素 w_{j1} 开始依次算出 $w_{j2}, w_{j3}, \cdots$, 直到 w_{jn_j} 算出为止. 算法结束.

(3) 如否, 令 $Q \leftarrow h(r(Q))$ 并返回第 1 步. 如果重复 k 轮运算后第 (1) 步中的条件仍不满足, 则字典攻击失败, 算法结束.

好的彩虹表应该满足不相交性, 即不同的密码链不相交, 这是因为相交的密码链会降低彩虹表的效率. 两个不同的密码链相交指的是, 对两个不相等的 i 与 j, 存在 $1 \leqslant \ell_i \leqslant n_i$ 和 $1 \leqslant \ell_j \leqslant n_j$ 使得 $w_{i,\ell_i} = w_{j,\ell_j}$. 在不同的密码链使用不同的缩减函数, 甚至在同一条密码链内使用不同的缩减函数能够降低密码链相交的概率. 如何选取缩减函数和构造不相交彩虹表是一个有趣的数学问题. 一些好的彩虹表和相应的缩减函数可在万维网中找到, 它给实施字典攻击提供了方便.

备注 字典攻击方法亦有正当用途. 下面举一个例子说明这一点. 大家知道微软办公软件可将生成的文件加密, 密钥由用户自选的密码产生. 用户过了一段时间之后可能会遗忘当初选取的密码, 为了帮助用户找回被遗忘或被遗失的密码, Elcomsoft 公司使用字典攻击技术开发了一套密码恢复软件. 这是好的一面. 不好的一面是如果用户的微软办公加密文件被盗, 则盗贼亦可用密码恢复软件寻找密码而将文件解密.

6. 密码嗅探

密码嗅探是窃听网络通信, 并截获远程登录信息的软件. 常用的网络应用程序如 Telnet、FTP、SMTP、POP3 和 HTTP, 通常要求用户输入用户名和登录密码验明身份后才准其使用, 从而给密码嗅探有可乘之机. 密码嗅探专门侦听这类应用程序的网包以便截获用户名和登录密码. 不过目前通常使用的远程登录软件 (如 SSH 和 HTTPS) 都已自动将远程登录信息加密后才送出, 给密码嗅探攻击增加了难度.

尽管如此, SSH、HTTPS 和其他自动将远程登录信息加密的软件仍然可能会被密码嗅探攻击所击破. 攻击的基本思想是先截获加密过的远程用户名即登录密码, 然后用字典攻击方法寻找登录密码. 比如, Cain & Abel[①] 就是一个这样的网络嗅探软件, 它用字典攻击、蛮力攻击和密码分析等方法专门破解使用 Windows 操作系统的用户登录密码. Cain & Abel 软件可从 http://www.oxid.it/cain.html 免费下载.

7. 侧信道攻击

社交网站如 Facebook、LinkedIn、Twitter 以及微博等都拥有数亿级的用户, 在网站上进行各种信息交流. 很多用户喜欢将自己的个人信息发布在网站上, 其好友甚至所有人都能够看到这些信息, 这些信息会泄露用户的一些隐私. 例如, 通过用户发布的照片和文字, 攻击者能够猜测出用户的住在哪个城市, 甚至用户的生日、爱好、家人、学校、工作等隐私信息, 而这些信息有时候恰恰是用户登录银行账号、邮箱时提问的验证信息, 所以这些信息的泄露会威胁到用户网上账户的安全.

另外, 如果网站没有完善的保密措施, 一旦网站被攻破, 用户的登录密码会被攻击者窃取. 例如, 2012 年, 俄国黑客向 LinkedIn 发起攻击, 由于用户密码的加密很弱, 黑客成功窃取了 600 多万用户的登录密码. 更严重的问题是, 有些用户会在多个账户中使用同一个密码, 只要一个账户的密码泄露, 就会殃及用户的其他账户. 因此, 为安全考虑, 应该尽量避免在网络上公开自己的隐私信息, 而且在不同的账户中使用不同的密码.

8. 键盘记录攻击

键盘记录攻击是通过运行在计算机上的软件用来截获、记录键盘输入, 一些病毒和木马程序使用键盘记录软件来窃取用户输入的登录名和密码等个人信息.

---

① 根据《圣经》创世纪的记载, Cain 和 Abel 是亚当和夏娃的两个儿子. Cain 因为得不到上帝的喜悦而恼怒, 将上帝喜悦的弟弟亚伯杀害, 上帝惩罚 Cain 将其逐出家园.

另一种更强大的键盘记录攻击方式是硬件攻击，通过分析键盘敲击时发出的电磁辐射信号或者声音变化来窃取用户输入的内容. 因此, 需要使用抵抗键盘记录攻击的软件或硬件, 来防止此类攻击的威胁.

9. 如何选取和保护登录密码

下面是根据登录密码盗窃技术而制定的密码选取规则及保护措施:

(1) 选择较长的密码, 并适当加入数字和其他不常用的字符, 如 @、$、#、*、&、% 等字符. 此规则旨在增加字典攻击的难度.

(2) 经常更换密码且不重复使用旧密码. 因为攻击者可能会根据第 1 条规则而加大密码搜索范围, 同时也可能掌握和保留了旧密码记录. 此规则旨在防范持续不停的字典攻击.

(3) 对不同的账号采用不同的密码. 如果用户的某个登录密码被盗, 此规则可保护该用户其他账号的安全.

(4) 不可轻易将自己的登录密码等重要信息告诉其他人, 尽管这个人看上去很可信. 尽量避免使用电话或电子邮件传送登录密码. 如果必须将登录密码告诉给你信任的人, 你应该将密码当面交给此人. 此规则旨在防范社交工程攻击.

(5) 将废旧文件和写有重要信息的纸张用碎纸机切碎后才丢进废纸筐. 此规则旨在防范别人从办公室垃圾中寻找有用信息. (比如美国 20 世纪六七十年代拍摄的电视连续剧《神探科伦坡》, 科伦坡警督就是一个善于从垃圾中寻找作案证据的破案人员.)

(6) 不使用对远程登录信息不加密的软件. 此规则旨在增加密码嗅探的难度.

(7) 不在自动弹出的窗口上输入登录密码, 不在可疑邮件中点击任何链接. 用户如果需要登录某个网站, 应直接键入该网站的 URL 地址. 此规则旨在防范网络钓鱼攻击.

(8) 即便是自己键入的网站地址进入网站, 也应该留意网页刷新后进入的新网址, 查看是否有可疑之处. 此规则旨在防范网转攻击.

1.2.4 身份诈骗

身份诈骗是使用计算机手段冒充受害人身份, 以假乱真引诱他人受骗上当. 身份盗窃和诈骗的方式五花八门, 常见的方式包括中间人攻击、消息重放攻击、网络诈骗和缓冲区溢出攻击.

1. 中间人攻击

中间人攻击是指攻击者在甲、乙二人的通信路线中, 安装网络设备和窃听软件, 截获二人送给对方的网包, 阅读或修改通信内容后, 再给对方传递过去, 扮演中转的角色. 中间人攻击必须使甲、乙双方均误认为是在和对方直接通信. 例如, 攻击者先截获用户甲的 IP 包, 然后将自己的 IP 包以用户甲的名义送给用户乙. 图 1.2 是中间人攻击的示意图.

甲以为在与　　　　中间人丙截获或篡　　　　乙以为在与
乙直接通信　　　　改甲、乙双方的通信　　　　甲直接通信

图中虚线表示甲、乙双方均误认为是在和对方直接通信，

实线表示甲、乙双方实际上是分别和中间人丙通信

图 1.2　中间人攻击示意图

防范中间人攻击的主要方法包括：使用加密算法将甲、乙双方的通信加密，使用数字签名方法确认通信双方的身份，以及不允许路由器等网络装置传递改道传递的网包. 中间人如果不能将经过加密的网包解密，则读不到网包内容，也不能修改经过加密的网包. 此外，中间人也很难假冒甲、乙双方，以他们的名义给自己炮制或修改的 IP 包做数字签名，因而无法蒙骗甲、乙各方.

2. 消息重放攻击

消息重放攻击指的是攻击者先劫持网络通信，但对通信格式和内容不做任何改动，然后在以后某一时刻将劫持的信息再发给相关的收信人. 比如，假设某银行收到行长的一封有行长数字签名的加密电子邮件，指示银行出纳给王二电汇 1 万元. 因为邮件已加密，所以中间人攻击难以进行. 如果这条加密邮件被王二截获且王二猜到信息内容并起歹心，王二可先领取这 1 万元，然后伪装成行长将这条信息再次发给银行. 银行将其解密并核实行长的签名，然后根据指示又给王二电汇了 1 万元. 又比如在某些身份认证协议中，当用户向登录系统验证其合法身份后便可收到一张数字通行证，以后在一定的时间内凭此证便可享受系统提供的服务. 通行证是经过加密的，所以第三者即便截获此证也难以对其做任何改动. 但是，攻击者在截获此证后可将其先存起来，不做任何改动，等持有该证的用户停止用机后再用此证以该用户的名义向系统索取服务.

下面是防止消息重放攻击的常用方法.

(1) 在发送的信息上加入一个现时数. 现时数是随机产生的正整数，用于代表某个特定的信息. 当用户收到信息后先检查其现时数，如果已经出现过，则可断定此信息为重放信息，故可将其删去不理. 使用这种方法需要将所有第一次见过的现时数都保存起来，这样做需要很大的存储空间，因而不切实际.

(2) 在发送的信息上加盖时间戳，使得重放的信息因过时而无效. 当用户收到信息后先检查其时间戳，如果时间戳显示的时间太旧，则可断定此信息为重放信息. 使用时间戳必须首先将连在互联网上的计算机的时钟调成一致，而且只允许很小的误差. 显然这在局域网上不是问题，但是在互联网上却不容易做到.

(3) 抵御消息重放攻击的最好方法是同时使用现时数和时间戳. 这样做既可允许联网主机的时钟之间有较大的时间误差, 同时也只要求每台主机保存近期收到的现时数即可. 为充分看到这一点, 令 Δ 为连在互联网的主机时钟中出现的最大时间误差. 令 A 为任意一台联网主机, 并令 t 为 A 的内部时钟的当前时刻. 假设 A 定期 (如每分钟) 更换所存储的现时数. 则 A 在下一时刻 $t+1$ 到来之前只需保存所有时间戳落在区间 $W = [t-\Delta, t+\Delta]$ 内的现时数即可, 因为网络中的任何一台主机的时钟读数都落在此区间中. 主机 A 只接受时间戳落在区间 W 内且其现时数是第一次出现的信息. 主机 A 收到一个信息后首先检查其时间戳. 如果时间戳不在区间 W 内, 则证明此信息太旧, 删去. 如果时间戳落在区间 W 内, 则检查其现时数. 如果此现时数已经在保存的现时数内, 则判断此信息是重放, 删去. 当时钟指向下一时刻 $t+1$ 时, 主机 A 不再保存所有时间戳落在 $[t-\Delta, t+1-\Delta]$ 内的现时数.

3. 网络诈骗

网络诈骗的主要形式为 IP 诈骗. IP 诈骗包括 SYN 洪水攻击、TCP 劫持和 ARP 诈骗等手段. ARP 诈骗也称为 ARP 投毒.

(1) SYN 洪水攻击

SYN 洪水攻击是指将攻击目标主机的 TCP 缓冲区, 利用在执行 TCP/IP 网络协议时产生的副作用, 用 SYN 控制包占满, 使被攻击的计算机不能与其他计算机建立通信连接. 我们称这样的计算机为哑巴计算机. TCP 缓冲区是网络应用程序设立的连续内存空间, 用于存放已经收到但还来不及处理的 TCP 包.

发动 SYN 洪水攻击的具体做法是向攻击目标主机发送大量请求, 建立 TCP 连接的 SYN 控制包. 这些控制包往往经过特殊处理, 称为诡诈 SYN 控制包, 简称为诡诈控制包. TCP 包是封装在 IP 包内通过 IP 包头部信息进行传递的. 诡诈 SYN 控制包将其封装的 IP 包头部所含的起始网址换成另外一个真实的 IP 地址, 但连在此 IP 地址上的主机已停止工作, 比如已经关机或不再与网络相连. 网包头部也称为包头. 用别人的真实网址取代自己的网址有两个目的: 第一是避免暴露自己的主机; 第二是避免域名检测时被查出问题而即刻终止通信. 使用不工作的网址是为了任何送往该地址的信息有去无回, 但网络应用程序不会立即终止 TCP/IP 通信协议的执行. 这样的 IP 地址称为不可达地址或死地址.

不可达地址可用简单的 IP 扫描工具找到. 它首先列出可能的 IP 地址, 然后用 ping 指令逐一试探所列出的 IP 地址是否响应 (如果主机被硬化不响应 ping 指令的询问, 则需要用其他方法). 建立在互联网控制报文协议 (ICMP) 上的 ping 指令是常用的网络管理工具. 按协议规定, 当工作主机收到 ping 指令后, 应向送出 ping 指令的主机回送一条 "我健在" 的信息, 称为 pong 信息. 因此, 如果发往某 IP 地址的 ping 指令没回音, 则该地址便有可能是死地址.

根据 TCP 三向握手协议的规定, 当目标主机收到攻击者发送的诡诈 SYN 控制包后, 应向发送地址回送一个 ACK 控制包. 但由于此网址不可达, 以至目标主机在回送 ACK 控制包后, 将不会收到任何按协议规定应该收到的 ACK 回应而完成第三次握手, 因而诡诈 SYN 控制包将停留在目标主机的 TCP 缓冲区内, 直到预设的等待时间结束为止. 这就迫使受害者主机因 TCP 缓冲区饱和而不能与任何其他主机建立通信连接, 直到预设的等待时间结束, 方可从 TCP 缓冲区中释放被这些诡诈控制包占用的内存资源. 在此期间, 受害者主机由于 SYN 洪水攻击而成为一台哑巴计算机.

(2) TCP 劫持

假设主机 V 是某部门的服务器主机, 且用户 A 在该主机上有登录账号. 为了登录到该服务器读取数据, 用户必须将计算机与服务器主机建立 TCP 连接后才能输入登录信息. 假设用户 A 主机向服务器主机 V 发送请求, 建立 TCP 连接的 SYN 控制包被攻击者用网络嗅探软件截获, 则攻击者可用下面的方法劫持此 TCP 连接, 使用户 A 主机误认为攻击者主机为服务器主机 V. 这样, 用户 A 输入的登录信息将直接送往攻击者主机.

劫持 TCP 连接的具体步骤如下: 攻击者截获用户 A 的 SYN 控制包后, 不再将其传递给服务器主机 V. 根据截获的 SYN 控制包头信息, 攻击者设法算出 V 的 ACK 回应控制包应该用的 ACK 回应号码, 然后伪造这个回应控制包, 用攻击者主机的 IP 地址作为服务器主机 V 的起始 IP 地址, 用正确的 TCP 序列号码和 ACK 号码以 V 的名义与用户 A 完成 TCP 握手, 建立 TCP 连接. 同样, 攻击者也可先不截获用户 A 的 SYN 控制包, 等到截获 V 的 ACK 回应控制包后, 用攻击者主机的 IP 地址取代服务器主机 V 的 IP 地址再送给用户 A. 如果 TCP 协议的具体操作只检查 TCP 序列号码和 ACK 回应号码而不检查 IP 封装包头的起始网址是否已换, 则 A 便不会发现其试图与服务器主机 V 建立的 TCP 连接实际上是和攻击者主机建立的. 因为 A 信任 V, 所以不疑有诈而将登录密码告诉攻击者. 这是典型的 TCP 劫持的方式. TCP 劫持实施除了使用网络嗅探软件外, 还必须能正确计算出下一个 TCP 序列号码和 ACK 回应号码, 否则 TCP 连接将会中断. 在通常情况下, 经过观察一定数量的 TCP 通信后便能找到规律算出这些号码.

1994 年, 住在美国东海岸北卡罗来纳州的 31 岁的 Kevin Mitnick 用 SYN 洪水攻击和 TCP 劫持技术, 成功侵入远在美国西海岸加利福尼亚州的几家大公司的计算机系统, 成为利用网络协议缺陷攻击网络安全的一个典型案例. 他后来被联邦法庭判以 5 年监禁.

TCP 劫持之所以能成功, 是因为 TCP 协议使用 TCP 序列号码和 ACK 回应号码来确定哪些 TCP 包属于同一通信连接, 而且执行 TCP 协议的软件不检查用于封装 TCP 包的 IP 包中的起始网址是否被篡改. 图 1.3 所示是 TCPv4 包头的标准格式.

因为 TCP 包头不含起始 IP 地址, 所以 TCP 层的软件不会检测封装 TCP 包

起始端口号码(16比特)			终点端口号码(16比特)	
序列号码(32比特)				
回应号码(32比特)				
包头长度 (4比特)	预留空间 (6比特)	控制标记 (6比特)	窗口大小，以字节为单位 (16比特)	
TCP包校验和(16比特)			紧急指针(16比特)	

图 1.3　TCPv4 包头标准格式

的 IP 包头所含起始 IP 地址是否合法. 图 1.4 所示是 IPv4 包头的标准格式. IP 协议根据 IP 包头所含信息将 IP 包送往目的地，它不记录 IP 包头所含信息. 因此，只在 IP 层检查起始 IP 地址，不足以辨别当前的 IP 包所含的起始 IP 地址与前面收到的 IP 包中的起始 IP 地址是否相同.

版本号码 (4比特)	包头长度 (4比特)	服务类型(TOS) (8比特)	IP包头及包身的总长度，以字节为单位 (16比特)	
辨认号码 (16比特)		分段标记 (3比特)	分段偏移量，以字节为单位 (13比特)	
可存活时间(TTL) (8比特)	协议号码(8比特)		包头校验和(16比特)	
起始IP地址(32比特)				
终点IP地址(32比特)				

图 1.4　IPv4 包头标准格式

抵御 TCP 劫持的有效方法是在 TCP 层中记录并检测属于同一连接的起始 IP 地址是否有变. 使用 TCP 包装软件（TCP wrapper）或类似的软件工具可达到这个目的.

(3) ARP 诈骗

联网计算机是由其网卡的 MAC 地址唯一确定的，MAC 地址也称为实体地址. 每个网卡在生产过程中由厂家给定一个唯一的 MAC 地址，不同厂家会使用不同的 MAC 地址. ARP 协议是将 IP 地址转换成 MAC 地址的链接层协议. ARP 诈骗是指将受害者主机的 IP 地址的相应 MAC 地址偷换成攻击者选择的 MAC 地址，以取代受害者与他人通信（见习题 1.17）.

抵御 ARP 诈骗的主要方法是检测，特别是强化 IP 地址及相应的 MAC 地址的检测.

1.2.5 缓冲区溢出攻击

1. 缓冲区溢出攻击的原理和攻击步骤

缓冲区溢出攻击是指程序执行时，能在其他程序的内存空间读取或改写其中的数据. 缓冲区超限也称为缓冲区溢出. 缓冲区溢出是常见的软件漏洞. 缓冲区是操作系统在执行程序进程时，分配给数组变量的一组连续的内存空间，其大小在程序定义数组变量时就已确定. 如果程序进程在给定的缓冲区内写入多于缓冲区能装下的内容，则缓冲区出现溢出. 由于在 C 语言中，有些函数（如 strcpy()）允许在缓冲区中存入比缓冲区长的字符串，所以缓冲区溢出的现象在 C 程序中比较容易发生，特别是某些 C 语言程序员会忽视检查数组的界限或不检查数据长度，就直接将数据写进比数据小的数组而导致缓冲区超限.

下面是一个用 C 语言书写的简单例子，此程序将 34 字节长的字符串写入一个只有 8 字节大的缓冲区，造成缓冲区溢出.

```c
int main() {
  char buffer[8];
  char *str = "This is a test of buffer overflow.";
  strcpy(buffer, str);
  printf("%s", buffer);
}
```

例如，假设程序 A 所使用的缓冲区只含 5 个字符，而紧挨着这段缓冲区的是系统程序正在使用的空间，正用于执行"检查张三的密码"及"打印"两条指令，如图 1.5 (a) 所示. 程序 A 将如下数据"NNNNN 免查王五的密码允许其登录"写进其大小为 5 个字符的缓冲区造成缓冲区溢出，将系统程序的缓冲区空间的内容改写成"免查王五的密码允许其登录"的指令，如图 1.5 (b) 所示，从而让王五无须输入登录密码而进入计算机系统.

(a) 程序A执行初期的内存：前5个方格表示其内存空间，后一长条表示系统程序的内存空间

(b) 程序A执行后的内存

图 1.5 利用缓冲区溢出的攻击示意图

当然，在实际应用中利用缓冲区溢出的攻击要比这个简单例子复杂很多. 根据常规内存布局巧妙地运用缓冲区溢出，能使正在执行的用户程序去运行其他程序. 操作系统通常将存放变量和函数调用的可用内存空间划分为两部分：第一部分称为栈，它从最大地址开始往小地址方向延伸；第二部分称为堆，它从最小地址开始

往大地址方向延伸, 两者均按先进后出的次序存取数据, 如图 1.6 所示. 缓冲区设置在堆内, 而函数参变量及函数调用的返回地址则存放在栈内.

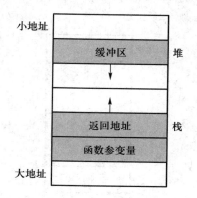

图 1.6　用于函数调用的常规内存分布示意图

下面是利用缓冲区溢出的攻击步骤:

(1) 寻找允许缓冲区溢出的程序. 例如, 如果一个 C 程序使用了字符串函数 strcpy()、strcat() 及其他不必检查界限就调用的函数, 这样的程序很可能会造成缓冲区溢出, 因为这些函数允许拷贝任意长的字符串到一个固定长度的缓冲区内.

(2) 将攻击者程序的可执行代码存入内存, 并找到存放此代码的内存地址 C_a.

(3) 算出需要拷贝多长的字符串到某缓冲区, 能使其跨堆入栈并改写某函数调用的返回地址. (这一步较困难.)

(4) 用攻击者代码的内存地址 C_a 改写存在栈区内的函数调用的返回地址, 以便程序在执行函数调用后直接跳到内存地址 C_a 而运行攻击者代码. 这一步可通过选取适当的程序输入并要求程序以此输入运行而实现.

抵御内存溢出攻击最好的办法是关闭所有允许内存溢出之门, 即在写入缓冲区前, 必须首先检查将写入到缓冲区的内容的界限. 如果超出缓冲区预设的空间则不执行此语句并给出错误信息. 同时要避免使用没有界限限制的字符串函数.

2. 防止缓冲区溢出的编译措施

缓冲区溢出问题本来是很容易避免的. 程序员在写代码时, 加入适当语句防止内存区域被超越即可. 然而, 由于程序员的疏忽而导致软件漏洞, 使缓冲区溢出攻击成为可能. 为了解决这个问题, 可在编译器中加入金丝雀值, 判断函数调用后的返回地址是否在程序执行的过程中被更改过. 金丝雀值这个名称源于早年煤矿生产使用的一个古老办法: 为了确认矿井内有足够的氧气, 矿工们首先将一只装在笼子里的金丝雀放到井下一段时间. 如果金丝雀不死, 就说明井下有足够的氧气, 矿工才可下到井下工作. 将这个原理用在编译器中, 金丝雀值是一个存储在程序执行内存栈中的一个特殊的值, 放在紧挨着存放返回地址内存的小地址内存中. 因为缓存区溢出攻击通常是通过往大地址内存空间增加缓冲区内存而达到修改返回地址的目的（见图1.7），所以需要经过存放金丝雀值的内存区后才能进入存放返回地址的内存区，导致金丝雀值很可能也会被修改．因此，检测金丝雀值是否被修改就可用于检测缓冲区溢出攻击．

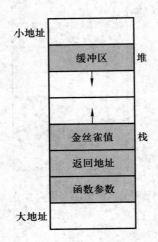

图 1.7　加入金丝雀值后的常规内存分布示意图

　　为了使用金丝雀值，编译器需要对其产生的函数头代码和函数尾代码做必要的修改．修改函数头代码是为了将金丝雀值放入紧挨着存放程序调用的函数的返回地址的小地址内存内，修改函数尾代码是为了检查金丝雀值是否被更改．

　　在程序执行过程中每次调用函数，即便是调用同一个函数，应该使用不同的金丝雀值．这是因为如果金丝雀值不变，则缓冲区溢出攻击代码可以很容易识别存储在内存中的金丝雀值，从而在执行缓冲区溢出攻击时，将金丝雀值原封不动地放入合适的地方，便可达到既修改了返回地址又不被编译器识别出来的效果．通常的做法是使用随机金丝雀值．

1.2.6　抵赖

　　抵赖攻击指的是数据的拥有者不承认产生和传输的数据乃由己产生，或不承认曾经收到过某些特定的数据．抵赖攻击常用的方法是利用某些身份认证方法的缺陷或通信协议的漏洞进行狡辩，或谎称某一时刻收到的数据是在不同的时刻收到的而使之无效．

　　防止抵赖的主要途径是使用严密的身份认证协议和密码学方法．

1.2.7　入侵

　　入侵指的是非法用户通过网络进入别人的计算机系统，或在别人的计算机系统内植入有特殊功能的软件．比如将受害者计算机变成为攻击者服务的网络服务器，盗取受害者的计算资源，或将受害者计算机内的文件传送给攻击者．

利用系统设置漏洞、通信协议设计缺陷或软件漏洞非法侵入他人系统是常见的方式. 内存溢出是常见的软件漏洞. 开启不必要的网络端口是常见的系统设置漏洞. TCP 和 UDP端口是让远程软件进入系统的入口点.

对付入侵的主要方法包括使用入侵检测系统及时发现入侵行为, 以及关闭不必要的网络端口减少系统入口点.

为了寻找系统入口点, 攻击者通常采用的方法是对网络进行 IP 扫描, 寻找联网计算机的 IP 地址, 然后对该 IP 地址上的计算机系统进行端口扫描, 探测该系统开启了哪些端口以便寻找可乘之机.

IP 扫描和端口扫描是重要的攻击工具, 但也可用来帮助用户发现自身系统哪些端口已开启, 哪些开启的端口可能会被别有用心的软件所利用. 比如 Gibson 公司的产品 ShieldUP!! 和 Nessus 公司的产品 Nessus 就是这样的工具 (参见习题 1.18).

1.2.8 流量分析

流量分析的目的是通过分析 IP 包发现参与通信的各方及其通信量. 流量分析也称为交通分析, 常用的方法是窃听来往的 IP 包. 不管 IP 包的载荷是否已加密, 通过分析 IP 包头部所含数据, 仍可获得有用信息, 使交通分析变为可能. 比如, IP 包头部包含的起始 IP 地址和终点 IP 地址, 可揭示此 IP 包从哪来又到哪去. 如果其载荷(即被封装的 TCP 包)未加密, 则从 TCP 包头部包含的端口信息还能进一步获得通信双方具体在使用哪个应用程序. 当攻击者发现一些部门(如军事机构)在频繁通信时, 则可推断出他们可能会有大的行动.

抵御交通分析最好的方法是将整个 IP 包加密, 包括包头. 但这样的 IP 包无法传递, 因为经过加密的 IP 包头不能被沿途经过的路由器所识别. 因此, 为了将加密的 IP 包送到目的地, 必须在此网包前加上一个未经加密的 IP 包头. 使用网关可解决这一问题. 网关是特殊的计算机, 它设在局域网的进出口处, 使得局域网内的所有主机必须经过网关与外界通信. 起始网关将用户主机送给它的 IP 包整个加密后, 用自己的 IP 地址为起始地址, 将其传递到目的地网关; 目的地网关将收到的经过加密的 IP 包解密, 并将其递给终点用户. 对这样的通信进行交通分析, 最多只能发现参与通信的网关, 而不能发现参与通信的用户主机. 图 1.8 是一个用网关通信的例子.

将封装密文的网包的头部加密, 可在一定程度上防止流量分析. 但这样做需要使用网关, 它将加密后的网包(包括包头)封装入一个包头为明文的网包, 以便传递.

1.2.9 拒绝服务

拒绝服务攻击的目的是阻止合理用户使用正常通信和计算所用的资源. 利用通信协议的设计缺陷和执行漏洞, 使服务器根据协议要求忙于做一些无关紧要的事, 而不能给用户提供正常服务. 拒绝服务攻击简称为 DoS 攻击. 拒绝服务攻击可

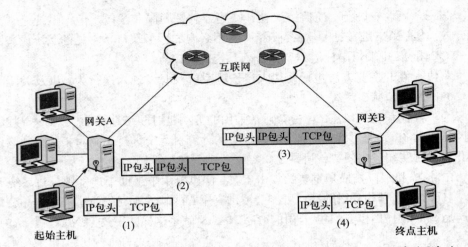

(1) 起始主机将 IP 包递给起始网关 A. (2) 网关 A 将收到的 IP 包整个加密（图中的阴影部分），并加上自己的 IP 包头将其传递到下一个路由器. (3) 从网关 A 送出的 IP 包到达目的地网关 B，其 IP 包头（图中无阴影部分）中的一些数据如 TTL 和包头校验和在传递的过程中可能按协议被更改. (4) 网关 B 删去 IP 包头，将载荷部分解密，得到起始主机送给网关 A 的 IP 包，并将其送给终点主机.

图 1.8　用网关传递加密的 IP 包

由一台计算机直接发起攻击，也可同时从多台计算机发起攻击，后者称为分布式拒绝服务攻击，简记为 DDoS 攻击.

1. 拒绝服务攻击

SYN 洪水攻击是一种典型和有效的 DoS 攻击. 史莫夫（Smurf）攻击是另一种常见的 DoS 攻击，它诱使被攻击的计算机忙于回答大量的虚假请求而无暇顾及其他事情. 史莫夫是最初用于这类攻击的软件名.

在典型的史莫夫攻击中，攻击者首先向网上的一组计算机发送 ping 指令，并使这些计算机相信这条 ping 指令出自被攻击者选取的攻击目标主机. 根据网络控制信息协议（ICMP）的要求，该计算机如果仍健在，在收到 ping 指令后要向 ping 指令的发送者回送 pong 信息，表示"我仍健在". 在史莫夫攻击中，攻击者将封装 ping 指令的 IP 包头部中的起始地址换成攻击目标的 IP 地址，使得所有收到 ping 指令的计算机都向被攻击者选定的目标发送 pong 信息，迫使受攻击的计算机在短时间内忙于处理大量 pong 信息而瘫痪，如图 1.9 所示. 史莫夫攻击是一种借刀杀人的攻击.

2. 分布式拒绝服务攻击

典型的分布式拒绝服务攻击按如下步骤进行：

(1) 攻击者首先设法控制一台高效能计算机，它能提供足够大的硬盘空间和快

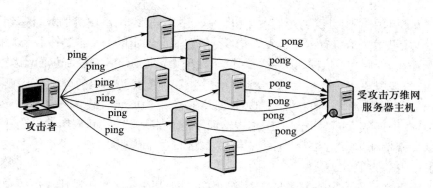

图 1.9　史莫夫拒绝服务攻击示意图

速联网设备, 这台计算机称为操纵主机或操纵台. 然后攻击者在操纵台上用 IP 扫描和端口扫描等软件, 扫描成千上万台联网计算机, 寻找弱点.

(2) 每当操纵器在网上发现某计算机有可供利用的弱点, 就乘虚而入在该机上安装一个特殊的攻击软件, 称为占比 (Zombie) 软件. 被植入占比软件的计算机称为占比机. 占比机是受非法用户摆布的主机. 在操作系统中, 占比则指的是僵进程. 使用占比机可使攻击者免受追踪. 攻击者也常用占比机发送垃圾邮件.

(3) 操纵台命令所有占比机同时向某一选定的目标 (如某大公司的服务器主机) 发起普通的 DoS 拒绝服务攻击.

图 1.10 是利用 SYN 洪水攻击进行 DDoS 攻击的示意图. 攻击者首先从操纵

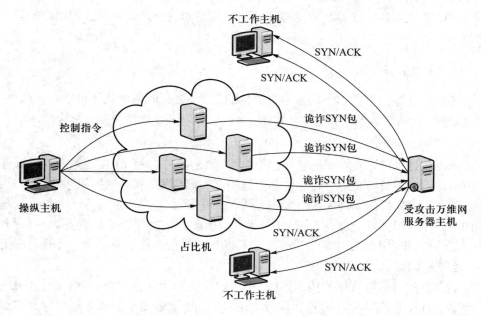

图 1.10　利用 SYN 洪水攻击进行分布式拒绝服务攻击的示意图, 攻击目标是受害者网站

主机在互联网中搜索可供利用的占比机,植入占比软件. 当占比机的数目达到一定数量后,操纵主机给所有占比机发布指令,使它们向选定的一个或数个目标同时发出诡诈 SNY 控制包,迫使目标主机因忙于处理大量诡诈 SNY 控制包而瘫痪.

DDoS 攻击发生频繁,例如 2000 年初,美国几家大公司的网站包括亚马逊(Amazon)、美国有线新闻网络 (CNN)、eBay、E*Trade、戴尔(Dell) 及雅虎(Yahoo!),一连数天同时遭到 DDoS 攻击而不能正常运转. 发起攻击的人是一名住在加拿大蒙特利尔市化名为"黑手党男孩"的 15 岁高中生. 这名少年后来被送往少年拘留中心服刑 8 个月.

防止拒绝服务攻击的方法包括检测和终止占比的攻击. 终止占比攻击的专门软件可从网上下载,比如占比截杀就是这样的专门软件,可免费下载,详细情况请见习题 1.19.

3. 垃圾邮件

商业广告邮件、网络钓鱼邮件、骗局邮件以及其他批量发送的没有固定收信人的邮件统称为垃圾邮件、兜售邮件或 spam 邮件,发送垃圾邮件的团体或个人称为兜售者. 垃圾邮件的目的虽然不是迫使用户主机停止工作,但却消耗网络和用户主机的计算和电力资源,并且浪费用户时间去辨别和清除这些邮件.

据统计,每天大约都会有 5 亿封垃圾邮件在互联网上流通,因此每个互联网用户平均每天都会收到 8 封垃圾邮件,而且这个数目会有增无减. 除了以邮件形式出现外,兜售信息的广告还可在万维网搜索引擎、即时通信软件、博客网站、手机通信、在线社交网站和其他形式的网络应用软件中出现.

专门软件如垃圾过滤软件能够帮助用户检测和阻止垃圾邮件进入用户的正常邮箱.

1.2.10 恶意软件

恶意软件是指专门用于危害用户主机的软件. 常见的恶意软件包括病毒软件、蠕虫软件、特洛伊木马软件、逻辑炸弹、软件后门、间谍软件和占比软件.

1. 病毒和蠕虫

病毒软件是可自我复制的软件,它依附在其他文件或程序中. 当这些文件或程序被传递到其他计算机时,病毒软件也就随之一起传播. 病毒软件简称病毒. 当用户打开含病毒软件的文件或执行含病毒软件的程序时,病毒软件便会自动执行,危害用户所在的计算机系统,如删除用户文件或删除系统文件造成系统崩溃. 病毒软件五花八门,其传播渠道也各式各样,它不断地试图侵入还没被感染的计算机系统内,危害系统安全.

蠕虫软件与病毒软件的功能类似. 蠕虫软件简称为蠕虫或网虫. 蠕虫与病毒的主要区别在于它们的生存形式和执行方法. 病毒需要依附于载体方能生存并与载体一起传播,载体通常是可执行文件或含宏指令的微软办公文件. 蠕虫则可单独生存，不必依附于任何形式的载体，并且可以自我传播. 病毒软件的执行需要用户打开含病毒的文件或执行含病毒的程序，蠕虫软件则可自我执行. 因此，蠕虫比病毒更容易传播.

抵御病毒和蠕虫的侵害主要有两种方式：第一种方式是随时检测及清除病毒和蠕虫；第二种方式是减少病毒或蠕虫感染的可能. 第一种方式主要是通过使用杀毒软件而完成的，其主要功能是检测已知病毒和蠕虫，隔离感染不严重的病毒载体，并删除蠕虫及感染严重的病毒载体. 杀毒软件也称为病毒扫描软件. 第二种方式主要是通过养成良好的上网习惯而完成的，包括如下规则：

(1) 不从信誉不好或还没建立良好信誉的网站下载软件（包括游戏软件和系统管理工具）.

(2) 不运行来路不明的程序.

(3) 及时安装补丁软件.

不及时安装补丁软件可能会造成难以弥补的损失. 例如 2001 年暑期轰动一时的红色代码蠕虫、Nimda 蠕虫和红色代码 II 蠕虫均使用软件剥削手段，利用微软互联网信息服务器 (IIS) 的软件缺陷进行攻击，而微软早在一年前就提供了修补这些缺陷的补丁程序，但是许多系统管理员没有及时安装这个补丁程序，而使其管辖的系统遭到这些蠕虫的危害.

2. 特洛伊木马

特洛伊木马软件是含有隐蔽功能的软件，其目的是利用表面的东西将软件的真实意图隐藏起来，使人不易察觉. 有时人们也可将需要隐蔽的数据隐藏在公开数据中加以传输，这种做法叫作隐蔽通道.

特洛伊木马一词出自如下典故. 传说古希腊斯巴达国王为夺回被特洛伊国王子抢走的妻子海伦，率军攻打特洛伊城. 特洛伊城全民皆兵，依托坚固的城墙殊死抵抗. 希腊军久攻不克，全军佯退，只留下了一个内藏十几名士兵的大木马，诱使被"胜利"冲昏头脑的特洛伊人将其当成战利品拖入城内. 藏在木马内的士兵当夜全体出击，打开城门，与返回的希腊大军里应外合，一举攻陷特洛伊城.

特洛伊木马软件可能是表面上极具诱惑力的软件，如计算机游戏或系统管理工具，用来诱惑别人将其下载到各自的计算机系统之内. 或者是在特洛伊木马软件的名字上做手脚，比如将特洛伊木马软件命名为 Free_AntiSpyware.exe，或将其命名为 Real_Player.exe，与真实的软件 RealPlayer.exe 混淆起来，以达到鱼目混珠的目的.

防止特洛伊木马攻击的主要手段是检测和清除. 杀毒软件一般都同时检测和删除已知的特洛伊木马.

3. 逻辑炸弹和软件后门

逻辑炸弹是指由程序员在程序内植入的子程序或指令，它在一般情况下不运行，只有当特定的条件满足后，比如在某个特定时刻或在某程序员很长时间没有运行该程序之后（假设该程序员已被解雇或被突然调离工作岗位），该子程序才会运行. 逻辑炸弹是公司内不良雇员对雇主的报复手段.

软件后门是指按非正常途径进入软件（如操作系统）的秘密渠道，它通常是程序员加在程序内的一些特殊指令，允许程序员绕开正常的身份检查机制而直接进入该程序. 程序员为了方便有时也会在程序内安装后门，目的是使程序员无须输入登录密码；就可直接进入程序测试程序的运行. 但当程序完成之后，程序员可能会忘记清除这些后门，以至程序投放到市场之后被攻击者利用. 有些病毒和蠕虫软件会在其侵入的计算机系统中安装后门，从而使攻击者可远程登录使用其系统资源.

抵御逻辑炸弹的方法有两种：第一是设法减少雇员植入逻辑炸弹的动机和机会，比如公司应努力照顾和体谅公司雇员，加强对雇员的管理，制定完善的软件开发政策和制度. 此外，司法部门应该制定相应的法律，使有意植入逻辑炸弹的雇员将会面对严厉的法律制裁. 第二是检测，比如公司应该加强程序检查，特别是检查刚被解聘的员工及对公司有不满情绪的员工所写的程序，排除植入的逻辑炸弹.

堵住软件后门的主要方法是程序检测，在将软件投入市场之前找到和删去所有植入的后门. 为便于软件调试而植入的软件后门，程序员应做好记录以便在软件发布之前能轻易地将其找到并删除.

4. 间谍软件

间谍软件是专门攻击网页浏览器的恶意软件. 用户上网浏览网页时，稍不留意就可能将这类恶意软件下载到自己的计算机上. 间谍软件有如下几种主要类型：

(1) 浏览监视. 监视用户的浏览习性，向网页服务器或攻击者主机报告在某时间段内用户浏览了哪些网页或购买了哪些物品.

(2) 浏览器劫持. 篡改用户浏览器的设置，改写用户浏览器的默认初始网页，将其转到攻击者设立的网页中. 这种软件称为浏览器劫持.

(3) 击键记录. 通过记录用户所敲击的按键窃取用户的登录信息. 这样的软件称为击键记录软件.

(4) 广告软件. 在用户正在浏览的网页上自动显示广告窗口，这种软件称为广告软件. 这是一种兜售信息的行为，虽然很难说它怀有恶意，但它的出现至少占用了用户的计算资源，且不一定受用户欢迎.

防止间谍软件的主要方法是检测和消除间谍软件，可使用抗间谍软件. 如微软的视窗保卫者（Windows Defender）软件，它可从微软网站上免费下载. 同时要警惕自动弹出的窗口，不随意输入登录信息，并避免点击窗口内的任何按钮.

现在许多杀毒软件同时具有检测间谍软件的功能. 此外，如果恶意软件在系统程序文件夹（如在 Windows 操作系统下的 WINDOWS/System32 文件夹）内植入了恶意文件，但所用的杀毒软件检测不出来的话，用户可用手工自行将其删除或重装系统.

5. 伪抗间谍软件

伪抗间谍软件攻击是指攻击者利用特洛伊木马和系统漏洞，在用户主机内植入恶意软件，其功能是在用户主机屏幕上弹出一个或若干个窗口，模仿真实的杀毒软件的视频样式，警告用户其系统含有若干病毒，引诱用户购买攻击者制作的所谓杀毒软件. 比如，2010 年 1 月在美国大量出现的"互联网安全 2010"伪抗间谍软件，就是这样一种专门针对 Windows 操作系统的软件. 此伪抗间谍软件除了不断弹出"病毒警告"窗口，引诱用户购买攻击者制作的杀毒软件外，还加了若干自我保护措施，比如迫使常规系统管理程序（比如 Windows 任务管理器）不能正常运行，阻止用户删除与"互联网安全 2010"攻击的有关进程. 此外，它还植入一批特洛伊木马软件，在主机启动时有再生的能力. 即使用户用其他办法删除了与"互联网安全 2010"相关的软件，只要删除不干净，当系统重新启动时，漏网的特洛伊木马会重新安装"互联网安全 2010"并启动攻击，给用户继续造成伤害.

抵御伪抗间谍软件的方法与抵御间谍软件的方法相同.

6. 占比软件

占比软件是攻击者用于劫持用户主机的软件工具. 比如，占比软件可能是攻击者为发动 DDoS 攻击而在占比机中植入的软件，它等待攻击者程序的指令，向目标实施攻击. 占比软件也可将占比机变成网络中转站，向用户发送垃圾邮件或传播病毒.

防止占比软件的主要方法是加强系统的安全管理，使用户主机不能被利用成为攻击者的占比机. 万一计算机被植入占比软件，就应使用特定的软件终止占比软件的执行.

1.2.11　其他攻击类型

(1) 故意产生别有用心的信息，并诬陷他人是这些信息的制造者.

(2) 谎称在某一时刻发出了实际上从来没有发出或是在不同时刻发出的数据.

(3) 故意泄露不该泄露的信息，以此弹劾本来并不存在问题的安全协议.

(4) 制造错误使得他人违反协议程序，或制造明显的系统故障而破坏协议的可信度.

1.3　攻击者类别

网络安全攻击者可大致分为 5 类，分别称为黑客、抄袭小儿、电脑间谍、恶意雇员和电脑恐怖分子.

1.3.1　黑客

黑客是指某一类型的骇客. 骇客（hacker）代表对计算机系统有特别钻研的人，尤其是指那些对计算机软件系统和计算机网络有深入了解，而且热衷于探索计算机系统的内部机制，积极寻找算法缺陷和系统漏洞的专家. 黑客一词本身并无贬义，它是英文 hacker 的音译. （顺便指出，将 hacker 翻译成"亥客"也许会更恰当一些，因为亥有表示时间的意思，即夜里 9 点到 11 点之间，恰好是 hacker 最活跃的时间. ）网络安全的问题大部分都是由黑客首先发现的. 黑客按其动机可进一步分为如下三种类型，即黑帽子黑客、白帽子黑客和灰帽子黑客.

(1) 黑帽子黑客

简称黑客，别称电脑黑客，指那些居心不良、专门破坏他人网络安全的黑客. 其探索网络安全漏洞的目的是谋取私利和制造伤害，比如盗窃信用卡号码、删除他人文件或篡改他人网站.

(2) 白帽子黑客

指那些具有良好道德行为的黑客. 其探索网络安全漏洞的目的是为了提供更有针对性的安全措施. 他们通常会将所发现的安全漏洞通知有关厂商和部门，或在学术会议和公开网站上发表这些漏洞及补漏措施.

(3) 灰帽子黑客

指介乎于黑帽子和白帽子之间的黑客. 他们通常安分守己，但有时也会做出一些出格的事情. 比如他们也许会出于打抱不平的心态，擅自侵入他们认为正在危害网络安全的计算机系统.

因此，如果不用颜色将黑客进行分类，则黑帽子黑客、白帽子黑客和灰帽子黑客可分别称为邪恶黑客、正义黑客和鲁莽英雄.

当白帽子黑客和灰帽子黑客发现某产品含有安全问题以后，他们通常会首先与生产该产品的公司取得联系，共同找出补救方案，然后才将他们发现的问题公之于众. 但是，是否所有细节都允许公布则还是一个有争议的问题. 厂方从自身的利益出发不希望公布细节，这样厂方可以慢慢实施补救方案，或者仅实施一部分. 另一方面，白帽子黑客和灰帽子黑客普遍认为厂方在实施补救方案方面往往做得不够，因此希望能允许公布更多的细节给厂方造成压力，使之尽快实施补救方案.

1.3.2　抄袭小儿

抄袭小儿是指使用黑客所写的攻击软件攻击他人网络安全但又知之不深的人. 因为是用抄来（复制）的黑客软件袭击他人计算机系统而没有自己的创造，所以称为抄袭；因为行为幼稚，觉得黑客软件好玩，且对所复制的黑客软件只知其然而不知所以然，所以称为小儿. 比如某初中学生出于好奇下载并使用黑客软件攻击他人计算机系统，但又对其不甚了解，该学生就成了一名典型的抄袭小儿. 抄袭小儿常自视为黑客，其实他们不过只是知道如何使用黑客所写的攻击软件而已. 还有一类抄袭小儿虽然所知不多，但却喜欢向别人吹嘘"我比你牛". 当这一愿望被忽视时，他们可能会对一些具有较高知名度的目标主动发起攻击，制造一定程度的危害以引起人们的重视.

可怕的是，抄袭小儿人数众多，又有充裕的时间玩弄下载的黑客软件并用其发起攻击. 这就好比打游击战, 抄袭小儿到处都有, 他们隐藏在各个角落, 用不同的黑客软件对多个目标的薄弱环节发起出其不意的攻击, 无孔不入; 而且因为年龄较小、不堪世事而不考虑后果, 因而具有不可忽视的危害性. 除此之外, 流落到抄袭小儿手中的黑客工具, 可能还是破坏性很强的重武器, 因而危害更大.

1.3.3 电脑间谍

电脑间谍的任务是为了国家或集团的利益, 利用计算机网络获取情报. 每个国家和每支军队都设有自己的情报系统, 收集情报及破译各类密码通信. 如美国的国家安全局 (NSA) 和中央情报局 (CIA) 就是这样的部门. 美国国家安全局聘请了许多一流数学家全职或兼职为其工作, 研制各种加密和破译算法.

例如, 1942 年第二次世界大战期间, 美国太平洋舰队情报系统就曾截获和部分破译了日军无线电密码通信, 帮助美军太平洋舰队司令部准确地推断出日军侵占中途岛的意图. 美军太平洋舰队司令 Chester Nimitz 上将抓住战机, 果断派出仅有的两艘航空母舰, 加上几天后勉强修复的另一艘受伤航空母舰, 奔赴中途岛并在附近海域设伏, 迎战日本海军联合舰队. 美军以弱胜强, 粉碎了日军侵占中途岛的阴谋, 并仅以损失一艘航空母舰的代价, 摧毁了日军参战的全部 4 艘航空母舰, 从而彻底扭转了太平洋战场的海上军事力量的对比, 为最终消灭日本法西斯创造了有利条件.

1.3.4 恶意雇员

恶意雇员是指利用工作之便, 破坏雇主网络安全的雇员. 比如某雇员在自己编写的软件内植入后门, 使该雇员被解雇后仍可通过预先安置的后门非法进入此程序, 或在软件内设置逻辑炸弹, 使其在该雇员被解雇后的某一时刻启动, 对公司的网络安全进行报复. 恶意雇员还可能扮演黑客的角色, 展示雇主计算机系统的安全薄弱环节, 扮演抄袭小儿的角色向同事吹嘘 "我比你牛", 或扮演电脑间谍的角色出卖公司的利益.

1.3.5 电脑恐怖分子

恐怖分子是指那些具有极端意识形态, 为达到目的而不惜以任何方式和代价危害无辜生命的极端分子. 电脑恐怖分子是指专门从事危害计算机网络安全并破坏其基础设施的恐怖分子, 其目的是制造公众恐慌. 电脑恐怖分子是否存在, 目前还没有报道, 但他们一旦出现, 将会极其危险, 因此需要仔细研究和专门应对.

本书所讨论的网络安全的假想敌主要是前 4 种, 即黑客、抄袭小儿、电脑间谍和恶意雇员, 这些人不是绝对的敌对分子, 他们的破坏行为可通过法律和公司的规章制度加以制裁. 电脑恐怖分子则与这 4 种人不同, 他们是顽固的敌对分子, 因此需要专门研究和对付. 电脑恐怖分子不在本书的讨论范畴之内.

1.4 网络安全的基本模型

根据纵深防御的指导思想,网络安全的基本模型由 4 部分组成:密码系统、防火墙、抗恶意软件和入侵检测系统,如图 1.11 所示.

图 1.11 网络安全基本模型

密码系统是保护网传数据机密性和完整性的主要防御机制,它是以计算机密码学为根基建立起来的网络安全协议,这些协议包括加密协议、数据认证协议及密钥管理协议. 图 1.12 所示的是加密算法和解密算法部分. 人们习惯用 E 表示加密算法,D 表示解密算法,K 表示密钥.

图 1.12 网络密码系统模型

防火墙、抗恶意软件和入侵检测系统是保护局域网及联网主机内数据机密性和完整性的主要防御机制. 防火墙是安装在计算机或网络设备内的系统软件,其主要功能是检查来往的网包,不让具有危害性的网包通过. 某些网络设备有时也将防火墙的部分功能硬件化,以加快处理速度. 抗恶意软件的主要功能是扫描系统内所有文件,检查这些软件是否是恶意软件或含有恶意软件,并将其隔离或删除. 入侵检测系统的主要功能是监视系统登录、分析来往网络交通和用户行为,从大量数据中找出入侵者的蛛丝马迹,并及时向系统管理人员发出入侵警报.

本书将分章系统地介绍网络安全基本模型的这 4 个主要部分.

1.5 网络安全信息资源网站

网络安全是攻、防双方一场持续不断的角逐. 当旧的网络安全漏洞被修补以后,新的网络安全问题又可能不断出现. 本书的目的是向读者介绍网络安全的一些基本原理和方法,它不可能包揽一切,也不能预知未来可能出现的攻击.读者在网络安全实践中,一定还会碰到许多新问题.值得庆幸的是,在这场角逐中,我们并非孤立无援,许多人在与我们一起努力,包括许多白帽子黑客,他们会将发现的安全问题和解决方法及时地公布出来,帮我们渡过难关.当然,如果大家发现新的安全攻击或新的解决办法,也有义务告诉其他人,并成为白帽子黑客.本节列举 4 个主要的网络安全信息资源网站,供读者参考.

1.5.1　CERT

CERT 全文是 Computer–Emergency Response Team,它是附属于美国卡内基·梅隆大学软件工程学院的一个研究机构,创建于 1988 年,其经费主要由美国联邦政府提供.CERT 是最早的计算机安全事故应急机构,自创建以来一直忠实地为计算机安全工作者和研究人员提供第一手资料,定时向用户免费发送研究简报,报告最新发现的安全问题和提出解决方案.除此之外,它还主办培训班培训计算机安全人才.CERT 的网址是 www.cert.org.

1.5.2　SANS

SANS 全文是 SysAdmin, Audit, Network, and Security Institute (USA),代表系统管理、审核、网络和安全.SANS 创建于 1989 年,其宗旨是收集、整理和发表信息安全资料,并免费向用户提供这些资料.SANS 的网址是 www.sans.org,它已成为信息安全文献的一个主要来源.除此之外,SANS 还主办各种信息安全培训班,并资助计算机安全研究课题.

1.5.3　微软安全顾问

微软安全顾问是微软公司专门设立的网站,其宗旨是为微软产品的用户提供微软安全信息、微软安全工具和软件更新.微软产品的用户应定期访问这个网站,它的网址是 www.microsoft.com/security/default.mspx.

1.5.4　NTBugtraq

NTBugtraq 是由志愿者主持的网站,它向用户提供一个发布和讨论微软产品的安全问题的论坛,其网址是 www.ntbugtraq.com.

1.6　结　束　语

孙武子曰:兵者,诡道也.出其不意、攻其无备是进攻者的策略,网络攻击也不例外.比如,如果密钥管理不善,即使加密算法本身坚不可破,攻击者仍然可能利用密钥管理的漏洞盗窃密钥而破译密文.

人们必须假设,攻击者会想尽办法并使用各种手段来达到其目的. 大家必须牢记:防御系统中的任何一个薄弱环节都可使本来看似坚固的防御体系毁于一旦,而且无论防御系统如何坚固,如果可以被绕过则形同虚设. 例如,第二次世界大战时法国曾寄希望于其耗时 10 年、消耗巨资在德法边境上精心构筑的马其诺防线,能有效地抵御德国军队的入侵,但德军却避实就虚,突然袭击法国的邻国荷兰和比利时,然后经比利时迅速绕到马其诺防线背后,轻而易举地攻占了法国. 这个教训也告诉人们,在构筑网络安全防御体系时,应不断检讨,不能抱有任何侥幸心理,以正向和逆向思维方式寻找防御系统的薄弱环节,及时堵住防御漏洞.

习 题

1.1 根据你对网络协议的了解,完成下列习题.

(a) 解释 TCP 包的结构和 TCP 包头的主要功能.

(b) 解释 IP 包的结构和 IP 包头的主要功能.

(c) 解释 TCP 三向握手协议及其主要功能.

(d) 解释 UDP 和 TCP 协议的主要区别. 给出一个使用 UDP 连接的具体实例和使用 TCP 连接的具体实例.

1.2 根据你对网络协议的了解,完成下列习题.

(a) 解释 ICMP 协议及其主要功能.

(b) 解释 ARP 协议及其主要功能.

(c) 解释路由器、交换器和网关的主要功能.

(d) 解释 SMTP 协议及其主要功能.

1.3 解释 IPv4 和 IPv6 的主要区别.

*1.4 (**思考题**)思考用三向握手的方式建立可靠连接是否绝对必要,并解释自己的看法.

1.5 使用网络管理工具能帮助读者熟悉自己的计算机系统,网络管理简称网管. Windows 操作系统常用的网管工具包括 ipconfig、ping、tracert、netstat 和 nslookup.

(a) 在一台运行 Windows 操作系统的主机中打开 cmd 窗口(点击 Start 键,然后选择 run,输入 cmd 即可打开 cmd 窗口),然后分别执行这 5 条指令,观察并解释所得结果.

(b) 除 nslookup 外,用 -? 或 /? 选项(比如输入 ipconfig -? 或 ipconfig /? 指令)找出 ipconfig、ping、tracert 和netstat 指令的所有选项和用途(指令 nslookup 用于查询域名的 IP 地址,没有选项).

(c) 执行如下指令并解释所得结果:

```
ipconfig /all
ping www.yahoo.com.cn
tracert www.yahoo.com.cn
nslookup cs.uml.edu
netstat -e
```

1.6　在 UNIX 和 Linux 操作系统中, ping、netstat 和 nslook 等指令分别与 Windows 操作系统中同名的指令的功能相同. 用 man 指令可找到这些指令的说明. 比如 man netstat 将列出有关如何使用 netstat 指令的信息. 假如你有 UNIX 或 Linux 操作系统的使用权, 分别执行这些指令, 观察并解释所得结果.

1.7　与 Windows 操作系统中的 ipconfig 指令对应, UNIX 和 Linux 在文件 /etc/hosts 中列出连在局域网上的所有计算机的 IP 地址. 观察此文件并解释所得结果.

1.8　在 Windows 中打开 cmd 窗口, 然后执行 netstat -ano 并观察哪些端口在倾听, 哪些端口已建立了 TCP 连接, 哪些端口用于 UDP 通信, 并找出在这些端口所执行的程序名.

为了找出哪些程序在哪些端口上运行, 首先在 netstat -ano 指令的输出中找到端口和其对应的进程号 PID, 然后从视窗任务管理器中找到 PID 对应的程序名. 具体操作如下: 同时按下 Ctrl-Alt-Del 组合键后选择 Task Manager 打开 Windows 任务管理器, 然后单击 Process 选项. (如果 PID 没有列出, 单击 View, 然后单击 Select Columns... 并选取 PID.) 例如, 假定 netstat -ano 的输出中包含如下信息:

Proto	Local Address	Foreign Address	State	PID
TCP	192.168.1.106:3972	72.14.204.189:80	ESTABLISHED	2632

则执行此指令的计算机在端口 3972 上已建立了 TCP 连接, 其 PID 是 2632. 在视窗任务管理器的 Process 窗口中发现 PID 为 3972 的程序是 ashWebSv.exe, 由此可知 ashWebSv.exe 在主机端口 3972 上运行的程序是 ashWebSv.exe. 顺便指出, ashWebSv.exe 是抗病毒软件 Avast! 中的程序.

1.9　在 Windows 中打开 cmd 窗口, 然后用 arp -a 指令找出计算机的 MAC 地址. 在 UNIX 操作系统中用 arp -a 列出所登录的计算机系统内 ARP 表的所有计算机名及它们的 IP 地址和 MAC 地址.

1.10　窃听软件也称为网包嗅探软件或网络嗅探软件, 其主要功能是存储和显示来往的网包信息. TCPdump 和 Wireshark 是广泛使用的网包嗅探软件, 且都免费. TCPdump 很早就开始流行, Wireshark 则较新, 且使用界面较好. TCPdump 和 Wireshark 的网址分别是 www.tcpdump.org 和 www.wireshark.org. Wireshark 的前身是 Ethereal, 它在 2006 年改名为 Wireshark.

使用微软公司 Windows 操作系统的读者可从 Wireshark 网页上下载并安装 wireshark-setup-0.99.6a.exe 或最新版本; 该版本含 WinPCap3.1, 请同时安装. 使用其他操作系统的读者可下载并安装相应的 Wireshark 版本. 安装好后运行 Wireshark.

此习题的目的是侦听 ARP 包的传递. Wireshark 启动后, 在 The Wireshark Network Analyzer 窗口上依次单击 Capture 和 Options, 然后在 Interface 空格内选择网卡, 并在 Capture Filter 空格内输入 arp, 然后单击 Start 按钮启动监听 ARP 包的程序. 此时有一个标题为 "(网卡名): Capturing - Wireshark" 的小窗口弹出. 为了有 ARP 包可听, 可打开网络浏览器访问几个网站, 当看到有 ARP 包被截获后, 在弹出的小窗口的底部单击 Stop 按钮终止侦听. 这时 Wireshark 主窗分成三部分, 上部显示所截获的 ARP 包, 中部显示网包头部, 底部显示网包内容, 网包内容用十六进制数和 ASCII 代码显示. 解释你所看到的所有信息.

注意：在局域网上使用网络监听软件必须首先征得系统管理员的认可，否则可能会触犯有关法律.

1.11   因为窃听的信息太多，大家通常只选择感兴趣的网包.

(a) 运行 Wireshark 程序，在 Capture 菜单上选择 Options，在弹出的 Wireshark: Capture Options 窗口中的 Filter 文本框中输入 "tcp port 25"，并单击 OK 按钮实施监听. 给自己发一封电子邮件后终止监听，并解释所看到的信息.

(b) 运行 Wireshark 程序，在 Capture 菜单上选择 Options，在弹出的 Wireshark: Capture Options 窗口中的 Filter 文本框中输入 "tcp port 80"，并单击 OK 实施侦听. 打开网页浏览器访问几个网页后终止侦听，并解释你所看到的信息.

1.12   密文破译的一个常用方法是首先找出密文中各字母的出现频率，然后对照明文所用语言字母出现频率的统计数字，希望找到密文字母与明文字母的一一对应的关系. 此方法适用于任何保持原文字母频率的加密算法，因此对早期使用的加密算法特别有效.

英文文章中各字母出现频率的统计数字从大到小排列如下所示：

e	t	a	o	i	n	s	h	r	d
12.702	9.056	8.167	7.507	6.996	6.749	6.327	6.094	5.987	4.253
l	c	u	m	w	f	g	y	p	b
4.052	2.782	2.758	2.406	2.360	2.228	2.015	1.974	1.929	1.492
v	k	j	x	q	z				
0.978	0.772	0.153	0.150	0.095	0.074				

采用这个方法破译密文，密文越长就越有可能得出与统计值几乎一样的字母频率，因此也就越好. 当密文不够长时，也许还需要借助其他信息，比如，利用较常出现的两个或三个字母组成的字母串（如 er，or，the 等）来猜测密文字母与明文字母的对应关系. 考虑下列密文：

```
VJGJKUVQTAQHWUKPIUGETGVYTKVKPIVQRTQVGEVXCNWCDNGKPHQT
OCVKQPKURTQDCDNACUNQPICUVJGJKUVQTAQHYTKVVGPNCPIWCIGK
VUGNHEQORWVGTETARVQITCRJAYCUETGCVGFVQRTQVGEVEQPHKFGP
VKCNFCVCKPFKIKVCNHQTOUCPFKVVJTKXGUKPVJGKPVTGPVGVC
```

(a) 算出密文中每个字母的频率.

*(b) 根据 (a) 的结果对照英文字母频率的统计数字破译密文. 注意：密文书写时已将标点符号和空格略去. 给出原文时应给出相应的标点符号和空格.

1.13   用习题 1.12 的方法破译下列密文：

```
NTCGPDOPANFLHJINTOOFITOVJHJCTMMHIHEMTCPFDWTSOFSHTOGFWTE
TTJJTBTOOFSZOVEOCHCVCHPJHOCGTOHNQMTOCNTCGPDCGFCSTQMFBTO
FBGFSFBCTSHJCGTQMFHJCTYCXHCGFAHYTDDHAATSTJCBGFSFBCTSHJC
GTBHQGTSCTYCCGHONTCGPDQSTOTSWTOCGTMTCCTSASTRVTJBZHJCGTQ
MFHJCTYCFJDOPPJTBFJOTFSBGAPSCGTQMFHJCTYCASPNFIHWTJBHQGT
SCTYCEZBPNQFSHJICGTASTRVTJBZPATFBGMTCCTSFIFHJOCCGTLJPXJ
BPNNPJASTRVTJBZHJCGTVJDTSMZHJIMFJIVFIT
```

1.14　假如读者有 UNIX 或 Linux 操作系统的使用权，观察登录密码文件 /etc/passwd. 该文件中的每一行都具有下列格式：

用户名：密码：身份号码：主要小组码：非系统信息：主目录：系统外壳

在早期的版本中，密码部分会将登录密码加密后的密文（比如 3/25#2%v）显示出来，从而使字典攻击者有可乘之机. 后期的版本只显示符号 * 或 x，表示需要用户输入登录密码，验证通过后才可登录. 假设某 /etc/passwd 文件包含如下条目：

nobody:*:65534:10:NFS Nobody (normal):/:/bin/nosh

给出该条目中每部分的解释.

1.15　令 h 为散列函数，r 为缩减函数，T 为由这两个函数做成的 k 行 D 列彩虹表，其中第 j 列的元素为 $(w_{j1}, h(w_{jn_j}))$ $(1 \leqslant j \leqslant k)$. 在实际应用中，函数 h 将较短的用户密码映射到一个较长的散列字符串. 不失一般性，假设 $h: P \to P_h$ 是一一对应的函数，它将不同的用户密码映射到不同的散列字符串. 令 $Q_0 = h(w)$ 及 $Q_1 = (h \circ r)^i(Q_0)$，其中 $i \geqslant 0$. 假设存在 $1 \leqslant j \leqslant k$ 使得 $Q_1 = h(w_{jn_j})$. 回答下列问题：

(a) 在什么条件下，w 会出现在第 j 条链 $w_{j1}, \cdots w_{jn_j}$ 中？

(b) 在构造彩虹表时人们通常会使用不同的缩减函数来构造不同的用户密码链. 解释为什么这个方法能增加 w 在第 j 条链 $w_{j1}, \cdots w_{jn_j}$ 中出现的概率.

1.16　网络钓鱼攻击的关键是要有好的钓饵. 钓饵通常以看似可信且具有权威性的网页或电子邮件的形式出现，这些钓饵所包含的网页链接是攻击者设立的陷阱网页. 讨论如何辨别网络钓鱼邮件和网络钓鱼网页.

*1.17　此习题是通过给网址赋予不同的 MAC 地址而误导信息流向的实验. 假设有 3 台运行 Windows 或 Linux 的计算机，分别称为计算机甲、计算机乙和计算机丙，且都连在同一个局域网上. 假设读者在这些计算机上都有用户账号，并在计算机乙和计算机丙上使用同样的用户名 fool. 除此之外，假设读者在计算机乙上还有系统管理员账号，可以修改 ARP 表. 先在计算机丙上用 arp -a 指令获得其 MAC 地址，然后在计算机乙上用 arp -s 指令修改其 ARP 表，使计算机乙的网址对应于计算机丙的 MAC 地址. 这些事做完后稍等片刻，让新的 ARP 表起作用，或重新启动计算机乙. 然后从计算机甲上的账号给你在计算机乙上的账号 fool 发送一封电子邮件，则此邮件将会送到你在计算机丙上的账号 fool. 核实试验结果. 计算机丙在这里扮演了中间人的角色.（此试验由麻省大学罗威尔分校刘本渊教授提供.）

1.18　端口扫描软件可用于检测计算机的开启端口.

(a) 用 ShieldUP!! 软件扫描计算机端口并检测漏洞：访问网页 www.grc.com，进入 ShieldsUP!! 网页，将光标下移到 ShieldsUP!! 链接，然后按提示信息执行就可完成端口扫描.

(b) Nessus 软件与 ShieldUP! 软件的功能类似，它不但检查计算机中开启的端口，而且还试图确定在这些断口上运行的服务，以便找出安全缺陷. 访问网页 www.nessus.org，下载该软件，然后扫描用户的计算机.

1.19　访问网页 www.bindview.com/Services/RAZOR/Utilities/Unix_Linux/Zombie Zapper_form.cfm，然后选择 Zombie Zapper[tm] Windows NT Executable v1.2，下载 ZZ.exp（该版本适合 Windows XP/2000/NT）. 执行 ZZ.exp，在 Task IP 空白区域内输入占比机的 IP 地址. 做本习题时你也许不知道哪一台计算机是占比机，因此，选择一台与你的计算机同属一个

局域网的计算机, 将其 IP 地址填入其内. 不改动任何其他默认值, 并选择 Zap 按钮启动占比截杀. 当你的计算机遭到 DDoS 拒绝服务攻击时, 比如在短期内占比机送出大量请求, 占比截杀软件将会阻挡这些从占比机涌入的网包并将其丢弃.

1.20　图形识别机制是万维网服务器主机用于防止用户实施自动化登录的有效工具. 万维网服务器主机收在到登录请求后, 除了要求用户输入登录名和登录密码外, 还同时显示一串随机产生的字符, 并要求用户输入这些字符. 这些字符以各种形状和颜色出现, 甚至每个字符亦有多种颜色, 迫使用户介入才能将字符辨认出来. 如果输入的字符串不对, 即使用户输入的登录名和登录密码都正确, 服务器主机亦不会授权登录许可.

解释为什么自动化登录设施可用于拒绝服务攻击以及为什么图形识别机制能有助于防止此类攻击.

1.21　微软公司的 Windows 操作系统目前被广泛使用, 因而自然成为黑客攻击的主要目标, 导致微软系统的安全缺陷和漏洞不断被发现.

(a) 为了及时修补安全漏洞, 用户应该及时从微软公司网页下载补丁. 建议读者将自己管理的 Windows 系统设置成自动更新.

(b) 使用 Windows XP 的 MBSA 安全工具检测 Windows XP 和其他微软产品的安全设置. 首先从微软公司网页 www.microsoft.com/technet/security/tools/mbsahome.mspx 上下载并安装 MBSA 的最新版本. 然后启动 MBSA 并选择计算机扫描检测 Windows XP 系统.

1.22　在计算机后台上运行的服务程序是让他人从网络进入计算机系统的入口. 这些服务根据各自的情况, 有的是必要的, 有的是不必要的, 有的还可能是用户不小心从别处下载下来的. 假设读者使用的操作系统是 Windows XP.

(a) 按下列步骤检查读者的计算机上哪些服务程序正在运行, 哪些服务已经关闭: 依次单击 Start 和 Run, 输入 msconfig, 单击 OK 按钮进入 System Configuration Utility 窗口, 单击 Services.

(b) 按下列步骤阅读 Windows XP 支持的各种服务程序的用途: 依次单击 Start 和 Run, 输入 Services.msc, 单击 OK 按钮进入 Services 窗口, 单击 Services. 然后逐一选择服务程序, 阅读其用途说明.

1.23　垃圾邮件过滤软件是阻止垃圾邮件进入电子邮箱的软件. 微软办公软件具有过滤垃圾邮件的功能. 设置垃圾邮件过滤的步骤如下: 开启微软 Office Outlook, 单击 Actions, 将光标指向 Junk E-mail, 然后依次单击 Junk E-mail options → Safe Lists Only → Safe Senders → Add. 在这里输入那些愿意接收电子邮件的地址, 然后依次单击 OK 按钮 (两次). 同样, 也可以输入那些不愿接收电子邮件的地址, 试描述其步骤.

**1.24　在设计 TCP/IP 网络协议和 OSI 标准通信模型的初期, 网络设计者们关心的问题是如何将数据从一台计算机有效和可靠地传输到另一台计算机上去. 数据的安全性在当时并没有提到议事日程. 因此, TCP/IP 通信协议和 OSI 标准通信模型没有内置的安全机制. 当人们逐渐认识到这一设计缺陷后, 便想方设法在现有的框架内加入各种安全机制. 但是, 由于这些通信协议和通信模型不是为网络安全设计的, 其体系结构也许并不适用于加入新的安全功能. 为了从根本上纠正这一缺陷,网络设计者们已开始研究如下课题:如果从头开始设计网络通信协议,使其包含现有的安全机制及在未来能有效地加入新的安全功能,网络体系结构应怎样设计才是最好的. 这是一个大课题,建议读者在阅读本书时也同时思考这个问题,并写下你的看法和设计方案.

第 2 章

数据加密算法

人类使用密码通信的历史大约与人类使用文字的历史一样长. 现代计算机密码学是为了保护数字化数据的机密性而建立起来的理论和技术, 它的研究到了互联网时代更得到了突飞猛进的发展. 加密算法是密码学的一个主要领域, 它用一组运算规则和密钥将明文从可读形式转化成不可读的密文. 加密算法必须能逆转, 其逆转规则称为解密算法, 它将密文用密钥还原成明文. 这样的加密算法称为常规加密算法或对称密钥加密算法.

例如, 令 $P_0 P_1 \cdots P_{25}$ 为英语 26 个字母的一个固定排列, 称为置换, 它将 A 换成 P_0, B 换成 P_1, 如此类推, 最后将 Z 换成 P_{25}. 将明文中的每个字母用此置换成指定的字母就得到密文, 没有受过专门训练的人很难从这个密文读出原文的含义. 这是一个简单的加密算法, 所使用的密钥是 $P_0 P_1 \cdots P_{25}$. 习题 1.13 使用的是这个算法, 其中 FEBDTAIGHKLMNJPQRSOCVWXYZU 为密钥. 将密文中的每个字母换成逆置换中相应的字母, 即将 P_0 换成 A, P_1 换成 B, 如此类推, 最后将 P_{25} 换成 Z, 便可将密文还原成明文. 所以, 设计一个加密算法并不难, 难的是设计好的加密算法.

加密算法应满足什么条件才能被认为是好的呢? 本章将首先回答这个问题. 然后介绍几个常见的常规加密算法(又称为分组加密算法), 包括数据加密标准(DES)、多重 DES 和高级加密标准(AES)等, 以及几种常见分组加密算法的应用模式及 RC4 序列加密算法. 最后介绍密钥产生的方法.

2.1　加密算法的设计要求

首先指出：任何明文，不管用何种语言书写，都可以用特定的编码方式表示成一个二进制字符串. 二进制字符串是由 0 和 1 组成的字符串. 不同的语言使用不同形式的编码方式，称为标准字符代码集. 例如，英语明文和各种常用符号可以用美国信息交换代码（ASCII）编码成二进制字符串，简体汉字明文可用国标 GB 2312-80 代码集编码成二进制字符串. 统一字符代码集（Unicode）和 ISO 10644 代码集是一种将所有不同语言的编码统一起来的尝试. 不失一般性，假设明文和密文都是二进制字符串.

字符 0 和 1 称为二进制数字，也称为比特. 为减少所需运算时间，加密算法自然应该使用在计算机上容易实现的简单二进制字符操作. 例如本章开始时提到的字符置换就是一种简单操作，习题 1.13 的密文就是用这个简单算法产生的.

令 X 为二进制字符串，用 X 中二进制数字的个数表示 X 的长度，记为 $|X|$. 如果 $|X| = \ell$，称 X 为 ℓ 比特字符串.

令 $a \in \{0,1\}$，k 为非负整数，用 a^k 表示如下 k 比特二进制字符串：

$$a^k = \underbrace{aa \cdots a}_{k \text{ 个 } a}.$$

令 $X = x_1 x_2 \cdots x_\ell$ 和 $Y = y_1 y_2 \cdots y_m$ 为两个二进制字符串，其中 x_i, $y_i \in \{0,1\}$. 用 XY 表示 X 和 Y 的串联运算，即

$$XY = x_1 x_2 \cdots x_\ell y_1 y_2 \cdots y_m.$$

为表述清楚，有时也用 $X \circ Y$ 或 $X \parallel Y$ 表示串联运算 XY.

2.1.1　ASCII 码

ASCII 码由 7 比特二进制字符串组成，也可用 0 到 127 的所有整数表示，称为 7 比特 ASCII 码，见表 2.1，其中行号代表 ASCII 码左边的四位二进制数字，列号代表 ASCII 码右边的三位二进制数字. 0 到 31 表示前 32 个 ASCII 码，127 表示最后一个 ASCII 码，它们为计算机控制码，均不能在计算机上显示. 只有 32 到 126 表示的 ASCII 码能在计算机上显示，包括大小写英文字母、阿拉伯数字、标点符号、括号以及算术运算符号等常用符号. 因为计算机的基本地址单位为字节，1 字节等于 8 比特，所以人们通常用一个字节表示一个 ASCII 码，称为 8 比特 ASCII 码. 字节亦可用来表示长度单位. 8 比特 ASCII 码将第一位二进制数字置 0，其余 7 位二进制数字为原来的 ASCII 码. 这样做的好处是容易将 ASCII 码扩展，将第一位二进制数字置 1 而其余 7 位不变，用来表示更多的符号. 第一位二进制数字也可用来表示其余 7 位 ASCII 码中字符 1 出现个数的奇偶性，便于检错. 不论怎样，英语明文用 8 比特 ASCII 码表示之后的长度是 8 的倍数. 用其他代码如国标和统

一字符编码表示的明文的长度则是 16 的倍数. 不失一般性假设所有明文的长度都是 8 的倍数.

表 2.1　美国标准信息交换代码（ASCII），长 7 比特

	000	001	010	011	100	101	110	111
0000	nul	soh	stx	etx	eot	enq	ack	bel
0001	bs	ht	nl	vt	np	cr	so	si
0010	dle	dcl	dc2	dc3	dc4	nak	syn	etb
0011	can	em	sub	esc	fs	gs	rs	us
0100	空格	!	"	#	$	%	&	'
0101	(	)	*	+	,	-	.	/
0110	0	1	2	3	4	5	6	7
0111	8	9	:	;	<	=	>	?
1000	@	A	B	C	D	E	F	G
1001	H	I	J	K	L	M	N	O
1010	P	Q	R	S	T	U	V	W
1011	X	Y	Z	[	\	]	^	_
1100	`	a	b	c	d	e	f	g
1101	h	i	j	k	l	m	n	o
1110	p	q	r	s	t	u	v	w
1111	x	y	z	{	|	}	~	del

2.1.2　异或加密

异或运算是简单的二进制字符运算, 用 $\oplus$ 或 XOR 表示, 它是数字电路或数理逻辑里常用的运算, 在密码学里它是作为二进制字符串的加法运算使用的, 所以将其称为异或, 其运算规则是

$$0 \oplus 0 = 0,\ 0 \oplus 1 = 1,\ 1 \oplus 0 = 1,\ 1 \oplus 1 = 0.$$

对任意 $a \in \{0,1\}$, 有

$$a \oplus a = 0,\ a \oplus 0 = a,\ a \oplus 1 = 1 - a,\ a \oplus (1 - a) = 1.$$

令 $X = x_1 x_2 \cdots x_m$ 和 $Y = y_1 y_2 \cdots y_m$ 为两个二进制字符串, 其中 $x_i, y_i \in \{0,1\}$. 定义

$$X \oplus Y = (x_1 \oplus y_1)(x_2 \oplus y_2) \cdots (x_m \oplus y_m).$$

因此有

$$X \oplus X = 0^\ell,\ X \oplus 0^\ell = X.$$

用字母 E, D, K 分别表示加密算法、解密算法和密钥, 令 ℓ 为被 8 整除的正整数, 并令 K 为 ℓ 比特长的密钥. 将原文 M 分成若干段:

$$M_1, \cdots, M_k,$$

使得除 M_k 外每段均为 ℓ 比特二进制字符串. 如果 $|M_k| < \ell$, 就用一个 8 比特控制码, 如 nl 控制码 00001010, 填充在 M_k 的后面一次或多次将剩余的空间填满, 使新串的长度正好为 ℓ. 此法称为填充. 仍将新串记为 M_k.

将一整段明文加密的算法称为分组密码 (或块状密码). 如果加密算法对每个字符单独加密, 即明文段的长度等于 8, 则称其为序列密码. 所以, 分组密码和序列密码的界限是明文段的大小, 分组密码的长度通常为 64 比特或 128 比特, 而序列密码的长度通常为 8 比特 (如果使用统一字符编码则为 16 比特).

下面用 XOR 运算设计一个加密算法, 它将明文段 M_i 加密成密文段 C_i:

$$C_i = E(K, M_i) = K \oplus M_i.$$

解密算法将密文段 C_i 按下列方式还原成明文段 M_i:

$$D(K, C_i) = K \oplus C_i = K \oplus (K \oplus M_i) = (K \oplus K) \oplus M_i = 0^\ell \oplus M_i = M_i.$$

异或加密是最简单的加密算法. 例如, 令密钥 $K = 1001101010011011$, 则 E 将明文 FUN 加密如下:

明文:	F	U	N	(填充)
ASCII:	01000110	01010101	01001110	00001010
密钥: $\oplus$	10011010	10011011	10011010	10011011
密文:	11011100	11001110	11010100	10010001

异或加密简单明了且操作快捷, 但安全性有限. 比如, 窃听者如果能获取一个明文和密文对 (M_i, C_i) 便可算出密钥 K, 这是因为

$$M_i \oplus C_i = M_i \oplus (M_i \oplus K) = K.$$

通过获取少量密文及其对应的明文而获取密钥的方法称为已知明文攻击.

为防御已知明文攻击, 用户应经常更换密钥, 最安全的做法是密钥只用一次. 把密钥只用一次的异或加密称为一次一密密码本. 因为用此法必须产生大量的密钥, 一式两份按相同顺序记在密码本上, 一份送给甲一份送给乙. 甲乙双方通信时必须按顺序使用相同密钥, 用完后就将其从密码本上删去. 一次一密密码本是既简单又安全的加密算法. 但使用一次性密钥在网络通信上不实用, 因为存储和传输大批密钥在实际应用中相当困难. 所以必须另寻途径, 设计既安全又实用的加密算法.

2.1.3　加密算法的要求

为便于实际应用,加密算法应公之于众. 不公开的加密算法在极少数情况下曾被使用过. 比如,在第二次世界大战中的太平洋战场,美国海军陆战队就曾使用过一个极偏僻的印第安人部落纳瓦霍人的语言作为密码算法,这个密码系统从使用开始到二战结束从未被日军识破.

然而,加密算法不公开便无法设立工业化标准,也不利于研讨算法的安全性. 所以,在现代通信应用中加密算法本身是不保密的,保密的只是加密算法所用的密钥. 要求一把密钥能使用多次而不会威胁到加密算法的安全. 除此之外,好的加密算法还应满足下列要求.

1.　运算简便快捷

算法所执行的运算必须在计算机硬件和软件上容易实现,而且只需使用很少的计算资源就能完成. 通常要求加密算法的时间复杂性和空间复杂性均为输入长度的小系数线性函数. 这样做的目的是保证加密算法的执行不会影响系统的正常运行.

比如,为使加密和解密运算简便快捷,通常使用异或、置换、替换、循环位移和有限域的加法和乘法等简单运算. 置换和替换运算都将某个二进制字符串替换成另一个二进制字符串,置换运算是一对一的,即不同的二进制字符串不能被相同的二进制字符串所取代,而替换运算则可以是多对一.

2.　抵御统计分析

加密算法必须彻底打乱明文的统计结构,使任何统计分析的方法都难以破译密文. 为保证这一点,要求加密算法必须同时具有扩散性和混淆性.

扩散性是指明文中的每一位二进制数字都对密文中的多个二进制数字有直接影响,也就是说,密文中的每一位二进制数字都由明文中多个二进制数字共同决定.

混淆性是指密钥中的每一位二进制数字对密文中的多个二进制数字有直接影响,也就是说,密文中的每一位二进制数字都由密钥中多个二进制数字共同决定.

扩散性和混淆性有时也统称为雪崩效应,它指的是在明文或密钥中哪怕只修改一位数字也会引起密文中多位数字的改变,就像轻微震动便能引起雪山崩塌一样.

产生扩散性最常用的方法是对明文段执行某些特定的运算,如替换运算,并对新产生的二进制字符串如法重复数次. 产生混淆性最常用的方法是从密钥生成若干子密钥,将明文段用一个子密钥执行某些特定的运算,如异或运算,并对新产生的二进制字符串如法重复数次. 将这两种方法按一定的方式结合起来使用便可望获得同时满足扩散性和混淆性的加密算法.

3. 抵御穷举攻击

假设密钥的长度为 ℓ 比特，则窃听者窃取密文 C 后可对每个 ℓ 比特二进制字符串 K' 计算 $M' = D(C, K')$，直到找到合理的明文为止. M' 是否合理由具体情况而定，合理明文包括可读明文、数据及压缩过的明文或数据.

穷举攻击计算量的数量级为 2^ℓ，所以 ℓ 必须足够大才能抵御穷举攻击. 穷举攻击的计算复杂性也常用来判定破译方法的有效性. 如果一种破译方法的时间复杂性的数量级大大小于 2^ℓ，则便被认为有效.

4. 抵御数学攻击

加密算法还必须能抵御其他可能的攻击，包括已知明文攻击、选择明文攻击及与加密算法相关的数学攻击.

选择明文攻击指的是攻击者有目的地选择明文诱使加密方将其加密，以助于破译其他密文. 例如，在第二次世界大战中，美国太平洋舰队的情报部门从截获的日军密电中发现了一个频繁出现的密文串，并猜测这个密文串代表明文"中途岛". 为了检验这个猜测的正确性，美军方面故意制造了一个情报并用明文发送了一则电文，请求修复中途岛上一个出了故障的设备，引诱日军情报部将其加密作为情报送出. 美军情报部门截获此密文并核实了其猜测的正确性.

与算法相关的攻击根据算法不同而不同. 数学攻击包括差分密码分析、线性密码分析和代数密码分析，这些方法的描述不在本书讨论范围之内.

5. 抵御侧信道攻击

加密算法的具体实施必须能抵御侧信道攻击. 侧信道攻击并不直接对加密算法本身进行攻击，而是通过从执行算法的环境中寻找可利用的漏洞进行攻击. 比如，计时攻击便是一种常见的侧信道攻击. 计时攻击是根据对加密算法的了解，通过收集每一步的计算时间而推算出加密算法所使用的密钥或其他参数. 如果计算时间由于密钥的某个比特值取 0 或取 1 而相差很大，则通过分析所用的计算时间就可正确推算出这个比特值.

抵御计时攻击的方法是设法减少每一步骤的计算的时间差，比如在计算时间少的步骤中适当地执行几个多余的运算来增加这一步骤的运算时间.

2.2 数据加密标准

数据加密标准，简称 DES，是美国国家标准局（NBS）于 1977 年制定的. 美国国家标准局是美国标准和技术研究院（NIST）的前身，是制定产品工业化标准的联邦政府机构. DES 是在 IBM 公司 Horst Feistel 等人设计的 Lucifer 加密算法的基础上，经美国国家安全局（NSA）审查后，由 NBS 定为数据加密标准. DES 是从 20 世纪 70 年代中期到 21 世纪初期被广泛使用的数据加密算法. 虽然逐渐被其他数据加密算法所取代，但 DES 不仅对现代密码学的发展起了重要作用，而且是数据加密算法的设计范本.

　　DES 具有十分对称的加密和解密结构, 它使用异或、置换、替换和循环位移四种简单运算. DES 是 Feistel 密码体系的具体实施. 为便于理解 DES, 在叙述 DES 前先介绍 Feistel 密码体系.

2.2.1　Feistel 密码体系

　　Feistel 密码体系, 简记为 FCS, 将明文分成若干 $2l$ 比特长的字符串, 用异或和替换两种基本运算将每一字符串加密. 令 n 为正整数, FCS 首先从密钥 K 产生 n 把子密钥: $K_1, \cdots, K_n$. 子密钥简称为子钥. 把替换运算视为函数, 记为 F, 其输入是 l 比特字符串和子钥, 其输出也是 l 比特二进制字符串. FCS 将 $2l$ 比特明文段 M 分割成等长的左右两段 L_0 和 R_0. Feistel 加密和解密算法分别执行 n 轮运算 (见图 2.1).

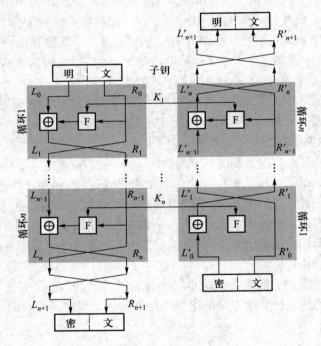

图 2.1　Feistel 加密和解密流程图

　　Feistel 加密算法的第 i 轮运算如下, 其中 $i = 1, \cdots, n$:

$$L_i = R_{i-1}, \tag{2.1}$$

$$R_i = L_{i-1} \oplus F(R_{i-1}, K_i). \tag{2.2}$$

经过 n 轮运算后, 明文 $M = L_0 R_0$ 变成二进制字符串 $L_n R_n$. 令 $L_{n+1} = R_n$, $R_{n+1} = L_n$, 则密文 $C = L_{n+1} R_{n+1}$.

记 $C = L_0' R_0'$，即 $L_{n+1} = L_0'$，$R_{n+1} = R_0'$。Feistel 解密算法与其加密算法步骤相同，不同的只是子钥使用的次序正好与加密算法相反。Feistel 解密算法的第 i 轮运算如下，其中 $i = 1, \cdots, n$

$$L_i' = R_{i-1}', \tag{2.3}$$
$$R_i' = L_{i-1}', \oplus F(R_{i-1}', K_{n-i+1}). \tag{2.4}$$

执行完 n 轮运算后，令 $L_{n+1}' = R_n'$，$R_{n+1}' = L_n'$，便可将密文 $C = L_{n+1} R_{n+1} = L_0' R_0'$ 还原成明文 $M = L_0 R_0$。因为 Feistel 解密算法的输出是 $L_{n+1}' R_{n+1}'$，所以只需证明如下等式即可：

$$L_{n+1}' R_{n+1}' = L_0 R_0.$$

证明 因为 $L_{n+1}' = R_n'$，$R_{n+1}' = L_n'$，所以只需证明 $R_n' = L_0$，$L_n' = R_0$。为此目的，用数学归纳法证明对任意整数 $i \in [0, n]$，

$$L_i' = R_{n-i}, \quad R_i' = L_{n-i}. \tag{2.5}$$

然后令 $i = n$ 便得所需证明。

首先注意到 $L_0' = L_{n+1} = R_n$，$R_0' = R_{n+1} = L_n$，因此式 2.5 在 $i = 0$ 时成立。归纳假设：假设对任意整数 $i \in (0, n]$ 有

$$L_{i-1}' = R_{n-i+1}, \quad R_{i-1}' = L_{n-i+1}.$$

从式 2.3、归纳假设和式 2.1 得

$$L_i' = R_{i-1}' = L_{n-i+1} = R_{n-i}.$$

再从式 2.4、归纳假设、式 2.2 和式 2.1，得

$$
\begin{aligned}
R_i' &= L_{i-1}' \oplus F(R_{i-1}', K_{n-i+1}) \\
&= R_{n-i+1} \oplus F(L_{n-i+1}, K_{n-i+1}) \\
&= [L_{n-i} \oplus F(R_{n-i}, K_{n-i+1})] \oplus F(R_{n-i}, K_{n-i+1}) \\
&= L_{n-i} \oplus [F(R_{n-i}, K_{n-i+1}) \oplus F(R_{n-i}, K_{n-i+1})] \\
&= L_{n-i} \oplus 0^w \\
&= L_{n-i}.
\end{aligned}
$$

式 2.5 因此得证。

DES 是建立在 Feistel 密码系统上的密码系统，其明文段长度为 64 比特（即 $l = 32$）。DES 使用 56 比特密钥，表示成 64 比特二进制字符串，其中第 $8i$ $(i = 1, 2, \cdots, 8)$ 位上的二进制字符分别表示其前七位数字的奇偶性，用于检错。DES 根据密钥 K 产生 16 个 48 比特长的子钥，用于执行 $n = 16$ 轮运算。

2.2.2 子钥

令 $K = k_1 k_2 \cdots k_{64}$. 定义初始置换 I_K 如下：它将 K 中的第 $8i$ $(i = 1, 2, \cdots, 8)$ 位数字去掉后重新排列成如下 56 比特二进制字符串，按行排列：

$$I_K(K) = \begin{matrix} k_{57} & k_{49} & k_{41} & k_{33} & k_{25} & k_{17} & k_9 & k_1 & k_{58} & k_{50} & k_{42} & k_{34} & k_{26} & k_{18} \\ k_{10} & k_2 & k_{59} & k_{51} & k_{43} & k_{35} & k_{27} & k_{19} & k_{11} & k_3 & k_{60} & k_{52} & k_{44} & k_{36} \\ k_{63} & k_{55} & k_{47} & k_{39} & k_{31} & k_{23} & k_{15} & k_7 & k_{62} & k_{54} & k_{46} & k_{38} & k_{30} & k_{22} \\ k_{14} & k_6 & k_{61} & k_{53} & k_{45} & k_{37} & k_{29} & k_{21} & k_{13} & k_5 & k_{28} & k_{20} & k_{12} & k_4 \end{matrix}$$

不难看出，$I_K(K)$ 的元素排列根据 K 的元素下标有如下关系：前面 28 个元素的下标从 57 开始依次递减 8 模 65；后面 24 个元素的下标从 63 开始依次递减 8 模 63；最后 4 个元素的下标从 28 开始依次递减 8.

模运算是整数运算中经常使用的运算。令 m 为正整数，a 为非负整数，则"a 模 m"，记为 $a \bmod m$，等于 a 除以 m 所得的余数。如果 a 为负整数且其绝对值小于 m，则 a 模 m 等于最小的正整数 b 使 $b - a = m$. 比如，$-7 \bmod 65 = 58$.

令 $X = x_1 x_2 \cdots x_{56}$ 为 56 比特字符串，其中 $x_i \in \{0, 1\}$. 定义置换 P_K 将输入 X 压缩成如下 48 比特长的输出，按行排列：

$$P_K(X) = \begin{matrix} x_{14} & x_{17} & x_{11} & x_{24} & x_1 & x_5 & x_3 & x_{28} & x_{15} & x_6 & x_{21} & x_{10} \\ x_{23} & x_{19} & x_{12} & x_4 & x_{26} & x_8 & x_{16} & x_7 & x_{27} & x_{20} & x_{13} & x_2 \\ x_{41} & x_{52} & x_{31} & x_{37} & x_{47} & x_{55} & x_{30} & x_{40} & x_{51} & x_{45} & x_{33} & x_{48} \\ x_{44} & x_{49} & x_{39} & x_{56} & x_{34} & x_{53} & x_{46} & x_{42} & x_{50} & x_{36} & x_{29} & x_{32} \end{matrix}$$

令 Y 为 28 比特字符串，令 $LS_{z(i)}(Y)$ 表示将 Y 向左循环位移 $z(i)$ 次，其中 $z(i)$ 的定义如下：

i	1	2	3	4	5	6	7	8	9	10	11	12	13	14	15	16
$z(i)$	1	1	2	2	2	2	2	2	1	2	2	2	2	2	2	1

记 $I_K(K) = U_0 V_0$，其中 $|U_0| = |V_0| = 28$. 子钥 K_i 由如下方式生成：

$$U_i = LS_{z(i)}(U_{i-1}),$$
$$V_i = LS_{z(i)}(V_{i-1}),$$
$$K_i = P_K(U_i V_i),$$
$$i = 1, 2, \cdots, 16.$$

2.2.3 DES S 盒

DES 替换函数 F 依赖于一组特殊的矩阵，称为 S 盒。令 $Y = y_1 y_2 \cdots y_{48}$ 为 48 比特字符串，其中 $y_i \in \{0, 1\}$. 用 $Y[i, j]$ $(i < j)$ 表示子序列 $y_i \cdots y_j$. 令函数 S 的输入为 Y，它将 Y 按顺序分成 8 个 6 比特长的子段

$$Y = Y[1, 6]Y[7, 12]Y[13, 18]Y[19, 24]Y[25, 30]Y[31, 36]Y[37, 42]Y[43, 48],$$

然后将每个子段 $Y[6r-5, 6r]$（$r = 1, 2, \cdots, 8$）分别用 8 个维数为 4×16 且互不相同的 S 盒（见表 2.2）转化成 4 比特字符串作为输出.

表 2.2 S 盒的定义

S_1:	14	4	13	1	2	15	11	8	3	10	6	12	5	9	0	7
	0	15	7	4	14	2	13	1	10	6	12	11	9	5	3	8
	4	1	14	8	13	6	2	11	15	12	9	7	3	10	5	0
	15	12	8	2	4	9	1	7	5	11	3	14	10	0	6	13
S_2:	15	1	8	14	6	11	3	4	9	7	2	13	12	0	5	10
	3	13	4	7	15	2	8	14	12	0	1	10	6	9	11	5
	0	14	7	11	10	4	13	1	5	8	12	6	9	3	2	15
	13	8	10	1	3	15	4	2	11	6	7	12	0	5	14	9
S_3:	10	0	9	14	6	3	15	5	1	13	12	7	11	4	2	8
	13	7	0	9	3	4	6	10	2	8	5	14	12	11	15	1
	13	6	4	9	8	15	3	0	11	1	2	12	5	10	14	7
	1	10	13	0	6	9	8	7	4	15	14	3	11	5	2	12
S_4:	7	13	14	3	0	6	9	10	1	2	8	5	11	12	4	15
	13	8	11	5	6	15	0	3	4	7	2	12	1	10	14	9
	10	6	9	0	12	11	7	13	15	1	3	14	5	2	8	4
	3	15	0	6	10	1	13	8	9	4	5	11	12	7	2	14
S_5:	2	12	4	1	7	10	11	6	8	5	3	15	13	0	14	9
	14	11	2	12	4	7	13	1	5	0	15	10	3	9	8	6
	4	2	1	11	10	13	7	8	15	9	12	5	6	3	0	14
	11	8	12	7	1	14	2	13	6	15	0	9	10	4	5	3
S_6:	12	1	10	15	9	2	6	8	0	13	3	4	14	7	5	11
	10	15	4	2	7	12	9	5	6	1	13	14	0	11	3	8
	9	14	15	5	2	8	12	3	7	0	4	10	1	13	11	6
	4	3	2	12	9	5	15	10	11	14	1	7	6	0	8	13
S_7:	4	11	2	14	15	0	8	13	3	12	9	7	5	10	6	1
	13	0	11	7	4	9	1	10	14	3	5	12	2	15	8	6
	1	4	11	13	12	3	7	14	10	15	6	8	0	5	9	2
	6	11	13	8	1	4	10	7	9	5	0	15	14	2	3	12
S_8:	13	2	8	4	6	15	11	1	10	9	3	14	5	0	12	7
	1	15	13	8	10	3	7	4	12	5	6	11	0	14	9	2
	7	11	4	1	9	12	14	2	0	6	10	13	15	3	5	8
	2	1	14	7	4	10	8	13	15	12	9	0	3	5	6	11

每个 S 盒的每一列是整数 0 到 15 的排列. 将这些盒记为

$$\boldsymbol{S}_r = [s_{ij}^{(r)}]_{4 \times 16}, \ i = 0, \cdots, 3, \ j = 0, \cdots, 15,$$

并将 $Y[6r-5, 6r]$ 在 $\boldsymbol{S}_r$ 下的输出记为 $\boldsymbol{S}_r(Y[6r-5, 6r])$，定义如下：令 $Y[6r-5, 6r] = b_1 b_2 b_3 b_4 b_5 b_6$，其中每个 b_i 为二进制数字，令 $i = b_1 b_6$ 为行数的二进制表示，$j = b_2 b_3 b_4 b_5$ 为列数的二进制表示，则 $\boldsymbol{S}_r(Y[6r-5, 6r])$ 为矩阵 $\boldsymbol{S}_r$ 的第 $i+1$ 行和第 $j+1$ 列上的元素，即

$$\boldsymbol{S}_r(Y[6r-5, 6r]) = s_{ij}^{(r)}.$$

例如，如果 $Y[7, 12] = 110010$，则 $S_2(110010) = s_{10,1001}^{(2)} = s_{2,9}^{(2)} = 8$.

综上所述，$S(Y)$ 将 48 比特输入转变为 32 比特输出：

$$S(Y) = S_1(Y[1, 6]) S_2(Y[7, 12]) \cdots S_8(Y[43, 48]).$$

S 盒的构造有明确的准则，而且有受 20 世纪 70 年代中期技术条件限制留下的痕迹，比如 S 盒的"6 比特输入和 4 比特输出"就是由当时的芯片技术所决定的. S 盒的构造准则主要是为了防范可能的攻击，按当时的计算条件，寻找满足这些准则的 S 盒要花几个月的计算机时间. 由于 S 盒的构造准则长期没有公布，以及美国国家安全局（NSA）在制定 DES 时的介入，使不少人猜疑 NSA 在 S 盒内安插了后门，便于 NSA 破译 DES 密文. 直到 20 世纪 90 年代初密码学家开始逐步揭示这些准则之后，IBM 公司才终于决定将它们公之于世. S 盒的构造准则的公布澄清了这些猜疑.

2.2.4 DES 加密算法

DES 的替换函数 F 将 32 比特字符串 R_{i-1} 用扩展置换 EP 扩张成 48 比特字符串，然后将这个字符串和子钥 K_i 进行异或运算，并将结果作为函数 S 的输入，最后将所得的 32 比特输出再做一次排列.

1. 扩展置换

令 $U = u_1 u_2 \cdots u_{32}$ $(u_i \in \{0, 1\})$ 为 32 比特字符串，定义扩展置换 $EP(U)$ 如下，按行排列：

$$EP(U) = \begin{matrix} u_{32} & u_1 & u_2 & u_3 & u_4 & u_5 \\ u_4 & u_5 & u_6 & u_7 & u_8 & u_9 \\ u_8 & u_9 & u_{10} & u_{11} & u_{12} & u_{13} \\ u_{12} & u_{13} & u_{14} & u_{15} & u_{16} & u_{17} \\ u_{16} & u_{17} & u_{18} & u_{19} & u_{20} & u_{21} \\ u_{20} & u_{21} & u_{22} & u_{23} & u_{24} & u_{25} \\ u_{24} & u_{25} & u_{26} & u_{27} & u_{28} & u_{29} \\ u_{28} & u_{29} & u_{30} & u_{31} & u_{32} & u_1 \end{matrix}$$

$EP(U)$ 的元素根据 U 的元素下标排列，有如下关系：第一列 8 个元素的下标从 32 开始依次递增 4 模 32；中间 4 列 32 个元素的下标从 1 开始按行依次递增 1；最后一列 8 个元素的下标从 5 开始依次递增 4 模 32.

2. 替换函数

令 $V = v_1 v_2 \cdots v_{32}$ 为 32 比特字符串. 置换 P 将 V 重新排列, 定义如下, 按行排列:

$$P(V) = \begin{matrix} v_{16} & v_7 & v_{20} & v_{21} & v_{29} & v_{12} & v_{28} & v_{17} & v_1 & v_{15} & v_{23} & v_{26} & v_5 & v_{18} & v_{31} & v_{10} \\ v_2 & v_8 & v_{24} & v_{14} & v_{32} & v_{27} & v_3 & v_9 & v_{19} & v_{13} & v_{30} & v_6 & v_{22} & v_{11} & v_4 & v_{25} \end{matrix}$$

替换函数 F 的定义如下:

$$F(R_{i-1}, K_i) = P(S(EP(R_{i-1}) \oplus K_i)), \ i = 1, 2, \cdots, 16.$$

3. 加密步骤

令 $A = a_1 a_2 \cdots a_{64} \ (a_i \in \{0,1\})$ 为 64 比特二进制字符串. 定义置换 σ 如下: 它先将 A 逆转成 $a_{64} a_{63} \cdots a_1$, 然后将前缀 $a_{64} a_{63} \cdots a_{33}$ 按字节从右向左排成 4 列, 再将后缀 $a_{32} a_{31} \cdots a_1$ 按字节从右向左排成 4 列, 并逐一插入到前面形成的 4 列之中, 形成如下排列:

4	8	3	7	2	6	1	5
a_{40}	a_8	a_{48}	a_{16}	a_{56}	a_{24}	a_{64}	a_{32}
a_{39}	a_7	a_{47}	a_{15}	a_{55}	a_{23}	a_{63}	a_{31}
a_{38}	a_6	a_{46}	a_{14}	a_{54}	a_{22}	a_{62}	a_{30}
a_{37}	a_5	a_{45}	a_{13}	a_{53}	a_{21}	a_{61}	a_{29}
a_{36}	a_4	a_{44}	a_{12}	a_{52}	a_{20}	a_{60}	a_{28}
a_{35}	a_3	a_{43}	a_{11}	a_{51}	a_{19}	a_{59}	a_{27}
a_{34}	a_2	a_{42}	a_{10}	a_{50}	a_{18}	a_{58}	a_{26}
a_{33}	a_1	a_{41}	a_9	a_{49}	a_{17}	a_{57}	a_{25}

然后将这个矩阵按行排列就得置换 σ, 其逆置换记为 σ^{-1}.

令 $M = m_1 m_2 \cdots m_{64} \ (m_i \in \{0,1\})$. 定义 $IP(M) = \sigma^{-1}(M)$ 为初始置换, 按行排列如下 (定义中出现的每个正整数 $i \in [1, 64]$ 代表二进制数字 m_i):

$$IP(M) = \begin{matrix} 58 & 50 & 42 & 34 & 26 & 18 & 10 & 2 & 60 & 52 & 44 & 36 & 28 & 20 & 12 & 4 \\ 62 & 54 & 46 & 38 & 30 & 22 & 14 & 6 & 64 & 56 & 48 & 40 & 32 & 24 & 16 & 8 \\ 57 & 49 & 41 & 33 & 25 & 17 & 9 & 1 & 59 & 51 & 43 & 35 & 27 & 19 & 11 & 3 \\ 61 & 53 & 45 & 37 & 29 & 21 & 13 & 5 & 63 & 55 & 47 & 39 & 31 & 23 & 15 & 7 \end{matrix}$$

$IP(M)$ 的元素排列根据 M 的元素下标有如下关系: 前两行 32 个元素的下标从 58 开始依次递减 8 模 66, 后两行 32 个元素的下标从 57 开始依次递减 8 模 66.

令 $C = c_1 c_2 \cdots c_{64} \ (c_i \in \{0,1\})$. 则 $IP^{-1}(C) = \sigma(C)$ 为初始置换 IP 的逆置

换，按行排列如下（定义中出现的每个正整数 $i \in [1, 64]$ 代表二进制数字 c_i）：

$$IP^{-1}(C) = \begin{array}{cccccccccccccccc} 40 & 8 & 48 & 16 & 56 & 24 & 64 & 32 & 39 & 7 & 47 & 15 & 55 & 23 & 63 & 31 \\ 38 & 6 & 46 & 14 & 54 & 22 & 62 & 30 & 37 & 5 & 45 & 13 & 53 & 21 & 61 & 29 \\ 36 & 4 & 44 & 12 & 52 & 20 & 60 & 28 & 35 & 3 & 43 & 11 & 51 & 19 & 59 & 27 \\ 34 & 2 & 42 & 10 & 50 & 18 & 58 & 26 & 33 & 1 & 41 & 9 & 49 & 17 & 57 & 25 \end{array}$$

容易验证

$$IP \circ IP^{-1}(M) = IP^{-1} \circ IP(M) = M.$$

例如，令 $C = IP(M)$，因为 IP 将 m_1 置换成 m_{58}，IP^{-1} 将 c_1 置换成 c_{40}，而 $c_1 = m_{58}$，$c_{40} = m_1$，所以 $IP^{-1} \circ IP$ 将 m_1 换回 m_1。

令 M 和 K 分别为 64 比特明文段和 64 比特密钥. 令 $K_1, K_2, \cdots, K_{16}$ 为第 2.2.2 节中从 K 产生的 16 个 48 比特子钥. DES 加密算法的步骤如下：

(1) 令 $L_0 R_0 = IP(M)$，其中 $|L_0| = |R_0| = 32$.

(2) 对 $i = 1, 2, \cdots, 16$，按顺序作如下运算：

$$L_i = R_{i-1},$$
$$R_i = L_{i-1} \oplus F(R_{i-1}, K_i).$$

(3) 最后，令 $C = IP^{-1}(R_{16} L_{16})$. （请注意逆置换是对 $R_{16} L_{16}$ 进行的. ）

2.2.5 解密算法和正确性证明

DES 解密算法与其加密算法的步骤对称，不同的只是子钥的使用次序正好与加密算法相反，具体步骤如下：

(1) 令 $L_0' R_0' = IP(C)$，其中 $|L_0| = |R_0| = 32$.

(2) 对 $i = 1, 2, \cdots, 16$，按顺序作如下运算：

$$L_i' = R_{i-1}',$$
$$R_i' = L_{i-1}' \oplus F(R_{i-1}', K_{17-i}).$$

(3) 最后，令 $L_{17}' R_{17}' = IP^{-1}(R_{16}' L_{16}')$，就得回明文段 M.

为证明 DES 解密算法正确，需要验证 $M = IP^{-1}(R_{16}' L_{16}')$. 首先，$L_0' R_0' = IP(C) = IP(IP^{-1}(R_{16} L_{16})) = R_{16} L_{16}$，因此 $L_0' = R_{16}$, $R_0' = L_{16}$. DES 是 Feistel 密码体系的一个具体实施方案，虽然它在第一轮运算前加了初始置换 IP 以及在最后一轮运算结束后加了逆置换 IP^{-1} 两个运算，但两者抵消而不影响 Feistel 密码体系的解密结构. 从 Feistel 密码系统的解密式 2.5，可知 $L_{16}' = R_0$, $R_{16}' = L_0$，所以

$$IP^{-1}(R_{16}' L_{16}') = IP^{-1}(L_0 R_0) = IP^{-1}(IP(M)) = M.$$

DES 解密算法的正确性因此得证.

2.2.6 DES 安全强度

DES 的安全强度取决于加密算法的轮数、密钥长度和替换函数的构造. 大量的试验结果证明DES 加密算法具备良好的雪崩效应.

DES 加密算法取 16 轮运算是因为, 可以证明如果轮数小于16, 则使用差分密码分析方法便有可能在较短的时间内破译 DES 密文.

DES 密钥长 56 比特, 这在 20 世纪 90 年代末以前足可抵御穷举攻击. 但是, 随着计算技术的发展和计算机硬件性能的提高及价格的降低, 56 比特密钥已不敌新的穷举攻击. 例如, 1999 年美国电子前沿协会 (EFF) 用不到 25 万美元的代价制造了一台专门用于破译 DES 的计算机, 称为 "DES破碎机", 它用不到 3 天的时间破译了美国 RSA 安全公司发布的 "DES挑战 II" 密文, 由此拉上了 DES 时代结束的帷幕.

DES 时代的终结是否意味着那些经过多年实际检验和花费大量人力物力开发出来的 DES 软件及硬件产品就再也没有使用价值呢? 除了由于密钥短而不敌穷举攻击外, DES 在 20 多年的应用中不断被审查检验, 顶住了其他许多挑战, 因此没有理由轻易放弃这些现成的软件和硬件产品. 问题的关键是如何增加密钥的长度而不修改 DES 算法.

值得庆幸的是, DES 还具有如下性质: 令 E 和 D 分别为 DES 加密算法和解密算法. 则对任意 DES 密钥 K_1, K_2, K_3 和任意 64 比特字符串 M, 下列不等式成立:

$$E(K_2, E(K_1, M)) \neq E(K_3, M).$$

DES 的这个性质使得人们能够使用多重 DES, 在使用现有 DES 产品的基础上达到加长实际密钥的目的. 值得指出的是这个性质不是任何加密算法都具备的. 例如在异或加密系统中, 给定密钥 K_1 和 K_2 后, 令 $K_3 = K_1 \oplus K_2$, 则

$$E(K_2, E(K_1, M)) = (M \oplus K_1) \oplus K_2 = M \oplus K_3 = E(K_3, M).$$

2.3　多重 DES

重复使用 DES 若干次后可有效地增加密钥长度而无须修改 DES. 因此, 多重 DES 可用来抵御穷举攻击. 令 kDES 表示使用总次数为 k 的 DES 加密算法 E 或解密算法 D.

2.3.1 三重两钥 DES

使用多重 DES 较简单的做法是用两把密钥和执行三次 DES 运算, 称为三重两钥 DES, 简记为 3DES/2, 以下是具体实施方法.

令 K_1 和 K_2 为两把 56 比特长的密钥，M 为 64 比特长的明文段. 3DES/2 加密算法先用 K_1 将 M 使用一次加密算法得 $C_1 = E(K_1, M)$，然后用密钥 K_2 将 C_1 使用一次解密算法得 $C_2 = D(K_2, C_1)$，最后再用密钥 K_1 将 C_2 使用一次加密算法得 $C = E(K_1, C_2)$，即

$$C = E(K_1, D(K_2, E(K_1, M))), \tag{2.6}$$

简记为 $C = EDE_{K_1, K_2}(M)$.

3DES/2 解密算法是

$$M = D(K_1, E(K_2, D(K_1, C))), \tag{2.7}$$

简记为 $M = DED_{K_1, K_2}(C)$.

三重两钥 DES 的加密算法还有其他排列方式，比如 EEE_{K_1, K_2} 或 EED_{K_1, K_2} 等，这些不同的排列就保密性能而言没有多少区别. 使用 EDE 方式的好处是它允许用三重 DES 的产品将用（一重）DES 加密的密文解密，解释如下：令 $C = E(K, M)$，取 $K_1 = K_2 = K$，则

$$DED_{K, K}(C) = D(K, E(K, M)) = M.$$

2.3.2 两重 DES 和三重三钥 DES

除三重两钥 DES 之外，还有两重（两钥）DES 和三重三钥 DES 等方式，它们都可以利用现有的 DES 产品并且使密钥长度增长. 两重 DES，简记为 2DES，使用两把密钥 K_1 和 K_2. 令 M 为 64 比特长的明文段，2DES 的加密和解密算法分别为

$$C = E(K_2, E(K_1, M)),$$
$$M = D(K_1, D(K_2, C)).$$

但是 2DES 极易遭受中间相遇攻击（详细描述见第 2.3.3 节），所以不宜使用.

三重三钥 DES，简记为 3DES/3，使用三把密钥 K_1, K_2 和 K_3，共 168 比特长. 其加密和解密算法分别为

$$C = E(K_3, D(K_2, E(K_1, M))), \tag{2.8}$$
$$M = D(K_1, E(K_2, D(K_3, C))). \tag{2.9}$$

2.3.3 中间相遇攻击

两重 DES 的密钥长度虽然比 DES 的密钥长度增长一倍，其安全性却比 DES 仅稍有提高，因为两重 DES 极易遭受中间相遇攻击. 中间相遇攻击是已知明文攻击

的一种具体实施方式, 具体实施如下: 假设窃听者已获得两对 (M_1, C_1) 和 (M_2, C_2), 满足

$$C_1 = E(K_2, E(K_1, M_1)), \ C_2 = E(K_2, E(K_1, M_2)),$$

即

$$D(K_2, C_1) = E(K_1, M_1), \ D(K_2, C_2) = E(K_1, M_2),$$

则窃听者可通过下述算法用近似于 1 的概率找到密钥 K_1 和 K_2. 窃听者首先对所有 56 比特字符串

$$U_0, U_1, \cdots, U_{2^{56}-1}$$

逐一计算

$$X_i = E(U_i, M_1), \ Y_j = D(U_j, C_1).$$

为便于比较 X_i 和 Y_j, 将 X_i $(i = 0, 1, \cdots, 2^{56} - 1)$ 和 Y_j $(j = 0, 1, \cdots, 2^{56} - 1)$ 分别按字典序列排序. 这是第一轮运算. 如果 $X_i = Y_j$, 则 (U_i, U_j) 就有可能是 (K_1, K_2).

这样的 (U_i, U_j) 一定存在, 因为 (K_1, K_2) 本身就是一个这样的对. 如果这样的对 (U_i, U_j) 唯一, 则 $U_i = K_1$, $U_2 = K_2$. 如果有多个这样的对 (U_i, U_j), 则用这些对再进行第二轮运算, 算出

$$X_i = E(U_i, M_2), \ Y_j = D(U_j, C_2).$$

如果 $X_i = Y_j$, 因为 $C_1 = E(U_j, E(U_i, M_1)), C_2 = E(U_j, E(U_i, M_2))$, 则 (U_i, U_j) 就更有可能是 (K_1, K_2).

下面证明存在多于一个这样的对的概率很小. 首先注意到对任何明文段 M 及对所有可能的密钥 U_i 和 U_j, 密文段 $C = E(U_j, E(U_i, M))$ 的分布基本上是均匀的. 这是任何好的加密算法应有的属性. 因为 $|U_i| = |U_j| = 56$, 所以第一轮运算共产生

$$2^{56} \cdot 2^{56} = 2^{112}$$

对 (X_i, Y_j). 因为 $|X_i| = 64$, 所以使 $E(U_i, M_1) = X_i = D(U_j, C_1)$ 的对 (U_i, U_j) 的平均数目 (按均匀分布) 是

$$2^{112}/2^{64} = 2^{48}.$$

如此类推, 完成第二轮运算后使 $E(U_i, M_2) = D(U_j, C_2)$ 及 $E(U_i, M_1) = D(U_j, C_1)$ 的对 (U_i, U_j) 的平均数目是

$$2^{48}/2^{64} = 2^{-16}.$$

因此中间相遇攻击能成功地找到 (K_1, K_2) 的概率是 $1 - 2^{-16}$. 此攻击执行 DES 的平均次数是 $2(2^{56} + 2^{48}) < 2^{58}$, 给 X_i 和 Y_j 排序的时间复杂性的数量级是

$$2(2^{56} \log 2^{56} + 2^{48} \log 2^{48}) < 2^{64},$$

两者加起来仍大大小于穷举攻击的时间复杂性，后者的数量级是 2^{112}，所以中间相遇攻击对破译两重 DES 密码效果显著.

2.4　AES 高级加密标准

DES 的制定对网络安全的商业应用起了重要作用. 人们在使用 DES 的同时也在不断地寻求运算更快、计算资源使用更少、安全性能更强或使用起来更灵活的加密算法. 新算法应允许使用更长的密钥并且能处理更长的明文段，密钥长度和明文段长度最好还能设为参数由用户自己决定.

这些努力的结果导致各种新的加密算法相继出现，包括瑞德克加密算法（REDOC）、国际数据加密算法（IDEA）、蜂窝自动机加密算法（CA-1.1）、飞鱼加密算法（Skipjack）、苏联加密标准（GOST）、凯斯特加密算法（CAST）、河豚加密算法（Blowfish）、安全快速加密例行算法（SAFER）、RC4 和 RC5 加密算法等. 这些算法大都属于 Feistel 密码体系，各有利弊.

为制定新的加密标准，美国国家标准和技术研究院（NIST）于 1997 年公开征求加密算法参加新标准的竞选. 此后不久，美国电子前沿协会（EFF）就用特制的计算机在短期内破译了"DES 挑战 2 号"密码，使新加密标准的制定变得更加紧迫. 经过 5 年的反复讨论和筛选，NIST 终于在 2001 年 11 月从参加竞选的 15 个加密算法中选取了 Rijndael 加密算法作为新的加密标准，称为高级加密标准，简称为 AES. AES 是由两位比利时密码学家 Joan Daemen 和 Vincent Rijmen 设计的.

2.4.1　基本结构

AES 不属于 Feistel 密码体系，它的加密算法和解密算法虽然相似，却不对称. AES 的运算以字节为单位，而不是以二进制字符为单位. AES 将明文分段，每段长度为 16 字节，即 128 比特. 除此之外，AES 可使用三种不同长度的密钥，分别是16 字节、24 字节和 32 字节. 无论选取哪种密钥长度，AES 均使用长度为 16 字节的子钥. 子钥也称为轮密钥. 为了产生足够的子钥，AES 将密钥扩展，其长度由算法的轮数所决定，而轮数由密钥的长度所决定. 表 2.3 列出了密钥长度、轮数和密钥扩展长度的关系，其中 4 字节为 1 字.

表 2.3　AES 密钥长度、加密算法的轮数和密钥扩展长度

密钥长度			轮数	密钥扩展长度		
字	字节	比特		字	字节	比特
4	16	128	10	44	176	1408
6	24	192	12	52	208	1664
8	32	256	14	60	240	1920

AES 加密算法将明文段表示成 4×4 的正方形矩阵，矩阵的每个元素是明文段中的一个字节. 令明文段 $M = a_0 a_2 \cdots a_{15}$，其中每个 a_i 为一字节长的二进制字符串，则 AES 将 M 按列排成如下方阵：

$$M = \begin{bmatrix} a_0 & a_4 & a_8 & a_{12} \\ a_1 & a_5 & a_9 & a_{13} \\ a_2 & a_6 & a_{10} & a_{14} \\ a_3 & a_7 & a_{11} & a_{15} \end{bmatrix}. \tag{2.10}$$

将 4×4 的字节矩阵称为状态矩阵. AES 通过重复执行 4 个简单运算将明文状态矩阵转变成密文状态矩阵，这些运算包括字节替换和矩阵运算. 除最后一轮运算外，AES 加密算法的每轮运算都由 4 个基本部分组成，按计算次序分别是字节替换、行位移、列混合和子密钥相加.

- 字节替换是非线性运算，用于抵御差分密码分析和线性密码分析等攻击.
- 行位移是矩阵初等运算，它是线性运算，用于制造扩散性.
- 列混合也是矩阵运算，目的与行位移运算相同.
- 子密钥相加是简单的矩阵异或运算，用于制造混淆性.

用 AES-128 表示采用 128 比特密钥的 AES 算法，AES-192 表示采用 192 比特密钥，AES-256 表示采用 256 比特密钥. 除了轮数和子钥不同外，AES-128、AES-192 和 AES-256 的其他步骤都是相同的. 所以本节只在与密钥长度有关的部分表明密钥的长度.

本书以 AES-128 为例介绍 AES 加密和解密算法. AES-128 先将密钥扩展成 44 个元素的数组 $W[0, 43]$，数组的每个元素是 32 比特字符串. 将数组 W 分成 11 个 128 比特长的子段，每段为一把子钥，所以第 i 把子钥是

$$K_i = W[4i]W[4i+1]W[4i+2]W[4i+3], \ i = 0, 1, \cdots, 10.$$

将 $W[4i]W[4i+1]W[4i+2]W[4i+3]$ 记为 $W[4i, 4i+3]$.

令 sub 表示字节替换运算、shr 表示行位移运算、mic 表示列混合运算及 ark 表示子密钥相加运算. 这些函数的逆运算分别表示为 inv_sub（或 sub^{-1}）、inv_shr（或 shr^{-1}）及 inv_mic（或 mic^{-1}）. 这些逆运算分别称为逆字节替换、逆行位移和逆列混合.

AES-128 的加密和解密流程如图 2.2 所示.

下面将分别介绍 AES 算法的细节，首先是 S 盒，然后是子密钥构造、子密钥相加、字节替换、行位移、列混合以及后三种运算的逆运算，最后介绍 AES 所用的迦罗瓦域 $GF(2^8)$ 和 S 盒的构造. 最后这两小节带星号，跳过不读不会影响理解和执行 AES 算法的步骤.

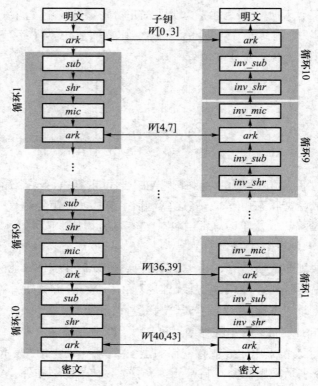

图 2.2　　AES-128 加密和解密流程图

2.4.2　S 盒

AES 加密算法所用的子密钥产生及字节替换运算都依赖于同一个 S 盒. AES 只有一个 S 盒, 它是一个 16×16 的方阵, 其构造巧妙地运用了迦罗瓦域上的乘法运算. 与 DES 的 S 盒不同, AES 的 S 盒是一一对应的置换. 第 2.4.9 节将详细介绍 S 盒和逆盒的构造, 本节只给出 S 盒和逆盒的数值.

为表述方便, S 盒的数值 (见表 2.4) 和逆盒的数值 (见表 2.5) 均用小写的 16 进制数表示, 其行下标和列下标均为从 0 到 f 的 16 进制数. 用矩阵 $\boldsymbol{S} = [s_{ij}]_{16 \times 16}$ 表示 S 盒, $\boldsymbol{S}^{-1} = [s'_{ij}]_{16 \times 16}$ 表示逆盒.

令 $w = b_0 \cdots b_7$ 为一个字节, 其中每个 b_i 均为二进制数字. 定义字节替换函数 S 为: 令 $i = b_0 b_1 b_2 b_3$ 为行下标的二进制表示, $j = b_4 b_5 b_6 b_7$ 为列下标的二进制表示, 则

$$\boldsymbol{S}(w) = s_{ij}, \tag{2.11}$$
$$\boldsymbol{S}^{-1}(w) = s'_{ij}, \tag{2.12}$$

即 $\boldsymbol{S}(w)$ 是 S 盒的第 $i+1$ 行第 $j+1$ 列上的元素的值, 而 $\boldsymbol{S}^{-1}(w)$ 是逆盒 $\boldsymbol{S}^{-1}$ 的第 $i+1$ 行第 $j+1$ 列上的元素的值.

表 2.4 AES 的 S 盒 S

	0	1	2	3	4	5	6	7	8	9	a	b	c	d	e	f
0	63	7c	77	7b	f2	6b	6f	c5	30	01	67	2b	fe	d7	ab	76
1	ca	82	c9	7d	fa	59	47	f0	ad	d4	a2	af	9c	a4	72	c0
2	b7	fd	93	26	36	3f	f7	cc	34	a5	e5	f1	71	d8	31	15
3	04	c7	23	c3	18	96	05	9a	07	12	80	e2	eb	27	b2	75
4	09	83	2c	1a	1b	6e	5a	a0	52	3b	d6	b3	29	e3	2f	84
5	53	d1	00	ed	20	fc	b1	5b	6a	cb	be	39	4a	4c	58	cf
6	d0	ef	aa	fb	43	4d	33	85	45	f9	02	7f	50	3c	9f	a8
7	51	a3	40	8f	92	9d	38	f5	bc	b6	da	21	10	ff	f3	d2
8	cd	0c	13	ec	5f	97	44	17	c4	a7	7e	3d	64	5d	19	73
9	60	81	4f	dc	22	2a	90	88	46	ee	b8	14	de	5e	0b	db
a	e0	32	3a	0a	49	06	24	5c	c2	d3	ac	62	91	95	e4	79
b	e7	c8	37	6d	8d	d5	4e	a9	6c	56	f4	ea	65	7a	ae	08
c	ba	78	25	2e	1c	a6	b4	c6	e8	dd	74	1f	4b	bd	8b	8a
d	70	3e	b5	66	48	03	f6	0e	61	35	57	b9	86	c1	1d	9e
e	e1	f8	98	11	69	d9	8e	94	9b	1e	87	e9	ce	55	28	df
f	8c	a1	89	0d	bf	e6	42	68	41	99	2d	0f	b0	54	bb	16

表 2.5 AES 的 S 盒的逆盒 S^{-1}

	0	1	2	3	4	5	6	7	8	9	a	b	c	d	e	f
0	52	09	6a	d5	30	36	a5	38	bf	40	a3	9e	81	f3	d7	fb
1	7c	e3	39	82	9b	2f	ff	87	34	8e	43	44	c4	de	e9	cb
2	54	7b	94	32	a6	c2	23	3d	ee	4c	95	0b	42	fa	c3	4e
3	08	2e	a1	66	28	d9	24	b2	76	5b	a2	49	6d	8b	d1	25
4	72	f8	f6	64	86	68	98	16	d4	a4	5c	cc	5d	65	b6	92
5	6c	70	48	50	fd	ed	b9	da	5e	15	46	57	a7	8d	9d	84
6	90	d8	ab	00	8c	bc	d3	0a	f7	e4	58	05	b8	b3	45	06
7	d0	2c	1e	8f	ca	3f	0f	02	c1	af	bd	03	01	13	8a	6b
8	3a	91	11	41	4f	67	dc	ea	97	f2	cf	ce	f0	b4	e6	73
9	96	ac	74	22	e7	ad	35	85	e2	f9	37	e8	1c	75	df	6e
a	47	f1	1a	71	1d	29	c5	89	6f	b7	62	0e	aa	18	be	1b
b	fc	56	3e	4b	c6	d2	79	20	9a	db	c0	fe	78	cd	5a	f4
c	1f	dd	a8	33	88	07	c7	31	b1	12	10	59	27	80	ec	5f
d	60	51	7f	a9	19	b5	4a	0d	2d	e5	7a	9f	93	c9	9c	ef
e	a0	e0	3b	4d	ae	2a	f5	b0	c8	eb	bb	3c	83	53	99	61
f	17	2b	04	7e	ba	77	d6	26	e1	69	14	63	55	21	0c	7d

例如，令 $w = $ b8，则 $S(w) = s_{\text{b}, 8} = $ 6c，而 $S^{-1}(\text{6c}) = s'_{\text{6,c}} = $ b8。

从 S 盒 S 和逆盒 S^{-1} 容易看出: 对任意 8 比特字符串 w, 均有

$$S(S^{-1}(w)) = w, \quad S^{-1}(S(w)) = w.$$

2.4.3 AES-128 子密钥

令 $K = k_0 k_1 \cdots k_{15}$ 为 16 字节长的密钥, 其中每个 k_i 为 1 字节长的二进制字符串. 要将 K 扩展成一个长为 44 个字的数组 $W[0, 43]$, 需首先定义一个字节变换函数 $\mathcal{M}$ 如下:

$$\mathcal{M}(b_7 b_6 b_5 b_4 b_3 b_2 b_1 b_0) = \begin{cases} b_6 b_5 b_4 b_3 b_2 b_1 b_0 0, & b_7 = 0, \\ b_6 b_5 b_4 b_3 b_2 b_1 b_0 0 \oplus 00011011, & b_7 = 1, \end{cases} \quad (2.13)$$

其中每个 b_i 为二进制数字. 顺便指出, 第 2.4.9 节将阐述函数 $\mathcal{M}$ 实际上是二进制字符串 00000010 与二进制字符串 $b_7 b_6 \cdots b_0$ 在伽罗瓦域 $GF(2^8)$ 上的乘法运算.

例如, $\mathcal{M}(\mathrm{db}) = \mathcal{M}(11011011) = 10110110 \oplus 00011011 = 10101101 = \mathrm{ad}$.

令 j 为非负整数, 定义运算 $m(j)$ 如下:

$$m(j) = \begin{cases} 00000001, & j = 0, \\ 00000010, & j = 1, \\ \mathcal{M}(m(j-1)), & j > 1. \end{cases} \quad (2.14)$$

函数 $m(j)$ 实际上是在 $GF(2^8)$ 上将元素 00000010 自乘 $j - 1$ 次的运算结果.

然后定义一个字变换函数 T, 它用参数 j 和 S 盒将一个 32 比特输入转变成一个 32 比特输出. 令 $w = w_1 w_2 w_3 w_4$, 其中每个 w_i 均为 1 字节长的二进制字符串. 令

$$T(w, j) = [(S(w_2) \oplus m(j)] S(w_3) S(w_4) S(w_1),$$

其中 S 是按式 2.11 定义的替换函数.

有了上述准备工作之后, 将密钥 K 进行如下扩展可得 $W[0, 43]$:

$$W[0] = k_0 k_1 k_2 k_3,$$

$$W[1] = k_4 k_5 k_6 k_7,$$

$$W[2] = k_8 k_9 k_{10} k_{11},$$

$$W[3] = k_{12} k_{13} k_{14} k_{15},$$

$$W[i] = \begin{cases} W[i-4] \oplus T(W[i-1], (i-4)/4), & i \text{ 可被 4 整除}, \\ W[i-4] \oplus W[i-1], & \text{其他}, \end{cases}$$

$$i = 4, \cdots, 43.$$

2.4.4 子密钥相加

将子钥 $K_i = W[4i, 4i+3] = W[4i]W[4i+1]W[4i+2]W[4i+3]$ 按列排成字节矩阵 $(i = 0, \cdots, 10)$：

$$K_i = \begin{bmatrix} k_{0,0} & k_{0,1} & k_{0,2} & k_{0,3} \\ k_{1,0} & k_{1,1} & k_{1,2} & k_{1,3} \\ k_{2,0} & k_{2,1} & k_{2,2} & k_{2,3} \\ k_{3,0} & k_{3,1} & k_{3,2} & k_{3,3} \end{bmatrix},$$

矩阵中的每个元素为 8 比特字符串，且 $W[4i+j] = k_{0,j}k_{1,j}k_{2,j}k_{3,j}$，$j = 0, 1, 2, 3$.
用

$$A = \begin{bmatrix} a_{0,0} & a_{0,1} & a_{0,2} & a_{0,3} \\ a_{1,0} & a_{1,1} & a_{1,2} & a_{1,3} \\ a_{2,0} & a_{2,1} & a_{2,2} & a_{2,3} \\ a_{3,0} & a_{3,1} & a_{3,2} & a_{3,3} \end{bmatrix}$$

表示当前的状态矩阵，下文中 A 的用法相同. AES 开始执行时 $A = M$（见矩阵 2.10）. 将子密钥相加运算记为 ark，定义如下：

$$ark(A, K_i) = A \oplus K_i = \begin{bmatrix} a_{0,0} \oplus k_{0,0} & a_{0,1} \oplus k_{0,1} & a_{0,2} \oplus k_{0,2} & a_{0,3} \oplus k_{0,3} \\ a_{1,0} \oplus k_{1,0} & a_{1,1} \oplus k_{1,1} & a_{1,2} \oplus k_{1,2} & a_{1,3} \oplus k_{1,3} \\ a_{2,0} \oplus k_{2,0} & a_{2,1} \oplus k_{2,1} & a_{2,2} \oplus k_{2,2} & a_{2,3} \oplus k_{2,3} \\ a_{3,0} \oplus k_{3,0} & a_{3,1} \oplus k_{3,1} & a_{3,2} \oplus k_{3,2} & a_{3,3} \oplus k_{3,3} \end{bmatrix}.$$

2.4.5 字节替换

字节替换函数 sub 的定义如下：

$$sub(A) = [S(a_{ij})]_{4\times4} = \begin{bmatrix} S(a_{0,0}) & S(a_{0,1}) & S(a_{0,2}) & S(a_{0,3}) \\ S(a_{1,0}) & S(a_{1,1}) & S(a_{1,2}) & S(a_{1,3}) \\ S(a_{2,0}) & S(a_{2,1}) & S(a_{2,2}) & S(a_{2,3}) \\ S(a_{3,0}) & S(a_{3,1}) & S(a_{3,2}) & S(a_{3,3}) \end{bmatrix},$$

其中 S 为第 2.4.2 节中定义的字节替换函数（见式 2.11）.

同理，A 的逆字节替换运算 sub^{-1} 定义为

$$sub^{-1}(A) = [S^{-1}(a_{ij})]_{4\times4},$$

其中 S^{-1} 为第 2.4.2 节中定义的字节替换函数（见式 2.12）.

因为对任意字节 w: $S(S^{-1}(w)) = S^{-1}(S(w)) = w$，所以对任意状态矩阵 A 有

$$sub(sub^{-1}(A)) = sub^{-1}(sub(A)) = A.$$

2.4.6 行位移

行位移函数 shr 的定义如下：它将 A 的第 i 行 $(i = 1, 2, 3, 4)$ 分别向左循环位移 $i - 1$ 次，而其逆运算 shr^{-1} 则将第 i 行向右循环位移 $i - 1$ 次，即

$$shr(\boldsymbol{A}) = \begin{bmatrix} a_{0,0} & a_{0,1} & a_{0,2} & a_{0,3} \\ a_{1,1} & a_{1,2} & a_{1,3} & a_{1,0} \\ a_{2,2} & a_{2,3} & a_{2,0} & a_{2,1} \\ a_{3,3} & a_{3,0} & a_{3,1} & a_{3,2} \end{bmatrix}, \ shr^{-1}(\boldsymbol{A}) = \begin{bmatrix} a_{0,0} & a_{0,1} & a_{0,2} & a_{0,3} \\ a_{1,3} & a_{1,0} & a_{1,1} & a_{1,2} \\ a_{2,2} & a_{2,3} & a_{2,0} & a_{2,1} \\ a_{3,1} & a_{3,2} & a_{3,3} & a_{3,0} \end{bmatrix}.$$

不难看出

$$shr(shr^{-1}(\boldsymbol{A})) = shr^{-1}(shr(\boldsymbol{A})) = \boldsymbol{A}.$$

2.4.7 列混合

列混合函数 mic 的定义如下：

$$mic(\boldsymbol{A}) = [a'_{ij}]_{4 \times 4},$$

其中 $mic(\boldsymbol{A})$ 的每一列元素由以下运算定义 $(j = 0, 1, 2, 3)$：

$$a'_{0,j} = \mathcal{M}(a_{0,j}) \oplus [\mathcal{M}(a_{1,j}) \oplus a_{1,j}] \oplus a_{2,j} \oplus a_{3,j},$$
$$a'_{1,j} = a_{0,j} \oplus \mathcal{M}(a_{1,j}) \oplus [\mathcal{M}(a_{2,j}) \oplus a_{2,j}] \oplus a_{3,j},$$
$$a'_{2,j} = a_{0,j} \oplus a_{1,j} \oplus \mathcal{M}(a_{2,j}) \oplus [\mathcal{M}(a_{3,j}) \oplus a_{3,j}],$$
$$a'_{3,j} = [\mathcal{M}(a_{0,j}) \oplus a_{0,j}] \oplus a_{1,j} \oplus a_{2,j} \oplus \mathcal{M}(a_{3,j}).$$

例如，令

$$\boldsymbol{A} = \begin{bmatrix} \text{db} & \text{2d} & \text{f2} & \text{d4} \\ 13 & 26 & \text{0a} & \text{d4} \\ 53 & 31 & 22 & \text{d4} \\ 45 & \text{4c} & \text{5c} & \text{d5} \end{bmatrix}, \ 则 \ mic(\boldsymbol{A}) = \begin{bmatrix} \text{8e} & \text{4d} & \text{9f} & \text{d5} \\ \text{4d} & \text{7e} & \text{dc} & \text{d5} \\ \text{a1} & \text{bd} & 58 & \text{d7} \\ \text{bc} & \text{f8} & \text{9d} & \text{d6} \end{bmatrix}. \tag{2.15}$$

验证 $a'_{0,0}$ 如下所示：

$$\begin{aligned} a'_{0,0} &= \mathcal{M}(\text{db}) \oplus [\mathcal{M}(13) \oplus 13] \oplus 53 \oplus 45 \\ &= 10101101 \oplus [00100110 \oplus 00010011] \oplus 01010011 \oplus 01000101 \\ &= 10001110 \\ &= \text{8e}. \end{aligned}$$

其余元素读者可自行验证.

令 w 为 1 字节, i 为正整数. 定义

$$\mathcal{M}^i(w) = \mathcal{M}(\mathcal{M}^{i-1}(w)) \ (i > 1), \ \mathcal{M}^1(w) = \mathcal{M}(w).$$

令

$$\mathcal{M}_1(w) = \mathcal{M}^3(w) \oplus \mathcal{M}^2(w) \oplus \mathcal{M}(w),$$
$$\mathcal{M}_2(w) = \mathcal{M}^3(w) \oplus \mathcal{M}(w) \oplus w,$$
$$\mathcal{M}_3(w) = \mathcal{M}^3(w) \oplus \mathcal{M}^2(w) \oplus w,$$
$$\mathcal{M}_4(w) = \mathcal{M}^3(w) \oplus w.$$

逆列混合运算 mic^{-1} 的定义为

$$mic^{-1}(\boldsymbol{A}) = [a_{ij}'']_{4\times 4},$$

其中 $mic^{-1}(\boldsymbol{A})$ 的每一列元素由以下运算定义:

$$a_{0,j}'' = \mathcal{M}_1(a_{0,j}) \oplus \mathcal{M}_2(a_{1,j}) \oplus \mathcal{M}_3(a_{2,j}) \oplus \mathcal{M}_4(a_{3,j}),$$
$$a_{1,j}'' = \mathcal{M}_4(a_{0,j}) \oplus \mathcal{M}_1(a_{1,j}) \oplus \mathcal{M}_2(a_{2,j}) \oplus \mathcal{M}_3(a_{3,j}),$$
$$a_{2,j}'' = \mathcal{M}_3(a_{0,j}) \oplus \mathcal{M}_4(a_{1,j}) \oplus \mathcal{M}_1(a_{2,j}) \oplus \mathcal{M}_2(a_{3,j}),$$
$$a_{3,j}'' = \mathcal{M}_2(a_{0,j}) \oplus \mathcal{M}_3(a_{1,j}) \oplus \mathcal{M}_4(a_{2,j}) \oplus \mathcal{M}_1(a_{3,j}).$$

将在第 2.4.9 节证明对任意状态矩阵 $\boldsymbol{A}$:

$$mic(mic^{-1}(\boldsymbol{A})) = mic^{-1}(mic(\boldsymbol{A})) = \boldsymbol{A}. \tag{2.16}$$

2.4.8 AES-128 加密和解密算法

令 $\boldsymbol{A}_i \ (i = 0, 1, \cdots, 11)$ 为状态矩阵, 其中 $\boldsymbol{A}_0$ 代表初始状态矩阵 $\boldsymbol{M}$ (即矩阵 2.10), $\boldsymbol{A}_i \ (i = 1, \cdots, 10)$ 代表第 i 轮运算的输入状态矩阵, $\boldsymbol{A}_{11}$ 代表密文 C. AES-128 的加密步骤如下:

$$\boldsymbol{A}_1 = ark(\boldsymbol{A}_0, \boldsymbol{K}_0),$$
$$\boldsymbol{A}_{i+1} = ark(mic(shr(sub(\boldsymbol{A}_i))), \boldsymbol{K}_i), \ i = 1, \cdots, 9,$$
$$\boldsymbol{A}_{11} = ark(shr(sub(\boldsymbol{A}_{10})), \boldsymbol{K}_{10}).$$

反之, 令 $\boldsymbol{C}_i \ (i = 0, 1, \cdots, 11)$ 为状态矩阵, 其中 $\boldsymbol{C}_0$ 代表密文 $C = \boldsymbol{A}_{11}$, $\boldsymbol{C}_i \ (i = 1, \cdots, 10)$ 代表第 i 轮运算的输入状态矩阵, $\boldsymbol{C}_{11}$ 代表明文 M. AES-128 的解密步骤如下:

$$\boldsymbol{C}_1 = ark(\boldsymbol{C}_0, \boldsymbol{K}_{10}),$$
$$\boldsymbol{C}_{i+1} = mic^{-1}(ark(sub^{-1}(shr^{-1}(\boldsymbol{C}_i)), \boldsymbol{K}_{10-i})), \ i = 1, \cdots, 9,$$
$$\boldsymbol{C}_{11} = ark(sub^{-1}(shr^{-1}(\boldsymbol{C}_{10})), \boldsymbol{K}_0).$$

为证明 $C_{11} = A_0$, 首先用数学归纳法证明如下等式:

$$C_i = shr(sub(A_{11-i})), \ i = 1, \cdots, 10. \tag{2.17}$$

在 $i = 1$ 时有

$$\begin{aligned}
C_1 &= ark(A_{11}, K_{10}) \\
&= A_{11} \oplus K_{10} \\
&= ark(shr((sub(A_{10})), K_{10}) \oplus K_{10}) \\
&= shr((sub(A_{10})) \oplus K_{10}) \oplus K_{10} \\
&= shr(sub(A_{10})).
\end{aligned}$$

所以式 2.17 在 $i = 1$ 时成立. 假设式 2.17 在 $1 \leqslant i < 10$ 时成立, 有

$$\begin{aligned}
C_{i+1} &= mic^{-1}(ark(sub^{-1}(shr^{-1}(C_i)), K_{10-i})) \\
&= mic^{-1}(sub^{-1}(shr^{-1}(shr(sub(A_{11-i})))) \oplus K_{10-i}) \\
&= mic^{-1}(A_{11-i} \oplus K_{10-i}) \\
&= mic^{-1}(ark(mic(shr(sub(A_{10-i}))), K_{10-i}) \oplus K_{10-i}) \\
&= mic^{-1}((mic(shr(sub(A_{10-i}))) + \oplus K_{10-i}) \oplus K_{10-i}) \\
&= shr(sub(A_{10-i})) \\
&= shr(sub(A_{11-(i+1)})).
\end{aligned}$$

由此式 2.17 得证.

最后有

$$\begin{aligned}
C_{11} &= ark(sub^{-1}(shr^{-1}(C_{10})), K_0) \\
&= sub^{-1}(shr^{-1}(shr(sub(A_1)))) \oplus K_0 \\
&= A_1 \oplus K_0 \\
&= (A_0 \oplus K_0) \oplus K_0 \\
&= A_0.
\end{aligned}$$

由此, AES-128 解密算法的正确性得证.

2.4.9　伽罗瓦域

AES 的基本运算是定义在 8 比特字符串上的异或运算和一个特定的乘法运算, 这两个运算和所有 8 比特字符串构成一个有限域.

域是由一个集合 F 和两个运算所组成的代数结构, 这两个运算分别称为加法运算和乘法运算, 记为 + 和 ×, 满足下列条件:

(1) 封闭性

$(\forall a, b \in F)[a + b \in F$ 且 $a \times b \in F]$.

(2) 结合性

$\forall a, b, c \in F$:

$$a + (b + c) = (a + b) + c \text{ 且 } a \times (b \times c) = (a \times b) \times c.$$

(3) 分配性

$\forall a, b, c \in F$:

$$a \times (b + c) = (a \times b) + (a \times c),$$
$$(a + b) \times c = (a \times b) + (a \times c).$$

(4) 单位元

存在元素 $e_0, e_1 \in F$, 其中 $e_0 \neq e_1, \forall a \in F$, 使得

$$a + e_0 = e_0 + a = a \text{ 且 } a \times e_1 = e_1 \times a = a.$$

元素 e_0 和 e_1 分别称为加法和乘法的单位元.

(5) 逆元

$$\forall a \in F: \ (\exists a' \in F)[a + a' = a' + a = e_0],$$
$$\forall a \in F - \{e_0\}: \ (\exists a'' \in F)[a \times a'' = a'' \times a = e_1].$$

元素 a', a'' 分别称为 a 的加法逆元和 a 的乘法逆元. 元素 a 的加法逆元记为 $-a$, a 的乘法逆元记为 a^{-1}.

(6) 交换性

$(\forall a, b \in F)[a + b = b + a \text{ 且 } a \times b = b \times a]$.

(7) 非零除数

如果 $a, b \in F$ 且 $a \times b = e_0$, 则 $a = e_0$ 或 $b = e_0$.

当 F 为有穷集合时, 称 $(F, +, \times)$ 为有限域, 否则称其为无限域. 例如, 实数域乃由全体实数和实数的加法及乘法运算所组成, 它是最基本的无限域.

在密码学领域中, 大家只对有限域感兴趣. 有限域有一个很好的属性, 即任何有限域都是由 p^n 个元素组成的, 其中 p 为素数, n 为正整数. 伽罗瓦域, 记为 $GF(p^n)$, 将有限域的每个元素表示成 $n-1$ 阶的多项式

$$b_{n-1}x^{n-1} + \cdots + b_1 x + b_0,$$

记为 $b_{n-1} \cdots b_1 b_0$, 其中每个系数 $b_i \in \{0, 1, \cdots, p-1\}$. 伽罗瓦域的加法运算是将多项式同项系数相加并取 $\bmod p$. 伽罗瓦域的乘法运算是将多项式按常规多项式乘法相乘, 如果所得多项式的阶数大于 $n-1$, 则将其除以一个固定的 n 阶不可约

多项式，其余式便是乘法的结果. 不可约多项式是指那些不能表示成两个非常数多项式的乘积的多项式.

因为电子计算机操作是二进制运算，且其内存地址单位为字节，所以 AES 选取 $GF(2^8)$ 为其基本运算空间就十分自然了. $GF(2^8)$ 由全体 8 比特字符串组成，$GF(2^8)$ 的每个元素 $b_7 \cdots b_1 b_0$ 代表如下 7 阶多项式

$$f(x) = b_7 x^7 + \cdots + b_1 x + b_0,$$

其加法运算是大家熟悉的异或运算 $\oplus$，所以任何元素 b 的加法逆元素 $-b = b$. 将 $GF(2^8)$ 上的乘法运算用符号 $\otimes$ 来表示. 乘法的定义依赖于不可约多项式的选择. AES 选用的不可约多项式是

$$r(x) = x^8 + x^4 + x^3 + x + 1.$$

这个不可约多项式使乘法运算变得相对简单. 用 $p(x) \bmod r(x)$ 表示多项式 $p(x)$ 除以多项式 $r(x)$ 的剩余多项式. 经过简单除法运算得

$$x^8 \bmod r(x) = x^8 - r(x) = x^4 + x^3 + x + 1.$$

因此有

$$
\begin{aligned}
x \otimes f(x) &= (b_7 x^8 + b_6 x^7 + \cdots + b_0 x) \bmod r(x) \\
&= \begin{cases} b_6 x^7 + \cdots + b_0 x, & b_7 = 0, \\ (x^4 + x^3 + x + 1) + (b_6 x^7 + \cdots + b_0 x), & b_7 = 1. \end{cases}
\end{aligned}
$$

将此式用二进制字符串和异或符号表示出来后就是

$$
00000010 \otimes b_7 b_6 b_5 b_4 b_3 b_2 b_1 b_0 = \begin{cases} b_6 b_5 b_4 b_3 b_2 b_1 b_0 0, & b_7 = 0, \\ b_6 b_5 b_4 b_3 b_2 b_1 b_0 0 \oplus 00011011, & b_7 = 1. \end{cases}
$$

这就是第 2.4.3 中定义的函数 $\mathcal{M}$（见式 2.13），即

$$\mathcal{M}(b_7 b_6 b_5 b_4 b_3 b_2 b_1 b_0) = 00000010 \otimes b_7 b_6 b_5 b_4 b_3 b_2 b_1 b_0.$$

第 2.4.3 节中定义的函数 $m(j)$ 乃是元素 00000010 自乘 $j - 1$ 次，即

$$m(j) = 00000010 \otimes \cdots \otimes 00000010,$$

其中 $\otimes$ 出现的次数为 $j - 1$.

下面证明式 2.16. 首先指出 $mic(\boldsymbol{A})$ 和 $mic^{-1}(\boldsymbol{A})$ 实际上是如下矩阵相乘（矩阵元素用 16 进制数表示）：

$$
mic(\boldsymbol{A}) = \begin{bmatrix} 02 & 03 & 01 & 01 \\ 01 & 02 & 03 & 01 \\ 01 & 01 & 02 & 03 \\ 03 & 01 & 01 & 02 \end{bmatrix} \otimes \boldsymbol{A}, \tag{2.18}
$$

$$mic^{-1}(\boldsymbol{A}) = \begin{bmatrix} 0e & 0b & 0d & 09 \\ 09 & 0e & 0b & 0d \\ 0d & 09 & 0e & 0b \\ 0b & 0d & 09 & 0e \end{bmatrix} \otimes \boldsymbol{A}. \tag{2.19}$$

这里的矩阵乘法与通常的矩阵乘法定义相同, 其中元素的加法运算为 $\oplus$, 元素的乘法运算为 $\otimes$. 由此可直接验证如下等式成立:

$$\begin{bmatrix} 02 & 03 & 01 & 01 \\ 01 & 02 & 03 & 01 \\ 01 & 01 & 02 & 03 \\ 03 & 01 & 01 & 02 \end{bmatrix} \otimes \begin{bmatrix} 0e & 0b & 0d & 09 \\ 09 & 0e & 0b & 0d \\ 0d & 09 & 0e & 0b \\ 0b & 0d & 09 & 0e \end{bmatrix} = \begin{bmatrix} 01 & 00 & 00 & 00 \\ 00 & 01 & 00 & 00 \\ 00 & 00 & 01 & 00 \\ 00 & 00 & 00 & 01 \end{bmatrix}, \tag{2.20}$$

$$\begin{bmatrix} 0e & 0b & 0d & 09 \\ 09 & 0e & 0b & 0d \\ 0d & 09 & 0e & 0b \\ 0b & 0d & 09 & 0e \end{bmatrix} \otimes \begin{bmatrix} 02 & 03 & 01 & 01 \\ 01 & 02 & 03 & 01 \\ 01 & 01 & 02 & 03 \\ 03 & 01 & 01 & 02 \end{bmatrix} = \begin{bmatrix} 01 & 00 & 00 & 00 \\ 00 & 01 & 00 & 00 \\ 00 & 00 & 01 & 00 \\ 00 & 00 & 00 & 01 \end{bmatrix}. \tag{2.21}$$

例如, 式 2.20 右边的第一个元素是

$$(02 \otimes 0e) \oplus (03 \otimes 09) \oplus (01 \otimes 0d) \oplus (01 \otimes 0b)$$
$$= \mathcal{M}(0e) \oplus (\mathcal{M}(09) \oplus 09) \oplus 0d \oplus 0b$$
$$= 1c \oplus (12 \oplus 09) \oplus 0d \oplus 0b$$
$$= 01.$$

2.4.10　S 盒的构造

S 盒 $\boldsymbol{S}$ 的构造由如下步骤产生:

(1) 开始时 $\boldsymbol{S}$ 是由全部 8 比特字符串按字典顺序排成的 16×16 的字节矩阵, 其第 1 行元素为 $00, 01, \cdots, 0f$, 第 2 行元素为 $10, 11, \cdots, 1f$, 如此类推, 第 16 行元素为 $f0, f1, \cdots, ff$.

(2) 除前两个元素 00 和 01 不动外, 将其他所有元素 w 用其乘法的逆元素 w^{-1} 所取代. 例如, 02 的乘法逆是 8d, 所以 02 由 8d 所取代.

(3) 再将每个元素 $w = b_7 \cdots b_1 b_0$ 用元素 $w' = b_7' \cdots b_1' b_0'$ 所取代, 其中每一位二进制数字 b_i' ($i = 0, \cdots, 7$) 用如下关系求出:

$$b_i' = b_i \oplus b_{(i+4) \bmod 8} \oplus b_{(i+5) \bmod 8} \oplus b_{(i+6) \bmod 8} \oplus b_{(i+7) \bmod 8} \oplus c_i,$$

这里 $c_7 c_6 c_5 c_4 c_3 c_2 c_1 c_0 = 01100011$.

例如, 从步骤 (2) 得知第一行第三列的元素 $s_{0,2}$ 是 $8d = 10001101 = b_7 \cdots b_1 b_0$, 由此算出

$$b_7' = b_7 \oplus b_3 \oplus b_4 \oplus b_5 \oplus b_6 \oplus c_7 = 1 \oplus 1 \oplus 0 \oplus 0 \oplus 0 \oplus 0 = 0,$$

$$b_6' = b_6 \oplus b_2 \oplus b_3 \oplus b_4 \oplus b_5 \oplus c_6 = 0 \oplus 1 \oplus 1 \oplus 0 \oplus 0 \oplus 1 = 1,$$

$$b_5' = b_5 \oplus b_1 \oplus b_2 \oplus b_3 \oplus b_4 \oplus c_5 = 0 \oplus 0 \oplus 1 \oplus 1 \oplus 0 \oplus 1 = 1,$$

$$b_4' = b_4 \oplus b_0 \oplus b_1 \oplus b_2 \oplus b_3 \oplus c_4 = 0 \oplus 1 \oplus 0 \oplus 1 \oplus 1 \oplus 0 = 1,$$

$$b_3' = b_3 \oplus b_7 \oplus b_0 \oplus b_1 \oplus b_2 \oplus c_3 = 1 \oplus 1 \oplus 1 \oplus 0 \oplus 1 \oplus 0 = 0,$$

$$b_2' = b_2 \oplus b_6 \oplus b_7 \oplus b_0 \oplus b_1 \oplus c_2 = 1 \oplus 0 \oplus 1 \oplus 1 \oplus 0 \oplus 0 = 1,$$

$$b_1' = b_1 \oplus b_5 \oplus b_6 \oplus b_7 \oplus b_0 \oplus c_1 = 0 \oplus 0 \oplus 0 \oplus 1 \oplus 1 \oplus 1 = 1,$$

$$b_0' = b_0 \oplus b_4 \oplus b_5 \oplus b_6 \oplus b_1 \oplus c_0 = 1 \oplus 0 \oplus 0 \oplus 0 \oplus 1 \oplus 1 = 1.$$

所以 $s_{0,2} = 01110111 = 77$.

按照要求, S 盒的逆盒的每个元素 $s_{i,j}'$ 应满足下述关系:

$$s_{i,j}' = uv, \quad s_{u,v} = ij.$$

所以 $\boldsymbol{S}^{-1}$ 的构造很简单: 为了求 $s_{i,j}'$, 先在 $\boldsymbol{S}$ 矩阵内找到数值 ij, 其对应的行数 u 和列数 v 就是 $s_{i,j}'$ 的值. 例如, $s_{6,a} = 02$, 所以 $s_{0,2}' = 6a$.

2.4.11　安全强度

AES 的设计着重防范差分密码分析和线性密码分析, 同时它使用128比特长或更长的密钥防范穷举攻击. AES 的每一轮运算都变换当前状态矩阵的所有元素, 因此在执行两三轮运算后, AES 就已能产生很好的扩散性效应了. 所以人们普遍认为 AES 比 DES 安全.

美国国家安全局（NSA）于 2003 年 6 月正式决定采用 AES 作为美国政府部门的数据加密标准. 新欧洲电子签名、数据完整和加密体系（NESSIE）也正式支持 AES 的使用. 2004 年 6 月美国电气和电子工程师协会（IEEE）将 AES 定为 802.11i 无线网通信协议的加密算法. 802.11i 也称为 WPA2, 其全称是 Wi-Fi 网络安全存取协议之二. 时至今日, AES 几乎使用在所有含加密功能的软件产品中.

到目前为止还没有发现破译 AES 的有效方法. 不过, 有密码学者指出代数攻击也许是一个突破口. 例如, 如果已知一个 AES-128 的明文和密文对, 则寻找所用密钥可以通过求解一个含 8000 个变量和 1600 个二次方程组而获得. 这样大的非线性方程组按目前的计算理论和计算技术虽然无法解出, 但它至少提供了一个新的探索方向. AES 到底能持续多久而不破, 人们将拭目以待.

2.5　分组密码的操作模式

使用分组密码加密明文的简单方法是将明文按顺序分块（段）, 使每段的长度 ℓ 与所用加密算法的明文输入长度相同. 例如, 如果所用加密算法是 DES, 则 $\ell = 64$

比特；如果是 AES，则 $\ell = 128$ 比特. 最后一段的长度如果小于 ℓ，则用一个固定的 8 比特 ASCII 控制码将剩余空间填满. 不失一般性，假设明文

$$M = M_1 M_2 \cdots M_k,$$

其中每个 M_i 是一段子明文，长度为 ℓ 比特. 然后将每段明文分别加密. 此模式称为电子密码本模式（ECB）. 除此之外，常见的分组密码算法的操作模式还包括密码分组链接模式（CBC）、密码反馈模式（CFB）、输出反馈模式（OFB）和计数器模式（CTR）.

2.5.1 电子密码本模式

电子密码本模式的加密和解密是对每个明文段和密文断分别独立进行的，其步骤如下，其中 C_i 为密文段：

ECB 加密步骤	ECB 解密步骤
$C_i = E(K, M_i),$	$M_i = D(K, C_i),$
$i = 1, \cdots, k.$	$i = 1, \cdots, k.$

电子密码本模式常用来加密短明文，特别是用于加密通话密钥以便传送给通信对方.

2.5.2 密码分组链接模式

使用电子密码本模式加密长明文有一个弱点：如果明文段重复，则窃听者可从窃听到的密文中发现这一信息，而任何揭示明文结构的信息对破译或部分破译密文都或许有用. 使用密码分组链接模式加密明文可克服这一弱点.

密码分组链接模式的加密方式是将前一段密文与当前的明文段进行异或运算后再加密. 通信各方必须使用同一个 ℓ 比特长的初始密文段 C_0，称为初始向量. 密码分组链接模式的加密和解密步骤如下：

CBC 加密步骤	CBC 解密步骤
$C_i = E(K, C_{i-1} \oplus M_i),$	$M_i = D(K, C_i) \oplus C_{i-1},$
$i = 1, \cdots, k.$	$i = 1, \cdots, k.$

密码分组链接模式是明文加密的常用方法.

2.5.3 密码反馈模式

甲方使用密码分组链接模式将明文加密后传送给乙方，乙方必须等到接收完一整段密文后才能开始将其解密，这是分组密码的性质. 密码分组链接模式在网络通信方面有如下几个缺点：

① 如果密文段较长可能会影响乙方及时和连续地读到明文.

② 因为填充的缘故, 实际传输的密文比明文本身长.

③ 如果某段密文的某个二进制数字在传输过程中出错, 由于雪崩效应可能会使解密后的整段明文不可读, 而且还会影响到紧随其后的其他明文段的可读性.

为克服这些缺点, 甲方可使用密码反馈模式将明文字符逐一加密. 密码反馈模式无需将明文分段, 因而也无须填充, 它以明文字符为单位. 假设基本编码的长度为 s, 例如, 对于 8 比特 ASCII 码, $s = 8$; 而对于 16 比特统一字符编码, $s = 16$. 令

$$M = w_1 w_2 \cdots w_m,$$

其中每个 w_i 为 s 比特字符串. 这样就得到序列密码. 假定 ℓ 被 s 整除.

密码反馈模式 (CFB) 的原理是用一个甲乙双方共享的 ℓ 比特长的初始向量 V_0, 将其加密后取 s 比特长的前缀与 w_1 做异或运算, 得密文 C_1, 将向量左移 s 位并将 C_1 放在向量的右边而得到一个新的向量. 重复此步骤 $m - 1$ 次. 令 U 为 ℓ 比特字符串, $\mathsf{pfx}_s(U)$ 为 U 的 s 比特长前缀, $\mathsf{sfx}_j(U)$ 为 U 的 j 比特长后缀. 密码反馈模式的加密和解密算法的具体步骤如下:

CFB 加密步骤	CFB 解密步骤
$U_i = E(K, V_{i-1}),$	$U_i = E(K, V_{i-1}),$
$C_i = w_i \oplus \mathsf{pfx}_s(U_i),$	$w_i = C_i \oplus \mathsf{pfx}_s(U_i),$
$V_i = \mathsf{sfx}_{\ell-s}(V_{i-1}) C_i,$	$V_i = \mathsf{sfx}_{\ell-s}(V_{i-1}) C_i,$
$i = 1, \cdots, m.$	$i = 1, \cdots, m.$

密码反馈模式是常见的序列密码.

2.5.4　输出反馈模式

使用密码反馈模式将明文加密后传输的过程中, 如果中间某个密文 C_i 出错, 则它不但影响自身解密的准确性, 而且还影响随后 ℓ/s 个密文解密的准确性, 因为只有经过 ℓ/s 轮运算后才能将 C_i 从随后的 V_j 中清除. 输出反馈模式可以克服这一缺点. OFB 与 CFB 的步骤基本相同, 但它不将密文放入 V_i 中, 具体步骤如下:

OFB 加密步骤	OFB 解密步骤
$U_i = E(K, V_{i-1}),$	$U_i = E(K, V_{i-1}),$
$C_i = w_i \oplus \mathsf{pfx}_s(U_i),$	$w_i = C_i \oplus \mathsf{pfx}_s(U_i),$
$V_i = \mathsf{sfx}_{\ell-s}(V_{i-1}) \mathsf{pfx}_s(U_i),$	$V_i = \mathsf{sfx}_{\ell-s}(V_{i-1}) \mathsf{pfx}_s(U_i),$
$i = 1, \cdots, m.$	$i = 1, \cdots, m.$

输出反馈模式也是常见的序列密码, 它常被卫星通信等噪声频繁的网络通信所采用.

2.5.5 计数器模式

计数器模式（CTR）是分组模式，它使用一个长为 ℓ 比特的计数器 Ctr，从初始值 Ctr_0 开始依次加 1，加满后自动回零. 用 $Ctr{++}$ 表示 Ctr 的值使用之后加 1.

CTR 加密步骤	CTR 解密步骤
$Ctr = Ctr_0,$	$Ctr = Ctr_0,$
$C_i = E(K, Ctr{++}) \oplus M_i,$	$M_i = E(K, Ctr{++}) \oplus C_i,$
$i = 1, \cdots, k.$	$i = 1, \cdots, k.$

计数器模式简单，它也克服了电子密码本模式的弱点，常用于对速度要求较高的分组密码通信.

2.6 序 列 密 码

分组密码虽然可以通过密码反馈模式或输出反馈模式转变成序列密码，但这种转变只是表面的，它需要执行许多额外运算，因而总显得笨拙和不自然. 很多重要的网络应用，特别是无线网保密通信，因为通话性质和终端设备计算能力的限制，如一般手机的计算功能和电池能源均远比台式计算机弱，所以使用常规的序列密码似乎更加合适一些，减少计算所需的能量消耗.

最早的序列密码是由 Gilbert Vernam 在 1917 年提出的. 本节将介绍在计算机无线网络通信中使用较多的 RC4 序列密码，它是 IEEE 在 1999 年发布的无线网通信标准 802.11b 中的有线等价隐私协议（WEP）中的一个重要部分. WEP 的目的是给无线局域网提供与有线以太网相似的媒体控制机制.

2.6.1 RC4 加密算法

RC4 是 1987 年由 RSA 安全公司设计的加密算法. RC4 的密钥长度为变量，等于 $8l$ 比特，其中 l 为 1 到 256 中的任意整数，由用户自己决定. RC4 的主要思想是用置换和整数加法运算不断产生新密钥，与当前的字符做异或而产生密文序列，这是 Vernam 序列密码的一种. RC4 的主要部分是密钥产生算法，步骤如下.

令 $S[0, 255]$ 为一个含 256 个元素的数组，数组的每个元素为 8 比特字符串. 令 K 为密钥，其长度 $|K| = 8l$ 比特，$l \in [1, 256]$. 将 K 表示成一个长为 l 元素的数组 $K[0, l-1]$，数组的每个元素为 K 的子序列，长 8 比特，即

$$K = K[0]K[1] \cdots K[7].$$

令 $T[0, 255]$ 为一个含 256 个元素的中间数组，数组的每个元素为 8 比特字符串. RC4 按下列方式产生子钥序列：

密钥调度算法（KSA）

Initialization:

for each $i = 0, \cdots, 255$

set $S[i] \leftarrow i$

Initial permutation:

set $j \leftarrow 0$

for each $i = 0, 1, \cdots, 255$

set $j \leftarrow (j + S[i] + K[i \bmod l]) \bmod 256$

swap $S[i]$ with $S[j]$

密钥生成算法（SGA）

Initialization:

set $i \leftarrow 0$

set $j \leftarrow 0$

set $u \leftarrow 0$

Permutation and generation loop:

set $u \leftarrow u + 1$

set $i \leftarrow (i + 1) \bmod 256$

set $j \leftarrow (j + S[i]) \bmod 256$

swap $S[i]$ with $S[j]$

set $K_u \leftarrow S[(S[i] + S[j]) \bmod 256]$　（见图 2.3）

repeat

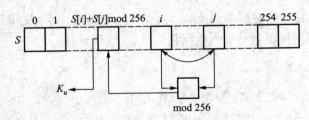

图 2.3　在 KSA 执行完后执行 SGA 的操作示意图, 即 RC4 子密钥产生流程图

RC4 加密和解密算法

令明文 $M = M_1 M_2 \cdots M_k$, 其中每个 M_i 为 8 比特字符串.

RC4 加密算法：$C_i = M_i \oplus K_i$, $i = 1, \cdots, k$.

RC4 解密算法：$M_i = C_i \oplus K_i$, $i = 1, \cdots, k$.

2.6.2　RC4 的安全弱点

KSA 用 RC4 的密钥 K 产生数组 S 的初始置换, SGA 则从这个初始置换产生子钥序列. 这就是说, 如果知道 S 的初始值, 便可破译 RC4 序列密码. 而且即

使只知道 S 的初始值的一部分, 攻击者仍有可能用 SGA 算法算出某些子密钥. 因此, KSA 是 RC4 安全性的关键点.

1. 弱密钥

为了保证 S 的初始置换的安全性, 如何选择合适的密钥 K 很重要. 但这却不是一件容易的事, 因为许多 $8l$ 比特长的二进制字符串都是弱密钥, 即如果在这类密钥中只知道其中很小的部分就可推出初始置换中的许多值, 从而算出许多子密钥. 特别是, 令 S 为初始置换, b 为正整数, i 为下标, $I_b(S)$ 表示所有满足 $S[i] \equiv i \bmod b$ 的下标个数, 即

$$I_b(S) = |\{i \mid S[i] \equiv i \bmod b\}|.$$

如果 $I_b(S) > N - 1$, 则称 S 为几乎 b-可保存.

令 K 为 RC4 密钥. 如果以下 3 个条件成立, 则称 K 为 b-精确密钥:

① $(\forall i)[K[i \bmod l] \equiv (1 - i) \bmod b]$;

② $K[0] = 1$;

③ $K[1]$ 最左的比特值为 1.

令 K 为 $8l$ 比特长的 b-精确密钥, 并存在 q $(1 \leqslant q \leqslant 8)$ 使 $b = 2^q$. 可以证明如果 l 能被 b 整除, 则由 $\mathrm{KSA}(K)$ 生成的初始置换 S 为几乎 b-可保存的概率至少是 $2/5$. 同时还可证明, 如果初始置换为几乎 b-可保存, 则密钥与子钥序列存在很强的概率相关性. 其证明超出本书范围, 在此不再详细描述. 根据这个概率相关性, 攻击者有可能导出 WEP 加密算法所用的密钥. 这是因为 WEP 所用的密钥是由一个用于长期使用的机密部分和一个短期使用的公开部分所组成, 后者用于区分不同的网帧, 而从这个公开部分有可能推出初始置换中的某些部分. 在无线通信中应用 RC4 加密存在诸多安全弱点, 细节请参阅第 6 章.

2. 攻击重复使用的子钥序列

RC4 还要求子钥序列不能重复使用, 否则它可能被一直明文攻击和相关明文攻击所攻破. 用已知明文攻击能够获得用于对一直明文加密的子密钥 (详情请见第 2.1.2 节).

用相关明文攻击可获得两段明文的异或. 令 M_1 和 M_2 为两个长度相等的明文段, 其中

$$M_1 = m_{11}m_{12}\cdots m_{1n},$$
$$M_2 = m_{21}m_{22}\cdots m_{2n},$$

且每个 m_{ij} 为一个二进制比特. 假设它们用同一密钥 K 加密. 即首先用 RC4 根据 K 生成子钥序列 $k_1, k_2, \cdots, k_n$, 然后用其对 M_1 和 M_2 进行加密, 得

$$C_1 = c_{11}c_{12}\cdots c_{1n},$$
$$C_2 = c_{21}c_{22}\cdots c_{2n},$$

其中 $c_{ij} = m_{ij} \oplus k_j$. 假设攻击者侦听到 C_1 和 C_2, 则可算出

$$c_{1j} \oplus c_{2j} = (m_{1j} \oplus k_j) \oplus (m_{2j} \oplus k_j) = m_{1j} \oplus m_{2j},\ j = 1, 2, \cdots, n.$$

也就是说, 攻击者获得了两个未知明文段的异或的值. 由此可设法导出明文段. 比如, 攻击者可在相关的文件类中用统计分析的方法找出常用字和词组, 然后将每对字或词组进行异或运算, 便得到一组两个明文段的异或的值. 攻击者可用这些异或的值与计算出的 $c_{1j} \oplus c_{2j}$ 进行比较而导出相关明文.

2.7 密钥的产生

密钥是密码的灵魂. 如果密钥泄露或被人猜出, 那么再强的加密算法也无济于事. 选择密钥最好的方法是随机产生. 产生随机二进制字符串有许多方法, 例如, 将鼠标在屏幕上随意移动, 将鼠标走过的地方用二进制方式记录下来就得到一个随机二进制字符串, 但这样做需要用户的介入. 产生随机二进制字符串通常的方法是用伪随机数发生器, 它是一种算法, 无须用户介入. 在本节介绍两种伪随机二进制字符串发生器.

2.7.1 ANSI X9.17 密钥标准

不难看出, 加密算法的输出本身就是一种伪随机二进制字符串, 因而亦可用做密钥. 用此法要求用户先选取一个初始密钥 K. 比如可选用一个由 16 个 8 比特 ASCII 码组成的字符串作为 AES-128 的初始密钥, 然后用 AES-128 输出反馈模式在与明文做异或之前生成的 128 比特二进制字符串, 即 $V_1 V_2 \cdots V_{16}$ 作为 AES-128 的密钥, 其中 V_i 由如下方式决定:

$$U_i = E(K, V_{i-1}),\ (V_0\ \text{为初始向量})$$
$$V_i = \mathsf{sfx}_{\ell-8}(V_{i-1})\mathsf{pfx}_8(U_i),$$
$$i = 1, 2, \cdots, 16.$$

美国国家标准协会 (ANSI) 在 1985 年为金融业制定了一个密钥产生标准算法, 称为 X9.17. ANSI 是非盈利民间机构, 旨在协调有关部门制定产品工业化标准. X9.17 使用三重两钥 DES, 除了密钥 K_1 和 K_2 外, X9.17 还有两个输入 T_i 和 V_i, 其中 T_i 是表示成 64 比特长的当前日期和时间, 其值在每一轮运算前更换; V_i 是 64 比特字符串, 称为种子, 其值亦在每轮运算中更换. X9.17 的输出是一个 64 比特伪随机字符串 R_i 和下一轮运算的种子 V_{i+1}, 具体定义如下:

$$R_i = EDE_{K_1, K_2}(V_i \oplus EDE_{K_1, K_2}(T_i)),$$
$$V_{i+1} = EDE_{K_1, K_2}(R_i \oplus EDE_{K_1, K_2}(T_i)),$$
$$i = 1, 2, \cdots, 16.$$

2.7.2 BBS 伪随机二进制字符发生器

BBS 是 Lenore Blum, Manuel Blum (1995 年图灵奖获得者) 和 Michael Shub 在 1986 年设计的伪随机二进制字符发生器. 令 p 和 q 为两个大素数 (本书将在第 3.2.5 节介绍寻找大素数的方法), 满足

$$p \bmod 4 = 3, \quad q \bmod 4 = 3,$$

令 $n = p \times q$, 且 s 为与 p 和 q 互素的正整数, 即 $\gcd(s, p) = 1$ 和 $\gcd(s, 1) = 1$, 其中 $\gcd(x, y)$ 表示两个整数 x 和 y 的最大公因子. BBS 的具体步骤如下:

$$x_0 = s^2 \bmod n,$$
$$x_i = x_{i-1}^2 \bmod n,$$
$$b_i = x_i \bmod 2$$
$$i = 1, 2, \cdots$$

例如, 令 $p = 383$, $q = 503$, 不难验证 $p \equiv q \equiv 3 \pmod 4$. 令 $s = 101355$, 则用辗转相除法可证 $\gcd(s, p) = \gcd(s, q) = 1$. 辗转相除法也称为欧几里得算法. 算出 BBS 的前 128 位伪随机字符 $b_1, b_2, \cdots, b_{128}$, 就得到 AES-128 的一把子钥.

假设整数的因子分解没有多项式时间算法, 即假设对任意给定的非素整数 n, 找出 n 的所有素数因子没有多项式时间算法, 则 BBS 伪随机二进制序列与真随机二进制序列在多项式时间内用算法不可区分, 换句话说, 任何能从 k 比特 BBS 前缀 $b_1 \cdots b_k$ 以大于 $1/2$ 的概率算出第 $k+1$ 位 BBS 二进制字符 b_{k+1} 的算法的计算时间都大于输入长度 ($|n| = \log_2 n$) 的多项式.

整数因子分解问题简称因子分解. 目前因子分解最好的算法的时间复杂性数量级为

$$e^{\sqrt[3]{\ln n (\ln \ln n)^2}}.$$

目前流行的见解是因子分解问题在传统的计算模型内没有多项式时间算法. 这个问题在第 3 章介绍公钥密码体系时还会用到. 值得一提的是, Peter Shor 于 1994 年证明因子分解问题在量子计算机理论模型内有多项式时间算法.

2.8　结　束　语

计算机加密算法的研究还在不断深入. 当一个加密算法被某个重要部门选定为数据加密标准, 或虽然没有被定为标准但却被广泛使用的时候, 它便会引起人们的充分注意和深入研究. 到目前为止虽然还没有一个加密算法被严格的数学方法证明是安全的, 但一个加密算法如果经过深入研究而没有发现漏洞, 它就被认为是安全的, 至少暂时是安全的. 依照这个标准, DES 和两重 DES 是不安全的, 而三重

两钥 DES、三重三钥 DES 和 AES 在目前则是安全的. 在实际应用中应该选择那些经过深入研究后而未发现漏洞的加密算法.

用常规加密算法保护网络通信的另一个重要问题是如何管理和传递密钥, 第 3 章将介绍这方面的内容.

习　　题

本章编程习题均假设用 C 语言. 用 C++ 或 Java 语言亦可, 但请与前后章节的编程习题保持一致.

2.1 用简单字母置换产生的密文仍保持明文的统计结构. 为打乱密文的统计结构, 可采取如下加密方法, 它是异或加密算法的扩展. 将英语 26 个字母按顺序映射成 $0, 1, \cdots, 25$, 并记此映射为 I, 即 $I(A) = 0, I(B) = 1, \cdots, I(Z) = 25$. 令 X 和 Y 为两个英文字母, 令

$$X + Y = I^{-1}([I(X) + I(Y)] \bmod 26),$$

其中 I^{-1} 为 I 的反函数, 即 $I^{-1}(0) = A, I^{-1}(1) = B, \cdots, I^{-1}(25) = Z$. 令 $\mathcal{X} = X_1 \cdots X_l$ 和 $\mathcal{Y} = Y_1 \cdots Y_l$ 为长度相等的英文字母串, 令

$$\mathcal{X} + \mathcal{Y} = (X_1 + Y_1) \cdots (X_l + Y_l).$$

令密钥 K 为任意英文字母串, 并记 K 的长度为 ℓ. (密钥 K 可长可短, 而且同一字母可出现多次.) 令明文 $M = M_1 M_2 \cdots M_k$, 这里除 M_k 外所有 M_i 均为由 ℓ 个字母组成的片段, 而 M_k 的长度 m 满足 $0 < m \leqslant \ell$. 令 K_m 为 K 的前 m 个英文字母. 定义加密算法 E 如下:

$$E(K, M) = C_1 C_2 \cdots C_k,$$

其中 $C_i = K + M_i$, $i = 1, \cdots, k - 1$, $C_k = K_m + M_k$.

(a) 给出解密算法 D.

(b) 令 $K =$ BLACKHAT. 将下列明文译成密文:

Methods of making messages unintelligible to adversaries have been necessary. Substitution is the simplest method that replaces a character in the plaintext with a fixed different character in the ciphertext. This method preserves the letter frequency in the plaintext and so one can search for the plaintext from a given ciphertext by comparing the frequency of each letter against the known common frequency in the underlying language.

(c) 编写执行 E 和 D 的程序.

2.2 令

$$IP_K(K) = \begin{array}{l} 11010011101011000010110001111 \\ 0110101010100111100010011101, \end{array}$$

计算 DES 的子钥 K_1.

2.3 做出 DES 加密算法和解密算法的流程图.

2.4 令 M 和 K 表示长度为 64 比特的两个字符串，分别表示明文 WHITEHAT 和密钥 BLACKHAT，将它们按如下方式用 ASCII 码表示成字符串.

英文字母及常用字符通常用 8 比特 ASCII 码表示. 表 2.1 给出所有 7 比特美国标准信息交换代码（ASCII），其中行号代表 ASCII 码左边的四位二进制数字，列号代表 ASCII 码右边的 3 位二进制数字. 前 32 个 ASCII 码和最后一个 ASCII 码为控制码，不显示.

例如，字母 W 的 7 比特 ASCII 码是 1010111，因此字母 W 的 8 比特 ASCII 码便是 01010111.

密钥中的每个字母用先用 7 比特 ASCII 码表示，然后在后面附加一个二进制字符，用于表示 ASCII 码中字符 1 出现次数的奇偶性，使所有 1 出现的个数（包括新加进的二进制数字）为奇数. 例如，字母 B 的 7 比特 ASCII 码是 1000010，因此密钥中字母 B 表示为 10000101.

执行 DES 加密算法的第一轮运算，算出 $L_1 R_1$.

2.5 编写产生 DES 子钥的程序. 程序的输入为一个含 8 个字母的英文字母串. 程序的输出为二进制文件，含 16 个 48 比特长的子钥.

*2.6 编写执行 DES 加密和解密算法的程序. 加密算法（encrypt.c）的输入是一个 ASCII 英文文件（明文）和一把密钥，密钥是一含 8 个字母的英文字母串，输出为一个二进制文件（密文）. 解密算法（decrypt.c）的输入是一个二进制文件（密文）和一把密钥，密钥与加密算法所使用的密钥相同，输出是一个 ASCII 英文文件. 也可将 ASCII 英文文件改成中文文件.

**2.7 此习题由两人（或两组）一起做. 做此习题需要先完成习题 2.6. 甲方首先选取两把 DES 密钥 $K_{1,1}$ 和 $K_{1,2}$，乙方选取两把 DES 密钥 $K_{2,1}$ 和 $K_{2,2}$. 然后甲方选取两个 64 比特长的明文段 $M_{1,j}$，计算 $C_{1,j} = E(K_{1,2}, E(K_{1,1}, M_{1,j}))$，并将 $(M_{1,j}, C_{1,j})$ 用电子邮件发给乙方，$j = 1, 2$. 同样，乙方选取两个 64 比特长的明文段 $M_{2,j}$，计算 $C_{2,j} = E(K_{2,2}, E(K_{2,1}, M_{2,j}))$，并将 $(M_{2,j}, C_{2,j})$ 用电子邮件发给乙方，$j = 1, 2$. 最后，甲方从 $K_{1,j}$ $(j = 1, 2)$ 中分别任意选取 10 位数字，用问号取而代之得部分密钥 $K'_{1,j}$，将 $K'_{1,j}$ 用电子邮件发给乙方. 同样，乙方从 $K_{2,j}$ $(j = 1, 2)$ 中分别任意选取 10 位数字，用问号取而代之，得部分密钥 $K'_{2,j}$，将 $K'_{2,j}$ 用电子邮件发给乙方. 甲乙双方的任务是用中间相遇攻击方法找到对方使用的密钥. 双方的成功率一样吗？

2.8 第 2.3.3 节证明了中间相遇攻击对破译两重 DES 密码有显著效果. 推广这一思路，设计一个用于破译三重两钥 DES 密码的中间相遇攻击. 这个攻击会有显著效果吗？

*2.9 令 E 为习题 2.1 中定义的加密算法. 证明对任意密钥 K_1 和 K_2，总存在密钥 K_3，使得对任意密文 M，

$$E(K_2, E(K_1, M)) = E(K_3, M).$$

注意，K_1 和 K_2 的长度不一定相等.

2.10 证明 3DES/3（见式 2.9）可用于解密用 DES 加密的密文.

2.11 指出 AES 加密算法结构和解密算法结构的不对称之处.

2.12 令 $K = $ 1234567890abcdef1234567890abcdef 为一把 AES-128 密钥，用 16 进制数表示. 求子钥 $K_1 = W[4, 7]$.

2.13 证明 AES-128 的子钥生成与下列伪代码等价:

```
KeyExpansion (byte K[16], word W[44]) {
    int i;
    word temp;
    for (i = 0; i < 4; i++)
        W[i] = K[4 * i, 4 * i + 3];
    for (i = 4; i < 44; i++) {
        temp = W[i − 1];
        if (i mod 4 == 0)
            temp = SubWord(RotWord(temp)) ⊕ Rcon[i/4];
        W[i] = W[i − 4] ⊕ temp;
    }
}
```

其中函数 SubWord、RotWord 和 Rcon 的定义如下. 令 $W = w_1 w_2 w_3 w_4$ 为一个字, 其中 w_i 为 1 字节. 则

$$\text{SubWord}(W) = \mathcal{S}(w_1)\mathcal{S}(w_2)\mathcal{S}(w_3)\mathcal{S}(w_4),$$

$$\text{RotWord}(W) = w_2 w_3 w_4 w_1.$$

这里 Rcon[j] 为常数字, 定义为 $(RC[j], 0, 0, 0)$, 且

$$RC[j] = \begin{cases} 02 \otimes RC[j-1], & j > 1, \\ 01, & j = 1. \end{cases}$$

2.14 验证矩阵 $mic(\boldsymbol{A})$ (见式 2.15) 中的元素 $a'_{0,1} = 4d$, $a'_{0,2} = 9f$, $a'_{0,3} = d5$.

2.15 令 $(a_{0,0}, a_{1,0}, a_{2,0}, a_{3,0}) = (8e, 4d, a1, bc)$ 为状态矩阵 $\boldsymbol{A}$ 的第 1 列, 算出 $mic^{-1}(\boldsymbol{A})$ 的第 1 列 $(a''_{0,0}, a''_{1,0}, a''_{2,0}, a''_{3,0})$.

2.16 令 w_1 和 w_2 为两个 8 比特字符串, $\boldsymbol{A}$ 和 $\boldsymbol{B}$ 为两个 4×4 的字节矩阵, 即矩阵的每个元素是一个 8 比特字符串. 证明如下结论:

(a) $\mathcal{M}(w_1 \oplus w_2) = \mathcal{M}(w_1) \oplus \mathcal{M}(w_2)$.

(b) $mic^{-1}(\boldsymbol{A} \oplus \boldsymbol{B}) = mic^{-1}(\boldsymbol{A}) \oplus mic^{-1}(\boldsymbol{B})$.

2.17 令密钥 $K = $ a0a1b2b3c4c5d6d7e8e9fafb0c0d1e1f (用 16 进制数表示). 用 AES-128 将明文段 0112233445566778899aabbccddeeff0 加密, 算出执行完第 1 轮运算后的状态矩阵 $\boldsymbol{A}_2$.

2.18 令 $\boldsymbol{A}$ 为状态矩阵, 证明 shr^{-1} 和 sub^{-1} 可交换, 即

$$shr^{-1}(sub^{-1}(\boldsymbol{C}_i)) = sub^{-1}(shr^{-1}(\boldsymbol{C}_i)).$$

2.19 令 $f(x)$ 为 $GF(2^n)$ 中的 n 阶多项式. 证明

$$x^n \bmod p(x) = p(x) - x^n.$$

2.20 完成式 2.19 的验证.

2.21　证明式 2.20 和式 2.21.

2.22　求出 AES 的 S 盒第 1 行第 4 个元素 $s_{0,3}$ 及其逆盒 $\boldsymbol{S}^{-1}$ 的第 1 行第 4 个元素 $s'_{0,3}$.

*2.23　编写执行 AES-128 的 TCP 套接字程序. 假定通信双方事先已选好一把密钥. 发信方的输入为明文文件和密钥文件, 它将密文一段一段分别传给收信方, 收信方用事先选定的密钥将密文一段一段分别解密, 其输出是明文文件.

2.24　艾丽丝提出用如下方法来确认她和鲍勃都有相同的 AES-128 密钥. 艾丽丝随机产生一个 128 比特字符串 r, 将 r 加密, 并将密文 $r_1 = E(K_1, r)$ 传送给鲍勃, 这里 E 是 AES 加密函数, K_1 是艾丽丝所掌握的密钥. 鲍勃将 r_1 解密得 $r' = D(K_2, r_1)$, 并将 r' 传送给艾丽丝, 这里 D 是 AES 解密函数, K_2 是鲍勃所掌握的密钥. 艾丽丝检查是否 $r' = r$, 如是, 则 $K_1 = K_2$. 找出并解释这个方法存在的安全问题.

2.25　RC5 是一个可以变换输入长度、轮数和密钥长度的分组 Feistel 加密算法. 令 w 表示输入长度的一半, 它的值可以是 16、32 或 64 比特. 令 r 表示轮数, 它的值可以是 $0, 1, \cdots, 255$ 中的任何一个. 令 b 表示密钥长度, 以字节为单位, 它的值可以是 $0, 1, \cdots, 255$ 中的任何一个. 所以 RC5-32/12/16 代表输入长度为 64 比特, 轮数为 12, 密钥长度为 128 比特的 RC5 加密算法.

RC5 需要产生 $t = 2r + 2$ 个 w 比特长的子钥 $S_0, S_1, \cdots, S_{t-1}$, 它由如下子钥扩张算法产生: 令 K 为给定 b 字节长的密钥: $K_0, \cdots, K_{b-1}$, 其中 K_i 为 K 的第 i 个字节. 令 c 为大于或等于 $8b/32$ 的最小整数, 令 $L_0, L_1, \cdots, L_{c-1}$ 为一个 $32c$ 比特长的二进制字符串, 每个 L_i 长 32 比特. 将 K 拷贝到 L, 如果 L 没被 K 填满, 则将其剩余部分用 0 填满. 令

$$S_0 \leftarrow P_w$$

For $i = 1$ to $t - 1$, let

$$S_i \leftarrow (S_{i-1} + Q_w) \bmod 2^{32}$$

let $i \leftarrow j \leftarrow A \leftarrow B \leftarrow 0$

Execute the following statements for $3 \times \max\{t, c\}$ times:

$$A \leftarrow S_i \leftarrow (S_i + A + B) <<< 3$$
$$B \leftarrow L_j \leftarrow (L_j + A + B) <<< (A + B)$$

$i \leftarrow (i+1) \bmod t$

$j \leftarrow (j+1) \bmod c$

其中 $P_w = \mathrm{Odd}[(e-2)2^w]$, $Q_w = \mathrm{Odd}[(\Phi - 1)2^w]$, 这里 $\mathrm{Odd}(x)$ 表示最接近 x 的奇数, Φ 为黄金率 $\dfrac{1+\sqrt{5}}{2}$, $x <<< y$ 表示将 x 向左循环位移 y 比特. P_w 和 Q_w 的具体数值 (16 进制数) 如下:

w	16	32	64
P_w	b7e1	b7e15163	b7e151628aed2a6b
Q_w	9e37	9ee779b9	9e3779b97f4a7c15

编写执行 RC5 子钥扩展算法的程序.

2.26　RC5 的加密和解密算法十分简单. 令明文 $M = LR$, 其中 L, R 均为长 w 比特的二

进制字符串.

RC5 加密算法：

$$L \leftarrow (L + S_0) \bmod 2^{32}$$

$$R \leftarrow (R + S_1) \bmod 2^{32}$$

For $i = 1$ to r, let

$$L \leftarrow (((L \oplus R) <<< R) + S_{2i}) \bmod 2^{32}$$

$$R \leftarrow (((L \oplus R) <<< L) + S_{2i+1}) \bmod 2^{32}$$

RC5 解密算法：

For $i = r$ down to 1, let

$$R \leftarrow (((R - S_{2i+1}) \bmod 2^{32}) >>> L) \oplus L$$

$$L \leftarrow (((L - S_{2i}) \bmod 2^{32}) >>> R) \oplus R$$

$$R \leftarrow (R - S_1) \bmod 2^{32}$$

$$L \leftarrow (L - S_0) \bmod 2^{32}$$

其中 $x >>> y$ 表示将 x 向右循环位移 y 比特.

(a) 证明 RC5 解密算法的正确性.

(b) 编写一个程序执行 RC5 加密和解密算法，并结合习题 2.25 所写的程序组成一个 RC5 软件，其明文输入为 ASCII 文件，其密钥输入和密文输出是二进制文件.（注意 RC5 指定使用 小端存储方式. 参见习题 2.27.）

2.27 目前流行的计算机体系结构以 32 或 64 比特处理器为基础，它以字或双字为存储单位，以字节为地址单位. 以 32 比特处理器为例，一个字有 4 个直接存取单元，其相对地址为 0，1，2，3. 令 $w = w_3 w_2 w_1 w_0$ 为 4 字节长的二进制字符串，存在一个字中，有两种自然的方式：将 w_i 存入地址 i，或将 w_i 存入地址 $3 - i$，$0 \leqslant i \leqslant 3$. 前者称为小端存储，后者称为大端存储. 换句话说，在小端存储中，从左边开始第一个读到的字节（即高位字节）存入大地址，如此类推；而在大端存储中高位字节存入小地址. 令 $w = 08040201$（16 进制数），下表给出 w 的两种存储形式：

地址	小端存储	大端存储
0	01	08
1	02	04
2	04	02
3	08	01

又比如，16 比特计算机的基本存储单位为双字节，所以用大端存储方式存放 UNIX 仍得 UNIX，而用小端存储方式就得 NUXI.

编写将小端存储与大端存储互换的程序.

2.28 证明在密码分组链接模式中，如果中间的一段密文在从甲方传送给乙方的过程中出错，则乙方将密文解密后有两段明文是不正确的.

2.29 在密码反馈模式中，假设加密算法是 AES 且 $s = 8$，如果一个密文在传送中出错，解密后的明文字符在最坏的情况下将会有多少个受到影响？

2.30　做出下列分组密码操作模式的加密和解密流程图.

(a) 电子密码本模式（ECB）.

(b) 密码分组链接模式（CBC）.

(c) 密码反馈模式（CFB）.

(d) 输出反馈模式（OFB）.

(e) 计数器模式（CTR）.

*2.31　令 $M_1, \cdots, M_k$ 为一系列明文段，其中 M_i 长 ℓ 比特，$1 \leqslant i < k$，它与加密算法 E 的明文输入等长，而 M_k 长 q 比特，$q < \ell$. 定义密文偷窃模式如下，其中 C_0 是 ℓ 比特初始字符串，K 是密钥：

$$C_i = E[K, M_i \oplus C_{i-1}], \ i = 1, \cdots, k-2,$$

$$C_k = \mathsf{pfx}_q[Z_{k-1}], \ Z_{k-1} = E[K, Y_{k-1}], \ Y_{k-1} = M_{k-1} \oplus C_{k-2},$$

$$C_{k-1} = E[K, Y_k], \ Y_k = Z_{k-1} \oplus M_k 0^{\ell-q}.$$

(a) 描述 C_{k-1} 和 C_k 的解密步骤，并证明其正确性.

(b) 做出密文偷窃模式的加密和解密流程图.

*2.32　习题 2.23 是按电子密码本模式执行的，将它改用密码分组链接模式执行，初始向量用 BBS 伪随机二进制字符发生器产生.

*2.33　令 $M_1 = m_{11}m_{12}\cdots m_{1n}$ 和 $M_2 = m_{21}m_{22}\cdots m_{2n}$ 为两个未知的二进制字符串，其中每个 m_{ij} 为比特. 假设已知对它们做异或运算后的结果，即

$$M_1 \oplus M_2 = (m_{11} \oplus m_{21})(m_{21} \oplus m_{22})\cdots(m_{1n} \oplus m_{2n}).$$

描述如何可导出 M_1 和 M_2.

2.34　在 RC4 加密算法中将数组 S 缩短成 8 元素数组 $S[0,7]$，并在 RC4 密钥产生的算法中将所有 255 用 7 取代而得一个简化的 RC4 算法. 令密钥为 $K = 0110010110000011$，用这个简化的加密算法将明文 WHITEHAT 加密.

2.35　如下结论可用于检查伪随机数发生器产生的随机数是否足够随机：对任意两个正整数 x 和 y，如果它们是随机选取的，则 $\gcd(x, y) = 1$ 的概率等于 $6/\pi^2$. 编写一个 C 程序验证你的操作系统所支持的伪随机数发生器的随机性.

2.36　令 $p = 383$，$q = 503$，首先验证 $p \equiv q \equiv 3 \pmod 4$，然后令 $s = 101355$. 编写程序算出 BBS 的前 128 位伪随机字符 $b_1, b_2, \cdots, b_{128}$.

第 3 章

公钥密码体系和密钥管理

在第 2 章介绍了加密算法和密钥产生算法. 为了在网络通信中使用这些算法, 通信双方还必须设定和使用相同的密钥. 传统的做法是使用默认密钥, 或由甲方先产生一个密钥, 然后通过亲自传送、派人传送、邮寄或电话等方式把密钥传送给乙方. 也可以甲乙双方在一起开会确定密钥. 这些方法或者不方便 (如通过开会的方式确定密钥) 或者不安全 (如通过传递的方式将密钥从一方传到另一方), 而且花费时间, 因此对网络通信不适用.

公钥密码体系 (PKC) 的发明有效地解决了在网络通信中安全地传递密钥这一重要问题. 公钥密码体系的思想创立于 20 世纪 70 年代初期, 它不但是密码学领域的突破, 而且也给古老的貌似毫不相干的数论研究带来了新的应用和注入了新的活力. 公钥密码体系不但应用于密钥传递和管理, 而且也是数据认证的不可缺少的工具. 本章首先介绍公钥密码体系的基本概念, 然后介绍几种具体的公钥密码体系, 包括 Diffie-Hellman 密钥交换体系、Elgamal 公钥体系、RSA 公钥体系和椭圆曲线公钥体系等. 这些方法使用了不少数论的结果, 为便于读者阅读, 本章还包含了一小节介绍本章将要用到的一些数论定理. 最后介绍使用 PKC 传递密钥和管理钥匙的基本方法. 数据认证方法将在第 4 章予以介绍.

3.1 公钥密码体系的基本概念

公钥密码体系是一个全新的概念和密码体制, 它使通信双方在事先没有设立共同密钥的情况下用互联网安全快速地交换密钥.

先看一个简单的例子. 设想将加密算法比喻成一个带锁扣的盒子, 将网络通信比喻成邮政通信. 假设甲方需要将数据 M (例如 M 是 AES-128 密钥) 通过邮寄送给乙方并确保 M 不被他人读到, 甲乙双方事先没有设定共同密钥, 如果甲方使用常规加密算法将 M 加密, 则乙方因为不知道密钥而无法解读收到的密文.

为了解决这个问题, 乙方于是想出了如下办法: 乙方将一个没上锁的空盒子连同一个开启的锁一起邮寄给甲方, 钥匙则由乙方自己保管. 甲方将 M 放入空盒, 并用寄来的锁将盒子锁上后寄给乙方, 乙方用自己保管的钥匙开锁便得 M. 这是公钥密码体系的基本思想. 在这个例子中加密算法是盒子, 开启的锁是加密算法的公钥, 它用于加密且是公开的, 而乙保管的钥匙是加密算法的私钥, 它用于解密, 因此是不能公开的.

本章的主要任务是介绍如何用数论的方法将这个例子中的盒子、锁和钥匙数字化, 以便用于网络通信.

再看一个例子. 假设甲方设计了两个函数 f_0 和 f_1, 它们对于任意正整数 a, x, y 均满足如下关系:

$$f_1(f_0(a, y), x) = f_1(f_0(a, x), y), \tag{3.1}$$

而且从 $f_0(a, x)$ 和 a 难以推出 x. 甲方据此设计了一个公钥体系, 其目的不是加密, 而是让甲乙双方确定一个共同的密钥, 而且双方执行的操作一样. 具体步骤如下.

令 a 为公钥, 甲方随机选取一个正整数 x_1 作为私钥, 计算 $y_1 = f_0(a, x_1)$ 并将 y_1 送给乙方; 与此同时, 乙方也随机选取一个正整数 x_2 作为私钥, 计算 $y_2 = f_0(a, x_2)$ 并将 y_2 送给甲方. 甲方计算 $K_1 = f_1(y_2, x_1)$ 并用 K_1 作为常规加密算法的密钥, 乙方计算 $K_2 = f_1(y_1, x_2)$ 并用 K_2 作为常规加密算法的密钥. 因为

$$f_1(y_2, x_1) = f_1(f_0(a, x_2), x_1) = f_1(f_0(a, x_1), x_2) = f_1(y_1, x_2),$$

所以 $K_1 = K_2$. 因此甲乙双方便获得了一把共同的密钥 K_1, 尽管甲方不知道 x_2 而乙方也不知道 x_1. 窃听者虽然可获得 y_1 和 y_2, 但因为无法获得 x_1 和 x_2, 因而无法算出 K_1 或 K_2. 能否构造这样的函数呢?

1976 年 Whitfield Diffie 和 Martin Hellman 两人用数论方法给出了函数 f_0 和 f_1 的一种设计, 由此得到 Diffie-Hellman 密钥交换体系. 比 1976 年早几年, 英国学者 Malcolm J. Williamson 也发明了类似的密钥交换体系. Williamson 当时在英国情报系统政府通信总部 (GCHQ) 工作, 囿于 GCHQ 的保密条令而没有公开发表他的算法.

1977 年 Ronald Rivest、Adi Shamir 和 Leonard Adleman 等三人共同用数论方法设计了一个公钥密码体系, 称为 RSA 公钥密码体系, 它不但能用于数据加密, 也可用于数据认证. 这一工作使他们荣获 2002 年图灵奖. 不过早在 1973 年, 英国学者 Clifford Cocks 就已经构造了一个与 RSA 类似的公钥密码系统. Cocks 当时也

在为 GCHQ 工作, 同样囿于 GCHQ 的保密条令, 他的这一成果直到 1997 年才公之于世.

1985 年 Neal Koblitz 和 Victor Miller 各自独立地用椭圆曲线方法设计了一种新的公钥密码体系, 称为椭圆曲线公钥体系, 其功能与 RSA 公钥密码体系大体相同.

RSA 公钥密码体系和椭圆曲线公钥体系均有加密和解密算法. 仍用 E 和 D 表示公钥密码体系的加密和解密算法, 用 K^u 和 K^r 分别表示公钥和私钥. 公钥密码体系必须满足以下 3 个条件:

(1) 正向计算易解性

加密 $C = E(K^u, M)$ 和解密 $M = D(K^r, C)$ 的运算应简单易行, 而且公钥和与之相应的私钥对 (K^u, K^r) 应容易产生. 这项要求是显然的, 因为加密和解密运算不但应该快速, 而且公钥和私钥对还应能随时更换.

(2) 反向计算难解性

从公钥 K^u 推算私钥 K^r 应是计算难解的, 而且从密文 C 和公钥 K^u 推算出明文 M 也应是计算难解的. 这项要求也是显然的, 因为公钥是公开的, 所以要求公钥不能泄露任何有助于获得明文的信息.

(3) 公钥和私钥可交换性

公钥和私钥应满足如下关系:

$$
\begin{aligned}
M &= D(K^u, E(K^r, M)), \\
&= D(K^r, E(K^u, M)), \\
&= E(K^u, D(K^r, M)), \\
&= E(K^r, D(K^u, M)).
\end{aligned}
$$

这项要求主要用于身份验证和数字签名, 它对于密钥交换体系不是必需的.

公钥体系的计算通常是对正整数进行的. 对于任意一个二进制字符串, 总可以在其左边加一位二进制数字 1 而得到一个正整数. 给定一个正整数 n, 可将明文 M 分成若干段, 使每段的长度小于或等于 $\log_2 n - 1$, 然后在每段的左边加一位二进制数字 1 便得到一个小于 n 的正整数. 不失一般性, 假定明文是在某个特定范围内的正整数.

数论是公钥密码体系的主要工具. 3.2 节将介绍数论的一些基本概念和定理.

3.2   数论的一些基本概念和定理

数论是专门研究整数性质的数学分支. 整数的基础是素数 (也称为质数), 素数的个数无穷. 正整数和素数的关系有如下两个基本定理.

算术基本定理 任何大于 1 的整数都可以表示成若干个素数的乘积，而且这些素因子按大小排列之后，写法唯一.

素数定理 对任何大于 1 的整数 n，所有小于 n 的素数的个数大约为 $n/\ln n$.

令 n 为大于 1 的正整数. 根据算术基本定理，n 可唯一表示成

$$n = p_1^{\alpha_1} p_2^{\alpha_2} \cdots p_t^{\alpha_t}, \tag{3.2}$$

其中 $p_1 < p_2 < \cdots < p_t$ 为素数，且每个 α_i 为正整数. 例如，

$$85 = 5 \times 17,$$
$$1200 = 2^4 \times 3 \times 5^2,$$
$$11011 = 7 \times 11^2 \times 13.$$

3.2.1 模运算和同余关系

本节中提到的变量 a 和 b 均为整数，m 为正整数，$a \bmod m$ 表示 a 除以 m 的余数. 如果用 $\lfloor x \rfloor$ 表示小于或等于 x 的最大整数，则可将 a 写成如下形式：

$$a = \lfloor a/m \rfloor \cdot m + (a \bmod m). \tag{3.3}$$

存在如下关系：

$$(a + b) \bmod m = (a \bmod m + b \bmod m) \bmod m,$$
$$(a - b) \bmod m = (a \bmod m - b \bmod m) \bmod m,$$
$$(a \times b) \bmod m = (a \bmod m \times b \bmod m) \bmod m.$$

用模运算可以将欧几里得算法表示成一个简单的递归式，它用于求两个非负整数 a 和 b 的最大公因子，记为 $\gcd(a,b)$. 不失一般性，假设 $a > b$（如不成立，则将两个数对调使之成立），有

$$\gcd(a,b) = \begin{cases} \gcd(b, a \bmod b), & b > 0, \\ a, & b = 0. \end{cases}$$

从欧几里得算法可知，存在整数 x 和 y 使 $\gcd(a,b) = ax + by$.

如果 $\gcd(a,b) = 1$，则称 a 与 b 互素，互素也称为互质.

令 b 为一个给定的正整数，如果需要在给定正区间 $[c,d]$ 内寻找与 b 互素的整数 a，可用如下方法快速获得：如果 b 是偶数，则在 $[c,d]$ 随机选取一个奇数 a（如果 b 是奇数则取偶数 a），用欧几里得算法检测是否 $\gcd(a,b) = 1$，如否，则重复此运算一次或多次，直到找到与 b 互素的数 a 为止.

与模运算紧密相关的是同余关系，它是整数间的基本关系. 令 a, b, m 为整数且 $m > 0$，如果 $a - b$ 被 m 整除，则称 a 和 b 在模 m 下同余，记为

$$a \equiv b \pmod{m}.$$

也就是说，$a \equiv b (\mathrm{mod}\, m)$ 当且仅当存在整数 k（正或负）使 $a = b + m \cdot k$.

例如，$29 \equiv 4 (\mathrm{mod}\, 5)$，$-11 \equiv -4 (\mathrm{mod}\, 7)$，$-4 \equiv 3 (\mathrm{mod}\, 7)$.

3.2.2 模下的逆元素

令 a 和 n 为正整数且 $a < n$，如果存在正整数 $b < n$ 使得 $a \cdot b \equiv 1 \,(\mathrm{mod}\, n)$，则称 b 为 a 在模 n 下的逆元素，计为 $a^{-1} \,\mathrm{mod}\, n$，并在模 n 没有疑义的情况下记为 a^{-1}.

求模运算下的逆元素是 RSA 公钥体系的基本运算. 逆元素不是总存在的，比如，令 $a = 2$，$n = 4$，则 a 在模 n 下没有逆元素. 这是因为对任意 $1 \leqslant b < 4$: $2 \cdot b \not\equiv 1 \,(\mathrm{mod}\, 4)$. 当 $\gcd(a, n) = 1$ 时，a 在模 n 下的逆元素必存在，而且可以用欧拉函数 ϕ 表示成很简单的形式.

令 n 为正整数，欧拉函数 $\phi(n)$ 的定义如下：如果 $n = 1$，则 $\phi(1) = 1$；如果 $n > 1$，则 $\phi(n)$ 是所有小于 n 的正整数中与 n 互素的数的数目. 欧拉函数也称为欧拉商数. 例如 $\phi(9) = 6$，因为 1、2、4、5、7、8 均与 9 互素，而 3 和 6 与 9 有公因子 3.

将 n 表示为式 3.2，则

$$\phi(n) = \left[p_1^{\alpha_1 - 1}(p_1 - 1) \right] \left[p_2^{\alpha_2 - 1}(p_2 - 1) \right] \cdots \left[p_t^{\alpha_t - 1}(p_t - 1) \right]. \tag{3.4}$$

例如，$\phi(72) = \phi(2^3 \cdot 3^2) = 2^{3-1}(2-1) \cdot 3^{2-1}(3-1) = 4 \cdot 6 = 24$.

欧拉定理 令 a 和 n 为两个互素的正整数，则 $a^{\phi(n)} \equiv 1 \,(\mathrm{mod}\, n)$.

由欧拉定理可知，如果 $\gcd(a, n) = 1$ 且 $n > 1$，则 $a^{-1} = a^{\phi(n)-1} \,\mathrm{mod}\, n$.

欧拉定理的证明： 如果 $n = 1$，因为 n 和 a 互素，所以 a 只能等于 1，因此欧拉定理成立. 假设 $n > 1$，令 $x_1, x_2, \cdots, x_{\phi(n)}$ 为所有小于 n 且与 n 互素的数. 因为 $\gcd(a, n) = 1$ 且 $\gcd(x_i, n) = 1$，所以 $\gcd(ax_i, n) = 1$，因此 $\gcd(ax_i \,\mathrm{mod}\, n, n) = 1$. 也就是说 $ax_i \,\mathrm{mod}\, n$ 等于某个 x_j. 又因为 $x_i \neq x_j$ 当且仅当 $ax_i \,\mathrm{mod}\, n \neq ax_j \,\mathrm{mod}\, n$，所以

$$\{ax_1 \,\mathrm{mod}\, n,\ ax_2 \,\mathrm{mod}\, n, \cdots, ax_{\phi(n)} \,\mathrm{mod}\, n\} = \{x_1, x_2, \cdots, x_{\phi(n)}\}.$$

因此，

$$\prod_{i=1}^{\phi(n)} x_i \equiv \prod_{i=1}^{\phi(n)} ax_i \,(\mathrm{mod}\, n),$$

$$\prod_{i=1}^{\phi(n)} x_i \equiv a^{\phi(n)} \prod_{i=1}^{\phi(n)} x_i \,(\mathrm{mod}\, n),$$

由此推出 $a^{\phi(n)} \equiv 1 \,(\mathrm{mod}\, n)$，证毕.

当 n 为素数时有如下推论，称为费马小定理.

费马小定理 令 p 为素数，a 为正整数且不被 p 整除，则 $a^{p-1} \equiv 1 \,(\mathrm{mod}\, p)$.

由费马小定理可知，如果 $\gcd(a, p) = 1$ 且 p 为素数，则 a 在模 p 下的逆元素 $a^{-1} = a^{p-2} \bmod p$.

求模运算下的逆元素还有如下两种方法：

(1) 令 $a > 1$ 和 $u > 1$ 为整数，记 $a \times u = n + 1$，则 $a \times u \equiv 1 \bmod n$，所以 $a^{-1} = u \bmod n$.

例如，因为 $4 \times 6 = 24 = 23 + 1$，所以 4 在模 23 下的逆元素等于 6.

(2) 令 a 和 n 为正整数，令 $\boldsymbol{A} = \begin{bmatrix} 1 & 0 & a \\ 0 & 1 & n \end{bmatrix}$，如果经过矩阵的初等行变换将 $\boldsymbol{A}$ 变为 $\begin{bmatrix} u & v & 1 \\ w & x & y \end{bmatrix}$，则 $au + nv = 1$. 所以，$a \cdot u \equiv 1 \pmod{n}$，即 $a^{-1} = u \bmod n$.

例如，令 $a = 3$, $n = 5$，则从 $\begin{bmatrix} 1 & 0 & 3 \\ 0 & 1 & 5 \end{bmatrix}$ 将第一行乘 2 再减第二行得 $\begin{bmatrix} 2 & -1 & 1 \\ 0 & 1 & 5 \end{bmatrix}$. 所以 3 在模 5 下的逆元素是 2.

3.2.3 原根

令 a 和 n 为两个互素的正整数，根据欧拉定理，

$$a^{\phi(n)} \equiv 1 \pmod{n}.$$

如果对所有小于 $\phi(n)$ 的正整数 m, $a^m \not\equiv 1 \pmod{n}$，则称 a 为 n 的原根.

容易看出，如果 a 是 n 的原根，则如下 $\phi(n)$ 个在模 n 下 a 的指数幂互不相同：

$$a \bmod n, \ a^2 \bmod n, \ \cdots, a^{\phi(n)} \bmod n.$$

这是在模 n 下能得到的最多的互不相同的指数幂.

例如，令 $n = 2 \times 5 = 10$，有 $\phi(10) = 4$ 和 $9^4 \equiv 1 \pmod{10}$，但 9 不是 10 的原根，因为 $9^2 \equiv 1 \pmod{10}$. 整数 10 的原根是 3 和 7.

令 p 为素数，如果 a 是 p 的原根，则如下 $p - 1$ 个在模 p 下的指数幂

$$a \bmod p, \ a^2 \bmod p, \cdots, a^{p-1} \bmod p$$

互不相同.

许多正整数 n 是没有原根的，比如 12 和 15 就没有原根. 可以证明，只有下列形式的正整数有原根：2、4、p^α 和 $2p^\alpha$，其中 p 为奇素数，α 为正整数.

3.2.4 求模下指数幂的快速算法

令 a, x, n 为正整数且 $a < n$. 公钥密码体系常需要求模下指数幂 $a^x \bmod n$，如果先求 $y = a^x$ 再求 $y \bmod n$，则所需时间太多，y 也太大. 因为 $a^x \bmod n < n$，所以这样做很不划算. 用如下方法可快速算出 $a^x \bmod n$.

首先假设 x 是 2 的乘幂 2^m. 令 $r(m) = a^{2^m} \bmod n$, 则有如下递归式:

$$r(m) = \begin{cases} r^2(m-1) \bmod n, & m > 0, \\ a \bmod n, & m = 0. \end{cases}$$

所以可从 $i = 0$ 开始, 将 $r(i)$ 作平方运算后取模 n 而得 $r(i+1)$, 共进行 m 次这样的运算便可求出 $r(m)$, 而且每个 $r(i)$ 均小于 n, 因而所有平方运算都是对小于 n 的数进行的.

对任意正整数 x, 将其表示成二进制数 $b_k \cdots b_1 b_0$, 其中 $k = \lfloor \log_2 x \rfloor$, $b_i \in \{0, 1\}$, 则

$$x = b_k \cdot 2^k + \cdots + b_1 \cdot 2^1 + b_0 \cdot 2^0 = \sum_{b_i = 1} 2^i.$$

因此,

$$a^x \bmod n = a^{\left(\sum\limits_{b_i=1} 2^i\right)} \bmod n = \left[\prod_{b_i=1} a^{2^i} \right] \bmod n = \left[\prod_{b_i=1} (a^{2^i} \bmod n) \right] \bmod n.$$

由此, 可导出如下一个简洁算法, 其输出 g_0 即为 $a^x \bmod n$.

1. Let $g_k = a$.
2. For each integer i from $k - 1$ down to 0 i;
3. Let $g_i = (g_{i+1} \times g_{i+1}) \bmod n$;
4. If $b_i = 1$ let $g_i = (g_i \times a) \bmod n$.

这个算法使用不超过 $2k = 2\lfloor \log_2 x \rfloor$ 个数值小于 n 的乘法运算.

例如, 令 $x = 37$, 将其用二进制数表示得 100101, 因此

$$a^{37} \bmod n = \left(a^{2^5} \cdot a^{2^2} \cdot a \right) \bmod n = \left[(a^{2^3} \cdot a)^{2^2} \cdot a \right] \bmod n.$$

依照上述算法得

$$g_5 = a \bmod n,$$
$$g_4 = a^2 \bmod n,$$
$$g_3 = g_4^2 \bmod n = a^{2^2} \bmod n,$$
$$g_2 = ((g_3^2 \bmod n) \cdot a) \bmod n = a^{2^3} \cdot a \bmod n,$$
$$g_1 = g_2^2 \bmod n = (a^{2^3} \cdot a)^2 \bmod n,$$
$$g_0 = \left[(g_1^2 \bmod n) \cdot a \right] \bmod n = \left[(a^{2^3} \cdot a)^{2^2} \cdot a \right] \bmod n.$$

由此可见 $g_0 = a^{37} \bmod n$.

例如, 令 $a = 7$, $n = 11$, 则

$$g_5 = 7,$$
$$g_4 = 7^2 \bmod 11 = 5,$$
$$g_3 = 5^2 \bmod 11 = 3,$$
$$g_2 = [(3^2 \bmod 11) \cdot 7] \bmod 11 = 8,$$
$$g_1 = 8^2 \bmod 11 = 9.$$

所以,

$$7^{37} \bmod 11 = [(9^2 \bmod 11) \cdot 7] \bmod 11 = 4 \cdot 7 \bmod 11 = 6.$$

3.2.5 寻找大素数的快速算法

公钥系统的执行常需要选取足够大的素数, 比如选取二进制长度为 $280 \sim 1024$ 比特的素数. 寻找大素数的主要方法是在给定数值范围内对所有奇数逐一检测, 直到找到素数为止. 比如, 假如需要寻找一个 k 比特长的素数, 将逐一检测所有 k 比特长的奇数, 即逐一检测所有具有 $1(0+1)^{k-2}1$ 二进制表示形式的正整数, 直到找到素数为止, 这里 $(0+1)^\ell$ 表示任何 ℓ 比特二进制字符串. 根据素数定理, 大约在每 $\ln 2^{k+1} = (k+1)\ln 2$ 个 k 比特长的二进制正整数中便有一个素数, 所以大约检测 $(k+1)\ln 2/2$ 个 k 比特长的二进制正奇数便可找到一个长 k 比特的素数. 例如, 当 $k = 300$ 时, 大约只需检测 $301 \cdot \ln 2/2 < 105$ 个 300 比特长的随机正奇数便可, 这一计算量对于计算机而言是轻而易举的.

问题是, 对给定的奇数 n, 如何能快速知道 n 是否为素数? 如果用数论里的筛法对所有小于 $\sqrt{n}$ 的正奇数逐一检查它是否为 n 的因子, 则算法的时间复杂性为 $O(\sqrt{n}) = O(2^{\frac{1}{2}\log n})$, 它是 n 的长度的指数幂, 故不实用. 虽然最近的研究结果证明, 检测给定的正整数是否为素数可以在输入长度的多项式时间内完成, 但它所耗的计算时间比用概率方法要多很多, 故在实际应用中人们通常使用概率算法. 最常用的概率算法是 Miller-Rabin 算法, 它用如下素数性质作为检测工具.

令 p 为正奇数, 则根据算术基本定理可知, 存在正整数 k 使 $p-1 = 2^k q$, 其中 q 为奇数. 令 a 为大于 1 和小于 $p-1$ 的整数, 则或者 $a^q \bmod p = 1$, 或者对某个非负整数 $j < k$ 有 $a^{2^j q} \bmod p = -1$.

这个结论的证明如下. 从费马小定理可知 $a^{p-1} \bmod p = 1$, 即 $a^{2^k q} \bmod p = 1$. 考察如下整数列:

$$a^{2^0 q} \bmod p, \ a^{2^1 q} \bmod p, \cdots, a^{2^{k-1} q} \bmod p, \ a^{2^k q} \bmod p,$$

这个序列中的每一个数是其前面的数在模 p 下的平方, 而最后一个数的值为 1. 所以, 如果 $a^q \bmod p = 1$, 则这个序列中的所有元素的值亦为 1. 如果 $a^q \bmod p \neq$

1, 因为 $a^{2^k q} \bmod p = 1$, 所以一定存在非负整数 $j < k$, 使 $a^{2^j q} \bmod p \neq 1$ 和 $a^{2^{j+1} q} \bmod p = 1$. 因为

$$\left[a^{2^j q} \bmod p \right]^2 \bmod p = a^{2^{j+1} q} \bmod p = 1,$$

所以 $a^{2^j q} \bmod p = -1$.

因此, 如果存在整数 $a, 1 < a < n-1$, 使得 $a^q \bmod p \neq 1$ 且对所有 $1 \leqslant j \leqslant k-1$ 有 $a^{2^j q} \bmod \neq -1$, 则 p 只能是合数.

Miller-Rabin 素数测试算法

令 n 为正奇数, k 为正整数, 使 $n - 1 = 2^k q$, 其中 q 为奇数.

(1) 随机选取一个大于 1 小于 $n - 1$ 的整数 a.

(2) 如果 $a^q \bmod p \neq 1$ 且对所有 $1 \leqslant j \leqslant k - 1$ 有 $a^{2^j q} \bmod p \neq -1$, 则输出 "$n$ 是合数" 后终止.

(3) 否则, 输出 "n 可能是素数" 并返回第 (1) 步.

只要算法不终止, 即算法还是输出 "n 可能是素数", 则重复运行 Miller-Rabin 素数测试算法. 假设运行 Miller-Rabin 素数测试算法共 m 次, 其中 m 为正整数.

Miller-Rabin 素数测试算法只有在输出为 "n 可能是素数" 但实际上 n 是合数时出错. 可以证明如果 n 是合数, 则算法重复 m 次后的误判概率, 即仍没有输出 "n 是合数" 的概率, 小于 2^{-2m}. 例如, 令 $m = 20$, 则算法的误判概率小于 $2^{-40} < 10^{-12}$. 所以, 当重复次数 m 足够大而且算法一直没有判出 n 是合数, 则 n 便被认为是素数. 这一方法在实际应用中十分有效.

3.2.6　中国余数定理

中国余数定理是古代中国人首先总结出来的用于求解同余关系方程组的定理. 令 i 为正整数, $Z_i = \{0, \cdots, i-1\}$.

中国余数定理　令 $n_1, n_2, \cdots, n_k$ 为一系列两两互素的正整数, 即对所有 $i \neq j$ 均有 $\gcd(n_i, n_j) = 1$. 令 $n = n_1 \times n_2 \times \cdots \times n_k$. 则任意给定的同余关系方程组

$$x \equiv a_i \ (\bmod n_i)$$
$$i = 1, \cdots, k$$

在 Z_n 内具有如下的唯一解:

$$x = \left(\sum_{i=1}^{k} a_i b_i \right) \bmod n,$$

其中 $b_i = m_i (m_i^{-1} \bmod n_i)$, $m_i = n/n_i$.

因为 m_i 和 n_i 互素, 所以由欧拉定理可知 $m_i^{-1} \bmod n_i$ 存在. 下面是一个用中国余数定理的例子. 令 $(n_1, n_2, n_3) = (3, 5, 7)$, $n = 3 \times 5 \times 7 = 105$. 则下述同余关

系方程组

$$x \equiv 2 \pmod 3,$$
$$x \equiv 3 \pmod 5,$$
$$x \equiv 2 \pmod 7,$$

在 Z_{105} 内有唯一解 $x = 23$. 这是因为 $m_1 = 5 \times 7 = 35$, $m_2 = 3 \times 7 = 21$, $m_3 = 3 \times 5 = 15$. 因此,

$$m_1^{-1} \bmod n_1 = 35^{-1} \bmod 3 = 2,$$
$$m_2^{-1} \bmod n_2 = 21^{-1} \bmod 5 = 1,$$
$$m_3^{-1} \bmod n_3 = 15^{-1} \bmod 7 = 1.$$

由此推出 $b_1 = 35 \times 2 = 70$, $b_2 = 21 \times 1 = 21$, $b_3 = 15 \times 1 = 15$. 所以

$$(2 \times 70 + 3 \times 21 + 2 \times 15) \bmod 105 = (35 + 63 + 30) \bmod 105 = 23.$$

当 $a_1 = a_2 = \cdots = a_k = a$ 时, 中国余数定理还有以下特殊的形式: 对任意整数 x 和 a, 如果 $x \equiv a \pmod{n_i}$ $(i = 1, \cdots, k)$, 则 $x \equiv a \pmod n$.

证明如下: 因为对所有从 1 到 n 的整数 i 均有 $x \equiv a \pmod{n_i}$, 所以 $x - a$ 均被 n_i 整除. 因为 n_i 两两互素, 所以 $x - a$ 能被这些 n_i 的乘积整除, 即 $x \equiv a \pmod n$. 证毕.

3.2.7 有限连分数

有限连分数是具有如下形式的分数:

$$a_0 + \cfrac{1}{a_1 + \cfrac{1}{a_2 + \cfrac{1}{a_3 + \cfrac{\ddots}{\quad + \cfrac{1}{a_k}}}}}$$

其中 $a_0, \cdots, a_n$ 都是整数, 而且除 a_0 外均不等于零. 用 $[a_0; a_1, \cdots, a_k]$ 表示这样的连分数.

连分数是实数的一种表示方法. 令 x 为实数, 它的连分数表示形式可由如下算法产生.

连分数构造算法

1. Set $x_0 = x$, $a_0 = \lfloor x_0 \rfloor$, $i = 0$.
2. If $x_i = a_i$, then halt. Otherwise, set
3. $x_{i+1} = \dfrac{1}{x_i - a_i}$, $a_{i+1} = \lfloor x_{i+1} \rfloor$,
4. Set $i \leftarrow i + 1$ and goto Step 2.

如果这个算法产生的序列 $a_0, a_1, \cdots$ 有穷, 假设最后一个数为 a_k, 则

$$[a_0; a_1, \cdots, a_k] = x,$$

所以 x 是有理数. 反之, 如果 x 是有理数, 则此算法终止, 并给出其有限连分数 $[a_0; a_1, \cdots, a_k]$. 令 $x = m/n$, 其中 m, n 为非零整数且 $\gcd(m, n) = 1$, 则 $k \leqslant \log_2 n$.

如果序列 $a_0, a_1, \cdots$ 无穷, 可以证明对任意 $k > 1$ 及任意 $1 \leqslant j < k$, 连分数 $[a_0; a_1, \cdots, a_k]$ 比连分数 $[a_0; a_1, \cdots, a_j]$ 更接近于 x. 下面是两个无理数表示成无限连分数的例子:

$$\sqrt{2} = 1 + \cfrac{1}{2 + \cfrac{1}{2 + \cfrac{1}{2 + \cfrac{1}{2 + \ddots}}}} = [1; 2, 2, 2, 2, \cdots],$$

$$\pi = 3 + \cfrac{1}{7 + \cfrac{1}{15 + \cfrac{1}{1 + \cfrac{1}{292 + \ddots}}}} = [3; 7, 15, 1, 292, \cdots].$$

反过来也可以证明如果有一个有理数"很逼近"实数 x, 则这个有理数就是一个有限连分数. 可以证明如下结论:

连分数逼近定理　如果存在非负整数 r 和正整数 s 使 $|x - \frac{r}{s}| < (\sqrt{2}s)^{-2}$, 则存在 k 使 $\frac{r}{s} = [a_0; a_1, \cdots, a_k]$.

3.3　Diffie-Hellman 密钥交换体系

Diffie-Hellman 密钥交换体系以素数的原根及模下指数幂运算为基础. Diffie-Hellman 体系使用两个全局参数 p 和 a, 其中 p 为素数, a 为 p 的原根, 由通信双方 (或更多的用户) 共享. 定义函数 f_0 和 f_1 如下:

$$f_0(p, a; x) = a^x \bmod p,$$
$$f_1(x, b) = x^b \bmod p,$$

其中 x 和 b 均为正整数. 这是在第 3.1 节中提到的函数的具体定义, 它们满足式 3.1. 证明如下:

$$f_1(f_0(p, a; y), x) = (a^y \bmod p)^x \bmod p = a^{yx} \bmod p = f_0(p, a; x \cdot y),$$
$$f_1(f_0(p, a; x), y) = (a^x \bmod p)^y \bmod p = a^{xy} \bmod p = f_0(p, a; x \cdot y),$$

所以 $f_1(f_0(p, a; y), x) = f_1(f_0(p, a; x), y)$.

3.3.1　密钥交换协议

Diffie-Hellman 密钥交换体系的具体操作如下.

甲方随机选取一个小于 p 的正整数 X_A 作为甲方的私钥, 并计算

$$Y_A = f_0(p,a; X_A) = a^{X_A} \bmod p$$

作为甲方的公钥. 乙方随机选取一个小于 p 的正整数 X_B 作为乙方的私钥, 并计算

$$Y_B = f_0(p,a; X_B) = a^{X_B} \bmod p$$

作为乙方的公钥. 然后甲方将 Y_A 送给乙方, 乙方将 Y_B 送给甲方. 最后甲乙双方分别计算

$$K_A = f_1(Y_B, X_A) = Y_B^{X_A} \bmod p,$$
$$K_B = f_1(Y_A, X_B) = Y_A^{X_B} \bmod p.$$

已证 $K_A = K_B$, 所以甲乙双方便获得统一的密钥 $K = K_A = K_B$.

例如, 令全局参数 $(p,a) = (541, 2)$. 甲方选取密钥 $X_A = 137$, 并将公钥

$$Y_A = 2^{137} \bmod 541 = 208$$

送给乙方. 乙方选取密钥 $X_B = 193$, 并将公钥

$$Y_B = 2^{193} \bmod 541 = 195$$

送给甲方. 甲乙双方分别计算

$$K_A = Y_B^{X_A} \bmod 541 = (195)^{137} \bmod 541 = 486,$$
$$K_B = Y_A^{X_B} \bmod 541 = (208)^{193} \bmod 541 = 486,$$

而得共同密钥 $K = 486$.

Diffie-Hellman 密钥交换体系的正向计算易解性由模下指数幂的快速算法所保证, 其反向计算难解性依赖于从 $y = a^x \bmod p$ 算出 x 的困难程度, 其中 $x < p$. 从 $y = a^x \bmod p$ 算出 x 称为离散对数问题. 目前流行的观点是离散对数问题在标准计算模型内没有多项式时间算法. 因此, 只要素数 p 足够大, 则 Diffie-Hellman 密钥交换体系的算法强度便被认为是可靠的. 离散对数问题在第 4 章介绍数字签名时还会用到. 顺便指出, 美国学者 Peter Shor 在 1994 年证明离散对数问题在量子计算机理论模型内有多项式时间算法.

3.3.2 中间人攻击

到目前为止离散对数还没有有效算法，所以中间人丙从截获的 Y_A 或 Y_B 难以直接算出 X_A 或 X_B. 不过，丙却可使用中间人攻击的方法读到甲乙双方通信的内容，方法如下. 中间人丙首先随机选取一个小于 p 的正整数 X_C，计算 $Y_C = a^{X_C} \bmod p$，并守候在甲乙双方的通道之间，俟机截获甲方送给乙方的 Y_A 和乙方送给甲方的 Y_B. 然后丙方伪装成甲方将 Y_C 送给乙方，又伪装成乙方将 Y_C 送给甲方，如图 3.1 所示.

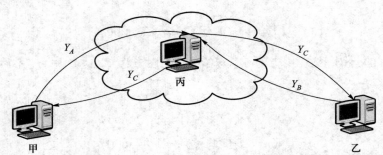

(a) 中间人丙截获甲乙双方的公钥 Y_A 和 Y_B，然后用 Y_C 取而代之分别送给甲乙两方

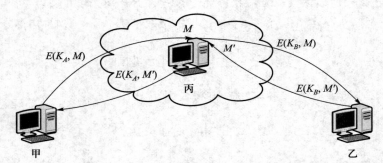

(b) 因为甲和丙共享密钥 K_A，乙和丙共享密钥 K_B，所以丙可获知甲乙双方的通信内容

图 3.1 Diffie-Hellman 密钥交换体系的中间人攻击示意图

假设甲乙双方都不知道 Y_A 和 Y_B 已被丙换成 Y_C. 按协议规定，甲乙双方将分别计算

$$K_A = Y_C^{X_A} \bmod p = a^{X_C \cdot X_B} \bmod p,$$
$$K_B = Y_C^{X_B} \bmod p = a^{Y_C \cdot X_B} \bmod p.$$

丙则计算

$$K_{CA} = Y_A^{X_C} \bmod p = a^{X_A \cdot X_C} \bmod p = K_A,$$
$$K_{CB} = Y_B^{X_C} \bmod p = a^{X_B \cdot X_C} \bmod p = K_B.$$

所以, 甲实际上是和中间人丙建立了共同密钥 $K_A = K_{CA}$, 乙实际上是和中间人丙建立了共同密钥 $K_B = K_{CB}$, 而甲乙双方并没有建立共同密钥. 当甲用 K_A 作密钥将明文 M 加密并将密文 $C_A = E(K_A, M)$ 送给乙时, 丙在中间将其截获, 用 K_{CA} 将 C 解密得到 M, 然后再用 K_{CB} 将 M 加密并将密文 $C_B = E(K_{CB}, M)$ 送给乙, 乙用密钥 K_B 将 C_B 得到 M. 同样, 丙可如法读到乙用 K_B 加密并送给甲的密文的明文. 此外, 丙也可修改明文或甚至产生自己的明文, 伪装成某一方将其加密后送给另一方.

如果甲乙双方能够互相认证对方的身份便可防止这种中间人攻击. RSA 公钥体系 (参见第 3.4 节) 亦可以用于身份认证.

3.3.3 Elgamal 公钥体系

Taher Elgamal[1] 于 1985 年在 Diffie-Hellman 密钥交换协议的基础上设计了一个公钥加密和解密体系, 称为Elgamal 公钥体系. Elgamal 公钥体系使用两个全局参数 p 和 a, 其中 p 为素数, a 为 p 的原根.

甲选取伪随机正整数 X_A 作为私钥, 并计算 $Y_A = a^{X_A} \bmod p$ 作为公钥.

乙选取伪随机正整数 X_B 作为私钥, 并计算 $Y_B = a^{X_B} \bmod p$ 作为公钥.

令 M 为小于 p 的正整数, 并假定它是甲要送给乙的明文信息. 甲用如下步骤将 M 加密:

(1) 选取伪随机正整数 k, 使 $k \leqslant p - 1$.

(2) 计算 $K = (Y_B)^k \bmod p$.

(3) 计算

$$C_1 = a^k \bmod p, \quad C_2 = (K \cdot M) \bmod p,$$

并将 (C_1, C_2) 送给乙.

乙收到 (C_1, C_2) 后可用如下方式获得明文:

$$M = (C_2 \cdot (C_1^{X_B} \bmod p)^{-1}) \bmod p.$$

证明留给读者 (见习题 3.13).

3.4 RSA 公钥体系

RSA 公钥体系的基本运算是模下指数幂运算, 其解密思想是寻求模下逆元素.

3.4.1 RSA 公钥、私钥、加密和解密

假设甲方拟建立自己的 RSA 公钥体系, 甲首先选取两个大素数 p 和 q, 并计算 $n = p \cdot q$. 然后选取正整数 e, 使 $1 < e < \phi(n)$ 且 $\gcd(e, \phi(n)) = 1$. 最后求出 e 在

---

[1] 顺便指出, Elgamal 中的字母 g 本为小写, 但却常被误写成 ElGamal.

模 $\phi(n)$ 下的逆元素 d, 即 $ed \equiv 1 \pmod{\phi(n)}$. 甲将 (e, n) 公开作为公钥, 将 d, p, q 和 $\phi(n)$ 保密并用 (d, n) 作为私钥.

假设乙方需要将明文 M 用甲方的 RSA 公钥体系加密送给甲方, 其中 M 是小于 n 的正整数. RSA 加密算法如下:

$$C = M^e \bmod n, \tag{3.5}$$

甲方收到 C 后用 RSA 解密算法将 C 解密. RSA 解密算法如下:

$$M = C^d \bmod n. \tag{3.6}$$

下面用两种方法证明解密算法的正确性, 即证明式 3.6 成立. 第一种证明方法使用了中国余数定理.

证明 1: 因为 $n = p \cdot q$, 所以 $\phi(n) = (p-1) \cdot (q-1)$. 因此从 $de \equiv 1 \pmod{\phi(n)}$ 可知存在整数 k, 使

$$de = k \cdot \phi(n) + 1.$$

情形 1: M 不被 p 整除, 即 $\gcd(M, p) = 1$. 根据费马小定理可知

$$M^{p-1} \equiv 1 \pmod{p}.$$

因此,

$$M^{de} \equiv M^{k\phi(n)} M \equiv \left(M^{p-1}\right)^{k(q-1)} M \equiv (1)^{k(q-1)} M \equiv M \pmod{p}.$$

情形 2: M 被 p 整除, 即 $\gcd(M, p) = p$. 则 $M \equiv 0 \pmod{p}$ 及 $M^{de} \equiv 0 \pmod{p}$. 由此推出 $M^{de} \equiv M \pmod{p}$. 所以 $M^{de} \equiv M \pmod{p}$ 总成立.

同样可证 $M^{de} \equiv M \pmod{q}$. 由中国余数定理的特殊形式可知 $M^{de} \equiv M \pmod{pq}$. 因为 $M < n$, 所以 $M^{de} \bmod n = M$. 证毕.

证明 2: 假设 $\gcd(n, M) = 1$, 即 M 不含素因子 p 及 q, 则根据欧拉定理可知 $M^{\phi(n)} \bmod n = 1$. 所以,

$$M^{k\phi(n)} \bmod n = \left(M^{\phi(n)} \bmod n\right)^k \bmod n = 1^k \bmod n = 1.$$

因此,

$$\begin{aligned}
C^d \bmod n &= (M^e \bmod n)^d \bmod n \\
&= M^{ed} \bmod n \\
&= M^{k\phi(n)+1} \bmod n \\
&= \left[\left(M^{k\phi(n)} \bmod n\right) \cdot M \bmod n\right] \bmod n \\
&= (1 \cdot M \bmod n) \bmod n \\
&= M.
\end{aligned}$$

如果 $\gcd(n, M) \neq 1$, 因为 $M < n$ 及 $n = p \cdot q$, 所以 M 含素因子 p 和 q 中的一个, 但不能同时含有这两个素因子 (否则 $M \geqslant n$). 不失一般性, 假设 M 被 p 整除 (M 被 q 整除的证明类似), 因而 M 不含素因子 q, 即 $M = \ell \cdot p$ 和 $\gcd(M, q) = 1$, 其中 ℓ 为正整数. 根据费马小定理可知 $M^{q-1} \bmod q = 1$, 所以

$$
\begin{aligned}
M^{k\phi(n)} \bmod q &= \left(M^{q-1} \bmod q\right)^{k(p-1)} \bmod q \\
&= 1^{k(p-1)} \bmod q \\
&= 1.
\end{aligned}
$$

因而存在整数 u 使 $M^{k\phi(n)} = 1 + u \cdot q$. 因为 $M = \ell \cdot p$, 所以

$$M^{k\phi(n)+1} = M + M \cdot u \cdot q = M + l \cdot u \cdot p \cdot q = M + l \cdot u \cdot n \equiv M \bmod n,$$

即 $M^{k\phi(n)+1} \bmod n = M$. 因此,

$$C^d \bmod n = M^{k\phi(n)+1} \bmod n = M.$$

证毕.

下面举几个例子. 令 $p = 13$, $q = 19$, 则 $n = p \cdot q = 247$, $\phi(n) = 12 \cdot 18 = 216$. 用欧几里得算法算出一个 $e = 5$ 满足 $\gcd(216, 5) = 1$. 然后算出 e 在 $\phi(n) = 216$ 下的逆元素 $d = 173$. 令 $M = 85$, 则

$$
\begin{aligned}
C = M^e \bmod n &= 85^5 \bmod 247 \\
&= [((85^2 \bmod 247)^2 \bmod 247) \cdot 85] \bmod 247 \\
&= ((62^2 \bmod 247) \cdot 85) \bmod 247 = (139 \cdot 85) \bmod 247 \\
&= 206.
\end{aligned}
$$

反之, $C^d \bmod n = 206^{173} \bmod 247$. 因为 $173 = 2^7 + 2^5 + 2^3 + 2^2 + 1$, 所以,

$$C^{173} \bmod n = \left(\left(\left(\left(C^{2^2} \cdot C\right)^{2^2} \cdot C\right)^2 \cdot C\right)^{2^2} \cdot C\right) \bmod n.$$

用快速指数幂算法计算如下:

$$g_7 = C = 206,$$
$$g_6 = g_7^2 \bmod n = 206^2 \bmod 247 = 199,$$
$$g_5 = (g_6^2 \bmod n \cdot C) \bmod n = ((199^2 \bmod 247) \cdot 206) \bmod 247 = 137,$$
$$g_4 = g_5^2 \bmod n = 137^2 \bmod 247 = 244,$$
$$g_3 = ((g_4^2 \bmod n) \cdot C) \bmod n = ((244^2 \bmod 247) \cdot 206) \bmod 247 = 125,$$
$$g_2 = ((g_3^2 \bmod n) \cdot C) \bmod n = ((125^2 \bmod 247) \cdot 206) \bmod 247 = 93,$$
$$g_1 = g_2^2 \bmod n = 93^2 \bmod 247 = 4,$$
$$g_0 = ((g_1^2 \bmod n) \cdot C) \bmod n = ((4^2 \bmod 247) \cdot 206) \bmod 247 = 85 = M.$$

从第 3.2.5 小节可知大素数 p 和 q 可以很快找到. 一旦 p 和 q 定下来之后, 用欧几里得算法可以很快找到正整数 e 使得 $\gcd(e, \phi(n)) = 1$. 从第 3.2.2 小节和第 3.2.3 小节可知 $d = e^{-1} \bmod \phi(n)$ 可快速算出. 最后用快速指数幂算法计算 RSA 加密和解密算法. 因此, RSA 密码体系满足正向计算易解性的要求.

因为指数运算满足交换性, 所以 RSA 亦满足交换性, 即其公钥和私钥可交换, 证明如下:

$$
\begin{aligned}
M = D_{d,n}(E_{e,n}(M)) &= (M^e \bmod n)^d \bmod n \\
&= E_{d,n}(D_{e,n}(M)) = (M^d \bmod n)^e \bmod n \\
&= D_{e,n}(E_{d,n}(M)) \\
&= E_{e,n}(D_{d,n}(M)).
\end{aligned}
$$

RSA 密码体系的反向计算难解性依赖于整数因子分解的难度, 已在第 2.7.2 小节讨论过整数因子分解的问题. 目前的共识是, 只要参数 p, q, d 选取得当, 并且时常更换, 则使用 RSA 密码体系是安全的. 不过, 在选取和使用这些秘密参数时需要注意若干事项, 使 RSA 能抵御可能的攻击. 下面讨论这个问题.

3.4.2   选取RSA参数的注意事项

本节介绍攻击 RSA 的一些主要方法和由此产生的防御措施. 对 RSA 的攻击主要有来自如下 4 个方面:

(1) 尝试所有可能的私钥 d.

(2) 寻找 n 的素因子.

(3) 分析算法的执行时间, 从而算出私钥 d.

(4) 在获知秘密参数部分信息的情况下求出完整的秘密参数.

穷举攻击方法当 n 和 d 足够大时不可行.

到目前为止, 人们既没有找到分解整数 n 的快速算法, 也没有证明快速算法不存在. 所以寻找快速分解整数的努力将持续下去, 直到有人证明快速分解整数的算法不存在或找到快速分解整数的算法为止.

分析 RSA 算法执行时间是典型的侧信道攻击. 这种攻击通过分析指数幂运算的时间而推算出秘密参数 d. 模下指数幂快速运算将 d 表示成二进制数 $d_k \cdots d_1 d_0$, 其运算在 $d_i = 1$ 和 $d_i = 0$ 时的执行时间有明显差别, 如果这种计算时间上的差别能被测出, 则有助于推算出私钥 d. 不过, 用户只需在 $d_i = 0$ 时加入一些无用运算就能消除计算时间的差别而使这种攻击失效.

获知秘密参数的部分信息有助于用数学方法求出完整参数. 下面列举几个这种方法.

1.   小指数攻击

指数 e 或 d 的数值如果太小, 则 RSA 将不安全. 例如, 假设甲乙两人恰好同时选用了相同的指数 $e = 2$, 而且所选的参数 n_A 和 n_B 恰巧互素. 假设丙将同样的信息 M 送给甲乙两人, 并用甲乙两人的公钥 $(n_A, 2)$ 和 $(n_B, 2)$ 对 M 进行加密后再传输, 其中 $M < \min\{n_A, n_B\}$. 即丙将 $C_A = M^2 \bmod n_A$ 送给甲, 将 $C_B = M^2 \bmod n_B$ 送给乙. 如果 C_A 和 C_B 被攻击者获得, 则攻击者可用中国余数定理求解下列共轭方程组:

$$x \equiv C_A \pmod{n_A},$$
$$x \equiv C_B \pmod{n_B}.$$

令 $x_0 \in Z_n$ 为所求的解, 其中 $n = n_A n_B$, 则 $x_0 = M^2 \bmod n$. 从 $M^2 < n$ 可知 $x_0 = M^2$. 所以 $M = \sqrt{x_0}$.

下面再看一个例子. 令 p 和 q 为素数, 且 $q < p < 2q$. 令 $n = p \cdot q$, $1 \leqslant d, e < \phi(n)$, 且 $de \equiv 1 \pmod{\phi(n)}$. 如果 $d < \frac{1}{3} n^{1/4}$ 及 $q < p < 2q$, 则 d 可在 $\log_2 n$ 的多项式时间内被求出.

这个结论的证明如下: 从 $q^2 < p \cdot q = n$ 得 $q < \sqrt{n}$. 因为 $n - \phi(n) = pq - (p-1)(q-1) = p + q - 1$, 所以从 $q < p < 2q$ 得

$$4 \leqslant n - \phi(n) < 3q < 3\sqrt{n}.$$

从 $de \equiv 1 \pmod{\phi(n)}$ 可知存在正整数 k 使 $ed = k\phi(n) + 1$. 因为 $e < \phi(n)$, 所以 $\phi(n)k < ed < \frac{1}{3}\phi(n)n^{1/4}$, 由此推出 $k < \frac{1}{3} n^{1/4}$. 因为 $kn - ed = k(n - \phi(n)) - 1$, 所以

$$0 < kn - ed < k(n - \phi(n)) < \frac{1}{3} n^{1/4}(3\sqrt{n}) = n^{3/4}.$$

将此不等式各边分别除以 dn 得

$$0 < \frac{k}{d} - \frac{e}{n} < \frac{1}{dn^{1/4}} < \frac{1}{3d^2} < \frac{1}{2d^2},$$

所以, $|e/n - k/d| < (\sqrt{2}d)^{-2}$.

根据有限连分数逼近定理 (见第 3.2.7 小节), 可知 k/d 是 e/n 的有限连分数的前缀, 即如果

$$e/n = [a_0; a_1, \cdots, a_m],$$

则存在 $j \leqslant m$ 使 $k/d = [a_0; a_1, \cdots, a_j]$. 使用连分数构造算法 (见第 3.2.7 小节), 可在 $\log_2 n$ 的多项式时间内算出所有 $[a_0; a_1, \cdots, a_i]$, $i = 1, \cdots, m$. 令

$$A/B = [a_0; a_1, \cdots, a_i],$$

则 A/B 有可能等于 k/d. 为确定 A/B 是否等于 k/d, 首先检验 $C = (eB-1)/A$ 是否为整数, 如否则选取下一个 i. 如果 $C = (eB-1)/A$ 是正整数, 则 A 可能就是 k, 而 B 可能就是 d. 为确定这个判断是否成立, 求解一元二次方程:

$$x^2 - (n - C + 1)x + n = 0. \tag{3.7}$$

因为 $C > 0$，所以方程 3.7 的根既不等于 1 也不等于 n. 如果 $A = k$ 和 $B = d$，则 $C = \phi(n)$. 因此

$$x^2 - (n - \phi(n) + 1)x + n = (x - p)(x - q).$$

令 r_1, r_2 为这个一元二次方程的两个根，如果它们为整数，则

$$x^2 - (n - C + 1)x + n = (x - r_1)(x - r_2).$$

令 $x = 0$ 得 $n = r_1 \cdot r_2$，所以 $\{r_1, r_2\} = \{p, q\}$. 由此便可求出 d. 如果 r_1 或 r_2 不是整数，则选取下一个 i 继续此步骤知道找到 d 为止. 因为解方程 3.7 可在 $\log_2 n$ 的多项式时间内完成，所以可在 $\log_2 n$ 的多项式时间内求出 d. 证毕.

2. 已知秘密参数部分信息的攻击

当秘密参数 p, q, d 的部分信息泄露之后，必须重新选取新的秘密参数，否则 RSA 将不安全. 比如，将 n 表示成十进制数，令 m 为其长度. 可以证明如果 p（或 q）的前（或后）$m/4$ 位数字泄露，则根据泄露的信息可快速算出 p. 又比如，如果 d 的后 $m/4$ 位数字泄露，则根据泄露的信息亦可快速算出 d. 它们的证明超出本书范围，从略.

如果某公钥 e 的私钥 d 泄露，则不应该继续使用原先的秘密参数 p, q 去产生新的公钥和私钥，因为根据所泄露的秘密参数 d 和公钥 e 可有效地将参数 n 进行分解，方法如下.

从 $ed \equiv 1 \pmod{\phi(n)}$ 可知存在正整数 k 使 $ed - 1 = k\phi(n)$. 令 a 为任意小于 n 的正整数，如果 $\gcd(a, n) > 1$，则 $\gcd(a, n)$ 便是 n 的一个素因子，而 $\gcd(a, n)$ 可用欧几里得算法快速求出. 如果 $\gcd(a, n) = 1$，则根据欧拉定理可知 $a^{ed-1} \equiv 1 \pmod{n}$. 令 $u = ed - 1$. 因为 $\phi(n)$ 为偶数，所以 $u = k\phi(n)$ 必为偶数. 因此

$$(a^{u/2} + 1)(a^{u/2} - 1) \equiv 0 \pmod{n}. \tag{3.8}$$

如果 $a^{u/2} \not\equiv \pm 1 \pmod{n}$，则 $\gcd((a^{u/2}+1) \bmod n, n)$ 或 $\gcd((a^{u/2}-1) \bmod n, n)$ 便是 n 的一个素因子. 否则将有如下三种可能的情形：

情形 1：$a^{u/2} \equiv -1 \pmod{n}$，即 $a^{u/2} \equiv (n-1) \pmod{n}$，$(a^{u/2} + 1) \bmod n = 0$，则另选一个 a 再次执行此算法.

情形 2：$a^{u/2} \equiv 1 \pmod{n}$ 且 $u/2$ 为奇数，则另选一个 a 再次执行此算法.

情形 3：$a^{u/2} \equiv 1 \pmod{n}$ 且 $u/2$ 为偶数，令 $u \leftarrow u/2$ 并从式 3.8 开始重新计算直到情形 1 或情形 2 出现.

3. 利用明文性质的攻击

使用 RSA 时还应注意下列事项：

(1) 明文必须与 n 互素.

(2) 明文不能太短，而且不能是两个相差不大的整数的乘积.

(3) 明文不能被 p 或 q 整除.

原因如下: 假设明文 $M < n$ 不与 n 互素. 不失一般性, 假设 $\gcd(M, n) = p$. 由此推出 $\gcd(C, n) = p$. 因此用欧几里得算法攻击者便能从 C 和 n 快速求出 p, 因而便可快速算出 $\phi(n)$ 和 d.

如果明文 M 过短且明文是两个长度相差不大的整数的乘积, 则攻击者可用中间相遇方法用较少的计算资源推算出 M. 例如, 令 M 的二进制长度为 ℓ 且 $M = m_1 \cdot m_2$, 其中 m_1 与 m_2 是两个整数且 m_1 和 m_2 的长度均不超过 $\ell/2$. 攻击者窃取 $C = M^e \bmod n$ 后算出如下两组数值, 并将它们排序:

数组 1: 对每个正整数 $x \leqslant 2^{\ell/2+1}$, 计算 $Cx^{-e} \pmod n$.

数组 2: 对每个正整数 $y \leqslant 2^{\ell/2+1}$, 计算 $y^e \pmod n$.

如果存在 x 和 y 使 $Cx^{-e} \pmod n = y^e \pmod n$, 则 $C \equiv (xy)^e \pmod n$, 因此 $M \equiv C^{-e} \equiv xy \pmod n$.

这个中间相遇攻击的计算复杂性的量级为 $2^{\ell/2+2}$, 它比穷举攻击的计算复杂性量级 2^ℓ 小很多. 比如, 假设 M 是 128 比特密钥并且是两个 64 比特整数的乘积, 则中间相遇攻击可以在 2^{66} 量级的时间内算出 M. 防御中间相遇攻击的简单方法是在明文前后加入一些无用字符, 使新明文不等于两个长度相差不大的整数的乘积.

3.4.3 RSA 数

两个素数的乘积称为 RSA 数, 也称为准素数. RSA 公钥体系安全性的终极保护是 RSA 数分解的难度. 为促进整数因子分解的研究, RSA 公钥体系的作者和后来成立的 RSA 安全公司先后公布了一系列 RSA 数, 公开征求它们的因子分解. 这些 RSA 数的十进制长度从 100 位到 617 位不等. 早期的 RSA 数以十进制长度命名, 如 RSA-200, 它是一个含 200 位十进制数字的 RSA 数. RSA-200 在 2005 年 5 月被分解.

后期的 RSA 数则以二进制长度命名, 比如 RSA-576, 它是 576 比特长的 RSA 数, 其十进制长度是 174. RSA-576 在 2003 年 12 月被分解. RSA-640 在 2005 年底被分解, 它的十进制表示是

RSA-640:   31074182404900437213507500358885679300373460228427
                 27545720161948823206440518081504556346829671723286
                 78243791627283803341547107310850191954852900733772
                 4822783525742386454014691736602477652346609

早期 RSA 数的分解, 除 RSA-129 有奖金 100 美元外, 一般不设奖金. 后期 RSA 数的分解都设有奖金, 金额从 1 万美元到 20 万美元不等. 表 3.1 列出的是 RSA 数分解的进展情况, 这些数大部分都还没有被分解.

这些研究指出, RSA 公钥体系的应用有两个注意事项: 第一, RSA 数应时常更换. 更换 RSA 数的时间应短过分解 RSA 数所用的时间. 第二, 使用至少含有多

于 200 位十进制数的 RSA 数.

表 3.1　RSA 数分解的进展情况

RSA 数	十进制长度	奖金金额	分解状况	分解时间
RSA-576	174	1 万美元	已解	2003 年 12 月
RSA-640	193	2 万美元	已解	2005 年 11 月
RSA-704	212	3 万美元	尚未解出	
RSA-768	232	5 万美元	尚未解出	
RSA-896	270	7.5 万美元	尚未解出	
RSA-1024	309	10 万美元	尚未解出	
RSA-1536	463	15 万美元	尚未解出	
RSA-2048	617	20 万美元	尚未解出	

因为 RSA 数的使用有越来越大的倾向, 大到一定程度后就可能不再实用. 所以, 人们也在努力寻找其他公钥密码体系, 椭圆曲线公钥体系就是这种努力的产物.

3.5　椭圆曲线公钥体系

椭圆曲线公钥体系的数学较深, 本节只做简要介绍.

椭圆曲线是由方程 $y^2 + dxy + ey = x^3 + ax^2 + bx + c$ 定义的曲线, 其中 $a, b, c, , d, e$ 为系数. 椭圆曲线的形状其实并非椭圆, 被称为椭圆曲线是因为方程右边的多项式 $x^3 + ax^2 + bx + c$ 与椭圆线积分有关.

本节只考虑下述椭圆曲线类:

$$y^2 = x^3 + bx + c, \quad 4b^3 + 27c^2 \neq 0. \tag{3.9}$$

图 3.2 给出两条这类曲线的例子.

令 $E(b, c)$ 为式 3.9 椭圆曲线上所有的点 (x, y) 组成的集合.

这类椭圆曲线的特点是曲线上的点具有加法性质, 可用来构造交换群. 交换群 $(G, +)$ 是满足以下 5 个性质的代数结构, 其中 G 为集合, "+" 为集合上元素的加法运算.

(1) 封闭性　对任意 $x, y \in G$: $x + y \in G$.

(2) 结合性　对任意 $x, y, z \in G$: $x + (y + z) = (x + y) + z$.

(3) 单位元　存在 $0 \in G$, 使得对任意 $x \in G$: $x + 0 = 0 + x = 0$.

(4) 逆元素　对任意 $x \in G$, 存在元素 $x' \in G$ 使 $x + x' = x' + x = 0$. 将 x' 记为 $-x$, 并将 $x + (-y)$ 记为 $x - y$.

(5) 交换性　对任意 $x, y \in G$: $x + y = y + x$.

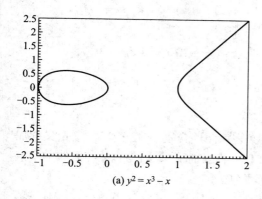 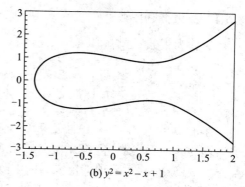

图 3.2 椭圆曲线

在交换群中单位元也称为零元.

令 X, Y 为椭圆曲线上的任意两点, 则有以下两种情形:

情形 1: $X \neq Y$. 令 L 为连接这两个点的直线. 如果 L 不垂直, 则 L 一定与曲线上第三点相交, 而且唯一.

情形 2: $X = Y$. 令 L 为曲线在点 X 的切线. 如果 L 不垂直, 则 L 一定与曲线上的另一个点相交, 而且唯一.

在上述两种情形中, 如果 L 为垂直线, 则 L 和曲线不相交. 引进一个虚拟点 O, 想象它在无穷远处与这样的直线 L 相交. 虚拟点 O 扮演单位元的角色, 称为零点.

令 $\mathsf{E}'(b,c) = \mathsf{E}(b,c) \cup \{O\}$. 对集合 $\mathsf{E}'(b,c)$ 上的点定义一个加法运算 "+" 如下:

① 对任意 $X \in \mathsf{E}'(b,c)$, 令 $X + O = X$.

② 对任意 X, $Y \in \mathsf{E}(b,c)$, 如果 $X \neq Y$ 但它们的 x 坐标相同, 则根据椭圆曲线的性质, X 和 Y 与 x 轴互为映像, 即 $X = (x,y)$, $Y = (x,-y)$. 令 $X + Y = O$. 所以, $-X = (x,-y)$.

③ 对任意 X, $Y \in \mathsf{E}(b,c)$, 如果它们的 x 坐标不同, 令 L 为穿过这两个点的直线, 如果 L 不是曲线的切线, 则 L 必与 $\mathsf{E}(b,c)$ 上的唯一的第三点 Z 相交. 令 $X + Y = -Z$, 即 $X + Y$ 是 Z 在 x 轴的映像. 如果 L 为在点 X 上的切线, 令 $X + Y = -X$. 如果 L 为在点 Y 上的切线, 令 $X + Y = -Y$.

④ 对任意 $X \in \mathsf{E}(b,c)$, 令 L_X 为曲线在点 X 上的切线, 令 Y 为 L_X 与曲线相交的另一点, 令 $X + X = -Y$.

可以证明 $(\mathsf{E}'(b,c), +)$ 是交换群.

为便于将明文编码, 通常只考虑 $\mathsf{E}(b,c)$ 的格点 (x,y), 也称为整数点, 即 x 和 y 都是整数.

3.5.1 离散椭圆曲线

令 p 为素数, $Z_p = \{0, 1, \cdots, p-1\}$. 如果 $(4a^3 + 27b^2) \bmod p \neq 0$, 令

$$\mathsf{E}_p(b, c) = \mathsf{E}(b, c) \cap \{(x, y) \mid x \in Z_p,\ y \in Z_p\}$$

$$\mathsf{E}'_p(b, c) = \mathsf{E}_p(b, c) \cup \{O\}.$$

在 $\mathsf{E}'_p(b, c)$ 上定义一个加法运算 "$+$", 它前两项分别与在 $\mathsf{E}'(b, c)$ 上定义的加法运算的前两项一致, 但第 3 项和第 4 项有一些区别. 这是因为直线与曲线的交点不一定是格点. 对后两项的定义做如下改动:

③ 对任意 $X,\ Y \in \mathsf{E}_p(b, c)$, 如果它们的 x 坐标不同, 则令 $X + Y = (x_3, y_3)$, 其中

$$x_3 = (\lambda^2 - x_1 - x_2) \bmod p,$$

$$y_3 = (\lambda(x_1 - x_3) - y_1) \bmod p,$$

$$\lambda = \frac{y_1 - y_2}{x_1 - x_2} \bmod p.$$

④ 对任意 $X = (x, y) \in \mathsf{E}_p(b, c)$, 令 $X + X = (x', y')$, 其中

$$x' = (\lambda^2 - 2x) \bmod p,$$

$$y_3 = (\lambda(x - x') - y) \bmod p,$$

$$\lambda = \frac{3x^2 + b}{2y} \bmod p.$$

可以证明 $(\mathsf{E}'_p(b, c), +)$ 是一个交换群.

例如, 令 $p = 23$, $b = 1$, $c = 0$, 可得

$$\mathsf{E}'_{23}(1, 0) = \begin{array}{l} \{(\infty, \infty),\ (0, 0),\quad (1, 5),\quad (1, 18),\ (9, 5),\quad (9, 18), \\ (11, 10), (11, 13), (13, 5),\ (13, 18), (15, 3),\ (15, 20), \\ (16, 8),\ (16, 15), (17, 10), (17, 13), (18, 10), (18, 13), \\ (19, 1),\ (19, 22), (20, 4),\quad (20, 19), (21, 6),\ (21, 17)\}, \end{array}$$

其中 $O = (\infty, \infty)$. 图 3.3 给出集合 $\mathsf{E}_{23}(1, 0)$ 上的点的分布情况.

3.5.2 椭圆曲线编码

用椭圆曲线将明文加密首先需要将明文 M 编码, 使之成为椭圆曲线 $\mathsf{E}_p(b, c)$ 上的一个整数点, 而且从这个点可唯一算出明文 M. 但迄今为止仍不知道这种编码是否能被多项式时间算法所产生. 不过, 这种编码可用概率算法快速产生. 尽管概率算法不能保证总能生成一个编码, 但可以证明这种情况发生的概率很小.

假设 M 是比 p 小很多的正整数. 令 $x = M$, 然后检查 $M^3 + bM + c$ 是否等于模 p 下的整数平方. 如不是, 在 M 的末尾不断地加入和修改一些数字而得到一

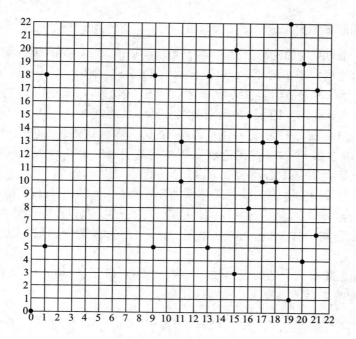

图 3.3 $\mathsf{E}_{23}(1,0)$ 的点分布

个新的整数 M', 并检查 $M'^3 + bM' + c$ 是否为模 p 下的整数平方. 下面介绍一个概率编码的算法.

令 $\epsilon > 0$ 为一个非常小的数使得 $(M+1)\gamma < p$, 其中 $\gamma = \lfloor -\log \epsilon \rfloor$. 令 $x = M\gamma + j$, 其中 $0 \leqslant j < \gamma$ 为整数. 对每一个这样的整数 j (按从小到大的顺序) 计算 $y_j = \sqrt{(x^3 + bx + c) \bmod p}$.

如果 y_j 是整数, 则用 $P_M = (x, y_j)$ 作为 M 的编码, 否则, 对下一个 j 重复此运算, 直到找到这样的 y_j 或 $j = \gamma$ 为止. 如果 $j = \gamma$, 则算法失败.

因为对于每个 j, $x^3 + bx + c$ 不是整数平方的概率约为 $1/2$. 所以算法失败的概率为 ϵ. 给定 $P_M = (x, y)$, 容易看出 $M = \lfloor x/\gamma \rfloor$, 并称 γ 为椭圆曲线编码参数.

例如, 令 $p = 179$, $b = 3$, $c = 34$, $\gamma = 15$, 则

$$(4b^3 + 27c^2) \bmod p = 174 \neq 0.$$

从 $(M+1)\gamma < 176$ 得 $1 \leqslant M \leqslant 12$. 令 $M = 10$, 则 $x = M\gamma + j = 150 + j$, $0 \leqslant j < 15$. 当 $j = 0$ 时, 得 $x = 150$, 且

$$(x^3 + bx + c) \bmod p = (150^3 + 3 \cdot 150 + 34) \bmod 179 = 81 = 9^2,$$

所以 $y = 9$, 即 $P_{10} = (150, 9)$ 是 $M = 10$ 在集合 $\mathsf{E}'_{179}(3, 34)$ 上的编码 (这里 $\gamma = 15$). 因为 $\lfloor 150/15 \rfloor = 10$, 所以从点 $(150, 9)$ 可算回 $M = 10$.

3.5.3 椭圆曲线加密算法

通常将椭圆曲线加密和解密算法分别简称为 ECC 加密和 ECC 解密.

令 k 为任意大于 1 的整数. 对任意 $X \in \mathsf{E}'_p(b,c)$, 令 $kX = X + (k-1)X$. 椭圆曲线对数问题指的是从给定的 $k \times X$ 和 $X \in \mathsf{E}'_p(b,c)$ 求 k. 普遍认为椭圆曲线对数问题没有快速算法. 这个问题是椭圆曲线公钥体系的基础.

与 Diffie-Hellman 密钥交换体系类似, 椭圆曲线公钥体系要求用户共享同一参数. 首先选取参数 b, c, p 并构造模 p 下的离散椭圆曲线 $\mathsf{E}_p(b,c)$, 然后在 $\mathsf{E}_p(b,c)$ 上选取一个点 G 并选取编码参数 γ, 共享参数是 $(\mathsf{E}_p(b,c),\ G,\ \gamma)$.

假设甲方拟设立椭圆曲线公钥体系的私钥和公钥, 则甲方首先随机选取一个正整数 k_A 作为私钥, 然后计算 $P_A = k_A G$ 作为公钥. 假设乙方需要将明文 M 用 ECC 加密后送给甲方, 这里 M 是满足 $(M+1)\gamma < p$ 的正整数. ECC 加密算法如下:

乙方首先选取一个随机正整数 k, 将 M 编码得 $P_M = (x,y)$, 然后计算如下 $\mathsf{E}_p(b,c)$ 中的两个点作为密文:

$$C = (kG,\ P_M + kP_A).$$

用 $\pi_0(C)$ 表示 kG, $\pi_1(C)$ 表示 $P_M + kP_A$.

甲方收到密文 C 后用 ECC 解密算法将 C 解密, 算法如下:

$$P_M = \pi_1(C) - k_A\pi_0(C). \tag{3.10}$$

然后从 $P_M = (x,y)$ 算出 $M = \lfloor x/\gamma \rfloor$.

下面是对式 3.10 的证明:

$$\begin{aligned}
\pi_1(C) - k_A\pi_0(C) &= (P_M + kP_A) - k_A(kG) \\
&= P_M + k(k_A G) - k_A(kG) \\
&= P_M.
\end{aligned}$$

3.5.4 椭圆曲线密钥交换

椭圆曲线也可用于构造一个与 Diffie-Hellman 密钥交换系统类似的密钥交换体系. 与第 3.5.3 节一样选取体系参数 $(\mathsf{E}_p(b,c),\ G,\ \gamma)$. 令 n 为满足 $nG = O$ 的最小正整数.

为获得共同密钥: 甲方随机选取一个小于 n 的正整数 k_A 作为私钥, 并计算 $P_A = k_A G \in \mathsf{E}_p(b,c)$ 作为公钥. 乙方也随机选取一个小于 n 的正整数 k_B 作为私钥, 并计算 $P_B = k_B G \in \mathsf{E}_p(b,c)$ 作为公钥. 甲方用 $K_A = k_A P_B$ 作为密钥, 乙方用 $K_B = k_B P_A$ 作为密钥. 容易看出

$$K_A = k_A P_B = k_A(k_B G) = k_B(k_A G) = k_B P_A = K_B.$$

3.5.5 椭圆曲线公钥体系的强度

椭圆曲线公钥体系的强度依赖于椭圆曲线离散问题的难解性. 椭圆曲线公钥体系对参数长度的要求似乎没有 RSA 公钥体系的要求高, 但椭圆曲线公钥体系破译方法的研究也还没有 RSA 公钥体系破译方法的研究那么广泛和深入, 所以人们对椭圆曲线公钥体系的了解远不如对 RSA 公钥体系了解得多, 这可能与椭圆公钥体系用到较深的数学有关.

3.6　密钥分发和管理

公钥密码算法的计算量比常规加密算法的计算量大很多, 故不适于用来加密长明文, 所以公钥密码体系通常用来加密短明文, 特别是用来加密常规加密算法的密钥. 当甲乙双方需要进行保密通信时, 甲方首先产生密钥 K, 然后用乙方的公钥将密钥加密后送给乙方, 乙方用自己的私钥将密文解密便得到密钥 K.

3.6.1　主密钥和会话密钥

甲乙双方在特定的时间范围内第一次产生的密钥通常用来作为主密钥, 记为 K_m, 用于将其他密钥加密以便传送. 在这段时间内如果甲乙双方需要进行保密通信, 则送信方先产生一把密钥, 用来加密当前的通信, 称为会话密钥 (或阶段密钥), 记为 K_s. 送信方然后用主密钥 K_m 和常规加密算法 E 将会话密钥 K_s 加密, 并将 $E(K_m, K_s)$ 网传给收信方. 收信方用主密钥 K_m 将密文 $E(K_m, K_s)$ 解密得甲方产生的会话密钥 K_s. 这段通信中的所有数据加密都将由这把会话密钥 K_s 完成. 这种做法的主要目的是减少主密钥的使用次数, 从而减少被攻击者破译的机会.

会话密钥的有效期通常只是一个对话时段, 比如从建立 TCP 连接开始到终止连接这段时间. 主密钥的有效期长一些, 但也不能太长, 它由具体的应用程序决定. 例如, 假设用户甲在家中使用远程登录加密软件登录到单位的主机, 此软件先产生主密钥 K_m, 然后用单位主机的公钥将 K_m 加密后网传给主机, 主机用自己的私钥将收到的密文解密得 K_m. 甲方加密软件然后产生会话密钥 K_s, 并用常规加密算法和主密钥 K_m 将 K_s 加密后网传给主机. 这个会话密钥 K_s 将用于加密这段远程登录中甲方和主机之间的所有信息, 包括甲方的登录名、登录密码、甲方发出的指令及双方之间交流的数据. 如果甲方退出登录但没有退出加密软件, 则会话密钥 K_s 作废, 但主密钥 K_m 仍有效, 用于甲方下次登录之用. 如果甲方退出加密软件, 则主密钥 K_m 作废.

3.6.2　公钥证书

RSA 和 ECC 公钥密码体系除了用于给密钥加密以便传输之外, 也可用于认证数据的出处, 维护数据的完整性和不可否认性. 如果甲方需要向乙方证明数据 M

的确出于甲方，甲可用私钥将 M 加密得到 C，然后将 M 和 C 同时送给乙方. 乙方用甲方的公钥将 C 解密并将其与 M 对照. 因为只有甲方拥有私钥，所以如果两者相等，则乙方可确认数据 M 的确出自甲方. 甲方也可用上述方法向乙方证明自己的身份，他只需将数据 M 写成"我是甲"即可.

甲方欲使用公钥密码体系将密钥加密传递给乙方，首先需要知道乙方的公钥. 甲方欲使用公钥密码体系向乙方证明自己的身份，则乙方需要知道甲方的公钥. 因为公钥不保密，所以公钥可经一般的电子邮件传递或在用户网页上公布. 这样做简单易行，但却有一个问题，就是公钥的主人真伪难辨. 攻击者可以伪装他人，引诱别人把攻击者自己的公钥当成他人的公钥. 所以必须设计有效方法确认公钥的主人.

这种方法通常需要一个被各方信赖的机构的介入. 比如，类似于使用互联网域名服务站查询 IP 地址，可以设立一个公钥服务中心用于查询用户的公钥. 如果每个 IP 地址只有一把公钥，这个设想是容易做到的. 但一个 IP 地址可能会有许多用户，而每个用户可能又有多把公钥，因此使用公钥中心查询用户公钥的做法将会产生大量额外通信，因为用户在每次应用中都将访问公钥服务中心查询收信方或送信方的公钥，使公钥中心成为通信瓶颈，故不切实际.

公钥确认方法中最简单、最常用也是最有效的手段是使用公钥证书，简记为 PKC. 公钥证书也称为数字证书，由公钥证书机构签发. 证书机构是一个可信赖的政府机关或商业机构，简记为 CA. 它使用公钥体系，并将其公钥发布在 CA 网页上或网传给所有的用户. CA 给每个用户的公钥签发一个公钥证书，它是一个被 CA 的私钥加密过的电子文件，包含用户名、用户公钥、证书签发日期、证书签发机构和证书有效日期等信息. 注意：因为公钥证书较长，所以证书机构通常只对公钥证书的散列值加密. 当甲方需要使用乙方的公钥时，甲方首先从乙方获得乙方的公钥证书，然后用 CA 的公钥将证书解密确认证书的确来自 CA，并从公钥证书中获得乙方的公钥和其有效日期. CA 的公钥可事先存在用户的机器上，因此用户无须在每次通信中都访问 CA 网站.

使用公钥证书有助于维护数据的不可否认性：如果乙方持有甲方用私钥认证的数据和甲方的公钥证书，则甲方便难以向他人否认数据出自甲方，除非甲方能够证明其私钥在数据认证前已经被盗.

5.2 节将详细介绍公钥证书的工业化标准.

3.6.3　CA 认证机构网络

公钥证书机构除了签发公钥证书外，还要接待用户访问和传递 CA 公钥. 如果公钥证书在有效期内因各种原因作废，CA 还要向用户提供公钥证书作废名单. 所以当用户很多时，使用一个公钥证书机构是不够的. 解决这个问题的方法是使用多个证书机构，并将它们组建成一个 CA 认证机构网络.

用 $\mathrm{CA}\langle K_X^u \rangle$ 表示证书机构 CA 给用户 X 的公钥 K_X^u 签发的公钥证书.

令 CA_1、CA_2 为两个不同的公钥证书机构. 假设 A 是 CA_1 的用户, 但不是 CA_2 的用户, 持有 CA_1 签发的公钥证书 $CA_1\langle K_A^u \rangle$. 假设 B 是 CA_2 的用户, 但不是 CA_1 的用户, 持有 CA_2 签发的公钥证书 $CA_2\langle K_B^u \rangle$. 因为甲乙双方都无法可靠地知道对方证书机构的公钥, 所以无法验证对方的公钥证书. 为了能够让用户跨越证书机构验证公钥证书, 要求证书机构也互相认证对方的公钥, 即 CA_1 给 CA_2 的公钥签发公钥证书 $CA_1\langle K_{CA_2}^u \rangle$, CA_2 也给 CA_1 的公钥签发公钥证书 $CA_2\langle K_{CA_1}^u \rangle$, 并分别供给各自的用户.

当 A 跨机构给 B 传递公钥证书 $CA_1\langle K_A^u \rangle$ 时, 也同时向 B 传递公钥证书 $CA_2\langle K_{CA_1}^u \rangle$. 这样, B 可先用自己的证书机构 CA_2 的公钥验证 CA_1 的公钥, 然后再用 CA_1 的公钥验证 A 的公钥. 同理, B 应向 A 传递两个公钥证书 $CA_2\langle K_B^u \rangle$ 和 $CA_1\langle K_{CA_2}^u \rangle$, 使 A 可先验证 CA_2 的公钥再验证 B 的公钥.

证书机构之间的关系可用一个有向图来表示, 图中每个点代表一个证书机构 CA_i. 如果 CA_i 给 CA_j 签发了公钥证书, 就将点 CA_i 到点 CA_j 连一根线, 箭头指向 CA_j, 也就是说 CA_j 是 CA_i 的用户. 把非 CA 用户称为普通用户. 这种有向图称为 CA 网. 因此, 上述例子便可表示成如图 3.4 所示的 CA 网.

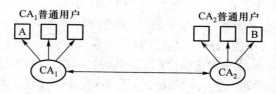

图 3.4　含两个证书机构的 CA 网

当 CA 网含有多个证书机构时, 从一个证书机构到另一个证书机构的路径称为证书路. 比如, 图 3.5 是一个含 5 个证书机构的 CA 网的例子. 在这个例子中, 从 A 到 B 有两条证书路: $CA_1 \rightarrow CA_5 \rightarrow CA_4$ 和 $CA_1 \rightarrow CA_3 \rightarrow CA_5 \rightarrow CA_4$, 而从 B 到 A 只有一条证书路: $CA_4 \rightarrow CA_2 \rightarrow CA_1$. 在这个 CA 网中, CA_1 和 CA_2 的用户可如前所述跨机构验证对方的公钥: 假设 A 是 CA_1 的普通用户, B 是 CA_4 的普通用户, 则 B 送给 A 的公钥证书 $CA_4\langle K_B^u \rangle$ 需连同从点 CA_4 到点 CA_1 的所有公钥证书, 即 $CA_2\langle K_{CA_4}^u \rangle$ 和 $CA_1\langle K_{CA_2}^u \rangle$, 一起送给 A, 使 A 可先用 CA_1 的公钥验证 CA_2 的公钥, 然后用 CA_2 的公钥验证 CA_4 的公钥, 最后用 CA_4 的公钥验证 B 的公钥.

因为在 CA 网中从一点到另一点可能存在多条证书路, 因此人们自然希望寻找和选取最佳证书路. 最佳证书路的选择有两把不相关的尺度, 一是路径最短, 二是可信度最高. 因为每个证书机构的操作不一定相同, 其计算机系统的安全性也可能不一样, 因此, 选取不同的证书路会产生不同的可信度. 这两把尺度可能会发生矛盾, 即最短证书路的可信度可能低于一个较长证书路的可信度. 如何衡量证书路的可信度不是一个简单的问题, 这里不做介绍.

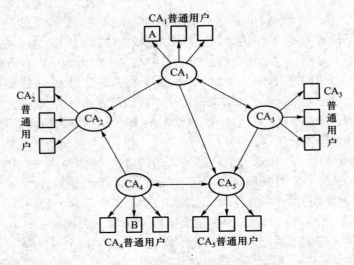

图 3.5 含多个证书机构的 CA 网

3.6.4 私钥环和公钥环

一台主机也许有多个用户, 每个用户又可能拥有一个或多个私钥–公钥对. 每个用户将与多个系统外的用户建立通信联系并获得他们的公钥证书, 这些公钥证书和公钥应该保存起来供未来通信之用, 以及提供给系统内的其他用户使用, 以减少重复通信和计算. 管理这些公钥和私钥–公钥对, 一种方法是将这些信息集中起来管理. 将主机用户的私钥–公钥对放在一起统一管理, 称为私钥环, 并将系统外用户的公钥放在一起统一管理, 称为公钥环.

1. 私钥环

私钥环是一个表状数据结构, 表中的每一行代表用户的一个记录, 包含如下属性: 公钥索引号、公钥主人、公钥、加密私钥和时戳, 如表 3.2 所示.

表 3.2 私钥环示意

公钥索引号	公钥主人	公钥	加密私钥	时戳
$K_A^u \bmod 2^\ell$	Alice	K_A^u	$E_{H(P_A)}(K_A^r)^*$	T_A
$\vdots$	$\vdots$	$\vdots$	$\vdots$	$\vdots$

* P_A 表示用户 A 的登录密码, $H(P_A)$ 表示由 P_A 生成的密钥.

表中的属性解释如下:

(1) 公钥索引号是公钥的编号, 编号具有固定长度 ℓ 便于查找. 比如可将公钥 K^u 编号为 $K^u \bmod 2^\ell$.

(2) 公钥主人指公钥的拥有者, 通常由用户的用户名或电子邮箱的地址来表示.

(3) 公钥指用户的私钥–公钥对的公钥部分.

(4) 加密私钥指的是用户私钥 – 公钥对的私钥部分，用户用自己的登录密码产生的密钥将其加密. 私钥密文可被用户登录密码解密.

(5) 时戳指的是该私钥 – 公钥对建立的时间.

根据具体需要，私钥环也可加进其他属性.

2. 公钥环

公钥环也是一个表状数据结构，表中的每一行代表其他用户的一个记录，包含如下属性：公钥索引号、公钥主人、公钥、公钥签名可信度、公钥可信度、公钥证书机构、公钥证书机构可信度和时戳. 前三种属性的定义与私钥环相同. 其他属性的定义如下：

(1) 公钥签名可信度指的是对用该公钥签发的公钥证书的信赖程度.

(2) 公钥可信度指的是对所列公钥是否确实是所列用户的公钥的信赖程度.

(3) 公钥证书机构指的是签发该公钥的证书机构.

(4) 公钥证书机构可信度指的是对公钥签发机构的信赖程度.

(5) 时戳指的是该记录建立的时间.

根据具体需要，公钥环也可加进其他属性.

3.7　结　束　语

公钥密码系统的产生使通信双方在事先没有共享密钥的情况下能够通过互联网安全、快速地设立共享密钥. 公钥密码体系的安全性依赖于一些数学问题的难解性. 随着新技术和新方法的出现，过去认为难解的问题可能不再难解，比如整数因子分解问题和离散对数问题在量子计算机内均有多项式时间算法. 量子计算机目前还只是理论模型，已经构造出来的量子计算装置只能处理少量几个量子比特，距离实际要求还很遥远. 但无论结果如何，人们将会继续寻求新的和更好的公钥密码体系.

习　　题

3.1　假设用户甲需要将明文 M 送给用户乙而不让他人读到，但甲乙二人事先没有共享密钥，故甲无法用常规加密算法将 M 加密. 现甲有一个带有两个锁扣的盒子，而且甲乙两人各有一把锁. 甲想到了一个方法可用这个盒子和甲乙两人各自的锁将 M 送给乙而不让他人读到，而且盒子在传输过程中总是被锁上的. 注意，甲乙两人没有另外途径可以安全地传递锁的钥匙. 请给出用户甲的方法.

3.2　令 a, b, c, d, n 为整数且 $n \neq 0$. 证明如下结论：

(a) $a \equiv a \pmod{n}$.

(b) $a \equiv 0 \pmod{n}$，当且仅当 n 被 a 整除.

(c) $a \equiv b \pmod{n}$，当且仅当 $b \equiv a \pmod{n}$.

(d) 如果 $a \equiv b \pmod{n}$，$b \equiv c \pmod{n}$，则 $a \equiv c \pmod{n}$.

(e) 如果 $a \equiv b \pmod{n}$，$c \equiv d \pmod{n}$，则

$$a + c \equiv b + d \pmod{n}, \ a - c \equiv b - d \pmod{n}, \ ac \equiv bd \pmod{n}.$$

3.3 算出 $\phi(12)$，并找出所有满足 $a^{\phi(12)} \equiv 1 \pmod{12}$ 的 a. 然后证明 12 没有原根.

3.4 令 p 为素数，$n < p$ 为正整数. 证明 $a^2 \bmod p = 1$ 当且仅当 $a \bmod p = 1$ 或 $a \bmod p = -1$.

3.5 求模下指数幂的快速算法的基本运算是平方模运算 $a^2 \bmod n$. 令 a 的长度为 ℓ 比特，则 a^2 的长度约为 2ℓ. 如果 ℓ 接近 n 的长度，则先计算 a^2 再取模就需要大约 n 的长度的两倍空间. 为节省空间，请设计一个算法计算 $a^2 \bmod n$，使得在计算过程中出现的最大的数的长度最多为 $3\ell/2$ 比特.

3.6 用模下指数幂的快速算法求 $101^{124} \bmod 110$.

3.7 编写执行模下指数幂快速算法的程序.

3.8 令 $x = m/n$ 为有理数，其中 m, n 为非零整数且 $\gcd(m, n) = 1$. 令 $[a_0; a_1, \cdots, a_k]$ 为 x 的有限连分数表示，它由连分数构造算法所产生. 证明 $k \leqslant \log_2 n$.

3.9 令素数 $p = 353$，则 $a = 3$ 是 p 的原根. 用这两个数构造 Diffie-Hellman 密钥交换体系.

(a) 如果甲方选取的私钥 $X_A = 97$，甲方的公钥 Y_A 是什么值？

(b) 如果乙方选取的私钥 $X_B = 233$，乙方的公钥 Y_B 是什么值？

(c) 甲乙双方得到的密钥是什么值？

3.10 令素数 $p = 13$.

(a) 证明 $a = 2$ 是 13 的原根. 用这两个数构造 Diffie-Hellman 密钥交换体系.

(b) 如果甲方的公钥 $Y_A = 7$，甲方的私钥 X_A 是什么值？

(c) 如果乙方的公钥 $Y_B = 11$，乙方的私钥 X_B 是什么值？

3.11 令 p 为素数，a 为正整数. 甲方选取私钥 X_A 并用 $Y_A = X_A^a \bmod p$ 为公钥，乙方选取私钥 X_B 并用 $Y_B = X_B^a \bmod p$ 为公钥. 甲乙双方可如何获得共同密钥？这个方法为什么不安全？

3.12 编写执行 Diffie-Hellman 密钥交换体系的套接字程序，供通信双方设立共同密钥.（做此习题需要先完成习题 2.36 和习题 3.7. ）

3.13 Elgamal 公钥体系使用两个全局参数 (p, a)，其中 p 为素数，a 为 p 的原根. 甲方选取私钥 X_A 并计算公钥 $Y_A = a^{X_A} \bmod p$，乙方选取私钥 X_B 并计算公钥 $Y_B = a^{X_B} \bmod p$. 令 M 为小于 p 的正整数，它是甲方要送给乙方的明文信息. 甲方用以下步骤将 M 加密：

(1) 选取伪随机正整数 k 使 $k \leqslant p - 1$.

(2) 计算 $K = (Y_B)^k \bmod p$.

(3) 将 M 加密成两个正整数 C_1 和 C_2，其中

$$C_1 = a^k \bmod p,$$

$$C_2 = (K \cdot M) \bmod .$$

证明乙方可用以下方式获得明文：

$$M = (C_2 \cdot (C_1^{X_B} \bmod p)^{-1}) \bmod p.$$

3.14　中间人攻击方法可用于攻击 Diffie-Hellman 密钥交换体系. 问中间人攻击能破坏 Elgamal 公钥体系吗?

3.15　令 $p = 61$, $q = 53$, $d = 2753$. 求 e, 使 $de \equiv 1 \bmod \phi(pq)$.

3.16　假设 RSA 数 $n = 187 = 11 \times 17$.

(a) 令 $e = 7$, $M = 89$, 算出 RSA 密文.

(b) 将上述密文解密，求出明文.

(c) 令 $e = 7$, $M = 88$, 算出 RSA 密文 C. 根据这个密文 C 可以将 RSA 数 187 分解吗? 原因是什么?

3.17　指出为什么指数 $e = 1$ 和 $e = 2$ 不应该作为 RSA 的公钥.

3.18　如果 $e = 3$, 描述如何攻击 RSA. 你能用一个简单的办法抵御这个攻击吗? 解释你的理由.

3.19　如果将明文用 RSA 加密几次后得回明文，这是什么原因?

3.20　用户甲使用如下方式将英文明文用 RSA 加密：将每个英文字母映射到一个从 2 到 27 的正整数，即 A → 2，B → 3，$\cdots$，Z → 27. 然后对每个这样的正整数分别加密. 甲用的公钥 n 和 e 的值都很大，问这样做是否安全? 为什么?

3.21　在 RSA 中，如果 $C = M^e \bmod n$, 证明 $(2^e C)^d \equiv 2M \bmod n$.

*3.22　假设用 RSA 公钥 $n = 437$ 和 $e = 3$ 将某原文加密得到密文 $C = 75$, 假设原文等于 8 或等于 9. 不分解 RSA 数，确定哪个是原文.

*3.23　假设甲乙双方使用相同的 RSA 数 n 且加密指数 e_A 和 e_B 互素. 现在丙方有一文件 M 送给甲乙双方，丙用甲方的公钥将 M 加密得 $C_A = M^{e_A} \bmod n$ 并将 C_A 送给甲方，他用乙方的公钥将 M 加密得 $C_B = M^{e_B} \bmod n$ 并将 C_B 送给乙方. 如果丁方截获 C_A 和 C_B, 则丁方可算出 M. 试给出丁方所采用的方法.

3.24　假定通信双方各自确立了自己的 RSA 参数. 编写执行 RSA 加密和解密算法的套接字程序. (做此习题请先完成习题 3.7.)

**3.25　RSA 数 576 和 640 已被成功分解. 它们是如何被分解的?

*3.26　令椭圆曲线 $y^2 = x^3 - x + 1$, 令 $X = (1, 1)$, $Y = (-1, -1)$. 求 $X + Y$ 和 $2Y$.

*3.27　求出 $\mathsf{E}_{23}(0, 1)$ 和 $\mathsf{E}_{17}(1, 1)$.

*3.28   证明在第 3.5.1 节定义的集合 $(\mathsf{E}'_p(a,b), +)$ 是交换群.

3.29   证明 ECC 加密和解密算法满足交换性.

*3.30   令椭圆曲线密码体系的共享参数为 $\mathsf{E}_{23}(1,1)$, $G=(3,10)$, $\gamma=4$. 假定 A 选取的私钥是 $k_A=5$.

(a) 求 A 的公钥 P_A.

(b) 令 $M=4$, 求 M 在椭圆曲线 $\mathsf{E}_{23}(1,1)$ 上的表示 P_M.

(c) B 选取 $k=3$, 并用 A 的公钥 P_A 将 P_M 加密. 密文 C 的值是什么?

(d) 给出 A 将密文 C 解密的运算.

*3.31   令椭圆曲线密码体系的共享参数为 $\mathsf{E}_{11}(1,6)$, $G=(2,7)$, $\gamma=2$. 假定A选取的私钥是 $k_A=6$.

(a) 求 A 的公钥 P_A.

(b) 令 $M=2$, 求 M 在椭圆曲线 $\mathsf{E}_{11}(1,6)$ 上的表示 P_M.

(c) B 选取 $k=5$, 并用 A 的公钥 P_A 将 P_M 加密. 密文 C 的值是什么?

(d) 给出 A 将密文 C 解密的运算.

3.32   用公钥密码传递密钥安全简便, 因此已被普遍使用. 如果不用公钥密码体系, 也可以用一个密钥分配中心给用户产生和传递密钥, 它是大家都信任的机构. 使用 KDC 的每个用户必须事先在 KDC 上注册登记, 设立与 KDC 共享的主密钥. 当甲方需要与乙方进行保密通信时, 甲方首先向 KDC 要求产生一把会话密钥, KDC 按要求产生会话密钥并用 KDC 和甲方共有的主密钥将会话密钥加密后网传给甲方.

(a) 根据上述基本思想, 设计一个安全的会话密钥分配协议.

*(b) 将你设计的会话密钥分配协议进一步完善, 使它能抵御中间人攻击和消息重放攻击, 并使甲乙双方能够互相认证对方的身份. 除此之外, 你的设计还应该使用尽可能少的通信量和通信次数, 并结合 TCP 三向握手协议在甲乙双方中间建立一条通信渠道.

(c) KDC 应如何管理用户的主密钥? 用户又如何向 KDC 验明自己的身份? 你觉得密钥环的概念在这里用得着吗?

(d) 使用 KDC 前每个用户必须先与 KDC 建立联系和设立与 KDC 共享的主密钥, 请提出一个可行方案.

(e) 一个 KDC 难以处理大量用户请求, 试设计一个多层次 KDC 系统.

(f) 分析使用 KDC 的优点和缺点.

3.33   与 KDC 的做法类似, 可设立一个公钥查寻中心而不用公钥证书获得对方的公钥. PKA 是大家都信任的机构. PKA 的每个用户必须事先在 PKA 上注册登记, 将自己的公钥在 PKA 上注册.

(a) 根据上述基本思想设计一个安全的公钥查寻协议.

*(b) 将你设计的公钥查寻协议进一步完善, 使它能抵御中间人攻击和消息重放攻击, 并使甲乙双方能够互相认证对方的身份. 除此之外, 你的设计还应该使用尽可能少的通信量和通信次数, 并结合 TCP 三向握手协议在甲乙双方中间建立一条通信渠道.

(c) PKA 应如何管理用户的公钥? 没有在 PKA 注册的用户能够向 PKA 验明自己的身份吗?

(d) 使用 PKA 前每个用户必须先与 PKA 建立联系并将自己的公钥在 PKA 上注册. 试提出一个可行方案.

(e) 一个 PKA 难以处理大量用户请求，请设计一个多层次 PKA 系统.

(f) 试分析使用 PKA 的优点和缺点.

*3.34　用 BBS 伪随机二元字符发生器、Diffie-Hellman 密钥交换体系和 AES-128 按电子密码本模式（ECB）编写一个 TCP 套接字程序建立一个简单的加密系统. 假定 Diffie-Hellman 密钥交换体系用户共享参数为 $(p, a) = (541, 2)$，通信双方首先用 BBS 伪随机二进制字符发生器分别选取一个随机二进制字符串，使第一位二进制字符为 1，然后用 Diffie-Hellman 密钥交换体系建立共同密钥，如果双方在第一轮交换中得到的共同二进制字符串短于 128 比特，则重复此步骤，将新得到的共同二进制字符串放在前面得到的共同二进制字符串的后面，直到得到一个长度大于或等于 128 的共同的二进制字符串为止. 然后取该字符串的后 128 位作为双方的共同密钥.

（做此习题前应先完成习题 2.23、习题 2.36 和习题 3.7. ）

**3.35　假定甲乙双方分别拥有两个正整数 i 和 j，他们必须确定是否 $i \leqslant j$，但又不能告诉对方自己所拥有的数值. 这个问题通常称为姚期智百万富翁问题. 试设计一个安全协议解决这个问题.

*3.36　甲乙两人都是记者，将分别前往两个偏远的地方，尽管这两个地方有网络连接，但因为计算能力的限制，任何通信都不能使用任何加密算法进行加密. 不过，发送者允许对所送信息进行数字签名.

假设甲乙两人拥有共同的密钥，但他们却不能使用任何加密算法. 为确保两人通信的机密性和完整性，甲乙两人设计了一个方法来保护他们通信的安全. 这个方法通常称为阈下信道. 试描述他们的方法并证明其正确性. 注意：构造阈下信道的方法有很多种. 甲乙两人设计的方法必须经济而且安全.

*3.37　用 C 语言编写一个套接字客户–服务器程序实现 RSA 算法，细节如下：

(1) $n = 3507 \times 6917$. 服务器程序用它产生一个 RSA 系统，根据用户请求生成其他两个参数 e 和 d.

(2) 客户程序向服务器程序请求其 RSA 参数 (n, e)，产生一个伪随机数 $r < n$，并用 RSA 加密，然后将加密的伪随机数送给服务器程序.

(3) 服务器程序将收到的密文解密得到 r.

实现以下算法：

(a) 欧几里得算法（用它算出参数 e，使得 $\gcd(e, \phi(n)) = 1$）.

(b) 快速指数幂运算（用它执行模下的指数幂运算）.

(c) 欧拉定理（用它算出参数 d，使得 $ed \equiv 1 (\bmod \phi(n))$）.

(d) BBS 伪随机序列产生器（用它产生伪随机数 r，具体方法是在产生的序列前加 1，而得到 1 个正整数）. 为方便，用以下常数，素数：1223，原根：5.

(e) 在服务器程序中用主从同步方法使得服务器能同时处理多客户请求.

第 4 章

数据认证

数据认证的目的是向数据使用者证明两件事：第一，数据出自何处；第二，数据没有被更改过. 数据认证是维护数据的完整性和不可否认性的重要机制. 数据认证的方法主要依靠常规加密算法和公钥密码体系. 假设甲乙两人拥有共同密钥 K，则甲可用 (M, C) 向乙证明 M 的确出自甲，这里 M 为数据，C 为 M 用常规加密算法和密钥 K 产生的密文. 这是因为密钥 K 只有甲乙两人知道，所以乙方用密钥 K 将 C 解密得 M'，并确认 M 出自甲并在传输过程中没有被第三者修改过，当且仅当 $M' = M$. 用公钥密码体系认证数据的基本思想已在第 3.6.2 节介绍过.

当明文 M 很短时，直接将明文加密（用密钥或私钥）的认证方法简单实用. 但当明文较长时，这种做法将导致不必要的计算量和通信流量. 其实，用做数据认证的密文无须很长，只需将代表明文的一个短字符串加密即可. 这个字符串称为明文的一个短代表. 不用密钥产生的短代表称为数字摘要或数字指纹，方法是使用散列函数. 用密钥产生的短代表称为消息认证码或标签，方法是使用密码校验和算法，简记为 MAC. 将散列函数和密码校验和算法合起来使用则称为密钥散列校验和，简记为 HMAC.

本章介绍散列函数、消息认证码、密钥散列校验和算法以及数字签名标准，还将介绍用于电子交易的双签名机制以及用于产生电子现金的盲签名机制.

4.1 散 列 函 数

散列函数也称为杂凑函数或哈希函数，它将长字符串"打碎重组"成一个固定长度的短字符串. 然而，不是任何散列函数都适用于产生数字指纹. 比如，用异或运算可以构造一个简单的散列函数 H, 它将任何长度为 16 倍数的二进制字符串 M 用异或运算变成 16 比特散列值: 令 $M = M_1 M_2 \cdots M_k$, 其中每个 M_i 长 16 比特, 令

$$H_\oplus(M) = M_1 \oplus M_2 \oplus \cdots \oplus M_k.$$

这个散列函数不适用于产生数字指纹, 因为可以很容易找到多个不同的明文使它们都具有相同的散列值. 例如, 如下两个句子的意思完全不同, 但却具有相同的散列值: "He likes you but I hate you" 及 "He hates you but I like you". 将这两个句子中的每个字符用 8 比特 ASCII 码编码后分别得到两个二进制字符串 S_1 和 S_2. 容易验证 $H_\oplus(S_1) = H_\oplus(S_2)$. 因此, 如果用这样的散列函数做数字指纹代表数据是不适宜的. 散列函数必须满足若干要求才能用于产生数字指纹.

4.1.1 散列函数的设计要求

令 H 表示即将构造的散列函数, 其允许输入范围是所有长度小于或等于 Γ 比特的二进制字符串, 其中 Γ 是一个大整数, 而其输出则是 γ 比特长的二进制字符串, 其中 γ 是一固定的整数且 γ 比 Γ 小很多. 比如可选取 $\Gamma = 2^{64} - 1$, $\gamma = 160$.

首先要求散列函数的输出应大致满足均匀分布, 即对任意给定的输出 h, 令 $H_y = \{x \mid H(x) = h\}$, 则 $|H_y|$ 大致等于 $2^{\Gamma - \gamma}$ 且每个输入被选入 H_y 的概率大致相等 (也就是说 H_y 没有简单描述).

根据鸽巢原理, 对任意输入 x, 总有许多输入 $y \neq x$ 使 $H(x) = H(y)$. 为了使散列函数 H 能产生适宜的数字指纹, H 必须满足单向性 和计算唯一性. 满足这两个性质的散列函数称为密码学散列函数.

1. 单向性

单向性指的是对任意给定明文计算其数字指纹容易, 但从数字指纹获得明文却很难. 换句话说, 对任意输入 x, 计算 $H(x)$ 很容易, 比如只需要 $|x|$ 的线性时间. 而对任意输出 h, 找到一个输入 x 使 $h = H(x)$ 却很难, 比如需要 $|x|$ 的指数时间.

2. 计算唯一性

散列函数 H 在计算时间许可范围内应保证数字指纹唯一. 计算唯一性指的是若要寻找两个不同的明文使它们具有相同数字指纹的计算量将会大到不切实际. 计算唯一性有强弱之分, 分别称为无碰撞性和强无碰撞性.

(1) 无碰撞性

令 x 为任意给定的输入, 尽管必存在 $y \neq x$ 使 $H(x) = H(y)$, 但寻找这样的 y 却是计算难解的, 比如需要 $|x|$ 的指数时间方可算出. 这个要求保证在计算时间许可范围内找不到这样一个二进制字符串, 它与给定明文不同, 但却有相同的数字指纹.

(2) 强无碰撞性

寻找两个不同的二进制字符串 x 和 y 使 $H(x) = H(y)$ 是计算难解的, 比如需

要 $|x|+|y|$ 的指数时间. 这个要求保证在计算时间许可范围内难以找到两个不相同的二进制字符串使它们的数字指纹相同.

散列函数如果不满足无碰撞的要求, 则它也不满足强无碰撞的要求. 反之不然: 如果一个散列函数不满足强无碰撞的要求, 它仍有可能满足无碰撞的要求.

4.1.2 构造密码散列函数的探索

满足单向性和计算唯一性的散列函数是否存在至今尚无定论. 尽管如此, 多年来人们还是构造了不少散列函数用来产生数字指纹, 虽然它们并没有被数学方法严格证明能满足上述要求.

同时人们也在不断努力研究和寻找现有散列函数的漏洞, 以便帮助设计性能更好的散列函数. 比如, 中国密码学家王小云和她领导的研究小组在 2004 年证明: 常用的散列函数 MD4、MD5、HAVAL-128 和 RIPEMD 没有强无碰撞性. 2005 年 2 月王小云和她的研究小组又证明, 散列函数 SHA-1 的强无碰撞性不如人们想象的那样强, 他们给出了一个能在 2^{69} 量级的运算内找到两个字符串 x 和 y 使 $\text{SHA-1}(x) = \text{SHA-1}(y)$ 的方法. 在此之前, 人们认为要找到这样两个字符串的计算量是 2^{80} (见第 4.5 节生日攻击方法). 2005 年 8 月, 王小云、姚期智 (Andrew Yao, 2000 年图灵奖获得者) 和储枫 (Francis Yao) 又进一步将 2^{69} 步运算缩短至 2^{63} 步运算. 这些发现也再次说明, 过去被认为是安全的方法会因为新技术和新方法的突破而变得不再安全. 与此同时, 这些新发现也将刺激新方法的产生.

本节介绍两个散列函数, 即 SHA-512 安全散列函数和漩涡散列函数. 它们通常被作为密码散列函数来使用. SHA-512 和 SHA-1 散列函数是由美国国家安全局 (NSA) 分别在 1995 年和 2002 年设计并由美国国家标准和技术研究院 (NIST) 批准使用的标准散列函数, 称为安全散列算法. 习题 4.8 和习题 4.9 给出了 SHA-1 算法的详细描述. 在 SHA-1 和 SHA-512 之间还有 SHA-256 和 SHA-384 等算法. 人们通常把 SHA-256、SHA-384 和 SHA-512 统称为 SHA-2 系列.

漩涡散列函数是根据猎犬座的 M51 漩涡星系的名字命名的, 它是巴西密码学家 Paulo SLM Barreto 和比利时密码学家 Vincent Rijmen (AES 的作者之一) 于 2000 年设计的.

4.1.3 标准散列函数的基本结构

SHA-1 和 SHA-2 安全散列函数系列以及漩涡散列函数都具有相同的基本结构. 这个基本结构是由 Ralph C. Merkle 在 1978 年提出的, 其主要部分是一个压缩函数 F, 不同的压缩函数给出不同的散列函数. 散列函数基本结构如图 4.1 所示.

4.1.4 SHA-512

SHA-512 规定 $\Gamma = 2^{128}-1$, $\gamma = 512$. 顺便指出, SHA-1 规定 $\Gamma = 2^{64}-1$, $\gamma = 160$.

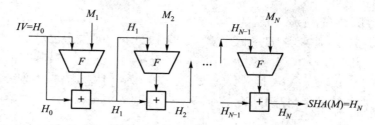

图 4.1　散列函数的基本结构，其中 M 为输入，M_i 为明文段，IV 为初始向量，F 为压缩函数，"$+$" 为模下加法运算

1. 初始处理

令 M 为长度小于 2^{128} 比特的二进制字符串，并令 M 的长度为 L. 将 L 表示成 128 比特二进制字符串，记为 $b_{128}(L)$. 首先将 M 做如下填充，做成一个新二进制字符串

$$M' = M \circ 10^\ell \parallel b_{128}(L), \text{ 其中 } \ell \geqslant 0,$$

使得 M' 的长度是 1024 的倍数. 这里 $\parallel$ 表示串联运算. 令 L' 表示 M' 的长度，则

$$L' = L + (1 + \ell) + 128 = L + \ell + 129.$$

根据式 3.3 可知

$$L = 1024 \cdot \left\lfloor \frac{L}{1024} \right\rfloor + L \bmod 1024,$$

所以可用下述方式决定 ℓ 的值：

$$\ell = \begin{cases} 895 - L \bmod 1024, & 895 \geqslant L \bmod 1024, \\ 895 + (1024 - L \bmod 1024), & 895 < L \bmod 1024. \end{cases}$$

不难看出，存在正整数 N 使 $L' = 1024N$. 记

$$M' = M_1 M_2 \cdots M_N,$$

其中每个 M_i 为 1024 比特二进制字符串.

SHA-512 使用一个 512 比特初始二进制字符串 IV. 将 512 比特二进制字符串分成 8 个 64 比特二进制字符串，依顺序分别用 8 个变量 r_1、r_2、r_3、r_4、r_5、r_6、r_7、r_8 来表示. 这些变量看成是 64 位寄存器，其初始值分别是 $\sqrt{2}$、$\sqrt{3}$、$\sqrt{5}$、$\sqrt{7}$、$\sqrt{11}$、$\sqrt{13}$、$\sqrt{17}$、$\sqrt{19}$ 的小数点后 64 比特二进制字符串，用 16 进制表示就是

$$r_1 = \text{6a09e667f3bcc908}, \quad r_5 = \text{510e527fade682d1},$$
$$r_2 = \text{bb67ae8584caa73b}, \quad r_6 = \text{9b05688c2b3e6c1f},$$
$$r_3 = \text{3c6ef372fe94f82b}, \quad r_7 = \text{1f83d9abfb41bd6b},$$
$$r_4 = \text{a54ff53a5f1d36f1}, \quad r_8 = \text{5be0cd19137e2179}.$$

SHA 采用大地址存储方式（大地址存储的定义请参见习题 2.27）.

2. 压缩函数的构造

SHA-512 的压缩函数 F 有两个输入, 即 1024 比特明文段 M_i 和 512 比特段链值 H_{i-1}, 其中 $1 \leqslant i \leqslant N$. H_{i-1} 是寄存器 $r_1 r_2 r_3 r_4 r_5 r_6 r_7 r_8$ 的当前值.

将 M_i 分割成 16 个 64 比特长的段 $W_0, W_1, \cdots, W_{15}$, 并按下列方式产生 64 个长 64 比特的二进制字符串 $W_{16}, \cdots, W_{79}$:

$$W_t = [\sigma_1(W_{t-2}) + W_{t-7} + \sigma_0(W_{t-15}) + W_{t-16}] \bmod 2^{64},$$
$$t = 16, \cdots, 79,$$
$$\sigma_0(W) = (W \ggg 1) \oplus (W \ggg 8) \oplus (W \lll 7),$$
$$\sigma_1(W) = (W \ggg 19) \oplus (W \ggg 61) \oplus (W \lll 6),$$

这里 $W \ggg n$ 表示将二进制字符串 W 向右循环位移 n 比特, $W \lll n$ 表示将 W 向左位移 n 比特, 并将空出的位置用 0 填满.

令 $X = x_1 x_2 \cdots x_\ell$ 和 $Y = y_1 y_2 \cdots y_\ell$ 为两个长度相等的二进制字符串, 其中每个 x_i 和 y_i 为二进制字符. 定义

$$X \wedge Y = (x_1 \wedge y_1)(x_2 \wedge y_2) \cdots (x_\ell \wedge y_\ell),$$
$$X \vee Y = (x_1 \vee y_1)(x_2 \vee y_2) \cdots (x_\ell \vee y_\ell),$$
$$\overline{X} = \overline{x}_1 \overline{x}_2 \cdots \overline{x}_\ell,$$

这里 $\wedge$ 为逻辑合取运算, 即

$$0 \wedge 1 = 1 \wedge 0 = 0 \wedge 0 = 0, \ 1 \wedge 1 = 1;$$

$\vee$ 为逻辑析取运算, 即

$$0 \vee 1 = 1 \vee 0 = 1 \vee 1 = 1, \ 0 \vee 0 = 0;$$

$\overline{x}$ 为逻辑非运算, 即

$$\overline{0} = 1, \ \overline{1} = 0.$$

令 $Z = z_1 z_2 \cdots z_\ell$ 为与 X 等长的二进制字符串, 令 $ch(X, Y, Z)$ 表示函数 "如果 X 则 Y 否则 Z", 即

$$ch(X, Y, Z) = (X \wedge Y) \vee (\overline{X} \wedge Z),$$

并令 $maj(X, Y, Z)$ 表示 "少数服从多数" 函数, 即

$$maj(X, Y, X) = (X \wedge Y) \oplus (X \wedge Z) \oplus (Y \wedge Z).$$

令 $K_0, K_1, \cdots, K_{79}$ 分别为 64 比特常量, 称为 SHA-512 常量, 见表 4.1.

表 4.1　SHA-512 常量（16 进制数表示）

i	K_i	i	K_i	i	K_i
0	428a2f98d728ae22	27	bf597fc7beef0ee4	54	5b9cca4f7763e373
1	7137449123ef65cd	28	c6e00bf33da88fc2	55	682e6ff3d6b2b8a3
2	b5c0fbcfec4d3b2f	29	d5a79147930aa725	56	748f82ee5defb2fc
3	e9b5dba58189dbbc	30	06ca6351e003826f	57	78a5636f43172f60
4	3956c25bf348b538	31	142929670a0e6e70	58	84c87814a1f0ab72
5	59f111f1b605d019	32	27b70a8546d22ffc	59	8cc702081a6439ec
6	923f82a4af194f9b	33	2e1b21385c26c926	60	90befffa23631e28
7	ab1c5ed5da6d8118	34	4d2c6dfc5ac42aed	61	a4506cebde82bde9
8	d807aa98a3030242	35	53380d139d95b3df	62	bef9a3f7b2c67915
9	12835b0145706fbe	36	650a73548baf63de	63	c67178f2e372532b
10	243185be4ee4b28c	37	766a0abb3c77b2a8	64	ca273eceea26619c
11	550c7dc3d5ffb4e2	38	81c2c92e47edaee6	65	d186b8c721c0c207
12	72be5d74f27b896f	39	92722c851482353b	66	eada7dd6cde0eb1e
13	80deb1fe3b1696b1	40	a2bfe8a14cf10364	67	f57d4f7fee6ed178
14	9bdc06a725c71235	41	a81a664bbc423001	68	06f067aa72176fba
15	c19bf174cf692694	42	c24b8b70d0f89791	69	0a637dc5a2c898a6
16	e49b69c19ef14ad2	43	c76c51a30654be30	70	113f9804bef90dae
17	efbe4786384f25e3	44	d192e819d6ef5218	71	1b710b35131c471b
18	0fc19dc68b8cd5b5	45	d69906245565a910	72	28db77f523047d84
19	240ca1cc77ac9c65	46	f40e35855771202a	73	32caab7b40c72493
20	2de92c6f592b0275	47	106aa07032bbd1b8	74	3c9ebe0a15c9bebc
21	4a7484aa6ea6e483	48	19a4c116b8d2d0c8	75	431d67c49c100d4c
22	5cb0a9dcbd41fbd4	49	1e376c085141ab53	76	4cc5d4becb3e42b6
23	76f988da831153b5	50	2748774cdf8eeb99	77	597f299cfc657e2a
24	983e5152ee66dfab	51	34b0bcb5e19b48a8	78	5fcb6fab3ad6faec
25	a831c66d2db43210	52	391c0cb3c5c95a63	79	6c44198c4a475817
26	b00327c898fb213f	53	4ed8aa4ae3418acb		

令 T_1 和 T_2 为两个暂变量, 表示 64 比特二进制字符串. 令 r 表示一个 64 比特寄存器, 令

$$\Delta_0(r) = (r \ggg 28) \oplus (r \ggg 34) \oplus (r \ggg 39),$$
$$\Delta_1(r) = (r \ggg 14) \oplus (r \ggg 18) \oplus (r \ggg 41).$$

压缩函数 $F(M_i, H_{i-1})$ 按 t 从 0 开始到 79 执行 80 轮运算, 每轮运算执行如下相同的操作:

$$T_1 \leftarrow [r_8 + ch(r_5, r_6, r_7) + \Delta_1(r_5) + W_t + K_t] \bmod 2^{64},$$

$$T_2 \ \lambda \ [\Delta_0(r_1) + maj(r_1, r_2, r_3)] \bmod 2^{64},$$

$$r_1 \ \lambda \ (T_1 + T_2) \bmod 2^{64},$$

$$r_2 \ \lambda \ r_1,$$

$$r_3 \ \lambda \ r_2,$$

$$r_4 \ \lambda \ r_3,$$

$$r_5 \ \lambda \ (r_4 + T_1) \bmod 2^{64},$$

$$r_6 \ \lambda \ r_5,$$

$$r_7 \ \lambda \ r_6,$$

$$r_8 \ \lambda \ r_7.$$

当总共 80 轮运算执行完后, 所得 512 比特二进制字符串 $r_1 r_2 r_3 r_4 r_5 r_6 r_7 r_8$ 便是 $F(M_i, H_{i-1})$ 的输出.

3. SHA-512 算法

令 $X = X_1 X_2 \cdots X_k$ 和 $Y = Y_1 Y_2 \cdots Y_k$, 其中每个 X_i 和 Y_i 均为 ℓ 比特二进制字符串. 定义 ℓ 比特异或运算如下, 它是 1 比特异或运算的推广:

$$X \oplus_\ell Y = [(X_1 + Y_1) \bmod 2^\ell][(X_2 + Y_2) \bmod 2^\ell] \cdots [(X_k + Y_k) \bmod 2^\ell].$$

显而易见, $\oplus_1$ 就是 1 比特异或运算 $\oplus$.

明文 M 的数字指纹 $H(M) = H_N$ 由以下步骤算出:

$$H_0 = IV,$$

$$H_i = H_{i-1} \oplus_{64} F(M_i, H_{i-1}),$$

$$i = 1, 2, \cdots, N.$$

4.1.5   漩涡散列函数

除 SHA-512 外, 漩涡散列函数目前也被认为是安全的. 它用类似于 AES 加密算法的运算作为压缩函数.

漩涡散列函数规定 $\Gamma = 2^{256} - 1$, $\gamma = 512$.

1. 初始处理

令 M 为长度小于 2^{256} 比特的二进制字符串, 并令 $L = |M|$. 将 L 表示成一个 256 比特长的二进制字符串, 并将其表示成 $b_{256}(L)$. 与 SHA-512 类似, 将 M 按以下方式填充, 得到一个新的二进制字符串 M':

$$M' = M \parallel 10^\ell \parallel b_{256}(L), \ \ell \geqslant 0.$$

不难看出 $|M'|$ 是 512 的倍数. 令 $L' = |M|'$, 则

$$L' = L + (1 + \ell) + 256 = L + \ell + 257.$$

从式 3.3 可知

$$L = 512 \cdot \left\lfloor \frac{L}{512} \right\rfloor + L \bmod 512.$$

因此,

$$\ell = \begin{cases} 255 - L \bmod 512, & 255 \geqslant L \bmod 512, \\ 255 + (512 - L \bmod 512), & 255 < L \bmod 512. \end{cases}$$

容易验证存在一个正整数 N 使得 $L' = 512N$. 所以

$$M' = M_1 M_2 \cdots M_N,$$

其中每个 M_i 均为 512 比特二进制字符串.

2. 压缩函数

漩涡散列函数的压缩函数 F 的关键部分是一个类似于 AES 的加密算法, 记为 W, 它以一个 512 比特明文段 X 和一个 512 比特密钥 K 为输入, 并产生一个 512 比特输出 $W(X, K)$. 加密算法 W 将 512 比特子钥分割成 64 字节长的序列, 并将这些字节按行排列写成一个 8×8 的状态矩阵, 其中每个元素是一个字节. 它比 AES 的 4×4 状态矩阵要大.

漩涡散列函数的压缩函数按以下方式定义:

$$F(X, K) = W(X, K) \oplus X.$$

M 的数字指纹按以下 CBC 模式算出:

$$\begin{aligned} H_0 &= 0^{512}, \\ H_i &= H_{i-1} \oplus F(M_i, H_{i-1}) \\ &= H_{i-1} \oplus W(M_i, H_{i-1}) \oplus M_i, \\ i &= 1, 2, \cdots, N, \end{aligned}$$

其中 $H(M) = H_N$.

下面将详细描述子钥的产生和 $W(X, K)$ 的构造. 子钥也称为轮钥.

(1) 子钥生成

给定密钥 K, 将其写成 8×8 状态矩阵后, 记为 $\boldsymbol{K}$. 首先产生 11 把子钥, 记为 $\boldsymbol{K}_0, \boldsymbol{K}_1, \cdots, \boldsymbol{K}_{10}$, 其中 $\boldsymbol{K}_0 = \boldsymbol{K}$, $\boldsymbol{K}_i$ ($1 \leqslant i \leqslant 10$) 由顺序相同的 4 个相同的基本运算由 $\boldsymbol{K}_{i-1}$ 算出. 这 4 个基本运算分别是

① 字节替换, 记为 sub;

② 行位移, 记为 shc;

③ 行混合, 记为 mir;

④ 常数相加, 记为 arc.

即

$$\boldsymbol{K}_i = arc(mir(shc(sub(\boldsymbol{K}_{i-1}))), RC_i),$$

其中 RC_i 是一个 512 比特常数, 它由漩涡散列函数的 S 盒产生. 表 4.2 给出了 S 盒的数值.

表 4.2　漩涡散列函数的 S 盒各元素的 16 进制数值

	0	1	2	3	4	5	6	7	8	9	a	b	c	d	e	f
0	18	23	c6	e8	87	b8	01	4f	36	a6	d2	f5	79	6f	91	52
1	60	bc	9b	8e	a3	0c	7b	35	1d	e0	d7	c2	2e	4b	fe	57
2	15	77	37	e5	9f	f0	4a	ca	58	c9	29	0a	b1	a0	6b	85
3	bd	5d	10	f4	cb	3e	05	67	e4	27	41	8b	a7	7d	95	c8
4	fb	ee	7c	66	dd	17	47	9e	ca	2d	bf	07	ad	5a	83	33
5	63	02	aa	71	c8	19	49	c9	f2	e3	5b	88	9a	26	32	b0
6	e9	0f	d5	80	be	cd	34	48	ff	7a	90	5f	20	68	1a	ae
7	b4	54	93	22	64	f1	73	12	40	08	c3	ec	db	a1	8d	3d
8	97	00	cf	2b	76	82	d6	1b	b5	af	6a	50	45	f3	30	ef
9	3f	55	a2	ea	65	ba	2f	c0	de	1c	fd	4d	92	75	06	8a
a	b2	e6	0e	1f	62	d4	a8	96	f9	c5	25	59	84	72	39	4c
b	5e	78	38	8c	c1	a5	e2	61	b3	21	9c	1e	43	c7	fc	04
c	51	99	6d	0d	fa	df	7e	24	3b	ab	ce	11	8f	4e	b7	eb
d	3c	81	94	f7	b9	13	2c	d3	e7	6e	c4	03	56	44	7f	a9
e	2a	bb	c1	53	dc	0b	9d	6c	31	74	f6	46	ac	89	14	e1
f	16	3a	69	09	70	b6	c0	ed	cc	42	98	a4	28	5c	f8	86

RC_i 的构造如下 : 前面的 8 个字节是 S 盒按行排列的第 i 个元素, 其余的取 0. 也就是说, 如果将 RC_i 表示成字节序列, 即 $RC_i[j]$ 表示 RC_i 的第 j 个字节, 其中 $0 \leqslant j \leqslant 63$, 并将漩涡散列函数的 S 盒按行排列成 $s_0, s_1, \cdots, s_{255}$, 则

$$RC_i[j] = \begin{cases} s_{8(i-1)+j}, & 0 \leqslant j \leqslant 7, \\ 00000000, & 8 \leqslant j \leqslant 63, \end{cases}$$

其中 $i = 1, 2, \cdots, 10$. 例如, RC_1 的前 8 字节是 18 23 c6 e8 87 b8 01 4f, RC_8 的前 8 字节是 e4 27 41 8b a7 7d 95 c8.

(2) 加密结构

子钥生成后, 加密算法 W 首先将 64 字节长二进制字符串 X 表示成状态矩阵 $\boldsymbol{A} = (a_{u,v})_{8 \times 8}$, 其中

$$a_{u,v} = x_{8u+v},$$

$u, v = 0, 1, \cdots, 7$. 然后对 $\boldsymbol{A}$ 和 $\boldsymbol{K}_0$ 做一次子密钥相加运算, 记为 ark, 生成一个新的状态矩阵 $\boldsymbol{A}_0$.

加密算法 W 接着执行 10 轮运算, 每轮运算由 4 个基本运算按相同的顺序进行. 第 i ($1 \leqslant i \leqslant 10$) 轮运算的具体操作如下:

$$\boldsymbol{A}_i = ark(mir(shc(sub(\boldsymbol{K}_{i-1}))), \boldsymbol{K}_i).$$

最后令 $W(X,K) = A_{10}$, 其中 A_{10} 为 $\boldsymbol{A}_{10}$ 按行排列得到的字符串.

图 4.2 是 W 的流程图.

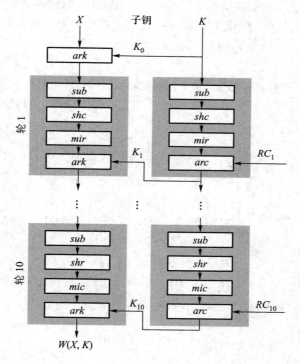

图 4.2　W 的算法流程图

(3) 字节替换

漩涡散列函数的字节替换运算是在一个 16×16 的 S 盒上定义的. 表 4.2 给出了这个 S 盒各元素的数值.

习题 4.10、习题 4.11 和习题 4.12 给出了这个 S 盒的构造细节.

令 $\boldsymbol{A} = (a_{i,j})_{8 \times 8}$ 为一个 8×8 的字节状态矩阵, 并令

$$x = x_0 x_1 x_2 x_3 x_4 x_5 x_6 x_7$$

为一个 8 比特二进制字符串, 其中 $x_i \in \{0, 1\}$, $i = 1, \cdots, 8$. 令 $\pi_1(x)$ 表示二进制数 $x_0 x_1 x_2 x_3$ 的十进制数值, $\pi_2(x)$ 表示二进制数 $x_4 x_5 x_6 x_7$ 的十进制数值. 令 S 为替换函数, 输入为 x, 定义如下:

$$S(x) = s_{\pi_1(x), \pi_2(x)},$$

其中 $s_{u,v}$ 是 S 盒中第 u 行第 v 列上的元素, $0 \leqslant u, v \leqslant 7$.

漩涡散列函数的字节替换运算定义如下:

$$sub(\boldsymbol{A}) = (S(a_{i,j}))_{8 \times 8}.$$

(4) 列位移

漩涡散列函数的列位移运算 shc 的定义与 AES 的行位移运算 shr 相似, 只需把行位移运算中的行变为列即可, 即在列位移运算中, 当前状态矩阵的第 j 列将向下循环位移 j 个字节, $j = 0, 1, \cdots, 7$.

(5) 行混合

漩涡散列函数的行混合运算 mir 的定义与 AES 的列位移运算 mic 相似. 行混合运算使用如下常数矩阵, 从第 2 行开始, 矩阵中的每一行依次是上一行的右循环位移.

$$\boldsymbol{\Delta} = \begin{bmatrix} 01 & 01 & 04 & 01 & 08 & 05 & 02 & 09 \\ 09 & 01 & 01 & 04 & 01 & 08 & 05 & 02 \\ 02 & 09 & 01 & 01 & 04 & 01 & 08 & 05 \\ 05 & 02 & 09 & 01 & 01 & 04 & 01 & 08 \\ 08 & 05 & 02 & 09 & 01 & 01 & 04 & 01 \\ 01 & 08 & 05 & 02 & 09 & 01 & 01 & 04 \\ 04 & 01 & 08 & 05 & 02 & 09 & 01 & 01 \\ 01 & 04 & 01 & 08 & 05 & 02 & 09 & 01 \end{bmatrix}$$

行混合运算 mir 按以下方式定义:

$$mir(\boldsymbol{A}) = \boldsymbol{A} \cdot \boldsymbol{\Delta}.$$

这个矩阵相乘的运算中所用的对字节进行的加法运算和乘法运算的定义与 AES 中相应的运算相同.

(6) 常数相加和子密钥相加

漩涡散列函数的常数相加运算 arc 和子密钥相加运算 ark 的定义均与 AES 的子密钥相加运算相同. 即

$$arc(\boldsymbol{A}, \boldsymbol{RC}_i) = \boldsymbol{A} \oplus \boldsymbol{RC}_i,$$
$$ark(\boldsymbol{A}, \boldsymbol{K}_i) = \boldsymbol{A} \oplus \boldsymbol{K}_i,$$

其中矩阵运算 $\oplus$ 表示对两个矩阵中在同一位置的两个字节的异或运算.

4.1.6 SHA-3 标准

2007 年, 美国国家标准技术局 (NIST) 公开征集新的密码散列算法, 以替代原来的 SHA-2 标准散列算法. 但 NIST 认为 SHA-2 算法仍然是安全的, 因此要求

SHA-3 标准能够在使用 SHA-2 标准的信息系统中直接使用，保持应用上的兼容性. 因此，SHA-3 标准必须支持 224 比特、256 比特、384 比特和 512 比特的输出长度.

2012 年，NIST 宣布由 Bertoni、Daemen、Peeters 和 Van Assche 设计的 Keccak 系列散列算法当选为 SHA-3 标准. 传统的密码散列算法，例如 SHA-2 和旋涡散列函数，都是通过对压缩函数进行循环的 CBC 模式（Merkle 型架构）得到散列值的. Keccak 系列散列算法采取了一种称为海绵函数的新设计.

1. 海绵函数

海绵函数的输入是一个变长的二进制串，输出为任意长度的二进制串. 海绵函数的核心设计是一个固定长度的置换，由建立、吸收和压缩 3 个步骤组成.

令 M 为输入二进制串，r 为输出长度. 令 $b = 25 \times 2^{\ell}$，其中 $0 \leqslant \ell \leqslant 6$，即 $b \in \{25, 50, 100, 200, 400, 800, 1600\}$. 给定 b，将其表示成 $b = r + c$，其中 r 和 c 都是正整数. 称 r 为比率，c 为容量. 通常 r 的选取不受限制，但 c 必须足够大以保证散列函数的安全性. SHA-3 设定 $c = 2\gamma$，其中 γ 是散列值的长度.

例如，假设所需散列值的长度为 $\gamma = 224$，则 $c = 2\gamma = 448$，故可选取 $b = 800$，$r = 352$.

① 建立. 首先对输入 M 进行填充，即在 M 的末尾增加一个字符串 10*1，其长度不超过 $r - 1$ 比特，使得新字符串 M' 的长度能够被 r 整除. 令 $N = |M'|/r$，将 M' 分成 N 个分组，每个分组的长度为 r. 将这些分组记为

$$M_1, M_2, \cdots, M_N.$$

令 A 为 b 比特长的二进制字符串，将 A 分为 25 个长度为 $m = 2^{\ell}$ 的子串，然后将这 25 个子串表示成一个 5×5 的状态矩阵 $\boldsymbol{A} = (a_{i,j})_{5 \times 5}$，其中 $a_{i,j,k}$ 表示 $a_{i,j}$ 的第 k 比特.

② 吸收. 每个分组与当前的状态矩阵做异或运算，然后对 b 比特输入进行固定长度的置换操作 f_b. 令 A_i 为当前状态矩阵 $\boldsymbol{A}_i$ 对应的二进制字符串. 初始时，$A_0 = 0^b$. 令 M_i 为当前 r 比特长的分组，$\mathsf{pfx}_r(X)$ 表示 X 的 r 比特前缀，$\mathsf{sfx}_c(X)$ 表示 X 的 c 比特长后缀. 则

$$A_i = f_b((\mathsf{pfx}_r(M_i \oplus A_{i-1}) \| \mathsf{sfx}_c(A_{i-1})),$$
$$i = 1, \cdots, N.$$

③ 压缩. 对 A_N 的初始输入循环多次调用置换函数 f_b 进行运算，直到输出的二进制字符串至少与预期的散列值一样长. 令 n 表示 f_b 的循环次数，每一次执行 f_b 都生成一个新的长度为 b 比特的二进制字符串：

$$A_{N+i} = f_b(A_{N+i-1}),$$
$$i = 1, \cdots, n.$$

设

$$h_i = \mathsf{pfx}_r(A_{N+i-1}),$$
$$i = 1, \cdots, n.$$

压缩阶段的输出为 $h_1 \cdots h_n$，其长度为 rn. 例如，假设散列值的长度为 $\gamma = 224$，由于 $r > \gamma$，可以选取 $n = 1$. 又例如，假设 $\gamma = 160$，那么 $c = 2\gamma = 320$，可以选取 $b = 400$，$r = 80$，$n = 2$.

图 4.3 描述了海绵函数的基本结构.

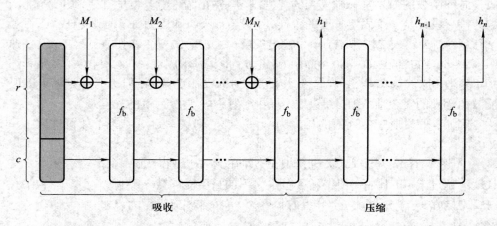

图 4.3 海绵函数采用了一个 b 比特的置换 f_b，其中 $b = r + c$. 初始状态设为 0^b，输出为 rn 比特的二进制字符串

设 H_γ 表示输出长度为 γ 的 SHA-3 散列函数，那么散列值

$$H_\gamma(M) = \mathsf{pfx}_\gamma\left(h_1 \parallel \cdots \parallel h_n\right).$$

2. Keccak 系列的置换操作

现在介绍 KECCAK 系列的置换操作 f_b，其中 $b = 25 \times 2^\ell$，$0 \leqslant \ell \leqslant 6$，$b = r + c$. 置换操作 f_b 以一个 5×5 的状态矩阵 $\boldsymbol{A}$ 为输入，执行下面的 5 个操作：

① 扩散. 对于所有的 $0 \leqslant i, j \leqslant 4$，$0 \leqslant k \leqslant 2^\ell - 1$，计算

$$a_{i,j,k} = a_{i,j,k} \oplus \bigoplus_{y=0}^{4} a_{i-1,y,k} \oplus \bigoplus_{y=0}^{4} a_{i+1,y,k-1}.$$

② 将字中符分散

(a) 令 $i = 1$，$j = 0$.

(b) 从 $t = 0$ 到 23 执行以下运算：

    i. $a_{i,j} = a_{i,j} \oplus ((t+1)(t+2)/2)$.

ii. 令 $i = j$，$j = (2i + 3j) \bmod 5$.

③ 将字分散. 对于所有的 $0 \leqslant i, j \leqslant 4$，计算

$$a_{i,(2i+3j) \bmod 5} = a_{i,j}.$$

④ 非线性映射. 对于所有 $0 \leqslant i, j \leqslant 4$，计算

$$a_{i,j} = a_{i,j} \oplus \left(\overline{a_{(i+1) \bmod 5, j}} \wedge a_{(i+2) \bmod 5, j} \right).$$

这个映射用于抵抗线性密码分析.

⑤ 对称性破坏. 在第 l 轮中，计算

$$a_{0,0} = a_{0,0} \oplus \mathrm{RC}_l,$$

其中 RC_l 是第 l 轮的常数.

表 4.3 列出了当 $l = 6$，在构造 f_b 的对称性破坏阶段中所用的轮常数 RC_l，其中每个字长为 64 比特.

表 4.3　对称性破坏阶段的 f_b 轮常数

l	值	l	值
0	0x0000000000000001	12	0x000000008000808B
1	0x0000000000008082	13	0x800000000000008B
2	0x800000000000808A	14	0x8000000000008089
3	0x8000000080008000	15	0x8000000000008003
4	0x000000000000808B	16	0x8000000000008002
5	0x0000000080000001	17	0x8000000000000080
6	0x8000000080008081	18	0x000000000000800A
7	0x8000000000008009	19	0x800000008000000A
8	0x000000000000008A	20	0x8000000080008081
9	0x0000000000000088	21	0x8000000000008080
10	0x0000000080008009	22	0x0000000080000001
11	0x000000008000000A	23	0x8000000080008008

3. 轮常数的生成

置换操作 f_b 的轮常数是采用线性反馈移位寄存器 (LFSR) 产生的，称存储在寄存器中初始字的值为种子.

置换操作 f_b 采用伽罗瓦线性移位寄存器来生成轮常数，满足同态关系

$$\varphi : GF(2) [x] \big/ \left(x^8 + x^6 + x^5 + x^4 + 1 \right) \to GF(2).$$

令 $\mathrm{RC}_{l,k}$ 表示 RC_l 的第 k 比特，则对于 $0 \leqslant j \leqslant \ell$，有

$$\mathrm{RC}_{l,2^j-1} = \mathrm{rc}_{j+7l},$$

其中 rc_t 是线性移位寄存器的输出结果, 即

$$\mathrm{rc}_t = \left(x^t \bmod x^8 + x^6 + x^5 + x^4 + 1\right) \bmod x.$$

RC_r 的其他比特为零.

例如, rc_9 的计算过程如下:

$$\begin{aligned}
\mathrm{rc}_9 &= \left(x^9 \bmod x^8 + x^6 + x^5 + x^4 + 1\right) \bmod x \\
&= \left(-x^6 - x^5 - x^4 - x\right) \bmod x \\
&= \left(x^6 + x^5 + x^4 + x\right) \bmod x \\
&= 0.
\end{aligned}$$

4.2　密码校验和

校验和是在网络通信中广泛使用一种检错码, 比如在 IP 包头部使用的 16 比特补码校验和以及在以太网帧使用的 CRC 循环冗余校验码. 但是校验码却不能用来认证数据的出处, 也不适于做数字指纹, 因为它们通常不满足无碰撞性的要求. 但是可以用常规加密算法产生密码校验和用做数据认证. 密码校验和也称为消息认证码或消息鉴别码, 简记为 MAC.

4.2.1　异或密码校验和

令 $M = M_1 M_2 \cdots M_k$ 为数据, 其中每个 M_i (经过适当填充后) 均为 128 比特二进制字符串. 令 E 表示 AES-128 加密算法, K 为 AES-128 密钥. 令

$$H_\oplus(M) = M_1 \oplus M_2 \oplus \cdots \oplus M_k,$$

则 $\mathrm{MAC}(M) = E(K, H_\oplus(M))$ 就是 M 的一个消息认证码. 但这样产生的消息认证码不安全. 例如, 假设甲乙双方共同拥有 AES-128 密钥 K, 甲方便用此方法将 $(M, E(K, H_\oplus(M)))$ 发给乙方认证 M. 如果丙方 (攻击者) 通过监听网络获得 $(M, E(H_\oplus(M)))$, 则可用 $E(K, H_\oplus(M))$ 向乙方伪证丙方的数据 M' 出自甲方. 方法如下: 令 $M' = Y_1 Y_2 \cdots Y_\ell$, 其中每个 Y_i (经过适当填充后) 均为 128 比特二进制字符串. 令

$$Y = Y_1 \oplus Y_2 \oplus \cdots \oplus Y_\ell \oplus H_\oplus(M),$$
$$M'' = M' \circ Y.$$

丙方将 $(M'', E(K, H_\oplus(M)))$ 发给乙方, 乙方先求

$$H_\oplus(M'') = Y_1 \oplus Y_2 \oplus \cdots \oplus Y_\ell \oplus Y = H_\oplus(M),$$

然后将消息认证码 $E(K, H_\oplus(M))$ 解密得 $H_\oplus(M) = H_\oplus(M'')$, 由此认证 M'' 出自甲方. M'' 实际上是 M'.

4.2.2 消息认证码的设计要求

令 $\mathrm{MAC}_K(M)$ 为数据 M 的消息认证码, 其中 K 为密钥. 为使消息认证码安全可靠, $\mathrm{MAC}_K(M)$ 应满足以下要求:

(1) 正向易解性: $\mathrm{MAC}_K(M)$ 应是很容易计算的.

(2) 反向难解性: 从 $\mathrm{MAC}_K(M)$ 算出 M 是计算难解的.

(3) 计算唯一性: 从 $(M, \mathrm{MAC}(M))$ 找 $M' \neq M$ 使 $\mathrm{MAC}(M') = \mathrm{MAC}(M)$ 是计算难解的.

(4) 均匀分布性: 令消息认证码的长度为 k 比特. 令 M 为随机选取数据, $M' \neq M$, M' 可独立随机选取或者由 M 变换而来 (比如存在某个变换函数 f 使 $M' = f(M)$), 则 $\mathrm{MAC}_K(M') = \mathrm{MAC}_K(M)$ 的概率是 2^{-k}.

满足上述要求的消息认证码是否存在, 至今尚无定论. 不过, 人们还是可以用加密算法和散列函数构造消息认证码以满足实际应用的需要.

4.2.3 数据认证码

构造消息认证码的一个常用方法是使用加密算法的密码分组链接模式. 下面所述算法是在 DES 加密算法的基础上构造的认证方式, 称为数据认证码或密码分组链接消息认证码, 分别记为 DAC 或 CBC-MAC, 它由 NIST 于 1985 年设立为 MAC 标准算法.

令 $M = M_1 M_2 \cdots M_k$, 其中每个 M_i (经过适当填充) 均为 64 比特二进制字符串. 令 K 表示 DES 密钥, E 表示 DES 加密算法. 令

$$C_1 = E(K, M_1),$$
$$C_i = E(K, M_i \oplus C_{i-1}),$$
$$i = 2, \cdots, k.$$

则 $\mathrm{DAC} = C_k$. 不过这一方法随着 AES 的制定和其他加密算法的产生已不太使用, 取而代之的是密钥散列消息认证码 (HMAC).

4.3 密钥散列消息认证码

密钥散列消息认证码 (HMAC) 的基本思想是将密钥信息渗入到数据后再用散列函数算出散列值.

4.3.1 散列消息认证码的设计要求

密钥散列消息认证码的基本设计要求如下:

(1) 现有散列函数不需做任何修改就能直接嵌入使用.

(2) 所嵌入的散列函数能够很容易被新的和更安全的散列函数所取代.

(3) 散列函数嵌入后能基本保持本来的性能.

(4) 密钥的使用简单易行.

(5) 根据嵌入散列函数性能的合理假设, 能够得到散列消息认证码强度的分析和理解.

为满足这些要求而设计的算法包括 HMAC 算法模式.

4.3.2 HMAC 算法模式

HMAC 算法模式根据嵌入散列函数的不同而产生不同的 HMAC 算法, 它使用如下参数:

H: 嵌入散列函数, 如 SHA-2 散列函数系列和漩涡散列函数.

IV: 散列函数的初始向量.

M: 散列消息认证码所认证的数据.

L: 数据 M 分组后的分组个数.

ℓ: 嵌入散列函数的散列值长度.

b: 每组数据段的长度, 单位为比特, 并被 8 整除, 要求 $b \geqslant \ell$.

K: 密钥, 其长度 $\leqslant b$. (如果 $|K| > b$, 令 $K \leftarrow H(K)$ 使 $|K| = \ell$.)

K': $K' = 0^{b-|K|}K$, 为 K 的前缀填充, $|K'| = b$.

ipad: $\text{ipad} = (00110110)^{b/8}$.

opad: $\text{opad} = (01011100)^{b/8}$.

K'_0: $K'_0 = K' \oplus \text{ipad}$. (注: K'_0 逆转 K' 中的一半字符.)

K'_1: $K'_1 = K' \oplus \text{opad}$. (注: K'_1 逆转 K' 中的一半字符.)

HMAC 算法模式是

$$\text{HMAC}(K, M) = H(K'_1 \circ H(K'_0 \circ M)). \tag{4.1}$$

如果 HMAC 所用散列函数 H 是 SHA-512, 则将其记为 HMAC-SHA-512. 因此 HMAC-SHA-1 指的是使用 SHA-1 的 HMAC 模式.

可以证明 HMAC 算法模式的强度与 HMAC 算法所使用的散列函数的强度有很强的关系, 其证明超出本书范围, 从略.

4.4 OCB 操作模式

OCB 操作模式 (又读做密码本偏移模式) 是 Philip Rogaway、Mihir Bellare、John Black 和 Ted Krovetz 于 2001 年设计的算法, 它可同时用于数据加密和数据认证. 此外, OCB 操作模式比第 2.5 节中介绍的若干标准操作模式具有更强的安全性能. OCB 操作模式还可并行化, 允许多个处理器对同一输入同时进行操作.

4.4.1 基本运算

令 a 为 ℓ 比特二进制字符串. 令 firstbit(a) 和 lastbit(a) 分别表示 a 的第一位及最后一位的比特值.

令 $\ell = 128$, 定义函数 $f(a)$ 和 $g(a)$ 如下:

$$f(a) = \begin{cases} a \ll 1, & \text{firstbit}(a) = 0, \\ (a \ll 1) \oplus 0^{120}10000111, & \text{firstbit}(a) = 1. \end{cases} \quad (4.2)$$

$$g(a) = \begin{cases} a \gg 1, & \text{lastbit}(a) = 0, \\ (a \gg 1) \oplus 10^{120}10000111, & \text{lastbit}(a) = 1. \end{cases} \quad (4.3)$$

如果将 $a = a_{127} \cdots a_1 a_0$ 视为伽罗瓦域 $GF(2^{128})$ 中的一个元素, 其中每个 $a_i \in \{0, 1\}$, 即如果将 a 视为以下 127 阶多项式的系数序列

$$a_{127}x^{127} + \cdots + a_1 x + a_0.$$

则 $f(a) = ax$ 及 $g(a) = ax^{-1}$. 令 $\oplus$ 及 $\otimes$ 分别表示伽罗瓦域 $GF(2^{128})$ 上的加法和乘法运算, 其中 $\oplus$ 是普通的异或运算.

令 i 为正整数. 令 ntz(i) 表示最大的非负整数 z, 使得 2^z 整除 i. 换句话说, ntz(i) 是 i 的二进制字符表示中排在末尾的连续出现的 0 的个数.

例如, ntz(12) = ntz(1100) = 1, ntz(16) = ntz(10000) = 4.

令 $i \geqslant -1$ 为整数, $a(i)$ 为 $a \otimes x^i$, 则

$$a(-1) = g(a), \ a(0) = a, \ a(1) = f(a).$$

容易验证, 对所有 $i > 1$, 如下等式成立:

$$a(i) = f(f(\cdots f(a) \cdots)), \ f \ \text{出现} \ i \ \text{次}. \quad (4.4)$$

给定一个长二进制字符串序列, 如果序列中的每个二进制字符串等长且每两个相邻字符串的海明距离均为 1, 则称其为格雷码. 海明距离, 又称汉明距离, 是两个等长的二进制字符串中对应位置的不同字符的个数. 两个二进制字符串的海明距离可用异或求出, 即如果 $X = x_1 x_2 \cdots x_n$ 和 $Y = y_1 y_2 \cdots y_n$ 为两个等长的二进制字符串, 则 X 和 Y 的海明距离

$$HD(X, Y) = (x_1 \oplus y_1) + (x_2 \oplus y_2) + \cdots + (x_n \oplus y_n).$$

令 γ^k 为如下格雷码:

$$\gamma^k = (\gamma_0^k, \gamma_1^k, \ldots, \gamma_{2^k-1}^k).$$

这是一个二进制字符串序列，共含有 2^k 个长为 k 的字符串，其中 $\gamma_0^k = 0^k$、$\gamma_1^k = 0^{k-1}1$、$\gamma_2^k = 0^{k-2}11$，如此类推，使得每两个相邻字符串的海明距离均为 1. 令

$$\gamma^{k+1} = (0\gamma_0^k, 0\gamma_1^k, \cdots, 0\gamma_{2^k-2}^k, 0\gamma_{2^k-1}^k, 1\gamma_{2^k-1}^k, 1\gamma_{2^k-2}^k, \cdots, 1\gamma_1^k, 1\gamma_0^k). \tag{4.5}$$

则 γ^{k+1} 也是格雷码.

将 γ^ℓ 简记为 γ，即 $\gamma_i = \gamma_i^\ell$，$0 \leqslant i \leqslant 2^\ell - 1$，则

$$\gamma_i = \gamma_{i-1} \oplus (0^{\ell-1}1 \ll \mathsf{ntz}(i)). \tag{4.6}$$

由此推出

$$\begin{aligned}
\gamma_i \otimes a &= [\gamma_{i-1} \oplus (0^{\ell-1}1 \ll \mathsf{ntz}(i))] \otimes a \\
&= (\gamma_{i-1} \otimes a) \oplus (0^{\ell-1}1 \ll \mathsf{ntz}(i)) \otimes a \\
&= (\gamma_{i-1} \otimes a) \oplus (a \otimes x^{\mathsf{ntz}(i)}) \\
&= (\gamma_{i-1} \otimes a) \oplus a(\mathsf{ntz}(i)).
\end{aligned}$$

令 n 为非负整数，$b(n)$ 为 n 的二进制字符形式，且 $|b(n)| \leqslant \ell$. 令

$$\mathsf{ppad}_\ell(n) = 0^{\ell-|b(n)|}b(n),$$

其中 ppad 表示 "前缀填充". 令 X 为二进制字符串，并令

$$\mathsf{len}_\ell(X) = \mathsf{ppad}_\ell(|X| \bmod 2^\ell).$$

例如，如果 X 是一个 18 比特二进制字符串，则

$$\mathsf{len}_4(X) = \mathsf{ppad}_4(18 \bmod 2^4) = \mathsf{ppad}_4(2) = 0010.$$

4.4.2 OCB 加密算法和标签的生成

本节介绍 OCB 操作模式如何对数据进行加密和认证. OCB 使用一个常规加密算法 E 进行操作. 假设所用加密算法 E 的明文组的长度为 $\ell = 128$（比如 AES），OCB 操作模式产生一个 τ 比特长的标签，用于认证之用，其中 $\tau \leqslant \ell$.

假设甲方需要将明文 M 加密和认证后发送给乙方. 甲方首先将 M 分割成若干组，每组长 ℓ 比特，如下所示：

$$M = M_1 \parallel M_2 \parallel \cdots \parallel M_m,$$

其中 $|M_1| = |M_2| = \cdots = |M_{m-1}| = \ell$，$1 \leqslant |M_m| \leqslant \ell$.

令 K 为甲乙双方使用加密算法 E 的共同密钥，令 N 为 ℓ 比特长的初始向量. 甲方将 N 以明文的形式传送给乙方.

甲方按以下方式用 E_K 对格雷码 γ、初始向量 N 和明文 M 进行交叉加密并输出标签 T:

$$L = E_K(0^\ell),$$
$$R = E_K(N \oplus L),$$
$$Z_i = \gamma_i \otimes (L \oplus R),$$
$$i = 1, \cdots, m,$$
$$C_j = E_K(M_j \oplus Z_j) \oplus Z_j,$$
$$j = 1, \cdots, m-1,$$
$$X_m = \mathsf{len}(M_m) \oplus f(L) \oplus Z_m,$$
$$Y_m = E_K(X_m),$$
$$C_m = Y_m \oplus M_m,$$
$$T = \mathsf{pfx}_\tau(E_K(M_1 \oplus \cdots \oplus M_{m-1} \oplus C_m 0^{\ell-|C_m|} \oplus Y_m \oplus Z_m)).$$

然后甲方将 $N \parallel C_1 \parallel \cdots \parallel C_m \parallel T$ 传送给乙方.

4.4.3 OCB 解密算法和标签验证

乙方收到 $N \parallel C_1 \parallel \cdots \parallel C_m \parallel T$ 后做如下运算, 获得 M 并验证标签 T:

$$L = E_K(0^\ell),$$
$$R = E_K(N \oplus L),$$
$$Z_i = \gamma_i \otimes (L \oplus R)$$
$$i = 1, \cdots, m,$$
$$M_j = D_K(C_j \oplus Z_j) \oplus Z_j$$
$$j = 1, \cdots, m-1,$$
$$X_m = \mathsf{len}(C_m) \oplus g(L) \oplus Z_m,$$
$$Y_m = E_K(X_m),$$
$$M_m = Y_m \oplus C_m,$$
$$T' = \mathsf{pfx}_\tau(E_K(M_1 \oplus M_{m-1} \oplus C_m 0^{\ell-|C_m|} \oplus Y_m)).$$

乙方接受 $M_1 M_2 \cdots M_m$ 当且仅当 $T = T'$. OCB 解密算法的正确性证明留做习题.

4.5 生 日 攻 击

假定想知道在一群人中是否有两人在同月同日生. 如果每个人都以相同的概率在 365 天中的任意一天出生 (不考虑闰年), 则可以证明在任意 23 个人中, 至少有两个人同月同日生的概率大于 1/2. 证明如下. 假定将这 23 个人排成一列, 则第二个人与第一个人生日不同的概率是 364/365, 同理, 第 i 个人与前面 $i-1$ 个人的生日均不同的概率是 $(365-i+1)/365$. 所以这 23 个人的生日互不相同的概率是

$$\left(\frac{364}{365}\right) \times \left(\frac{363}{365}\right) \times \cdots \times \left(\frac{343}{365}\right) < 0.493.$$

因此, 在 23 人中至少有两人的生日相同的概率大于 $1 - 0.493 = 0.507$. 将这个问题推广, 来研究散列函数的无碰撞性.

4.5.1 碰撞概率和抗碰撞强度上界

令 H 为散列函数. 因为其输出长度固定, 不失一般性, 假设 H 最多只有 n 个可能的散列值. 如果随机选取 k 个输入, 将它们任意排成一列 $y_1, y_2, \cdots, y_k$, 则存在 $j < i$, 使 $H(y_i) = H(y_j)$ 的概率是 $(i-1)/n$. 所以, 对所有 $j < i\,(2 \leqslant i \leqslant k)$, $H(y_i)$ 均不等于 $H(y_j)$ 的概率是

$$1 - \frac{i-1}{n}.$$

因此, 这 k 个输入中没有发生碰撞的概率等于

$$\left(1 - \frac{1}{n}\right)\left(1 - \frac{2}{n}\right) \cdots \left(1 - \frac{k-1}{n}\right).$$

由此得出这 k 个输入中至少发生一次碰撞的概率, 即至少有两个输入 x 和 $y\,(x \neq y)$ 使 $H(x) = H(y)$ 的概率, 记为 $P(n, k)$, 等于

$$P(n, k) = 1 - \left(1 - \frac{1}{n}\right)\left(1 - \frac{2}{n}\right) \cdots \left(1 - \frac{k-1}{n}\right). \tag{4.7}$$

为算出 $P(n, k)$ 的非平凡下界, 考虑如下熟知的不等式, 其中 x 为任意正实数. (这个不等式的证明可在任何高等数学教材中找到.)

$$1 - x < e^{-x}. \tag{4.8}$$

从式 4.7 和式 4.8, 得

$$P(n, k) > 1 - e^{-1/n} e^{-2/n} \cdots e^{-(k-1)/n}$$
$$= 1 - e^{-\frac{k(k-1)}{2n}}.$$

令 $1 - e^{-\frac{k(k-1)}{2n}} = 1/2$, 则 $e^{-\frac{k(k-1)}{2n}} = 1/2$. 所以

$$\frac{k(k-1)}{2n} = \ln 2. \tag{4.9}$$

解一元二次方程 4.9, 得

$$k = \frac{1 + \sqrt{1 + 8\ln 2 \cdot n}}{2}. \tag{4.10}$$

当 $n \geqslant 52$ 时, 因为 $52 > 36/\ln 2$, 所以

$$\sqrt{8\ln 2 \cdot n} < 1 + \sqrt{1 + 8\ln 2 \cdot n} < \sqrt{9\ln 2 \cdot n}. \tag{4.11}$$

因此, 从式 4.10 和式 4.11, 得

$$\frac{\sqrt{8\ln 2 \cdot n}}{2} < k < \frac{\sqrt{9\ln 2 \cdot n}}{2}, \tag{4.12}$$

$$1.17\sqrt{n} < k < 1.25\sqrt{n}. \tag{4.13}$$

综上所述, 当

$$1.17\sqrt{n} < k < 1.25\sqrt{n}$$

时, 能以大于 $1/2$ 的概率在 k 个随机输入中找到两个不同的输入 x 和 y 使 $H(x) = H(y)$. 例如, 当 $n = 356$ 时有 $1.25\sqrt{365} < 23.89$, $1.17\sqrt{365} > 22.35$, 22.35 和 23.89 之间的整数只能是 23, 由此证明任意 23 人中有两人生日相同的概率大于 $1/2$.

从上述计算可导出如下生日悖论:

生日悖论 在一个篮子中装有 n 种颜色的小球, 从篮子中一致且独立地随机取 k ($k < n$) 个小球并记下它们的颜色 (即每取出一个小球后, 记下它的颜色, 再把它放回篮子里, 然后再取下一个小球). 如果 $1.17\sqrt{n} < k < 1.25\sqrt{n}$, 则至少有一个小球被取出多于一次的概率至少为 $1/2$.

令散列函数 H 的输出长度为 ℓ 比特, 则 H 的散列值个数 $n = 2^{\ell}$. 因此, 在随机选取的

$$1.25 \cdot 2^{\ell/2} \approx 2^{\ell/2}$$

个输入中, 我们必能以大于 $1/2$ 的概率找到两个不同的输入 x 和 y 使 $H(x) = H(y)$. 所以, 散列函数 H 的强无碰撞性不超过穷举搜索 $2^{\ell/2}$ 个随机输入. 这便是散列函数的生日攻击, 它决定了散列函数强无碰撞性的上界.

例如, SHA-1 的强无碰撞性上界为 $2^{160/2} = 2^{80}$, 而 SHA-512 的强无碰撞性上界为 $2^{512/2} = 2^{256}$.

4.5.2 集相交攻击

首先考虑一个集合相交的问题: 随机选取两组数, 这些数均为从 1 到 n 之间的整数. 每个整数被选取的概率均为 $1/n$, 且每组元素个数均为 k ($k < n$). 求至少有一个数同时出现在两个集合的概率 $Q(n, k)$.

令 $A = \{a_1, a_2, \cdots, a_k\}$ 和 $B = \{b_1, b_2, \cdots, b_k\}$ 为这两组数. 因为 $b_1 = a_1$ 的概率是 $1/n$, 所以 $b_1 \neq a_1$ 的概率是 $1 - 1/n$. 同理, B 中所有 k 个数都不等于 x_1 的概率是 $(1 - 1/n)^k$. 由此推出 B 中所有 k 个数不等于 A 中任何一个数的概率是

$$\left[\left(1 - \frac{1}{n} \right)^k \right]^k = \left(1 - \frac{1}{n} \right)^{k^2} < \left(e^{-1/n} \right)^{k^2}.$$

这个不等式右边的不等关系由不等式 4.8 而得. 所以,

$$Q(n, k) = 1 - \left(1 - \frac{1}{n}\right)^{k^2} > 1 - e^{-k^2/n}.$$

令 $1 - e^{-k^2/n} = 1/2$, 则 $\ln 2 = k^2/n$. 所以 $k = \sqrt{\ln 2 \cdot n}$, 即

$$0.69\sqrt{n} < k < 0.7\sqrt{n}. \tag{4.14}$$

换句话说, 如果 $0.69\sqrt{n} < k < 0.7\sqrt{n}$, 则 $Q(n, k) > 1/2$.

集相交攻击是生日攻击的一种形式. 攻击者首先用一个合理文件 $\mathcal{D}$ 谋求认证者 AU (比如公司财务主管) 的签名, 即谋求 AU 用其私钥 K^r_{AU} 将 $H(\mathcal{D})$ 加密成 $C = \langle H(\mathcal{D}) \rangle_{K^r_{AU}}$. 攻击者然后偷梁换柱, 用不同的文件 $\mathcal{F}$ (其意思可与文件 $\mathcal{D}$ 的完全相反) 取代文件 $\mathcal{D}$, 并且 $H(\mathcal{F}) = H(\mathcal{D})$. 攻击者便可用 $(\mathcal{F}, C)$ 证明文件 $\mathcal{F}$ 得到 AU 的认证和批准.

如果 AU 愿意认证任何合理文件且散列函数 H 的输出长度为 ℓ 比特, 则集相交攻击可具体实施如下:

(1) 假设 AU 愿意认证文件 $\mathcal{D}$ 或与其意思相同的任何文件. 令 H 的输出长度为 ℓ 比特. 攻击者首先炮制 $2^{\ell/2}$ 个不同的文件, 其意思均与文件 $\mathcal{D}$ 相同. 令 S_1 表示这 $2^{\ell/2}$ 个文件的集合. 这些文件可通过以下方法产生:

① 将文件 $cal\mathcal{D}$ 中的词、词组、句子或标点符号用同义词、同义词组、同义句子或其他标点符号所取代的方法生成.

② 将 $\mathcal{D}$ 中的句子重写, 只要大意与原来的句子相同即可.

③ 使用与 $\mathcal{D}$ 不同的标点符号.

④ 改变 $\mathcal{D}$ 的结构, 比如适当调换和重组段落.

⑤ 改变语气. 比如把被动语句改为主动语句, 把主动语句改为被动语句.

(2) 假设 AU 不会认证恶意文件及与其意思相同的任何文件. 为了诱使 AU 认证某个恶意文件 $\mathcal{F}$ 或某个与其意思相同的文件, 攻击者有目的地炮制 $2^{\ell/2}$ 个不同的文件, 其意思均与文件 $\mathcal{F}$ 相同. 令 S_2 表示这 $2^{\ell/2}$ 个文件的集合.

(3) 攻击者计算

$$H(S_1) = \{H(X) \mid X \in S_1\},$$
$$H(S_2) = \{H(X) \mid X \in S_2\}.$$

虽然集合 S_1 和集合 S_2 内的文件不是按一致和独立分布随机产生的, 但根据密码散列函数的性质, 这些文件的散列值的期望分布却是一致和独立的. 因此, 存在 $\mathcal{D}' \in S_1$ 及文本 $\mathcal{F}' \in S_2$, 使得 $H(\mathcal{D}') = H(\mathcal{F}')$ 的概率大于 $1/2$.

假设攻击者找到了这样两个文件. 攻击者将文件 $\mathcal{D}'$ 发送给 AU 并获得其对 $\mathcal{D}'$ 的认证. 如果在这轮运算中找不到这样的文件对, 攻击者可重复执行该算法若干次, 直到找到这样的文件对为止.

　　根据集相交概率, 攻击者能以大于 $1/2$ 的概率在第一组文件中找到一个文件 $\mathcal{D}'$ 并在第二组文件中找到一个文件 $\mathcal{F}'$ 使 $H(\mathcal{D}') = H(\mathcal{F}')$. 攻击者用 $\mathcal{D}'$ 获取 AU 对 $H(\mathcal{D}')$ 的认证

$$C = E(K_{AU}^r, H(\mathcal{D}')),$$

然后用 $(\mathcal{F}', C)$ 骗取他人相信文件 $\mathcal{F}'$ 得到 AU 的认可.

　　集相交攻击证明任何散列函数的强度都不超过 $2^{\ell/2}$, 其中 ℓ 为散列函数的输出长度.

4.6　数字签名标准

　　用数据认证码或散列数据认证码作为数字签名能有效地防止第三者伪造数据, 但却不能防止通信双方自己伪造数据, 也不能防止通信双方否认数据出于己方, 这是因为通信双方拥有共享密钥, 所以不能向他人证明数据到底来自哪一方.

　　在网络通信中认证数据最有效的方法是使用公钥密码系统和公钥证书. 甲方为了认证一个即将送往乙方的数据 M, 首先求出数据的散列值 $h = H(M)$, 然后用其私钥 K_A^r 将散列值加密得 $E_{K_A^r}(h)$, 并用此作为甲方对该数据的数字签名. 甲方将数据和其数字签名 $(M, E_{K_A^r}(h))$ 以及甲方的公钥证书 CA$\langle K_A^u \rangle$ 一同传送给乙方. 乙方用公钥机构的公钥将甲方的公钥证书解密, 得甲方的公钥 K_A^u, 然后用其将 $E_{K_A^r}(h)$ 解密得 h, 并验证是否 $h = H(M)$ 而验证甲方数字签名的有效性. 这是最常用的数字签名方式.

　　RSA 公钥体系和椭圆曲线公钥体系是执行这种数字签名的最佳选择. 然而, 从 1978 年至 2000 年 RSA 受专利保护, 因此美国国家标准局 (NIST) 早年采用了不同的数字签名算法制定数字签名标准, 而没有采用 RSA. 数字签名标准简记为 DSS. DSS 于 1991 年提出, 1994 年和 1996 年分别修改过一次. 在 RSA 的专利保护于 2000 年终止后, NIST 也把以 RSA 公钥体系和椭圆曲线公钥体系为基础的数字签名算法制定为数字签名标准. 本节介绍 1996 年修正的 DSS 算法.

　　注: DSS 只能用于数字签名, 不能用于数据加密. DSS 使用 SHA-1 算法 H 计算散列值, 其长度为 160 比特. 习题 4.8 和习题 4.9 给出了 SHA-1 的详细描述.

　　DSS 使用如下三个全局参数:

　　p: 　p 为素数, 并满足 $2^{L-1} < p < 2^L$, 其中 $512 < L < 1024$ 且 L 是 64 的倍数.

　　q: 　q 为素数, 且是 $p-1$ 的因子, 并满足 $2^{159} < q < 2^{160}$.

　　g: 　$g = h^{(p-1)/q} \bmod p$, 其中 $1 < h < p-1$ 为整数, 并使 $g > 1$.

　　DSS 的每个用户首先随机选取整数 $x < q$ 作为私钥, 然后计算 $y = g^x \bmod p$ 作为公钥, 并获取公钥证书 CA(y).

1. 签名

假定甲方的私钥为 x_A, 公钥为 y_A. 如果甲方要给数据 M 签名, 首先随机选取正整数 $k_A < q$, 然后计算

$$
\begin{aligned}
r_A &= (g^{k_A} \bmod p) \bmod q, \\
k_A^{-1} &= k_A^{q-2} \bmod q, \\
s_A &= \left[\, k_A^{-1} \cdot (H(M) + x_A \cdot r_A)\,\right] \bmod q,
\end{aligned}
$$

并用 (r_A, s_A) 作为 M 的数字签名. 这个计算过程称为签名.

2. 验证签名

假定乙方从甲方获得 $(M', (r'_A, s'_A))$ 和公钥证书 $\mathrm{CA}(y_A)$. 乙方先从公钥证书 $\mathrm{CA}(y_A)$ 算出公钥 y_A, 然后做如下计算验证甲方的数字签名:

$$
\begin{aligned}
w &= (s')_A^{-1} \bmod q = (s')_A^{q-2} \bmod p, \\
u_1 &= (H(M') \cdot w) \bmod q, \\
u_2 &= (r'_A \cdot w) \bmod q, \\
v &= [(g^{u_1} \cdot y_A^{u_2}) \bmod p] \bmod q,
\end{aligned}
$$

如果 $v = r'_A$, 则乙方便可有足够的把握相信 M'_A 的确具有甲方的签名. 这个计算过程称为验证签名.

3. 验证签名算法的正确性证明

本节证明验证签名算法的正确性, 即证明如果 $M' = M$, $r'_A = r_A$, $s'_A = s_A$, 则 $v = r'_A$. 首先注意到, 因为 $1 < h < p - 1$, 所以 $\gcd(h, p) = 1$. 根据费马小定理可知 $h^{p-1} \bmod p = 1$. 因此,

$$
\begin{aligned}
g^q \bmod p &= \left(h^{(p-1)/q} \bmod p \right)^q \bmod p \\
&= h^{p-1} \bmod p \\
&= 1.
\end{aligned}
$$

假设 m, n 为正整数且 $m = n \bmod q$, 则存在整数 k 使 $m = n + kq$. 所以

$$
\begin{aligned}
g^m \bmod p &= g^{n+kq} \bmod p \\
&= \left(g^n g^{kq} \right) \bmod p \\
&= \left[(g^n \bmod p)\,(g^q \bmod p)^k \right] \bmod p \\
&= (g^n \bmod p) \cdot 1^k \bmod p \\
&= g^n \bmod p.
\end{aligned}
$$

因为 $M' = M$, $s'_A = s_A$, $r'_A = r_A$, 所以

$$w = s_A^{-1} \bmod q, \tag{4.15}$$
$$u_1 = (H(M) \cdot w) \bmod q, \tag{4.16}$$
$$u_2 = (r_A \cdot w) \bmod q. \tag{4.17}$$

因此，由式 4.16 可得

$$g^{u_1} \bmod p = g^{H(M) \cdot w} \bmod p.$$

由式 4.17 可得

$$x_A \cdot u2 = x_A \cdot r_A \cdot w \bmod q.$$

所以

$$y_A^{u_2} \bmod p = g^{x_A \cdot u_2} \bmod p = g^{x_A \cdot r_A \cdot w} \bmod p.$$

由此可得

$$\begin{aligned}
v &= \left[(g^{u_1} \cdot y_A^{u_2}) \bmod p \right] \bmod q \\
&= \left[\left(g^{H(M) \cdot w} \cdot g^{x_A \cdot r_A \cdot w} \right) \bmod p \right] \bmod q \\
&= \left[\left(g^{H(M) \cdot w} \cdot g^{x_A \cdot r_A \cdot w} \right) \bmod q \right] \bmod p \\
&= \left[\left(g^{(H(M) + x_A \cdot r_A)w} \right) \bmod q \right] \bmod p.
\end{aligned}$$

因为 $s_A = [k_A^{-1}(H(M) + x_A \cdot r_A)] \bmod q$, 所以

$$w = s_A^{-1} \bmod q = [k_A(H(M) + x_A \cdot r_A)^{-1}] \bmod q.$$

由此推出 $(H(M) + x_A \cdot r_A)w = k_A \bmod q$. 因此，

$$v = (g^{k_A} \bmod p) \bmod q = r_A.$$

证明完毕.

4. DSS 的安全强度

DSS 的安全强度依赖于 SHA-1 散列函数的强度和离散对数的难解性. SHA-1 散列函数的强无碰撞性强度的上界已由生日攻击的 2^{80} 减至 2^{63}. 但给定 $(M, H(M))$ 后寻找 $M' \neq M$ 使 $H(M') = H(M)$ 的难度比强无碰撞性要大，其强度上界在某些情形可由集合相交攻击的方法来确定. 离散对数的难解性保证从 (r_A, s_A) 将难以求出 k_A 和 x_A.

4.7　双重签名协议和电子交易

假设甲方需要将指令 I_1 送给乙方并要求乙方执行该指令, 乙方收到甲方的指令后必须获得丙方的同意后才能执行. 为获得丙方的同意, 甲方需要给丙方另外送一个信息 I_2, 使丙方同意乙方执行 I_1, 但又不能让丙方获知指令 I_1 的内容. 此外, 丙方必须在乙方收到 I_1 后才能给乙方发送 I_2. 整个过程中各方所送信息必须被合理认证而且保密, 不能让收信者之外的第三者知道通信内容.

双重签名协议是为解决这个问题提出的一个交互式数据认证协议. 甲方首先将 I_1 和 I_2 加密, 然后用甲方的私钥给它们进行数字签名, 并将密文和数字签名送给乙方. 但是, 甲方只允许乙方读到 I_1 的内容而不能读到 I_2 的内容. 乙方确认 I_1 和 I_2 都是由甲方送出, 然后将它们转送给丙方, 但只能让丙方读到 I_2 的内容而不能读到 I_1 的内容. 丙方首先确认 I_1 和 I_2 都是经乙方转自甲方的信息, 然后给乙方送出收据 R_C, 根据 I_2 的内容告诉乙方是否可执行甲方的指令. 乙方确认 R_C 来自丙方后给甲方发出收据 R_B, 告诉甲方是否将执行指令 I_1.

4.7.1　双重签名应用示例

双重签名协议的主要应用是在线购物, 它能极大限度地保护购物者、商家和信用卡公司各方的安全和隐私. 这里假定购物者为甲方, 商家为乙方, 信用卡公司为丙方.

购物者浏览商家的在线网站, 挑选所需物品, 制定购物清单 I_1, 将付款所用的信用卡账号、账户名及有效日期等信息填好作为 I_2, 然后将 I_1 和 I_2 送给商家. 商家阅读购物清单 I_1 并将 I_1 和 I_2 送给信用卡公司. (注: 商家不能读到购物者的信用卡信息.) 信用卡公司阅读购物者的信用卡信息 I_2 (注: 信用卡公司不能读到购物者的购物清单内容.) 并根据购物者提供的信用卡信息 I_2 做出是否同意付款的决定, 并将这一决定以收据 R_C 的形式告诉商家. 商家然后给购物者送出收据 R_B, 根据 R_C 的内容通知购物者所购物品是否将被寄出.

购物者的购物清单 I_1 和信用卡信息 I_2 必须被捆绑在一起, 保证购物者发送的信用卡信息不被用于购买其他物品. 因为商家不能读到信用卡信息及信用卡公司不能读到购物清单的内容, 所以双重签名协议给购物者的隐私提供了更多的保护. 因为所有这些信息在传递过程中都经过加密和认证, 所以不会被第三者阅读、修改和伪造.

双重签名协议在电子交易安全协议中被采用. 电子交易安全协议的主要目的是保障信用卡持有者在互联网上用信用卡购物和支付的安全, 它是由美国维萨 (Visa) 和万事达 (Master) 两个信用卡公司于 1996 年发起研制的. 电子交易安全协议简称为 SET. SET 是一个很复杂的协议, 至今还没有被充分实施执行.

4.7.2 双重签名在 SET 中的应用

在线购物的安全性定义如下:

(1) 真实性: 任何一方的身份必须能够认证.

(2) 完整性: 所有传输的数据不能被任何一方更改或伪造, 包括窃听者、买方、卖方和银行. 比如买方的购物清单和付款指令不能被卖方和银行伪造.

(3) 隐私性: 卖方不能获得买方的信用卡号码和有关信息, 而银行不能获得买方的购物内容.

(4) 保密性: 所有重要信息 (如信用卡号码和购物清单) 在传输过程中不能泄露.

分别用符号 C、M 和 B 表示买方、卖方和银行. SET 使用一个公共散列函数 H 和公钥密码体系, 比如 RSA. 用 E, D 表示公钥密码体系的加密算法和解密算法. SET 假设三方均拥有自己的公钥和私钥对, 分别记为 (K_C^u, K_C^r)、(K_M^u, K_M^r) 和 (K_B^u, K_B^r), 并用公钥证书告诉对方自己的公钥.

买方选好物品或服务后将其内容放入购物车, 记为 I_1, 包括买方 C 和卖方 M 的姓名或公司名称, 每一种货物的购买数量、单价、购物总价或服务项目等内容.

买方发送给银行的付款要求 I_2 包括卖方名称, 信用卡持有者姓名、号码、有效日期和付款总额等内容.

1. 买方的基本步骤

(1) 计算

$$s_M = E_{K_M^u}(I_1),$$
$$s_B = E_{K_B^u}(I_2),$$
$$h_M = H(s_M),$$
$$h_B = H(s_B),$$
$$ds = D_{K_C^r}(H(h_M \parallel h_B)),$$

其中 ds 为双重签名.

(2) 将 (s_M, s_B, h_B, ds) 送给卖方.

(3) 等待卖方的收据 $R_M = E_{K_B^u}(D_{K_M^r}(R_M))$ (参见卖方步骤 5).

(4) 用买方的私钥将 $E_{K_B^u}(D_{K_M^r}(R_M))$ 解密得 $D_{K_M^r}(R_M)$.

(5) 用卖方的公钥确认卖方的数字签名得 R_M. 协议完成.

2. 卖方的基本步骤

(1) 计算 $H(H(s_M) \parallel h_B)$ 及 $E_{K_C^u}(ds)$, 并检验它们是否相等. 如是, 则可确信 (s_M, s_B, h_B, ds) 的确来自买方.

(2) 计算 $D_{K_M^r}(s_M)$ 而得 I_1.

(3) 将 (s_M, s_B, ds) 发送给银行.

(4) 等待银行的收据 $R_B = E_{K_M^u}(D_{K_B^r}(R_B))$（参见银行步骤 3）.

(5) 用卖方的私钥将 $E_{K_M^u}(D_{K_B^r}(R_B))$ 解密得 $D_{K_B^r}(R_B)$，然后用银行的公钥验证银行的数字签名并得 R_B. 根据 R_B 的内容开出收据 R_M，并将 $E_{K_B^u}(D_{K_M^r}(R_M))$ 发送给买方.

3. 银行的基本步骤

(1) 计算 $H(H(s_M) \parallel H(s_B))$ 及 $E_{K_C^u}(ds)$，并检验两者是否相等. 如是，则可确定 (s_M, s_B, ds) 的确来自买方.

(2) 计算 $D_{K_B^r}(s_B)$ 而得 I_2.

(3) 根据 I_2 的内容开出收据 R_B，并将 $E_{K_M^u}(D_{K_B^r}(R_B))$ 发送给卖方.

因为 s_M 是用卖方的公钥将 I_1 加密的密文，所以银行读不到 I_1 的内容. 同样，s_B 是用银行的公钥将 I_2 加密的密文，所以卖方亦读不到 I_2 的内容. 如果第三者伪造买方购物，则卖方在验证买方的双重签名时便会发现问题而拒卖. 除此之外，SET 亦使用时戳和现时数防御消息重放攻击. 如果卖方伪造买方的购物单或重用其购物单向银行要求付款，则银行在验证买方的双重签名或时戳和现时数时将会发现问题而拒付. 如果银行伪造买方的购物和付款信息给卖方非法付款，则买方发现问题后要求银行提供证据，银行因为不知道买方的私钥，故不能提供买方的双重签名而露馅.

4.8 盲签名协议和电子现金

盲签名指的是签名者在没有看到文件内容就在文件上签字. 文件的内容被加密或者被遮住. 例如，在非数字世界里，甲方将文件放入一个信封并将其封口，然后拿着这个信封给乙方并让其在信封封口处签字. 数字盲签名可用 RSA 公钥体系和掩盖因子而获得.

4.8.1 RSA 盲签名协议

令 n、d 和 e 分别为乙方的 RSA 参数，其中 n 和 e 为公开的. 假定甲方需要乙方盲签一份文件 M，其中 $M < n$. 甲方选取随机正整数 $r < n$ 使得 $\gcd(n, r) = 1$，并用 r 作为掩盖因子，然后计算

$$M_r = M \cdot r^e \bmod n,$$

并将 M_r 呈现给乙方. (注：如果用现实生活的例子做比较，这里的 r^e 可被视为装有文件 M 的已封口的信封.) 乙方在 M_r 上签名后得

$$s_r = M_r^d \bmod n.$$

因为 $de \equiv 1 \pmod{\phi(n)}$ 且 $\gcd(n, r) = 1$，所以从费马小定理可得

$$r^{de} \equiv r \pmod{n},$$

及 r 可逆, 即 $r^{-1} \bmod n$ 有定义. 因此, 甲方可做如下运算将掩盖因子从 s_r 除去:
$$(s_r \cdot r^{-1}) \bmod n.$$

甲方可得
$$\begin{aligned}
s_M &= s_r \cdot r^{-1} \bmod n \\
&= M^d \cdot r^{de} \cdot r^{-1} \bmod n \\
&= M^d \cdot r \cdot r^{-1} \bmod n \\
&= M^d \bmod n.
\end{aligned}$$

即甲方获得了乙方给 M 的数字签名. 但是乙方却不能看到 M 的内容.

4.8.2　电子现金

使用信用卡付款会暴露信用卡持有人的身份, 这是与使用现金付款的一个主要差别. 当前现金是以纸币和硬币的形式出现的. 无论现金以何种形式出现, 匿名性是现金的一个最大属性: 现金可被任何人拥有, 且不会暴露现金持有人的身份. 除此之外, 现金可以流通. 当现金从一个人手里转到另一个人手里时, 从现金本身不能查出它曾被谁拥有过. 现金通常还可以分割成面额更小的现金.

电子现金是由银行发行的具有一定面额的电子字据, 在互联网上流通, 模拟现金在实际生活中的使用 (如用于购物或某种服务). 电子现金的任何持有人都可以从发行电子现金的银行中将其兑现成与其面额等值的现金. 电子现金协议的具体要求如下:

(1) 匿名性: 电子现金的流通不留下持有者的痕迹. 电子现金的当前持有人和银行均不知道它曾被何人拥有过.

(2) 安全性: 电子现金可在互联网上安全流通, 不能被伪造.

(3) 方便性: 电子现金交易无须通过银行.

(4) 单一性: 电子现金不能复制. 电子现金流入他人之手后, 其原拥有者便不能再使用该电子现金.

(5) 转让性: 电子现金可以转让给他人使用.

(6) 分割性: 电子现金可以分割成若干数额较小的电子现金.

迄今为止人们还没能构造出满足所有这些要求的电子现金协议, 但这并没有妨碍电子现金的概念在互联网上的使用.

下面介绍一个流行较广的电子现金协议. 这个协议称为 eCash, 它是 David Chaum 于 20 世纪 80 年代设计的. eCash 使用 RSA 盲签名协议满足匿名性的要求. 因为用 eCash 电子现金交易必须通过银行作为中介, 所以 eCash 不满足方便性要求.

令 B 为银行, d 为 B 的 RSA 私钥, (e, n) 为公钥. 假设银行只发行一种面值的电子现金, 称为电子元, 等价于现金 1 元. 如果客户甲希望从 B 处用 1 元现金换 1 电子元, 他和银行需要执行如下一系列运算:

(1) 甲方首先产生一个序号 m 来代表这块电子元, 并用伪随机数产生器产生一个正整数 r 作为向 B 掩盖 m 的掩盖因子, 然后计算

$$x = mr^e \pmod{n}$$

并将 x 及其在 B 的银行账号一同送给 B.

(2) B 收到这个信息后从甲方的账号中取走 1 元, 然后用其私钥将 x 加密得

$$y = x^d \pmod{n}$$

并将 y 送给甲方.

(3) 甲方将 y 除以 r 得

$$z = y/x \equiv x^d/r \equiv (m(r^e))^d/r \equiv m^d r^{ed}/r \equiv m^d r/r \equiv m^d \pmod{n},$$

即 z 是 B 在 m 上签名后的字符串. 则 (m, z) 便是甲方所得的电子元.

拥有电子元 (m, z) 的客户可向银行兑换现金. 步骤如下: 银行首先验证 z 有自己的签名, 即验证是否

$$z^e \equiv m^{de} \equiv m \pmod{n}.$$

如是, 且序号 m 还没有出现过, 则银行将序号 m 记录入册, 并支付 1 元现金给提交 (m, z) 的客户.

假设甲方用这块电子元 (m, z) 在网上付账给乙方. 乙方收到 (m, z) 后首先验证 B 在 z 上的签名, 然后询问银行 B 的序号记录中是否含有 m. 如否, 则表示该电子元还没有被兑现, 乙方便可放心接受这块电子元. 如是, 则表示该电子元已被兑现, 乙方将不接受此电子元.

因为 r 只有甲方知道, 所以银行及任何其他人都无法将 m 和 x 联系起来, 因而无法知道 m 的初始主人是谁, 也无法知道谁曾拥有过这块电子元. 因此 eCash 满足匿名性要求.

4.8.3 比特币

比特币是一个类似于挖矿游戏的网络协议, 参与者 (称为矿工) 挖矿成功后可获得奖励, 奖励的方式是获得一定数量的比特币. 比特币是这个挖矿游戏的名称. 比特币具有货币的一些特性, 但是与电子现金协议不同之处在于比特币不受任何中央银行的控制. 换句话说, 比特币不是银行发行的货币, 也没有银行来维护货币发行的总量. 实际上, 比特币只是游戏中的奖励, 它本身并没有价值. 比特币的产生和发行是通过众多合作者参与构建的 P2P 对等网络实现的, 这个 P2P 网络称为比特币网. 比特币网维护所有交易的总账目并负责验证每一笔交易的真实性. 这个总账目称为区块链.

与电子现金协议不同,比特币是对每一笔交易做数字签名,而不是对每一单位的比特币做数字签名,也就是说比特币是由交易体现的. 假设用户 A 想付给用户 B 一定数量的比特币,为了完成这笔交易,用户 A 首先需要拥有不低于这个数量的比特币,然后向比特币网的所有用户广播这次交易的签名信息,并在信息中指定用户 B 为这次交易的接受者. 这个签名后的交易信息经确认后成为区块链中的一项,称为交易记录,它包含以下内容:

① 用户 A 支付的交易列表,每笔交易代表一定数量的比特币,这些比特币个数之和不能低于用户 A 计划支付给用户 B 的比特币数量.

② 用户 A 支付的交易列表中每一笔交易的散列值. 他将新的交易记录广播给比特币网的所有用户.

③ 用户 B 的接收地址以及应获得的比特币数量,其中用户 B 的接收地址是对其公钥进行函数变换运算得到的.

④ 用户 A 的支付地址以及应返还给他的比特币找零.

⑤ 最后一项是用户 A 对以上所有内容的散列值进行签名.

密码散列函数是比特币协议中一个关键算法,目前采用的是 SHA-256 散列函数.

1. 挖矿

矿工(用户)通过在比特币网中采集交易记录而获得比特币,所有这些交易合起来称为区块,它由以下部分组成:

① 一组经过验证的交易;

② 这组交易的散列值;

③ 指向区块链中的前面一个交易的链接 ℓ;

④ 这组交易已经通过验证的证明.

采集区块的过程称为挖矿,这是比特币游戏的精髓. 挖到新区块后,矿工首先要验证新区块的正确性,包括验证签名的正确性以及新区块代表的比特币没有二次使用. 然后将新区块添加到区块链上,添加成功后会获得一定数量的比特币作为酬劳.

新区块的散列值是所含的全部交易用 Merkle 树合并而成. Merkle 树是一棵简单的"加法"二叉树,其中每个叶子节点是新区块所含某个交易的散列值,每一个内部节点是它的两个子节点并联之后的散列值(见图 4.4).

为了将新区块连接到链接 ℓ,矿工需要提供一份挖掘证明,它是一个很难计算但却是容易验证的值. 由于获取挖掘证明极其困难,导致很多人愿意用现金从别人手里购买比特币. 从物以稀为贵这个角度看,比特币可看成是数字世界中的黄金,有一定的交换价值. 事实上,某些商家接受用比特币作为支付方式,比特币还可在市场上交易. 2017 年 1 月在中国市场上购买一枚比特币需要将近 7000 元人民币.

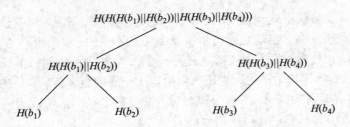

图 4.4   Merkle 树的实例, 其中 H 是一个散列函数, b_i 代表一个区块

2. 挖掘证明

设 k 是正整数, 它表示难度等级. 令 p 表示某新区块难度等级为 k 的挖掘证明, 其计算过程如下:

① 计算双重散列值 $H \circ H(r, r', p) = h$, 其中 r 是新区块 Merkle 树的根, r' 是区块链中前一个区块 Merkle 树的根, p 是一个二进制字符串, H 是一个散列函数.

② 当散列值 h 的前缀是 k 个连续的 0 序列时, 则 h 为新区块的散列值, 而 p 则为新区块的挖掘证明.

③ 如果散列值 h 的前缀不是 k 个连续的 0 序列, 则选择一个新的 p, 返回第一步重新开始计算.

当难度等级 k 很大时, 例如 $k = 100$, 则在最坏的情况下矿工需要至少尝试 $2^{100} > 10^{10}$ 个不同的 p 值才能获得一个挖掘证明. 但是, 如果给定挖掘证明 p, 则很容易通过计算双重 H 来验证其正确性.

3. 增加新区块

矿工获得新区块的挖掘证明后, 需要将挖掘证明在比特币网上发布以便让其他矿工验证其正确性, 如果验证成功, 便可将新区块增加到区块链中. 如果两名矿工同时发布两个重叠的新区块, 则按如下方式处理:

① 如果其中一个区块是另一个区块的子集, 则只将包括更多交易的区块增加到区块链中.

② 如果这两个新区块大小相同, 即这两个区块相等, 则将在区块链中产生一个临时的分叉, 随着区块链中这两个分支的不断增长, 最后将留下较长的分支, 较短的分支将被舍弃.

矿工使用一种称为币基交易的特殊交易来增加新比特币. 当矿工建立了一个新的区块并能将其加入到区块链中时, 该矿工用这个特殊的币基交易阐明该矿工获得的比特币数, 在本书写作的时候, 这个数目一般是 25 比特币.

4.9 结 束 语

公钥密码体系、公钥证书和散列函数的应用使数据认证变得简单可行, 它比用密钥做数字签名的方法更灵活也更可靠. 所以, 用公钥密码体系制定数据签名标准便顺理成章. 问题的关键是使用足够强的散列函数和公钥密码体系, 它们将随着算法和计算技术的进步而调整、更换和完善.

习　　题

4.1　找出两个意思相反的英语短句（它们必须与第 4.1 节介绍的例子有显著不同）, 但却在 16-比特异或散列函数 $H_\oplus$ 下有相同的散列值. 假设字母用 8 比特 ASCII 码表示.

4.2　令 $h = 1001101000111010$ 为 16 比特二进制字符串. 找出 4 个不同的二进制字符串, 使得它们在 16 比特异或散列函数 $H_\oplus$ 的散列值与 h 相同.

4.3　SHA-512 首先将明文 M 填充成字符串 M'. 解释如何从 M' 得回 M.

4.4　做出 SHA-512 算法将 1024 比特明文块 M_i 生成 80 个 64 比特二进制字符串 $W[0,79]$ 的流程图.

4.5　做出 SHA-512 算法中压缩函数 $F(M_i, H_{i-1})$ 的 80 轮运算流程图, 即做出第一轮、最后一轮及第 i 轮的运算, 其中 i 表示中间的任何一轮运算.

4.6　给定一个固定数值 i, 做出 SHA-512 算法中压缩函数 $F(M_i, H_{i-1})$ 中执行一轮运算的流程图.

4.7　试解释 SHA-512 企图靠什么手段满足单向性和无碰撞性的要求.

4.8　令 M 为 L 比特二进制字符串且 $L < 2^{64}$, 将 M 按下述方式填充成新二进制字符串

$$\mathrm{Pad}_{\mathrm{SHA1}}(M) = M \circ 10^\ell \circ b_{160}(L),$$

其中 $\ell \geqslant 0$, 使 $\mathrm{Pad}_{\mathrm{SHA1}}(M)$ 的长度等于 512 的倍数, 给出 ℓ 的定义方式.

4.9　SHA-1 散列函数和 SHA-2 散列函数系列的基本结构相同, 但 SHA-1 的压缩函数却比 SHA-512 的压缩函数简单得多. SHA-1 的散列值长 160 比特, 数据长度上界为 2^{64} 比特, 数据段长 512 比特, 基本运算单位为 32 比特二进制字符串, 压缩函数执行 80 轮运算. 令 X, Y, Z 为 32 比特二进制字符串, 令

$$F_t(X, Y, X) = \begin{cases} (X \wedge Y) \vee (\overline{X} \wedge Z), & 0 \leqslant t < 20, \\ X \oplus Y \oplus Z, & 20 \leqslant t < 40, \\ (X \wedge Y) \vee (X \wedge Z) \vee (Y \wedge Z), & 40 \leqslant t < 60, \\ X \oplus Y \oplus Z, & 60 \leqslant t < 80. \end{cases}$$

定义加法常量 $K_0, K_1, \cdots, K_{79}$ 如下:

$$K_t = \begin{cases} \mathtt{5a827999}, & 0 \leqslant t < 20, \\ \mathtt{6ed9eba1}, & 20 \leqslant t < 40, \\ \mathtt{8f1bbcdc}, & 40 \leqslant t < 60, \\ \mathtt{ca62c1d6}, & 60 \leqslant t < 80. \end{cases}$$

令 r_1, r_2, r_3, r_4, r_5 为 5 个变量, 分别代表 32 比特二进制字符串 (共 160 比特), 其初始值 (16 进制) 如下:

$$r_1 = 67452301,$$
$$r_2 = \text{efcdab89},$$
$$r_3 = \text{98badcfe},$$
$$r_3 = 10325476,$$
$$r_4 = \text{c3d2e1f0}.$$

令 SHA-1 初始向量 $IV = r_1 r_2 r_3 r_4 r_5$ (即取这些变量的初始值).

令 M 为 L 比特二进制字符串且 $L < 2^{64}$. 令 $M' = \text{Pad}_{\text{SHA1}}(M)$, 则 M' 的长度等于 $N \times 512$ 比特, 其中 N 为正整数. 令 $M' = M_1 M_2 \cdots M_N$, 其中每个 M_i 的长度为 512 比特. SHA-1 按下列递归运算产生散列值 H_N, 记为 SHA-1(M):

$$H_i = \text{sum}_{32}(H_{i-1}, F(M_i, H_{i-1})),$$
$$i = 1, 2, \cdots, N,$$
$$H_0 = IV,$$

其中 $F(M_i, H_{i-1})$ 为压缩函数, 定义如下:

(1) 令 $M_i = W_0 W_1 \cdots W_{15}$, 其中每个 W_j 为 32 比特二进制字符串.

(2) 对 t 从 16 到 79, 令

$$W_t = [(W_{t-3} \oplus W_{t-8} \oplus W_{t-14} \oplus W_{t-16}] \lll 1.$$

(3) 对 t 从 0 到 79, 令

$$T \curlywedge [(r_1 \lll 5) + F_t(r_2, r_3, r_4) + r_5 + W_t + K_t] \mod 2^{32},$$
$$r_5 \curlywedge r_4,$$
$$r_4 \curlywedge r_3,$$
$$r_3 \curlywedge r_2 \lll 30,$$
$$r_2 \curlywedge r_1,$$
$$r_1 \curlywedge T.$$

(a) 做出 SHA-1 算法的流程图, 包括 W_i 的产生和压缩函数的计算过程.

*(b) 解释为什么用 2^k 步运算 ($k < 80$) 便能找到 $M_0 \neq M_1$ 使 SHA-1$(M_0) = $ SHA-1(M_1). 该从哪里入手?

*4.10 漩涡散列函数的 S 盒 (见表 4.2) 是由定义在伽罗瓦域 $GF(2^4)$ 上的运算定义的, 所用的不可约多项式为 $r(x) = x^4 + x + 1$. 令 u 为 16 进制数, 令

$$E(u) = \begin{cases} (x^3 + x + 1)^u \mod r(x), & u < \mathsf{f}, \\ 0, & u = \mathsf{f}. \end{cases}$$

证明 E 由表 4.4 所决定.

表 4.4　　用于构造漩涡散列函数 S 盒的小盒子 E

u	0	1	2	3	4	5	6	7	8	9	a	b	c	d	e	f
$E(u)$	1	b	9	c	d	6	f	3	e	8	7	4	a	2	5	0

*4.11　令 E^{-1} 表示在习题 4.10 中定义的小盒子 E 的逆. 证明 E^{-1} 由表 4.5 所决定.

表 4.5　　用于构造漩涡散列函数 S 盒的小盒子 E^{-1}

u	0	1	2	3	4	5	6	7	8	9	a	b	c	d	e	f
$E^{-1}(u)$	f	0	d	7	b	e	5	a	9	2	c	1	3	4	8	6

4.12　令 R 为 $0, 1, \cdots, f$ 的随机置换，如表 4.6 所示.

表 4.6　　用于构造漩涡散列函数 S 盒的 R 小盒子

u	0	1	2	3	4	5	6	7	8	9	a	b	c	d	e	f
$R(u)$	7	c	b	d	e	4	9	f	6	3	8	a	2	5	1	0

令 $s_{i,j}$ 为漩涡散列函数 S 盒第 i 行第 j 列的值，定义如下：

$$i, j = 0, 1, \cdots, f,$$
$$y = E(i) \oplus E^{-1}(j),$$
$$z_1 = R(y) \oplus E(i),$$
$$z_2 = R(y) \oplus E^{-1}(j),$$
$$s_{i,j} = E(z_1)E^{-1}(z_2),$$

其中 i 和 j 为 4 比特二进制字符串.

例如，$s_{0,0}$ 的计算如下：

$$y = E(0000) \oplus E^{-1}(0000) = 0001 \oplus 1111 = 1110,$$
$$R(1110) = 0001,$$
$$z_1 = 0001 \oplus 0001 = 0000,$$
$$z_2 = 0001 \oplus 1111 = 1110.$$

由此可得 $ss_{0,0} = E(0000)E^{-1}(1110) = 18$.

算出 $s_{4,0}, s_{4,1}, \cdots, s_{4,f}$.

4.13　做出 HMAC 算法模式的流程图.

4.14　证明式 4.4 成立.

4.15　证明式 4.5 成立.

4.16　证明式 4.6 成立.

4.17　证明第 4.4.3 节中 OCB 解密算法和标签验证算法的正确性.

4.18　做出 OCB 加密和解密算法的流程图.

4.19　做出 OCB 标签验证算法的流程图.

*4.20　举例说明为什么 OCB 比在第 2.5 介绍的几种常用的分组密码操作模式具有更安全的性能.

4.21　在人群中随机选取 k 人, 问 k 应多大才能使被选的人中至少有两人在同月同日生的概率大于 3/4? 为计算方便, 假设没有闰年.

4.22　假定在小学一年级、二年级和三年级学生中随机选取 k 位学生. 问 k 应多大才能使被选的学生中至少有两人在同年同月同日生的概率大于 1/2? 为计算方便, 假设这些学生的出生年份不含闰年, 且每个年级的学生都在同一年出生.

4.23　第 4.5.1 节算出为使散列函数 H 发生碰撞的概率大于 1/2, 即能找到输入 $x \neq y$ 使 $H(x) = H(y)$ 的概率大于 1/2, 大约只需要随机选取 $\sqrt{n}$ 个输入即可, 这里 n 是所有可能的散列值的个数.

假定输入 x 给定, 并随机选取 k 个输入. 这 k 个输入中至少有一个输入 y 与 x 发生碰撞 (即 $H(y) = H(x)$) 的概率是多少? k 的值应取多大可保证至少有一个输入 y 与 x 发生碰撞的概率大于 1/2?

4.24　证明当 $n \geqslant 52$ 时, 不等式 4.11 成立, 即

$$1 + \sqrt{1 + 8 \ln 2 \cdot n} < \sqrt{9 \ln 2 \cdot n}.$$

4.25　给出一个集合相交攻击的具体例子.

*4.26　令 E 为常规加密算法, 其输入为 ℓ 比特明文段和 ℓ 比特密钥. 令明文 M (经过适当填充) $= M_1 M_2 \cdots M_N$, 其中每个 M_i 长 ℓ 比特且 ℓ 被 2 整除. 定义散列函数 H 如下:

$$H_0 = \ell \text{ 比特初始向量},$$
$$H_i = E_{H_{M_i}}(H_{i-1}),$$
$$i = 1, 2, \cdots, N,$$
$$H(M) = H_N.$$

证明如果攻击者获得一对 $(M', H(M'))$, 则可使用集相交攻击方法找到一个包含攻击者所需文件的字符串 M'', 使 $H(M'') = H(M')$.

*4.27　如何修改习题 4.26 中的散列函数的定义, 使得集相交攻击方法无效.

4.28　UNIX 和 Linux 操作系统均使用一个名为 crypt(3) 的常规加密算法将用户登录密码转化成一个散列值后存储在登录密码文件中. 早期的 crypt(3) 算法首先将用户选取的登录密码 w 转化成 56 比特二进制字符串 k_w, 然后随机选取一个 12 比特二进制字符串 s, 称为盐素. crypt(3) 根据盐素 s 的值按下述方式修改 DES 中的扩展置换函数 EP (第 2.2.4 节给出了扩展置换函数 EP 的描述), 即如果 s 的第 i 位的值为 1, 则将 EP 函数的输出的第 i 位与第 $i + 24$ 位上的值对换. 将这样修改过的 DES 加密算法记为 DES_s. crypt(3) 的其余步骤与 DES 相同.

crypt(3) 按下述方法计算登录密码 w 的散列值 $h_{s,w}$：

$$C_0 = \mathrm{DES}_s(k_w, 0^{64}),$$
$$C_i = \mathrm{DES}_s(k_w, C_{i-1}),$$
$$i = 1, 2, \cdots, 24,$$
$$h_{s,w} = C_{24}.$$

操作系统然后将密码散列值 $h_{s,w}$ 和盐素 s 按用户登录名一起存入登录密码文件内，如表 4.7 所示.

表 4.7　登录密码文件示例

登录名	盐素	密码散列值
Alice	s	$h_{s,w}$
⋮	⋮	⋮

用户输入登录名和登录密码后，操作系统根据登录密码算出 56 比特密钥并根据登录名从登录密码文件中找到相应的盐素，然后重复上述步骤计算密码散列值. 如果它与存在登录密码文件与登录名同一行的散列值相等，则接受用户登录，或者拒绝.

(a) 试说明使用盐素的好处.

(b) 在 crypt(3) 算法下，用户登录密码的有效长度是多少个 ASCII 字符？

(c) 分析 crypt(3) 的安全性.

*4.29　早期的 crypt(3) 算法不支持用户选取任意长度的用户登录密码，从而给字典攻击制造了方便条件. 为增加安全性，crypt(3) 算法后来改用 MD5 散列函数计算密码散列值. 上网或到图书馆查询有关资料，写一篇 3000 字左右的短文描述这个算法，并分析其安全性.

*4.30　Windows XP 操作系统将用户登录密码存在注册表中，而不是像 UNIX/Linux 那样将用户登录密码存在一个文件中. 存在注册表中的用户登录密码信息包括用户名、用户账号和加密后的用户登录密码. 上网或到图书馆查询有关资料，写一篇 4000 字左右的短文描述这个算法，分析其安全性，并比较 UNIX/Linux 使用密码登录文件的利弊.

4.31　做出 DSS 的签名算法及验证签名算法流程图.

4.32　如果用户在用 DSS 签名时所使用的随机数 k_A 被盗，将会发生什么情况？

4.33　除了提供在线购物安全保障之外，给出一个双重签名应用的例子.

4.34　指出并解释 eCash 协议满足电子现金中的哪些要求和不满足哪些要求.

*4.35　eCash 电子现金协议不满足分割性. 修改这个协议使其满足分割性，并证明其正确性.

*4.36　一位特工碰到这样一个问题：他有一个电子文件需要上司的签名，但不能让上司看到文件的内容. 问题是他的上司如果看不到文件内容是绝对不会签字的. 不过他的上司会同意签署任何合理的文件. 设计一个盲签名协议解决这个问题.

4.37 用 RSA 公钥体系设计一个双重签名协议, 要求如下 : 两个签名有先后次序. 第 1 个签名签好后, 第 2 位签名者必须首先确认第 1 位签名者的签名, 然后才能签上自己的名字. 除此之外, 其他任何人都能确认用此双重签名签过的文件的确有两个签名.

4.38 习题 4.37 中定义的双重签名协议是多公钥密码体系的一个特例. 多公钥密码体系简记为 MKPKC. MKPKC 加密算法使用若干把钥匙, 有的是公钥, 有的是私钥. 将 RSA 公钥体系从单公钥和单私钥推广成 MKPKC, 并证明其正确性.

*4.39 甲方希望用自己的私钥在一个文件上签名, 并且必须征得自己的同意其他人才能确认其签名. 除此之外, 甲方能证明伪造签名, 但不能证明其真签名为伪造, 即甲方无法否认自己的签名. 这种机制称为不可否认的签名. 第 1 个性质允许签名者限制哪些人可以确认其签名. 因此, 即使非法用户获得了用不可否认的签名进行签名的文件, 也无法确认签名的真伪. 上网或到图书馆查询有关资料, 详细描述这种签名.

第 5 章

实用网络安全协议

第 2 章至第 4 章介绍了计算机密码学的基本思想、原理和方法, 它们是构造网络安全体系的基本材料和工具. 为方便起见, 密码学里的各种算法, 包括常规加密算法、公钥密码算法、密钥产生算法和数据签名算法等算法统称为密码算法. 密码算法可以嵌入在不同的网络层保护网络通信. 在不同网络层次部署密码算法所提供的保护是不同的.

本章首先介绍密码算法在网络中多种可能的部署方式, 然后介绍如何构造不同功能的实用网络安全协议, 包括 X.509 公钥设施 (PKI)、网络层安全协议 (IPsec)、传输层安全协议 (SSL/TLS) 及若干个应用层安全协议. 后者包括 PGP、多用途互联网邮件扩充安全协议 (S/MIME)、Kerberos[①] 身份认证协议及安全外壳协议 (SSH).

5.1 密码算法在网络各层中的部署效果

互联网通信主要是在 TCP/IP 通信协议的基础上建立起来的. TCP/IP 体系结构共分 5 层, 由上到下分别是应用层、传输层 (TCP)、网络层 (IP)、数据链路层和实体层. 实体层也称为物理层. 使用不同协议的网络由网间连接器互联, 网间连接器简称为网关. 网关可设在 5 层中的任何一层. 除了 TCP/IP 通信协议外还有其他网络通信协议, 为方便起见, 用开放式系统互联模型 (OSI) 表示那些不使用 TCP/IP 通信协议的网络体系结构.

---

① Kerberos 是希腊神话中看守阎王殿府大门的狗身蛇尾的三头犬.

　　OSI 模型共有 7 层, 它在 TCP/IP 体系的应用层与传输层之间加入了表示层和
会话层两层. TCP/IP 体系结构的应用层与 OSI 的应用层和表示层对应, TCP/IP
体系结构的传输层和 OSI 的会话层和传输层对应, TCP/IP 体系结构的其他三层
与 OSI 的其他三层一一对应, 图 5.1 以远程登录引用程序为例给出了 TCP/IP 各
层与 OSI 各层的对应关系.

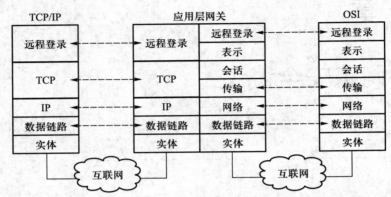

图 5.1　远程登录的 TCP/IP 层次和 OSI 层次的对应, 以及密码算法在网络协议中的部署 (由
　　　　虚线表示)

　　OSI 各层的功能简述如下:
　　① 应用层与应用程序接口, 用于支持应用程序和用户端处理, 包括远程登录、
远程文件传输、电子邮件和万维网浏览等应用程序.
　　② 表示层将终端平台各种数据表示形式相互转换, 使通信各方不会因为平台
不同而读不懂收到的数据.
　　③ 会话层用于双方建立、管理和终止连接会话.
　　④ 传输层用于给通信两端提供可靠连接, 包括网包排序、网包流量、拥塞控
制、网包差错处理和通信质量管理等功能.
　　⑤ 网络层用于传递网包, 其功能包括寻址和路由.
　　⑥ 数据链路层包括媒体访问控制和逻辑链接控制两个子层, 它将网络层数据
封装成网帧供网络媒体传输使用.
　　⑦ 实体层将网帧变成媒体信号通过网络媒体传输到通信各方.
　　数据从应用层开始, 每经过一层就被封装进一个新的网包. 这就好比将一个小
信封逐层装入一个更大的新信封内, 每个新信封的封面上都附有具体的传送信息.
在 TCP/IP 体系中应用层数据分块后经过 TCP 层、IP 层和数据链接层后分别装
入TCP 包、IP 包及与网络硬件设备相关的网帧. 每个网包都有头部和载荷, 而网
帧除了头部和载荷外, 还可能带有尾部, 用于检错之用. 比如, 以太网网帧除了头
部和载荷外, 还带有一个 32 比特长的循环冗余校验 (CRC) 尾部. 网包的头部提供
传送和处理信息. TCP 包的载荷是应用层的数据, IP 包的载荷是 TCP 包, 而网帧

的载荷是 IP 包. 网帧最后由实体层经网络媒体传输出去. 图 5.2 展示了这一传输过程.

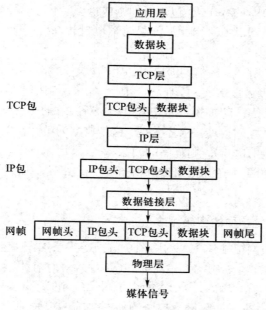

图 5.2 网包产生流程图

在网络的不同层次中部署密码算法所得到的保密效果是不一样的.

5.1.1 部署在应用层的密码算法

用户数据在应用层加密和认证后经过网络各层逐层封装时均无须解密和被认证, 所以加密的数据在传输的各个环节都是保密的. 这是典型的端点到端点的安全保护.

封装用户数据的 TCP 包头部及 IP 包头部都将以明文形式出现, 这些信息能有效地帮助窃听者进行流量分析. 窃听者也会很容易修改截获的网包. 比如, 窃听者可以修改写在 IP 包头的目标地址将其送往别的地方.

5.1.2 部署在传输层的密码算法

封装用户数据的 TCP 包在传输层加密和认证, 包括载荷和头部. 因此, 加密的网包在传输过程中经过传输层网关 (或交换器) 时必须先被解密, 完成 TCP 协议操作后再由新网关加密. 所以用户数据对这些网关不保密. 部署在传输层的密码算法, 不影响终端应用程序的使用, 用户无须对应用程序做任何修改就可直接使用.

封装 TCP 包的 IP 包头部将以明文形式出现, 这些信息能帮助窃听者进行一定程度的流量分析.

5.1.3 部署在网络层的密码算法

TCP 包在网络层加密和认证. 封装 TCP 包的 IP包（包括载荷和头部）也可在这里加密和认证. 如果只对 TCP 包进行加密或认证，不对封装 TCP 包的 IP 包头进行加密或认证，称其为传输模式. 如果对整个封装 TCP 包的 IP 包进行加密或认证，则称其为隧道模式.

使用隧道模式加密的 IP 包必须启用起始网关不加密的 IP 包封装后才能传递. 到达下一个网关地址后该 IP 包必须先被解密，如果原 IP 包头部的目标地址未到，则必须由新网关将原 IP 包加密，封进不加密的新网关的 IP 包后接着往下一个网关传递. 所以用户数据对这些网关不保密. 这是典型的链到链安全保护. 部署在网络层的密码算法不影响终端应用程序的使用.

封装原 IP 包的网关 IP 包头部以明文形式出现，这些信息使窃听者只能进行非常有限的流量分析.

5.1.4 部署在数据链接层的密码算法

封装 IP 包的与网络硬件相关的网帧在数据链接层加密，包括其头部、载荷和尾部. 因此，它必须用不加密的起始网关的网帧封装后才能传递. 到达下一个数据链接层网关后它必须先被解密，如果原网帧或原 IP 包头部的目标地址未到，则必须由新网关将原网帧加密，封进不加密的新网关的网帧后接着往下一个数据链接层网关传递. 所以用户数据对这些网关不保密. 部署在数据链接层的密码算法不影响终端应用程序的使用.

封装原网帧的网关网帧以明文形式出现，这些信息使窃听者只能进行非常有限的流量分析.

5.1.5 实现密码算法的硬件和软件

密码算法可通过硬件和软件实现，即通过专用集成电路（ASIC）技术将加密算法做成硬件，或编写程序将加密算法做成软件. 嵌入在应用层的加密算法通常为软件，嵌入在数据链接层的加密算法通常为硬件，而嵌入在其他网络层的密码算法可以是软件，也可以是硬件. 用硬件实施密码算法的优点是计算速度快，但不容易改动，而且成本较高. 用软件实施密码算法的优点是机动性好，修改方便，容易推广到不同的操作平台，而且成本较低，但计算速度较慢. 近年来发展起来的可编程网络处理器（例如英特尔公司的 IXP 网络处理器系列）可望同时提供硬件的计算速度和软件的机动性.

5.2 公钥基础设施

在网络通信中使用密码算法必须保证在公共网络中能够安全地传递密钥给通

信各方. 公钥密码体系是传递密钥的最佳方式. 而使用公钥密码体系必须确认对方的公钥. 使用公钥证书是确认公钥的最有效的手段. 公钥证书的颁发和管理需要一个可信赖机构的介入, 因此有必要构造公钥基础设施. 公钥证书和 CA 网是公钥基础设施的两个重要组成部分.

公钥基础设施简记为 PKI, 它是管理公钥和公钥证书的综合基础设施, 包括如下功能:

① 在颁发公钥证书之前首先确定用户的真实身份.

② 根据用户的要求给用户颁发公钥证书.

③ 根据用户的要求延期或更换公钥证书.

④ 存储和管理公钥证书.

⑤ 废除过期公钥证书及废除被盗私钥的公钥证书. 这一点对维护数据的完整性和不可否认性尤其重要.

⑥ 保证数字签名者不能抵赖自己的签名.

⑦ 支持 CA 网的实施, 使不同的证书机构能够互相确认不同机构颁发的公钥证书.

5.2.1 X.509 公钥结构

X.509 公钥结构是由国际电信联盟 (ITU) 的电信标准局在 1988 年设计, 并由互联网工程特别小组 (IETF) 推荐的 PKI 公钥基础设施, 简记为 PKIX, 也称为 ITU-T PKI 标准. 它由如下 4 个基本部分组成:

① 终端实体, 指公钥证书用户和支持 PKIX 的各种设备和装置, 如服务器和路由器.

② 证书机构 (CA), 指颁发和吊销公钥证书的机构.

③ 登记机构 (RA), 指验证公钥证书持有者的身份及其他属性的机构.

④ 证书库, 指用于存储公钥证书和证书吊销目录 (CRL) 的数据库. 终端实体可随时读取这些数据.

PKIX 体系结构如图 5.3 所示.

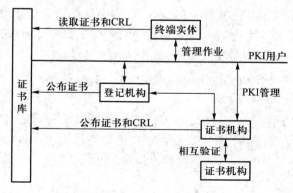

图 5.3 PKIX 体系结构

终端实体和证书机构之间的 PKI 管理包括如下项目：

① 注册登记：用户在获得公钥证书之前必须首先向证书机构注册，用户可直接或通过登记机构间接登记公钥证书.

② 初始处理：用户必须获得证书机构的公钥及其他相关信息.

③ 签发证书：证书机构给用户的公钥签发公钥证书，并将其直接送回给用户或在证书库上发布.

④ 密钥对恢复：提供必要的机制使用户能够找回丢失的私钥.

⑤ 密钥对更新：定期更新用户的公钥和私钥对.

⑥ 吊销证书：如果私钥泄露，或用户更改姓名和地址，用户必须立即通知证书机构吊销其原有公钥证书.

⑦ 互验证书：不同的证书机构应能互验各自签发的证书.

5.2.2　X.509公钥证书格式

X.509 公钥证书前后共有三个版本，第 1 版于 1988 年开始使用，第 2 版使用较少，第 3 版于 1996 年开始使用，是目前普遍使用的版本. 国际电信联盟电信标准局（ITU-T）已将 X.509 公钥证书格式制定为公钥证书标准. X.509 公钥证书由如下几个基本部分组成：

① 版本：标明 X.509 公钥证书所使用的版本.

② 序列号：列出证书序列号码，它在同一个证书机构内不能重复使用.

③ 签名算法名称：列出证书机构给证书加密所使用的算法名称，如 sha1RSA 表明证书机构将用 SHA-1 散列函数求出公钥证书的散列值，然后用 RSA 将散列值加密.

④ 签发者：列出证书签发者的标准名称.

⑤ 有效期：列出证书的有效期，它含起始日期和终止日期两个日期.

⑥ 用户名：列出证书拥有者的姓名或名称.

⑦ 用户公钥信息：列出公钥的算法名称和公钥值.

⑧ 扩展项：列出其他有关信息. 这一项内容只在第 3 版中使用.

⑨ 签名算法名称：再次列出给证书加密的散列函数和公钥密码体系的名称.

⑩ 数字签名：列出经证书机构私钥加密的证书散列值.

图 5.4　给出了一个由 Adobe Acrobat 6.0 产生的 X.509 版本 3 的公钥证书的例子.

假设 A 需要将密钥 K_{AB} 传送给 B，并向 B 证明密钥 K_{AB} 的确来自 A 且没有被他人修改过. A 首先从 PKIX 处获取 B 的公钥证书 $CA\langle K_B^u \rangle$，确认证书机构的签名并提取 B 的公钥 K_B^u，然后将如下信息传送给 B：

$$D(K_A^r, M) \circ CA\langle K_A^u \rangle,$$

$$M = t_A \circ r_A \circ ID_B \circ E(K_B^u, K_{AB}), \tag{5.1}$$

其中 E, D 分别为公钥加密和解密算法，K_A^r, K_A^u 分别为 A 的私钥和公钥，t_A 为时戳，r_A 为现时数，ID_B 为 B 的身份，$CA\langle K_A^u \rangle$ 为 A 的公钥证书. B 收到式 5.1 的信息后首先确认 A 的公钥证书的合法性并从中获得 A 的公钥 K_A^u，然后将 $D(K_A^r, M)$ 用 K_A^u 加密得 $E(K_A^u, D(K_A^r, M)) = M$. B 从 M 得到时戳、现时数、ID_B 及用 B 的公钥加密的密钥 K_{AB}. 如果 ID_B 正确，且时戳和现时数都有效，则 B 用自己的私钥将 $E(K_B^u, K_{AB})$ 解密得 $D(K_B^r, E(K_B^u, K_{AB})) = K_{AB}$.

```
Version 1 field:

        Version: v3
        Serial number: 19 b4 11 44 fc 84 79 d2 36 f1 91 f9 11 05
        Signature algorithm: sha1RSA
        Issuer:

                C = US, OU = Department of Computer Science
                O = UMass Lowell, E = wang@cs.uml.edu, CN = Jed Wang
        Valid from: Friday, March 10, 2006 12:15:05 PM
        Valid to: Thursday, March 10, 2011 12:15:05 PM
        Subject:

                C = US, OU = Department of Computer Science
                O = UMass Lowell, E = wang@cs.uml.edu, CN = Jed Wang
        Public key: RSA (1024 Bits)

                30 81 89 02 81 81 00 a6 98 0c 78 98 e4 34
                00 e5 e7 7e 5e c2 c3 6a af 0d 22 4b 97 4d
                f4 61 1c 34 a4 4e f8 77 cd 97 33 54 35 0c
                ec 21 ba ca 36 d0 e2 4b b9 10 dc 28 0a 7f
                32 57 00 f8 ba 99 14 98 da bd 20 b6 36 fb
                1b 24 ff 9c b1 a9 f7 49 22 e4 79 7f 3f 06
                c1 85 41 61 63 a1 84 b7 e7 57 c8 c3 cd f7
                3d e4 26 bd 10 bb fb ab 24 b2 b5 6b cc c1
                94 b7 06 b7 58 cd 55 46 5a 31 71 3e 33 f4
                bc bc e4 3a f6 cf f2 1e cd 02 03 01 00 01
Extension:
        Key Usage: Digital Signature, Data Encipherment (90)
Properties:
        Thumbprint algorithm: sha1
        Thumbprint:
                bd 04 62 16 aa a4 31 1f a0 9a 53 88 2f 3d b4 69 c4 3a 44 c2
```

图 5.4 使用 Adobe Acrobat 6.0 产生的 X.509 版本 3 公钥证书，其中 C 表示国家，O 表示持证人的工作单位，OU 表示持证人工作单位内的小单位，CN 表示持证人的名字，E 表示持证人的电子邮箱地址. 它们统称为 X.500 名称

5.3　IPsec：网络层安全协议

网络层安全协议标准是 IP 安全协议，简记为 IPsec[①]，它将密码算法设在网络层. IPsec 是构造虚拟专用网（VPN）的主要工具. VPN 是用密码算法在公共网络上建立的私人网.

在网络层置放密码算法的主要任务是给从传输层传递到网络层的 TCP 包加密和签名. IPsec 给出了执行这些密码算法的具体格式和步骤. 除此之外，IPsec 还定义了密钥交换格式. IPsec 由认证协议、加密协议及密钥交换协议 3 个主要子协议组成，分别称为认证头、封装安全载荷及互联网密钥交换，分别简记为 AH、ESP 及 IKE.

(1) 认证头

AH 规定认证头格式，用于认证 IP 包的出处及保障 IP 包数据的完整性. 除此之外，AH 使用滑动窗口技术防御消息重放攻击. IP 包在传输过程中，其头部中的某些数据是会改变的. 比如，"所剩存活时间 (TTL)" 值每经过一个路由器都会减 1. 除了这些会改变的数据外，AH 同时认证 IP 包的头部和载荷.

(2) 封装安全载荷

ESP 规定加密格式，用于给 IP 包加密，也可用于数据认证.

(3) 互联网密钥交换

IKE 规定密钥交换格式，用于给通信双方设立密钥.

除了这 3 个主要协议外，IPsec 还有一个重要的机制，称为安全联结，简记为 SA. 这个机制的产生是必要的，因为 IPsec 提供了一组不同的密码算法供用户选择. 因为每一次通信只会用到其中几个算法，所以在使用 IPsec 时，发送端除了自己选取密码算法和参数外，还必须通知接收端使用相同的密码算法和参数去处理收到的网包. 安全联结便是为这个目的而设立的一种机制.

5.3.1　安全联结与应用模式

安全联结由以下 3 个参数决定：

① 安全参数索引 (SPI). SPI 是一个 32 比特二进制字符串，用于给算法和参数集合编号，使得通信各端主机运行的 IPsec 根据编号便可得知应该使用哪个算法和哪个参数进行密码通信. SPI 放在 AH 包和 ESP 包内传给对方.

② 目标 IP 地址. 它用于标明该 SA 是为哪个终端主机设立的.

③ 安全协议标识符. 它用于标明该 SA 是为 AH 还是为 ESP 而设立的.

每个 SA 都是为某个特定通信两端的某个会话阶段设立的. 所以，即便使用相同的算法和参数，但因为两端地址不同其 SA 也不同. 而且即便两端地址相同，使用的算法和参数也相同，IPsec 仍可以定义不同的 SA 用于不同的会话阶段. 为便

---

① 有的作者用 IPSec 表示 IP 安全协议，本书依照 RFC 文档中的用法使用 IPsec.

于查找，当通信两端设立了 SA 后，IPsec 将 SA 编成索引存入安全联结数据库中。安全联结数据库简记为 SAD。因此，发送端 IPsec 只需在发送的网包外加上 SA 的索引，就能通知接收端运行的 IPsec 按索引从自己的 SAD 中找到相应的 SA 来处理收到的网包。SA 可由 IKE 动态产生或由终端主机的 IPsec 管理人员手工输入。

如果对某个 IP 包同时加密和进行身份鉴定，IPsec 规定的次序是加密在先，身份验证在后，即 AH 包头在 ESP 包头之前。这样做的好处是不浪费计算时间：如果身份验证失败，就没有必要对 ESP 包解密了。这就意味着用于身份验证的 SA 放在用于加密的 SA 之前。

IPsec 含有若干内建机制，用于帮助 SA 的使用。这些内建机制包括安全连接数据库（SAD）、安全政策数据库（SPD）及 SA 选择器（SAS）。

(1) 安全连接数据库

当两个终端用户建立了 SA 连接之后，为便于处理属于同一会话的其他数据，IPsec 将其信息存在用户端主机各自的安全连接数据库内。因此，在 IPsec 包头包含 SPI 有助于 IPsec 在本端主机的 SAD 内寻找相关的 SA 信息。

(2) 安全政策数据库

因为 IPsec 设在网络层，所以它将处理来自不同用户的各种 TCP 包。这些 TCP 包有些需要加密有些不需要加密，有些需要认证有些不需要认证。为使 IPsec 知道哪些 TCP 包需要加密和认证而哪些不需要，终端主机 IPsec 管理员必须制定一组规则，称为安全政策，简记为 SP。这些规则存储在安全政策数据库中以便查找。IPsec 根据 IP 包头部的信息从 SPD 中找到相应的安全政策，并根据其安全政策执行相应的加密和认证步骤，或者不执行任何加密或认证就让其通过。

(3) SA 选择器

IPsec 允许每个 SA 定义一组规则用于决定该 SA 将给什么样的网包使用。这样的规则称为选择规则。比如，可以给某个 SA 定义这样的选择规则：如果 IPsec 收到的 TCP 包的起始地址落在区间 A，其目标地址落在区间 B，则这个网包必须由该 SA 来处理。某些 SA 可能只能处理发送出去的网包，某些 SA 可能只能处理接收的网包，而某些 SA 可以同时处理发送出去的网包和接收到的网包。执行 SA 选择规则的机制称为 SA 选择器。

5.3.2 应用模式

IPsec 支持传输模式和隧道模式两种应用模式。

建立 IPsec 传输模式简单易行。这是因为发送端 IPsec 将 IP 包载荷用 ESP 协议或 AH 协议封装后，就可用原来的 IP 包头封装将网包传输到目标 IP 地址，然后由接收端 IPsec 解密或认证。所以 IPsec 传输模式与一般的网包传输模式没有区别。更具体一点，对于每一个将要发送出去的 TCP 包，当它进入发送端主机的网络层时，其运行的 IPsec 首先检查该主机的 SPD。如果这个 TCP 包需要加密或身份认证，则 IPsec 首先与接收端主机建立 SA，用此 SA 指定的加密算法将此 TCP

包加密，并将 ESP 包头或 AH 包头加在此 TCP 包之前，然后再冠以一个 IP 包头作为传输之用. 接收端主机的 IPsec 首先在其 SAD 中根据在 ESP 包头或 AH 包头中的 SPI 寻找相应的 SA，并处理接收到的 IPsec 包.

建立 IPsec 隧道模式较复杂，它的复杂性由传输路径中的 IPsec 网关的个数和设置所决定，这是因为数据每经过一次 IPsec 网关便需要使用不同的 SA. 为了使中间的 IPsec 网关不能读到 IP 包载荷的内容，发送端 IPsec 可先给 IP 包载荷加密，然后再将整个 IP 包加密，包括 IP 包头和加密过的 IP 包载荷. 这就要求在发送端和接收端设立的 SA 外再套上一个从发送端 IPsec 网关到下一个 IPsec 网关的 SA，如此类推. 将几个 SA 套在一起的概念称为 SA 捆绑.

1. 单层隧道

最简单的 SA 是单层隧道. 当某个向外传递 IP 包请求按隧道模式加密时（按隧道模式认证的情形同样处理），管理发送端主机的 IPsec 网关 G_s 将整个 IP 包（包括 IP 包头）加密，然后加上网关 G_s 的 IP 包头，将这个新的 IP 包传递到下一个 IPsec 网关 G_1. 为了处理这个 IP 包，G_s 必须与 G_1 建立一个安全连接 $SA_{s,1}$，使 G_1 知道用哪个解密算法和密钥将其解密. G_1 从解密后的原 IP 包的包头读取目的地 IP 地址，并从路由表中算出下一个 IPsec 网关 G_2 的 IP 地址，然后将整个 IP 包加密，再加上网关 G_1 的 IP 包头，将这个新的 IP 包传递到网关 G_2，并与 G_2 建立一个安全连接 $SA_{1,2}$. 如此类推，直到原 IP 包被送到目的地 IPsec 网关 G_d. 最后 G_d 将解密后的 IP 包送给目标主机.

2. 多层隧道

在单层隧道模式中，原 IP 包可被位于传递路径中的每个 IPsec 网关所读到. 这要求起始端主机信任所有这些网关的安全性能. 在某些应用中，起始端主机可能不希望某些 IPsec 网关看到其 IP 包. 为此目的，IPsec 可在某些隧道外再套上另外的隧道.

例如，假定 G_s、G_1 和 G_d 是介于主机 A 和 B 路径上的 3 个 IPsec 网关，其中 G_s 是起始端网关，G_1 是 G_s 的下一个网关，G_d 是 G_1 的下一个网关而且也是终端网关. 假设 G_s 支持加密算法 $\mathcal{A}_1$ 和 $\mathcal{A}_2$，G_1 支持加密算法 $\mathcal{A}_2$ 和 $\mathcal{A}_3$，G_d 支持加密算法 $\mathcal{A}_1$ 和 $\mathcal{A}_3$，其中 $\mathcal{A}_1$ 的安全性能最弱. 假设主机 A 需要将一个 IP 包 P 送给主机 B，并对外使用所有网关支持的最强的加密算法，而且对中间网关 G_1 保密. 这个目的可用多层隧道模式来实现，如图 5.5 所示.

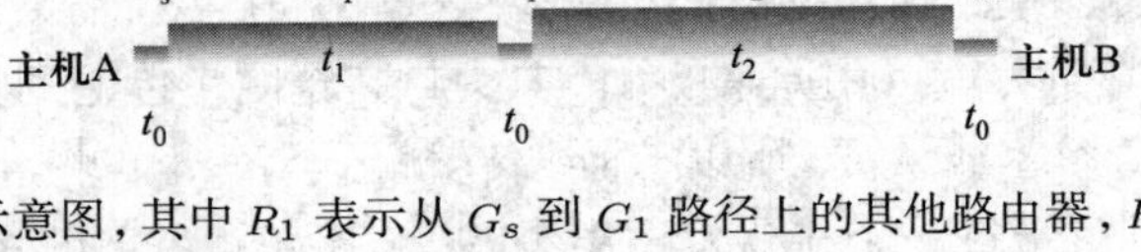

图 5.5 多层隧道示意图，其中 R_1 表示从 G_s 到 G_1 路径上的其他路由器，R_2 表示从 G_1 到 G_d 路径上的其他路由器

(1) G_s 与 G_d 建立一个安全连接 $SA_{s,d}$，指定 $\mathcal{A}_1$ 为加密算法. G_s 用 $\mathcal{A}_1$ 将 P

加密得到一个 ESP 包, 记为 $\mathcal{A}_1(P)$, 这在 G_s 和 G_d 之间建立了一条隧道 t_0. G_s 在 $\mathcal{A}_1(P)$ 之前加上 IP 包头 $\text{IPh}_{s,d}$, 用 G_s 的 IP 地址作为起始地址, 用 G_d 的 IP 地址为目标地址. 令 P' 表示这个新的 IP 包, 即

$$P' = \text{IPh}_{s,d} \parallel \mathcal{A}_1(P).$$

(2) G_s 与 G_1 建立一个安全连接 $SA_{s,1}$, 指定用 $\mathcal{A}_2$ 为加密算法. G_s 用 $\mathcal{A}_2$ 将 P' 加密得到一个 ESP 包, 记为 $\mathcal{A}_2(P')$. 这在 G_s 和 G_1 之间建立了一条隧道 t_1, 套在隧道 t_0 之上. G_s 在 $\mathcal{A}_2(P')$ 之前加上 IP 包头 $\text{IPh}_{s,1}$, 用 G_s 的 IP 地址作为起始地址, 用 G_1 的 IP 地址为目标地址. 令 P_1 表示这个新的 IP 包, 即

$$P_1 = \text{IPh}_{s,1} \parallel \mathcal{A}_2(P').$$

G_s 将 P_1 送往网关 G_1, 途中将经过以 G_s 为起始点并以 G_1 为终止点的路径上的路由器.

(3) 网关 G_1 收到 IPsec 包 P_1 后, 首先从 $\mathcal{A}_2(P')$ 的 ESP 包头中含有的 SPI 找出 $SA_{s,1}$, 并得知应用 $\mathcal{A}_2$ 将 P_1 解密. 解密结果得 P'. 从 $\text{IPh}_{s,d}$ 得知 P' 的载荷 (即 $\mathcal{A}_1(P)$) 要送到网关 G_d. 为此目的, G_1 首先与 G_d 建立安全连接 $SA_{1,d}$, 指定 $\mathcal{A}_3$ 为加密算法. G_1 然后用加密算法 $\mathcal{A}_3$ 将整个 P' 加密得到一个 ESP 包, 记为 $\mathcal{A}_3(P')$. 这就在 G_1 和 G_d 之间建立了一条隧道 t_2, 它套在隧道 t_0 之外. G_1 在 $\mathcal{A}_3(P')$ 之前加入 IP 包头 $\text{IPh}_{1,d}$, 其中 G_1 的 IP 地址为起始地址, G_d 的 IP 地址为目标地址. 令 P_2 表示这个新的网包, 即

$$P_2 = \text{IPh}_{1,d} \parallel \mathcal{A}_3(P').$$

G_1 将 P_2 传送给网关 G_d, 途中将经过以 G_1 为起始点并以 G_d 为终止点的路径上的路由器.

(4) 收到 P_2 后, 网关 G_d 首先从 $\mathcal{A}_3(P')$ 的 ESP 包头所含的 SPI 找到相应的安全连接 $SA_{1,d}$, 从中找到所需解密算法 $\mathcal{A}_3$, 并用其将 P_2 解密得 P'. 从 $\text{IPh}_{s,d}$ 获知 G_d 是 P' 包的终止网关. G_d 从 $\mathcal{A}_1(P)$ 的 ESP 包头所含的 SPI 找到相应的安全连接 $SA_{s,d}$, 从中找到所需解密算法 $\mathcal{A}_1$, 用其将 $\mathcal{A}_1(P)$ 解密得到 P, 并将 P 送往主机 B.

5.3.3 认证头格式

AH 的格式如图 5.6 所示, 其中各区域的定义如下:

• 下一个头部的值显示紧跟在 AH 包头后的网包包头类型. 例如, 如果紧跟在 AH 包头的网包包头是 ESP, 则这个区域的值为 ESP.

• 载荷长度的值等于被认证数据的长度, 以 32 比特为单位, 再加 1. 比如, 如果完整性校验值为 96 比特散列信息认证码 (HMAC), 则这个区域的值等于 $\lceil 96/32 \rceil + 1 = 4$, 这里 $\lceil x \rceil$ 表示大于或等于 x 的最小整数.

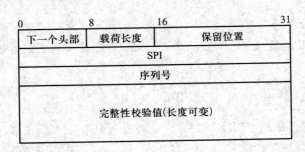

图 5.6 AH 格式

- 保留位置是为以后可能用到的数据保留的, 目前全置为 0.

- SPI 用于存储 SPI 的值. SPI 的功用已在第 5.3.1 节中做了解释.

- 序列号是一个单调递增计数器, 用于防御消息重放攻击. 发送端在开始使用某个安全连接 SA 之前, 先将对应于该 SA 的序列置 0, 该 SA 每使用一次序列号就加 1, 直到序列号等于 $2^{32} - 1$ 为止. 然后发送者必须终止这个 SA 并重新设立一个新的 SA.

- 完整性校验值, 简记为 ICV, 是被认证数据的完整性校验值. 如果使用传输模式, 则被认证的数据只是 IP 包载荷, 即 TCP 包或 ESP 包, 不含 IP 包头部. 如果使用隧道模式, 则被认证的数据除了 IP 包载荷外, 还包含 IP 包头部在传输过程中不变的数据, 如起始 IP 地址和目标 IP 地址. 在传输过程中会改变的数据包括校验和及 TTL 值. ICV 是指被认证数据经过数据认证算法的运算后得到的输出或输出的子序列. 比如, 在 HMAC-SHA-1 之下, ICV 是将被认证的数据用 HMAC-SHA-1 认证算法求出 HMAC, 然后取其 96 比特前缀作为此 ICV 的值.

将 AH 放在 IP 包头部和 TCP 包之间得传输模式认证, 将 AH 放在 IP 包头部之前便得隧道模式认证.

滑动窗口

因为互联网技术不能保证所有网包都能按顺序到达目的地, 所以 IPsec 规定接收端 IPsec 使用滑动窗口技术处理收到的网包, 并决定哪个该留哪个不该留. 滑动窗口是能容下 w 个序列号的内存缓冲空间 (w 的默认值为 64). 接收端 IPsec 为每一个安全连接 SA 设一个滑动窗口 $SW[1, w]$.

刚开始时, 每一个 $SW[i]$ 都没有做标记, $1 \leqslant i \leqslant w$. 当与该 SA 相关的第一个网包到达时, 滑动窗口协议对滑动窗口的右端点 $SW[w]$ 做一个标记, 表示这是目前接收到的最大的序列号. 令 n 表示这个序列号, 将 n 存放在 $SW[w]$ 内. 其余位置依顺序存放序列号 $n - 1, \cdots, n - w + 1$.

接收端收到序列号为 k 的新网包后, 先找到该网包所用 SA 的滑动窗口, 然后执行如下操作:

(1) 如果 $n - w + 1 \leqslant k \leqslant n$, 则首先验证这个网包的签名是否合法. 如果通过

认证且存储序列号 k 的滑动窗口位置没有标记, 则将此位置做一标记; 否则废弃这个网包. (被废弃的原因是网包没有通过认证或者是重放.)

(2) 如果 $k \leqslant n - w$, 则说明这个网包已过时, 废弃这个网包.

(3) 如果 $k > n$, 说明这个网包没有过时, 故验证这个网包的签名是否合法. 如果认证通过, 则将滑动窗口移动 $k - n$ 个位置, 将序列号 $n - w + 1, \cdots, k - w$ 从滑动窗口删除, 并令 $n \leftarrow k$. 如果认证失败, 则废弃这个网包.

5.3.4 封装安全载荷格式

ESP 的格式如图 5.7 所示, 其中各区域的定义如下:

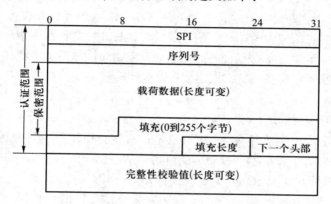

图 5.7　ESP 格式

- SPI 的定义与 AH 相同 (参见第 5.3.3 节).
- 序列号的定义和用法与 AH 相同.
- 载荷数据存储被加密的数据. 如果使用传输模式, 则需要被加密的数据只是 IP 包载荷, 不含 IP 包头. 如果使用隧道模式, 则加密数据是整个 IP 包, 包括包头和载荷.
- 填充区用于将加密数据根据加密算法的要求填充到规定的长度.
- 填充长度长 8 比特, 用于表示填充数量.
- 下一个头部给出载荷中出现的第一个头部, 比如 TCP 包头部. 由

$$载荷数据 \parallel 填充 \parallel 填充长度 \parallel 下一个头部$$

构成的二进制字符串的长度必须是 32 的倍数.

- "认证数据" 区域用来存储完整性校验值, 它是如下二进制字符串的 ICV:

$$SPI \parallel 序列号 \parallel 载荷数据 \parallel 填充 \parallel 填充长度 \parallel 下一个头部,$$

它是 32 的倍数, 用于检测数据的完整性. 如果 ESP 和 AH 同时使用, 则 AH 应在

ESP 执行之后再执行. 这样做使接收端能首先验证网包, 如果认证失败, 则接收端就不必白费力气解密数据了.

ESP 包含头部、载荷和尾部等三部分, 其中 SPI 和序列号组成 ESP 包的头部, 载荷数据、填充、填充长度及下一个头部组成 ESP 包的载荷, 被认证数据组成 ESP 包的尾部.

5.3.5 密钥交换协议

加密算法和 HMAC 数据认证算法均要求通信双方拥有共同密钥. 这个过程由密钥确定协议和密钥交换协议自动完成, 当然也可由系统管理员用人工的方法确立. IPsec 使用奥克利密钥确定协议和互联网安全联结和密钥管理协议两个协议执行密钥交换, 前者简记为 KDP, 后者简记为 ISAKMP. 奥克利密钥确定协议 (简称为奥克利协议) 的主要部分是 Diffie-Hellman 密钥交换体系加上身份认证协议. 然而, 它没有明确规定交换格式. ISAKMP 协议明确规定交换格式, 但却没有规定密钥交换算法.

1. 奥克利密钥确定协议

第 3.3.2 节描述了为什么 Diffie-Hellman 密钥交换体系容易遭受中间人攻击, 同时指出通信双方只要能够互验对方的身份就能抵御中间人攻击. 除中间人攻击之外, 阻塞攻击对 Diffie-Hellman 密钥交换体系亦有效.

阻塞攻击是根据 Diffie-Hellman 密钥交换算法设计的一种拒绝服务攻击. 攻击者使用诡诈网包向攻击目标发送大量公钥 Y_i, 迫使被攻击主机按协议要求计算密钥

$$K_i = Y_i^X \bmod p,$$

其中 X 是被攻击主机选取的 Diffie-Hellman 私钥. 因为模下指数幂运算的计算量很大, 从而迫使被攻击主机忙于执行大量无用运算而瘫痪. 为了不被识破, 攻击者通常只使用那些已停止工作的终端主机的 IP 地址作为诡诈网包的起始地址.

奥克利协议使用 Cookie 交换技术来防御阻塞攻击, 它要求收发双方在初始信息交换中均给对方传送一个伪随机产生数, 称为 Cookie. 双方收到对方的 Cookie 后必须向对方发送回执, 各方收到回执后才开始执行模下指数幂运算. 因为诡诈网包使用的起始地址虽然合法却已不工作, 所以被攻击主机将收不到回执. 因此, 被攻击主机遭到中间人攻击时最多只产生和发送 Cookie, 而无须执行计算量大得多的模下指数幂运算.

奥克利协议使用现时数技术抵御消息重放攻击, 并使用各种数据认证方法抵御中间人攻击.

奥克利协议由 Cookie 交换、Diffie-Hellman 密钥交换和身份认证三部分组成. 令 I 表示发送端, R 表示接收端.

奥克利协议的基本步骤如下:

$I \to R:$ $CKY_I, OK\_KEYX, GRP, g^x, EHAO, NIDP, ID_I, ID_R, N_I,$
$S_{K_I^r}(ID_I \parallel ID_R \parallel N_I \parallel GRP \parallel g^x \parallel EHAO)$

$R \to I:$ $CKY_R, CKY_I, OK\_KEYX, GRP, g^y, EHAS, NIDP, ID_R, ID_I, N_R, N_I,$
$S_{K_R^r}(ID_R \parallel ID_I \parallel N_R \parallel N_I \parallel GRP \parallel g^y \parallel g^x \parallel EHAS)$

$I \to R:$ $CKY_I, CKY_R, OK\_KEYX, GRP, g^x, EHAS, NIDP, ID_I, ID_R, N_I, N_R,$
$S_{K_I^r}(ID_I \parallel ID_R \parallel N_I \parallel N_R \parallel GRP \parallel g^x \parallel g^y \parallel EHAS)$

奥克利协议的符号描述如下：

① CKY_I 和 CKY_R 分别表示发送端和接收端送出的 Cookie.

② OK_KEYX 表示信息类型.

③ NIDP 表示列在其后的信息没有加密（IDP 则表示加密）.

④ GRP 表示选取哪组 Diffie-Hellman 参数 (p, a). 奥克利协议提供默认值并允许通信双方设立新的参数组.

⑤ g^x 和 g^y 分别表示 $a^x \bmod p$ 和 $a^y \bmod p$，其中 (p, a) 是由 GRP 指定的 Diffie-Hellman 参数.

⑥ EHAO 是发送端所能执行的加密算法、散列函数算法和数据认证算法的清单.

⑦ EHAS 是接收端从 EHAO 中选定的加密算法、散列函数算法和数据认证算法.

⑧ ID_I 和 ID_R 分别表示发送端和接收端的登录名.

⑨ N_I 和 N_R 分别表示发送端和接收端的现时数.

⑩ $S_{K_I^r}(X)$ 和 $S_{K_R^r}(X)$ 分别表示发送端和接收端用各自的私钥对 X 进行的签名.

2. ISAKMP 信息交换格式

ISAKMP 给出执行密钥交换协议和其他信息交换的格式. ISAKMP 网包由包头和载荷两部分组成，并有主版本和次版本之分.

(1) ISAKMP 包头格式

图 5.8 给出 ISAKMP 包头的格式.

• 发送端 Cookie 及接收端 Cookie 分别包含双方的伪随机数及建立、通知或删除安全连接的信息.

• 下一个载荷表示信息中所含第一个载荷的类型.

• 主版本表示所用 ISAKMP 的主版本. 与此类似，次版本表示所用 ISAKMP 的次版本.

• 交换类型表示所交换信息的类型.

• 标记用于指定某些特殊的选项.

• 信息标识符给所传的信息标号，而且标号唯一.

发送端Cookie(64比特)				
接收端Cookie(64比特)				
下一个载荷 (8比特)	主版本 (4比特)	次版本 (4比特)	变换类型 (8比特)	标记 (8比特)
信息标识符(32比特)				
长度(32比特)				

图 5.8   ISAKMP 包头

● 长度给出整个 ISAKMP 包 (即包头和载荷) 的长度, 以字节为单位.

(2) ISAKMP 载荷类型

ISAKMP 允许多种载荷类型, 包括安全连接、提议、传递、密钥交换、标识符、证书请求、证书、散列值、数字签名、现时数、通知及删除等类型.

① 安全连接型载荷用于给通信双方建立安全连接.

② 提议型载荷用于通信双方商谈和确定安全连接的参数和密码算法.

③ 传递型载荷用于告知对方用哪个加密算法或认证算法.

④ 密钥交换型载荷用于告知对方用哪个密钥交换算法.

⑤ 标识符型载荷用于携带识别谁是通信同伴的信息.

⑥ 证书请求型载荷用于向对方索取公钥证书.

⑦ 证书型载荷用于携带公钥证书.

⑧ 散列值型载荷用于携带散列函数的值.

⑨ 数字签名型载荷用于携带数字签名.

⑩ 现时数型载荷用于携带现时数.

⑪ 通知型载荷用于通告对方其他载荷的类型 (比如, "无效签名" 就可放在通知型载荷传给对方).

⑫ 删除型载荷用于通知接收端, 发送端已将某一个安全连接或若干个安全连接取消.

ISAKMP 载荷可以是某一种类型的数据, 也可以是含有多种类型的数据的序列. 更多的信息可在 RFC 2408 文本中找到.

不同类型的载荷的包头的格式都是一样的, 如图 5.9 所示.

下一个载荷 (8比特)	预留区 (8比特)	载荷长度 (16比特)

图 5.9   ISAKMP 载荷包头

● 下一个载荷用于表示紧跟着这个包头的载荷的类型. 如果是最后的载荷, 则其值为 0.

- 载荷长度给出紧跟着这个包头的载荷及包头的长度，单位为字节.

(3) ISAKMP 载荷交换的例子

以下是 ISAKMP 载荷交换的一个简单例子：

1. $I \to R$:　　　安全连接，提议，传递，现时数
2. $R \to I$:　　　安全连接，提议，传递，现时数
3. $I \to R$:　　　密钥交换，标识符，数字签名
4. $R \to I$:　　　密钥交换，标识符，数字签名

在这个例子中，发送端首先给接收端发出安全连接载荷、提议载荷、传递载荷和现时数载荷，用于在双方建立安全连接之用. 发送端送出一组加密算法和认证算法，这些算法的名称通过传递载荷发出，接收端从中选取一个加密算法和一个认证算法，然后给发送端回送安全连接载荷、提议载荷、传递载荷和现时数载荷，接收端所选择的加密算法和认证算法名称放在传递载荷中，完成安全连接的建立. 发送端然后给接收端发出密钥交换载荷、标识符载荷（即发送端的身份标识符）和数字签名载荷（即发送端的数字签名）. 接收端回送密钥交换载荷、标识符载荷（即接收端的身份标识符）和数字签名载荷（即接收端的数字签名），完成密钥交换程序.

这个例子是最基本的 ISAKMP 载荷交换的类型. 描述 IPsec 的 RFC 文档给出了其他类型的交换例子.

5.4　SSL/TLS：传输层安全协议

传输层安全协议通常指的是套接层安全协议和传输层安全协议两个协议. 前者简记为 SSL，后者简记为 TLS. SSL 是美国 Netscape 公司于 1994 年设计开发的传输层安全协议，用于保护万维网通信和电子交易的安全. 万维网的基本结构是客户服务器应用程序，所以在传输层置放密码算法是很实用的选择. TLS 是 SSL 第 3 版的修改版，由互联网工程特别小组（IETF）于 1999 年确定为传输层标准安全协议. TLS 和 SSL 第 3 版只有微小差别，所以，人们通常将它们一起表示为 SSL/TLS. 本节将基于 SSL 第 3 版介绍传输层安全协议的主要结构.

SSL 由两部分组成，第一部分称为 SSL 记录协议，置于传输协议之上. 第二部分由 SSL 握手协议、SSL 密码更换协议和 SSL 提醒协议所组成，置于 SSL 记录协议之上和应用程序如 HTTP 之下，HTTP 是万维网通信协议. 图 5.10 显示 SSL 协议在应用层 HTTP 协议和传输层协议之间的位置.

SSL 握手协议用于给通信双方约定使用哪个加密算法、哪个数据压缩算法及哪些参数. 在算法确定了加密算法、压缩算法和参数以后，SSL 记录协议将接管双方的通信，包括将大数据分割成块、压缩每个数据块、给每个压缩后的数据块签名、在数据块前加上记录协议包头并传送给对方. SSL 密码更换协议允许通信双方

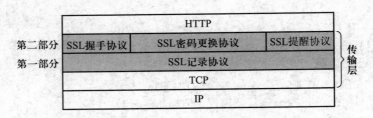

图 5.10　SSL 协议结构

在一个会话阶段中更换算法或参数. SSL 提醒协议是管理协议,用于通知对方在通信中出现的问题.

为方便读者阅读,本节首先介绍数据压缩算法 ZIP 的基本思想,然后分别介绍 SSL 握手协议和 SSL 记录协议.

5.4.1　ZIP 压缩算法简介

数据压缩算法将数据用不同的方式表现出来,目的是减少所需的存储空间. ZIP 算法是网络通信中广泛使用的数据压缩算法,它是 Phil Katz 在 20 世纪 80 年代中发明的. 而 ZIP 算法的基础是 Jacob Ziv 和 Abraham Lempel 在 1977 年提出的序列数据压缩通用算法,通常简称为 LZ77 压缩算法. 自 1988 年发表以来,ZIP 算法已在若干数据压缩软件中广泛使用,包括 PKZIP、WinZip、WinRAR 和 gzip 等.

ZIP 压缩算法使用两个滑动窗口,将新出现的还没有被压缩的字符串与已经出现过的相同的字符串做匹配,记下此字符串的长度及前后两者的相对位置. 如果字符串相对较长,则字符串的长度和相对位置的值就是这个新字符串的一个压缩表示. ZIP 算法的这两个滑动窗口分别称为基准窗和前视窗. 前视窗位于基准窗之前,两者相邻. 当两个窗所包含的字符串被处理后,它们同时向前移动,扫描整个文件,并在移动过程中压缩数据. 具体做法如下:令 X 和 Y 分别表示当前基准窗和前视窗所覆盖的字符串,令 s 为 Y 的最长前缀,而且是 X 的子序列,则 s 可由以下两个数值唯一确定:

- 相对距离:基准窗出现的字符串 s 的第一个字符到前视窗出现的字符串 s 的距离,以字符为单位.
- 字符长度:字符串 s 的长度.

如果存储这两个值所用的空间比存储 s 所用的空间小,在压缩文件中用这两个值取代前视窗中的 s 就将节省存储空间. 注意:原件和压缩文件是两个不同的文件. 压缩文件生成后,可删除原件.

为了辨认这两个值,必须对编码进行调整使得这两个值的编码能从文件所用的标准编码区分开来. 例如,假如文件所用的编码是 8 比特 ASCII 码,则限定字符长度和相对距离这两个值的二进制数的总长度 8. 在每一个 ASCII 码前加上一个二进制数字 1 得 9 比特加长 ASCII 码,并在代表这两个数值的二进制数的前面加上一个二进制数字 0 就能达到这个目的. 在两个数值的二进制数的前面加上一个二进制数字 0 得到的编码称为位置码. 具体做法如下.

令 w_1 和 w_2 分别表示基准窗和前视窗可以容纳的字符个数，即基准窗和前视窗的长度分别是 $8w_1$ 和 $8w_2$，其中 $2^{d-1} < w_1 \leqslant 2^d$，$2^{l-1} < w_2 \leqslant 2^l$，$d$ 和 l 分别为某正整数，而且 $d+l=8$. 则在前视窗出现的 s 将由 $(d+l+1)$ 比特二进制字符串表示，其中第一个二进制字符串为 0，用做标识符，紧跟在后面的 d 比特二进制数表示距离，而最后的 l 比特二进制数表示长度. 这是一个 9 比特位置码.

9 比特位置码很容易从 9 比特加长 ASCII 码区别出来. 换句话说，对任意用此方法得到的压缩文件，将其还原成原来的 ASCII 文件是件轻而易举的事，其证明留给读者（见习题 5.20）. 因此，只要 $d+l+1 < 8|s|$，即在 ASCII 文件中只要 $|s| > 1$，则 ZIP 算法就能节省存储空间. ZIP 算法随后将基准窗和前视窗同时向前移动 $\max\{1, |s|\}$ 个字符，并重复上述步骤，直到前视窗滑出文件之外为止.

下面是用 ZIP 算法压缩字符串的一个例子. 令 $w_1 = 18$ 及 $w_2 = 7$，则 $d = 5$ 和 $l = 3$. 考虑如下字符串

"a loop containing a loop is a nested loop"

令 n_b 表示正整数 n 的二进制表示. 对此句子运用 ZIP 算法（如图 5.11 所示），得到以下压缩输出：

"a loop containing 017_b7_b is a nested016_b5_b"，

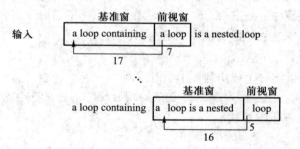

图 5.11 应用 ZIP 算法的例子

其中每个字母和空格由 9 比特加长 ASCII 码所表示. 压缩后的字符串的二进制表示的长度等于

$$18 \times 9 + 9 + 11 \times 9 + 9 = 279$$

比特，而原句按 8 比特 ASCII 编码的长度等于

$$41 \times 8 = 328$$

比特. 因此，ZIP 将原句子压缩了将近 15%.

5.4.2　SSL 握手协议

　　SSL 握手协议是 SSL 各协议中最复杂的协议，它提供客户和服务器认证并允许双方商定使用哪一组密码算法. 为便于读者理解，本节以在线购物为例解释 SSL 握手协议. 在此例子中，通信一方是上网购物的客户程序甲，另一方是提供商品的服务器程序乙. 甲乙双方分 4 阶段交换信息完成握手协议.

　　1.　第 1 阶段：商定双方将使用的密码算法

　　甲方首先向乙方发送客户问候信息，然后乙方向甲方回送服务器问候信息.

　　(1) 客户问候信息

　　客户问候信息包括如下数据：

　　① 版本数 v_c: 它是客户端主机安装的 SSL 最高版本数，比如 $v_c = 3$.

　　② 随机串 r_c: 它是由客户程序的伪随机数发生器秘密产生的二进制字符串，共 32 字节，包括一个 4 字节长的时戳和一个 28 字节长的现时数，用于防御消息重放攻击.

　　③ 会话标识 S_c: $S_c = 0$ 表示客户希望在新的传输会话阶段建立新的 SSL 连接，其他数值表示客户希望在目前的传输会话阶段建立新的 SSL 连接，或只是更新已建立的 SSL 连接. SSL 连接由双方商定的密码算法、参数和压缩算法所决定.

　　④ 密码组：它是客户端主机支持的所有公钥密码算法、常规加密算法和散列函数算法的三个优先序列. 按优先顺序排列，排在第一位的密码算法是客户主机最希望使用的算法. 比如，客户的这三种密码算法的优先序列分别为：

- 公钥密码算法：RSA, ECC, Diffie-Hellman；
- 常规加密算法：AES-128, 3DES/3, RC5；
- 散列函数算法：SHA-512, SHA-1, MD5.

此外，密码组的每个成员还附有使用说明.

　　⑤ 压缩算法：它是客户端主机支持的所有压缩算法的按优先次序的排列，比如 ZIP、PKZIP 等压缩算法.

　　(2) 服务器问候信息

　　服务器问候信息包括如下数据：

　　① 版本数 v_s: $v_s = \min\{v_c, v\}$，v 是服务器主机安装的 SSL 最高版本数.

　　② 随机数 r_s: 它由服务器程序的伪随机数发生器秘密产生的二进制字符串，共 32 字节，包括一个 4 字节长的时戳和一个 28 字节长的现时数.

　　③ 会话标识 S_s: 如果 $S_c = 0$，则 S_s 等于新阶段号；否则，$S_s = S_c$.

　　④ 密码组：它是服务器主机从客户密码组中选取的一个公钥密码算法、一个常规加密算法和一个散列函数算法，比如 RSA, AES, SHA-1.

　　⑤ 压缩算法：它是客户端主机从客户压缩算法中选取的压缩算法.

　　2.　第 2 阶段：服务器认证和密钥交换

　　服务器程序向客户程序发送如下信息：

① 服务器公钥证书.

② 服务器端密钥交换信息.

③ 询问客户公钥证书.

④ 完成服务器问候.

因为客户可能没有公钥证书, 加上客户的身份可以随后从其信用证号码和用于认证信用证的方法来验证, 所以第 ③ 步通常免去. 如果服务器在第 1 阶段选取了 RSA 作为密钥交换手段, 则第 ② 步也可免去.

3. 第 3 阶段：客户认证和密钥交换

服务器程序向客户程序发送如下信息：

① 客户公钥证书.

② 客户端密钥交换信息.

③ 客户公钥验证值.

客户端密钥交换信息用于产生双方将使用的主密钥; 客户公钥验证值是客户用私钥将前面送出的明文的散列值加密后的数值.

如果服务器没有询问客户公钥证书, 则第 ① 步和第 ③ 步将免去不做.

假设服务器在第 1 阶段选取了 RSA 作为密钥交换手段, 则客户程序用如下方法产生密钥交换信息. 客户程序验证服务器公钥证书得服务器公钥 K_s^u, 然后用伪随机数发生器产生一个 48 字节长的二进制字符串 s_{pm}, 称为预主秘密, 然后用服务器公钥 K_s^u 将 s_{pm} 用 RSA 加密, 将密文作为密钥交换信息传送给服务器. 因此客户和服务器这时均拥有如下二进制字符串：

$$r_c, \ r_s, \ s_{pm}.$$

因为 s_{pm} 是加密后才传输的, 所以只有客户和服务器两端才知道 s_{pm} 的真实数值. 此时双方按下述方式计算主秘密 s_m：

$$s_m = H_1(s_{pm} \parallel H_2('A' \parallel s_{pm} \parallel r_c \parallel r_s)) \parallel$$
$$H_1(s_{pm} \parallel H_2('BB' \parallel s_{pm} \parallel r_c \parallel r_s)) \parallel$$
$$H_1(s_{pm} \parallel H_2('CCC' \parallel s_{pm} \parallel r_c \parallel r_s)),$$

其中 H_1 和 H_2 为散列函数 (SSL 用 MD5 作为 H_1 的默认散列函数, 用 SHA-1 作为 H_2 的默认散列函数), $'A'$、$'BB'$、$'CCC'$ 分别表示字符串 A、BB、CCC 的 ASCII 码.

4. 第 4 阶段：结束

双方互送结束信息完成握手协议, 并确认双方计算的主秘密相同. 为此目的, 结束信息将包含双方计算的主秘密的散列值.

握手协议结束后，双方用产生主秘密 s_m 的方法，用 s_m 取代 s_{pm}，并根据双方商定的密码算法的需要，产生一个足够长的密钥块 K_b 如下：

$$K_b = H_1(s_m \parallel H_2('A' \parallel s_m \parallel r_c \parallel r_s)) \parallel$$
$$H_1(s_m \parallel H_2('BB' \parallel s_m \parallel r_c \parallel r_s)) \parallel$$
$$H_1(s_m \parallel H_2('CCC' \parallel s_m \parallel r_c \parallel r_s)) \parallel$$
$$H_1(s_m \parallel H_2('DDDD' \parallel s_m \parallel r_c \parallel r_s)) \parallel$$
$$\cdots$$

然后 SSL 将 K_b 分割成 6 段，每一段自成一把密钥. 这 6 把密钥分成如下两组：

$$第 1 组: (K_{c1}, K_{c2}, K_{c3})$$
$$第 2 组: (K_{s1}, K_{s2}, K_{s3})$$

每组共 3 把密钥，即

$$K_b = K_{c1} \parallel K_{c2} \parallel K_{c3} \parallel K_{s1} \parallel K_{s2} \parallel K_{s3} \parallel Z,$$

其中 Z 是剩余的字符串.

第 1 组密钥用于由客户到服务器的通信，记为

$$(K_{c1}, K_{c2}, K_{c3}) = (K_{c,\mathrm{HMAC}},\ K_{c,E},\ IV_c),$$

分别为消息认证算法的密钥、常规加密算法的密钥以及密码分组链接模式的初始向量.

第 2 组密钥用于服务器到客户的通信，记为

$$(K_{s1}, K_{s2}, K_{s3}) = (K_{s,\mathrm{HMAC}},\ K_{s,E},\ IV_s),$$

其作用与第一组相同. 此后，客户和服务器将转用SSL记录协议进行以后的通信.

5.4.3　SSL 记录协议

执行 SSL 握手协议之后，客户和服务器双方统一了密码算法、算法参数、密钥及压缩算法. SSL 记录协议便可使用这些算法、参数和密钥对数据进行保密和认证处理. 令 M 为客户希望传送给服务器的数据. 客户端 SSL 记录协议首先将 M 分成若干长度不超过 2^{14} 字节的段: $M_1, M_2, \cdots, M_k$. 令 CX、H 和 E 分别为客户端和服务器双方在 SSL 握手协议中选定的压缩函数、HMAC 算法和加密算法. 客户端 SSL 记录协议按如下步骤先将每段 M_i 进行压缩、认证和加密处理（参见图 5.12），然后将其发送给服务器，$i = 1, 2, \cdots, k$.

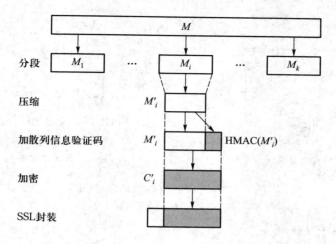

图 5.12　SSL 记录协议示意图

① 将 M_i 压缩得 $M_i' = CX(M_i)$.

② 将 M_i' 进行认证得 $M_i'' = M_i' \parallel H_{K_{c,\text{HMAC}}}(M_i')$.

③ 将 M_i'' 加密得 $C_i = E_{K_{c,E}}(M_i'')$.

④ 将 C_i 封装得 $P_i = [\text{SSL 记录协议包头}] \parallel C_i$.

⑤ 将 P_i 发送给服务器.

　　服务器收到客户送来的 SSL 记录协议包后, 首先将 C_i 解密得 $M_i' \parallel \text{HMAC}(M_i')$, 验证 HMAC, 然后将 M_i' 解压还原成 M_i. 同理, 从服务器发送给客户的数据亦按上述方式处理. 双方之间通信的保密性和完整性由此得到保护.

5.5　PGP 和 S/MIME: 电子邮件安全协议

　　应用层有各种各样的安全协议. 常用的应用层安全协议包括电子邮件安全协议和远程登录安全协议. 前者包括 PGP 协议和 S/MIME 协议, 后者包括安全外壳协议 (SSH). 此外, 用于认证局域网用户的 Kerberos 身份认证协议也很常用.

　　简单邮件传输协议 (SMTP) 和邮局协议 (POP) 是用于传递电子邮件的两个基本协议, 两者均为 TCP 协议. POP3 是 POP 的第 3 版, 是目前普遍使用的版本. POP3 和 POP 使用不同的端口. 为方便起见, 除非特别说明, 本书对 POP3 和 POP 不加区别. SMTP 用于传送电子邮件, 而 POP3 则用于接收电子邮件, 如图 5.13 所示.

　　SMTP 和 POP3 有以下 3 个缺陷. 第一, POP 将邮件存在邮件服务器中, 用户使用 POP 阅读邮件时首先将邮件下载到自己的主机中, 这些存在邮件服务器中的邮件均被删除, 这就给使用多台计算机阅读和管理邮件带来不少麻烦. 第二, SMTP 只传递用 ASCII 码编码的邮件, 而不能传递二进制文件. 第三, SMTP 和 POP3 不

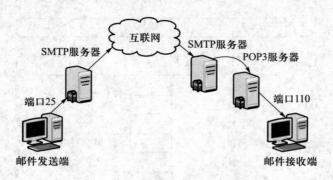

图 5.13　SMTP 和 POP3 协议流程图

能给邮件加密或认证邮件.

互联网邮件访问协议, 简记为 IMAP, 解决了第一个问题. IMAP 将邮件存在服务器的目录中, 使得用户可从多台计算机读取邮件和管理邮件. IMAP 还可将邮件下载到用户的主机中而不删除存储在服务器中的已下载的邮件. IMAP 在 TCP 端口 143 上执行.

R64 编码解决了第二个问题, 它将二进制字符串和 ASCII 符号串相互转换. 这样, 任何二进制邮件都可转换成 ASCII 码用 SMTP 传送. 将二进制字符串表示成 16 进制数并将每个 16 进制数用相应的 ASCII 码表示是一个简单的方法, 但这个方法浪费存储空间 (见习题 5.19). 因为常用的英文字符 (字母、数字及其他符号) 多于 2^6 但少于 2^7, 所以用 6 比特二进制字符串对英文字符进行编码是最佳的选择. R64 编码, 也称为 Base64 编码格式, 就是根据这个想法设计的编码体系.

PGP 及 S/MIME 是为了解决第三个问题而设计的电子邮件协议. 本节将介绍 R64 编码算法、电子邮件安全的基本机制、PGP 及 S/MIME.

5.5.1　R64 编码

R64 编码将所有 6 比特二进制字符串用可视符号表示出来 (见表 5.1), 其中代表 0 到 25 的 6 比特二进制字符串分别表示大写英文字母 A 到 Z; 代表 26 到 51 的 6 比特二进制字符串分别表示小写英文字母 a 到 z; 代表 52 到 61 的 6 比特二进制字符串分别表示数字 0 到 9; 代表 62 和 63 的 6 比特二进制字符串分别表示符号 "+" 和 "/". 这样, 每个 6 比特二进制字符串就可由一个 8 比特 ASCII 码表示出来. 此外, R64 编码使用符号 "=" 作为标识符.

任意一个二进制字符串 X 可用 R64 编码按以下方式转换成 ASCII 字符串:

情形 1: $|X| = 8$. 则在 X 的右边填充 16 个 0 做成一个 24 比特二进制字符串 $X' = X0000$, 其中 0 表示 16 进制 0, 即 0000. 然后将 X' 转换成一个长为 4 的 R64 字符串 $C_1 C_2 ==$, 其中标识符 "==" 表示它的前两个符号才需要解码, 解码后删除其后缀 0000.

表 5.1　R64 编码

6 比特数	0	1	2	3	4	5	6	7	8	9	10	11	12	13
ASCII 符号	A	B	C	D	E	F	G	H	I	J	K	L	M	N
6 比特数	14	15	16	17	18	19	20	21	22	23	24	25	26	27
ASCII 符号	O	P	Q	R	S	T	U	V	W	X	Y	Z	a	b
6 比特数	28	29	30	31	32	33	34	35	36	37	38	39	40	41
ASCII 符号	c	d	e	f	g	h	i	j	k	l	m	n	o	p
6 比特数	42	43	44	45	46	47	48	49	50	51	52	53	54	55
ASCII 符号	q	r	s	t	u	v	w	x	y	z	0	1	2	3
6 比特数	56	57	58	59	60	61	62	63						
ASCII 符号	4	5	6	7	8	9	+	/						

情形 2: $|X| = 16$. 则在 X 的右边填充 8 个 0 做成一个 24 比特二进制字符串 $X' = X00$. 然后将 X' 转换成一个长度为 4 的 R64 字符串 $C_1 C_2 C_3 =$, 其中标识符 "＝" 表示它的前 3 个符号才需要解码, 解码后删除其后缀 00.

情形 3: $|X| = 8k$, 其中 $k > 2$. 则将 X 分段, 除最后一段外每段为长 24 比特 的二进制字符串, 然后将每个 24 比特长的段转换成长度为 4 的 R64 字符串. 最后 一段的长度如果为 8, 就按情形 1 进行转换; 如果为 16, 就按情形 2 进行转换,

表 5.2 给出若干将二进制字符串转换成 R64 编码的例子, 其中黑体数字为 填充.

表5.2　R64 编码转换示例

二进制字符串	10110011
24 比特二进制字符串	101100 11**0000 000000 000000**（填充 16 个 0）
R64 字符串	sw==
二进制字符串	10110011 00000101
24 比特二进制字符串	101100 110000 0101**00 000000**（填充 8 个 0）
R64 字符串	swU=
二进制字符串	10110011 00000101 01100010
24 比特二进制字符串	101100 110000 010101 100010（无须填充）
R64 字符串	swVi

将 R64 字符串解码还原成二进制字符串的算法很简单, 留做练习.

5.5.2　电子邮件安全的基本机制

电子邮件是使用 UDP 的应用程序. 与 TCP 不同, 电子邮件的传输是单向的. 电子邮件安全性是密码算法的一个经典应用. 令 E 和 D 分别表示某对称钥加密算 法的加密部分和解密部分, $\hat{E}$ 和 $\hat{D}$ 分别表示某公钥密码体系的加密部分和解密部

分（如果上下文无歧义，则可省去符号上的帽子）.

甲方可用下列方式向乙方证明电子邮件 M 的确出自甲方，即甲方向乙方传递以下信息：

$$M \parallel \hat{E}_{K_A^r}(H(M)) \parallel \mathrm{CA}\langle K_A^u \rangle,$$

其中 K_A^u 和 K_A^r 分别为甲方的公钥和私钥. 乙方收到从甲方发出的下列信息

$$M \parallel S_M \parallel \mathrm{CA}\langle K_A^u \rangle,$$

其中 S_M 为 M 经过甲方用其密钥签名的文件. 首先检验甲方公钥证书 $\mathrm{CA}\langle K_A^u \rangle$ 上 CA 的签名，核实后从中提取甲方的公钥 K_A^u，然后从收到的信息中提取文件 M，并检验是否 $S_M = \hat{E}_{K_A^r}(H(M))$. 如是，则乙方便可确认 M 的确出自甲方.

如果甲方知道乙方的公钥 K_B^u，则可用以下方法给电子邮件 M 加密，即甲方向乙方传递以下信息：

$$E_{K_A}(M) \parallel \hat{E}_{K_B^u}(K_A),$$

其中 K_A 是甲方选取的密钥. 乙方收到此信息后用相应的私钥将 $\hat{E}_{K_B^u}(K_A)$ 解密得 K_A，即计算

$$\hat{D}_{K_B^r}(\hat{E}_{K_B^u}(K_A)) = K_A.$$

然后甲方用密钥 K_A 将 $E_{K_A}(M)$ 解密得 M，即计算

$$D_{K_A}(E_{K_A}(M)) = M.$$

早期普遍使用的电子邮件安全协议称为 PGP，其第 1 版是由 Phil Zimmermann 开发的，于 1991 年公布使用，其程序代码也同时公开. 以后所有 PGP 的更新版本都保持了将其程序代码公开的传统，这样做的好处是便于大家检查，对及时发现安全漏洞有帮助.

目前广泛使用的电子邮件安全协议称为多用途互联网邮件扩充安全协议，简记为 S/MIME. 许多主要软件开发公司都在其开发的电子邮件系统中加入了 S/MIME 协议.

5.5.3　PGP

PGP 系统能执行所有主要的密码算法、ZIP 压缩算法及 R64 编码，按以下格式认证和加密电子邮件（见图 5.14）：认证、ZIP 压缩及加密，最后用 R64 编码将经过这样处理过的邮件用 SMTP 协议传递出去.

甲方和乙方分别设有公钥环和私钥环.

密钥部分包含以下信息：

① 用乙方公钥 K_B^u 加密的甲方选定的会话密钥 K_A，使得在传输过程中，甲方选定的会话密钥 K_A 不会被第三者读到.

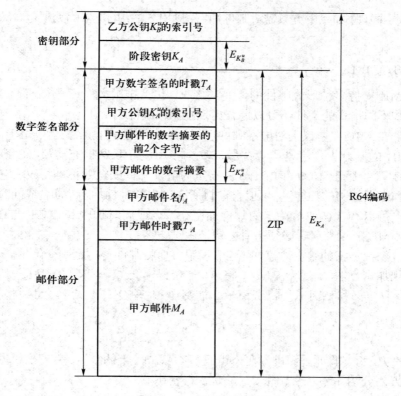

图 5.14 PGP 邮件格式

② K_B^u 的索引号, 其中 K_B^u 是甲方从乙方的公钥环中选取的公钥, 通知乙方用哪个私钥去解密此部分信息.

数字签名部分包含以下信息:

① 甲方进行数字签名时的时戳 T_A.

② 对应甲方私钥 K_A^r 的公钥 K_A^u 的索引号, 用于通知乙方该用甲方的哪个公钥去验证甲方的数字签名.

③ 甲方邮件信息的前两个字节, 用于验证信息摘要.

④ 甲方用私钥 K_A^r 签名的数字签名.

邮件部分包含以下信息:

① 甲方送给乙方邮件的文件名 f_A.

② 甲方在建立此文件的时戳 T_A'.

③ 甲方的邮件 M_A.

数字签名部分和邮件部分首先用 ZIP 压缩算法进行压缩, 然后用会话密钥 K_A 进行加密, 最后将所得的二进制符号串转换成 R64 编码. 上述格式用于认证和加密. 如果甲方只希望乙方验证甲方送给乙方的邮件, 则甲方的 PGP 格式无须包含密钥部分. 同理, 如果甲方只需对邮件加密, 则甲方的 PGP 格式无须包含数字签名部分.

5.5.4 S/MIME

MIME 支持多种形式邮件的传递和接收, 包括排版文件、图像、音频和视频, 而且这些不同格式的文件还可以混合出现在同一邮件中.

为了在 MIME 协议上对电子邮件进行加密和认证, RSA 安全公司于 1999 年在 MIME 的基础上加进密码算法做成安全多用途互联网扩充协议 (S/MIME). S/MIME 第 3 版于 1999 年由 IETF 指定为电子邮件安全的标准协议, 它具有数字签名和数据加密的功能. 它可以自动将所有送出的邮件加密、签名或同时加密和签名, 也可以有选择地给特定的邮件加密、签名或同时加密和签名. 与 PGP 不同, S/MIME 要求签名者必须持有公钥证书.

S/MIME 加密的基本协议如下: 假设甲方要将邮件 M 加密送给乙方, 甲方首先用常规加密算法 E_0 和密钥 K_A 将 M 加密得密文 $C_0 = E_0(K_A, M)$, 然后用公钥密码算法 D_1 和私钥 K_A^r 将密钥 K_A 加密得 $C_1 = D_1(K_A^r, K_A)$, 最后将

$$C_0, \ C_1, \ \mathrm{CA}\langle K_A^u \rangle$$

传送给乙方. 乙方验证公钥机构在公钥证书 $\mathrm{CA}\langle K_A^u \rangle$ 上的签名, 并读出甲方的公钥 K_A^u. 乙方用公钥 K_A^u 从密钥密文 C_1 解密得密钥

$$K_A = E_1(K_A^u, D_1(K_A^r, K_A)),$$

并用密钥 K_A 将密文邮件 C_0 解密得原文

$$M = D_0(K_A, E_0(K_A, M)).$$

S/MIME 数据认证的基本协议如下: 假设甲方要将邮件 M 加上数字签名向乙方证明 M 的出处. 甲方首先用散列函数 H 求得 M 的散列值 $H(M)$, 然后用公钥密码算法 D 和私钥 K_A^r 将 M 加密得 $s_A = D(K_A^r, H(M))$, 最后将

$$M, \ s_A, \ \mathrm{CA}\langle K_A^u \rangle$$

送给乙方. 乙方验证公钥机构在公钥证书 $\mathrm{CA}\langle K_A^u \rangle$ 上的签名, 并读出甲方的公钥 K_A^u, 然后计算 $H(M)$ 和 $E(K_A^u, s_A)$, 如果两者相等, 则乙方便可确认 M 的确来自甲方.

S/MIME 也可同时将邮件 M 加密和认证.

S/MIME 明确规定加密算法和编码格式, 并使用 X.509 公钥基础设施. 它支持所有标准对称钥加密算法、公钥加密算法、数字签名算法、密码散列算法和压缩算法. S/MIME 按 MIME 格式对邮件进行编码.

5.5.5 Kerberos 身份认证协议

公钥证书是跨网络认证数据和认证用户身份的有效方法. 但是, 使用公钥证书必须设立证书机构, 增加额外负担. 除此之外, 执行公钥密码算法比执行常规加密算法耗时. 对于局域网而言, 因为每个用户都必须登记注册和设立登录密码, 所以在局域网内无须使用公钥证书认证用户. Kerberos 协议是一个用常规加密算法进行身份认证的协议.

5.5.6 基本思想

Kerberos 协议是由麻省理工学院于 1988 年设计并开发出来的身份认证系统, 它帮助局域网用户快速有效地向局域网内各种服务器证明自己的身份而获取服务. 一个局域网通常设有电子邮件服务器、万维网服务器等各种服务器. 用户每次使用一种服务都必须证明自己是合法用户. 同时服务器也应该向用户证明自己是合法的服务器. 用户可以通过登录名和登录密码向服务器证明自己的身份, 但这样做要求用户每次访问服务器时都必须输入登录密码, 很不方便. 同时, 每台服务器还需要存储和维护用户登录密码, 增加系统管理的负担. Kerberos 协议使用常规加密算法和信物解决这两个问题, 它所使用的信物称为通行证或票据.

通行证是用来证明通行证持有者的身份. 在 Kerberos 协议中, 用户首先获取使用服务器的通行证, 然后凭此通行证向服务器获取服务. 为了便于管理, Kerberos 协议使用两个特殊的服务器, 分别称为身份认证服务器 (简记为 AS) 和通行证授予服务器 (简记为 TGS). AS 用于管理用户, TGS 用于管理服务器. Kerberos 假设所有服务器都知道用户的登录名, 但只有 AS 知道用户登录密码. 除此之外, TGS 和其他服务器分别拥有共享密钥.

用户登录时首先向 AS 证明自己的身份, AS 验证用户的登录名和登录密码后给用户签发一个 TGS 通行证, 用户持此通行证可随时向 TGS 证明自己的身份以便领取访问服务器的通行证, 这个通行证称为服务器通行证. 服务器通行证用于向该服务器索取服务.

Kerberos 协议有两种模式, 一种是单域 Kerberos, 另一种是多域 Kerberos. 一个 Kerberos 域指的是用户和服务器的集合, 它们都被同一个 AS 服务器所管辖.

5.5.7 单域 Kerberos 协议

图 5.15 是单域 Kerberos 协议的示意图, 分 3 个阶段 (图中虚线上的数字表示不同的阶段):

• 第 1 阶段, 用户向 AS 提出使用 TGS 的请求, AS 给用户签发使用 TGS 的通行证.

• 第 2 阶段, 用户用 TGS 通行证向 TGS 提出访问某服务器的请求, TGS 给用户签发使用该服务器的通行证.

● 第 3 阶段, 用户用服务器通行证获取服务.

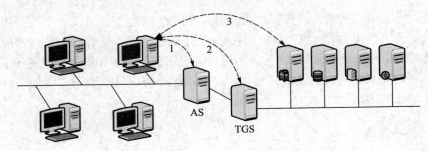

图 5.15   单域 Kerberos 设置示意图

1. Kerberos 协议描述

Kerberos 协议可描述如下:

(1) 第 1 阶段: AS 给用户 U 签发 TGS 通行证

① $U \to AS$: $ID_U \parallel ID_{TGS} \parallel t_1$;

② $AS \to U$: $E_{K_U}(K_{U,TGS} \parallel ID_{TGS} \parallel t_2 \parallel LT_2 \parallel \text{Ticket}_{TGS})$,

$\qquad\qquad \text{Ticket}_{TGS} = E_{K_{TGS}}(K_{U,TGS} \parallel ID_U \parallel AD_U \parallel ID_{TGS} \parallel t_2 \parallel LT_2)$.

(2) 第 2 阶段: TGS 给用户 U 签发服务器通行证

③ $U \to TGS$: $ID_V \parallel \text{Ticket}_{TGS} \parallel \text{Auth}_{U,TGS}$,

$\qquad\qquad \text{Auth}_{U,TGS} = E_{K_{U,TGS}}(ID_U \parallel AD_U \parallel t_3)$;

④ $TGS \to U$: $E_{K_{U,TGS}}(K_{U,V} \parallel ID_V \parallel t_4 \parallel \text{Ticket}_V)$,

$\qquad\qquad \text{Ticket}_V = E_{K_V}(K_{U,V} \parallel ID_U \parallel AD_U \parallel ID_V \parallel t_4 \parallel LT_4)$.

(3) 第 3 阶段: 用户 U 向服务器 V 索取服务

⑤ $U \to V$: $\text{Ticket}_V \parallel \text{Auth}_{U,V}$,

$\qquad\qquad \text{Auth}_{U,V} = E_{K_{U,V}}(ID_U \parallel AD_U \parallel t_5)$;

⑥ $V \to U$: $E_{K_{U,V}}(t_5 + 1)$.

描述 Kerberos 协议的符号及含义见表 5.3.

2. 步骤分析

第 1 阶段开始时用户向 AS 发出的请求是不加密的, 时戳用于防御消息重放攻击. 因为 Kerberos 协议主要用于局域网, 而在局域网内不难统一所有计算机的时钟, 所以在局域网内只用时戳便可有效地防御消息重放攻击. AS 根据用户的登录名找到用户的密码 P_U, 用固定的算法取 P_U 为输入, 算出密钥 K_U.

然后 AS 产生一把给用户 U 和 TGS 共享的会话密钥 $K_{U,TGS}$, 并用 AS 和 TGS 共享的主密钥 K_{TGS} 将 $K_{U,TGS}$ 加密, 并将 ID_U、AD_U、ID_{TGS}、t_2、LT_2 加密产生一个 TGS 通行证. 这里 ID_U 用于向 TGS 表明用户 U 的登录名, AD_U 是 U 的机器地址, 用于表明该 TGS 通行证只对用户 U 在地址为 AD_U 的主机上使用才有效.

表5.3 描述 Kerberos 协议的符号及含义

符号	含义
U	用户
V	服务器
ID_U	用户 U 的 Kerberos 系统登录名
ID_{TGS}	TGS 的标识符
t_i	时戳
E_K	使用密钥 K 的对称钥加密算法
K_U	由用户登录密码衍生出来的密钥
$K_{U,TGS}$	由 AS 产生的用于 U 和 TGS 之间通信用的会话密钥
K_{TGS}	AS 和 TGS 共享的主密钥
K_V	TGS 和 V 共享的主密钥
$K_{U,V}$	由 TGS 产生的用于 U 和 V 之间通信用的会话密钥
LT_i	有效期
$Ticket_{TGS}$	AS 给用户 U 签发的使用 TGS 的通行证
$Ticket_V$	TGS 给用户 U 签发的使用 V 的服务器通行证
AD_U	U 的 MAC 地址
$Auth_{U,TGS}$	用 $K_{U,TGS}$ 加密的 U 的信息认证码
$Auth_{U,V}$	用 $K_{U,V}$ 加密的 U 的信息认证码

时戳 t_2 和 LT_2 用于抵御窃听者重用此通行证. 用户 U 收到 AS 的回信后, 用与 AS 相同的算法取登录密码 P_U 为输入算出密钥 K_U (此时用户 U 需在主机 AD_U 上敲入登录密码 P_U), 用 K_U 将收到的信息解密得会话密钥 $K_{U,TGS}$ 和 TGS 通行证 $Ticket_{TGS}$. 用户 U 在有效期内便可多次用这个通行证向不同的服务器验证自己的身份而不需再输入登录密码.

用户 U 获得 TGS 通行证后在有效期内凭此通行证向系统内任何服务器索取服务, 比如 U 可能要发或收电子邮件, 因此需要访问电子邮件服务器; 也可能要上网浏览, 因此需要访问万维网服务器. 假定 U 需要访问服务器 V, 因此将进入 Kerberos 协议的第 2 阶段.

U 首先将 V 的名称、TGS 通行证及用密钥 $K_{C,TGS}$ 加密的认证资料送给 TGS. 认证资料包含 U 的登录名、主机地址和时戳. 时戳用于防御消息重放, U 的登录名和主机地址必须与 TGS 通行证内的相同, 否则认证失败. 认证成功后, 与 AS 类似, TGS 为用户 U 产生一个用于 U 和 V 之间通信的密钥 $K_{U,V}$ 和 V 的通行证 $Ticket_V$, 该通行证用 TGS 和 V 共享的密钥 K_V 加密以便 V 认证其出处.

最后, 用户 U 在第 3 阶段将从 TGS 获得的通行证 $Ticket_V$ 连同用密钥 $K_{U,V}$ 加密的用户信息和时戳传送给 V, 认证通过后 V 将时戳加 1, 用密钥 $K_{U,V}$ 加密后送给 U, 表明认证完毕, U 将得到所要求的服务.

5.5.8 多域 Kerberos 协议

假设某大学计算机科学系（CS）和计算机工程系（CE）在各自的局域网上都安装了单域 Kerberos 系统. 两个系只是一楼之隔. 假设 CS 购买和安装了一种新的软件, 而 CE 的部分师生需要使用这个新的软件. 有两种方法可以解决这个问题. 一是给 CE 的这些师生在 CS 的 AS 上注册登记, 把他们视为自己的用户, 但这样做会增加 CS 的系统管理负担. 二是使用多域 Kerberos 系统, 它使两个系仍各自管理自己的用户, 并通过两个系之间 TGS 的相互认证达到跨系认证用户的目的. 这个方法与使用 CA 网跨 CA 认证用户类似.

多域 Kerberos 协议是在单域 Kerberos 协议上做一些修改即可. 假设某个单域 Kerberos 系统用户 U 需要使用邻近的另一个单域 Kerberos 系统提供的服务. 多域 Kerberos 协议分 4 个阶段:

- 第 1 阶段, 用户向本域 AS 发出使用本域 TGS 的请求, 本域 AS 给用户签发本域 TGS 的通行证.
- 第 2 阶段, 用户用本域 TGS 通行证向本域 TGS 提出使用邻域 TGS 的请求, 本域 TGS 给用户签发邻域 TGS 的通行证.
- 第 3 阶段, 用户用邻域 TGS 通行证向邻域 TGS 发出使用邻域某服务器的请求, 邻域 TGS 给用户签发使用该服务器的通行证.
- 第 4 阶段, 用户用邻域服务器通行证向邻域服务器获取服务.

图 5.16 给出多域 Kerberos 系统的示意图, 其中虚线表示不同的通信阶段. 在第 1 阶段中用户用自己的登录密码领取通行证, 然后在其余阶段中, 除了最后阶段外, 用前阶段领取的通行证换取新的通行证.

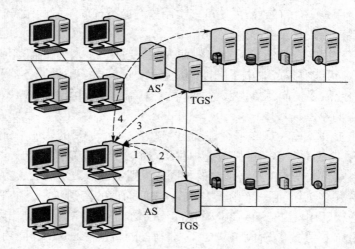

图 5.16 多域 Kerberos 系统示意图

分别用 AS 和 AS′ 表示用户所在的 Kerberos 系统之认证服务器 (称为本域认

证服务器）和相邻的 Kerberos 系统之认证服务器（称为邻域认证服务器）. TGS 和 TGS′ 的定义类似. 具体步骤如下：

(1) 第 1 阶段：本域 AS 给用户签发本域 TGS 通行证

① $U \to AS$: $ID_U \parallel ID_{TGS} \parallel t_1$;

② $AS \to U$: $E_{K_U}(K_{U,TGS} \parallel ID_{TGS} \parallel t_2 \parallel LT_2 \parallel \text{Ticket}_{TGS})$,

$\text{Ticket}_{TGS} = E_{K_{TGS}}(K_{U,TGS} \parallel ID_U \parallel AD_U \parallel ID_{TGS} \parallel t_2 \parallel LT_2)$.

(2) 第 2 阶段：本域 TGS 给用户签发邻域 TGS′ 通行证

③ $U \to TGS$: $ID_V \parallel \text{Ticket}_{TGS} \parallel \text{Auth}_{U,TGS}$,

$\text{Auth}_{U,TGS} = E_{K_{U,TGS}}(ID_U \parallel AD_U \parallel t_3)$;

④ $TGS \to U$: $E_{K_{U,TGS}}(K_{U,TGS'} \parallel ID_{TGS'} \parallel t_4 \parallel \text{Ticket}_{TGS'})$,

$\text{Ticket}_{TGS'} = E_{K_{TGS'}}(K_{U,TGS'} \parallel ID_U \parallel AD_U \parallel ID_{TGS'} \parallel t_4 \parallel LT_4)$.

(3) 第 3 阶段：邻域 TGS′ 给用户签发服务器通行证

⑤ $U \to TGS'$: $ID_V \parallel \text{Ticket}_{TGS'} \parallel \text{Auth}_{U,TGS'}$,

$\text{Auth}_{U,TGS'} = E_{K_{U,TGS'}}(ID_U \parallel AD_U \parallel t_5)$;

⑥ $TGS' \to U$: $E_{K_{U,TGS'}}(K_{U,V} \parallel ID_V \parallel t_6 \parallel \text{Ticket}_V)$,

$\text{Ticket}_V = E_{K_V}(K_{U,V} \parallel ID_U \parallel AD_U \parallel ID_V \parallel t_6 \parallel LT_6)$.

(4) 第 4 阶段：用户 U 向邻域服务器 V 索取服务

⑦ $U \to V$: $\text{Ticket}_V \parallel \text{Auth}_{U,V}$,

$\text{Auth}_{U,V} = E_{K_{U,V}}(ID_U \parallel AD_U \parallel t_7)$;

⑧ $V \to U$: $E_{K_{U,V}}(t_7 + 1)$.

多域 Kerberos 协议的步骤分析留做练习.

5.6　远程登录安全协议 SSH

应用层协议如 telnet、rlogin、rsh、rcp 和 FTP 曾广泛用于远程登录、文件传输和远程备份. 然而，这些协议对传输的信息不加密，因而很容易遭受各种安全攻击.

安全外壳协议，简称为 SSH，是由芬兰学者 Tatu Ylönen 于 1995 年设计和实现的，其目的是用密码算法提供安全可靠的远程登录、文件传输和远程备份等网络应用程序. 这些应用程序，即远程登录协议（telnet, rlogin）、文件传输协议（FTP）和远程备份协议（rcp），在 UNIX 和 Linux 操作系统（包括 X11 视窗）中广泛使用，但它们却将数据以明文形式传输，故窃听者用网络嗅探软件便可轻而易举地获知其传输的通信内容.

SSH 用密码算法保护这些协议传输的数据，它由 ssh、sftp 和 scp 三个基本协议组成，其中 ssh 代替 telnet 和 rlogin，sftp 代替 ftp，scp 代替 rcp. SSH 在 1996 年经过修改后称为 SSH-2. SSH 开放程序（OpenSSH）向用户免费提供这些程序. SSH 开放程序提供以下功能：

(1) 可用常规加密算法 3DES、AES、河豚（Blowfish）或 RC4 将 X11 视窗数据和传统网络协议传输的数据加密，分别称为 X11 运送和端口运送.

(2) 可用公钥或 Kerberos 协议提供身份认证.

(3) 可对数据进行压缩.

SSH 是一个客户–服务器应用层协议，它由三部分（层）组成，即连接层、用户认证层和传输层. 图 5.17 给出 SSH 体系结构的示意图.

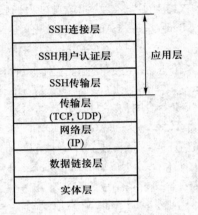

图 5.17 SSH 体系结构

SSH 传输层是 SSH 结构中的最底层，用于认证服务器、在初始阶段交换密钥及通信双方商定加密算法和数据压缩算法. 用户主机确保在以后的会话阶段始终与同一服务器相连. 用户和服务器之间传输的所有网包都经过加密.

SSH 用户认证层位于 SSH 传输层之上，用于认证用户（即客户）. 用户可用其登录密码或用公钥密码体系认证自己为合法用户.

SSH 连接层在用户认证层之上，用于在单个 SSH 连接上根据应用建立多条通道，每条通道都能双向传递数据.

SSH 将用户和远程登录主机之间的所有通信加密，从而保障用户与登录主机通信数据的机密性和完整性，而且能有效地抵御 IP 诈骗攻击.

SSH 是广泛使用的安全协议，有各种 SSH 软件可免费下载. 例如，WinSCP（见习题 5.36）就是一个可免费下载的 SSH 软件.

5.7 电子投票协议

电子投票协议的目的是使分布在各个地方的选民能够在线投票，它与传统的投票机制相似. 传统的人工投票机制首先需要选举委员会确定每一个投票人的身份，并分发给每个投票人一张选票. 投票人填写完成后，将选票投入票箱中，最后由选举委员会统计选票以及公开选举结果.

电子投票协议是通过电子信息和通信技术实现投票功能的安全协议. 在电子投票协议中, 系统需要用密码技术对投票人的身份进行认证, 并实现对选票和整个选举过程的保护. 在电子投票协议中, 每一个过程都应该是可以进行公开审计的, 至少需要满足以下安全性保证:

(1) 投票正确性确认: 每位投票人要能够确认自己的选票已经正确投出.

(2) 广泛可验证性: 任何人都可以验证选票统计的正确性.

一般来说, 电子投票协议主要包括两个过程: 投票阶段和选票统计阶段. 在投票阶段, 投票人根据自己的意愿填写选票并加密, 然后提交. 在选票统计阶段, 系统对所有的加密选票进行处理, 统计选举结果, 并验证结果的正确性.

为了理解电子投票协议的设计, 首先需要了解以下三种密码机制, 即交互式证明、重加密和门限密码. 下面将介绍这三种机制以及如何用它们来构造电子投票协议.

5.7.1 交互式证明

交互式证明是一个多项式时间交互协议, 由称为甲方和乙方的两个参与方进行交互完成的协议. 假设甲方知道某个秘密, 乙方想确认甲方是否确实知道这个秘密. 甲方希望在不泄露秘密的前提下, 通过若干次信息交互向乙方证明他知道这个秘密. 方法是通过多次挑战–应答式的交互过程完成证明, 即乙方多次向甲方发起挑战询问, 甲方必须给出正确的答案, 而只有知道那个秘密才能给出正确答案. 如果经过某多项式次数的挑战询问, 甲方都能正确地给出答案, 则乙方确认甲方知道这个秘密. 乙方和甲方受限于多项式时间, 也可受限于概率多项式时间.

下面用图同构的例子来说明交互式证明协议的思想. 给定两个同构的图 $G_1 = (V_1, E_1)$ 和 $G_2 = (V_2, E_2)$, 即存在一个一一映射 $\varphi : V_1 \to V_2$, 使得对于 V_1 中的所有顶点 u 和 v, 边 $(u, w) \in E_1$ 当且仅当 $(\varphi(u), \varphi(w)) \in E_2$.

假设甲方知道图 G_1 和 G_2 是同构的, 即甲方知道一一映射 φ 这个秘密, 则甲方可用以下交互式证明协议向乙方证明他知道这个密码:

(1) 设立阶段: 甲方构造一个与 G_1 同构的图 H, 其同构映射是 $\varphi' : G_1 \to H$. 然后, 甲方构造两个一一映射: $\sigma_0 = \varphi'$ 和 $\sigma_1 = \varphi' \circ \varphi^{-1}$, 并把图 H 发给乙方.

(2) 选取阶段: 乙方抛掷一枚公平硬币得到随机数 $i = 0$ 或 1, 并将 i 发给甲方.

(3) 验证阶段: 甲方收到 i 后, 将 σ_i 发给乙方, 用于验证 σ_i 是使 $G_{i+1} \simeq H$ 的一一映射.

可以证明, 如果甲方确实知道使 $G_1 \simeq G_2$ 的正确的一一映射 φ, 则无论乙方如何挑战甲方, 他总能获得正确的答案, 理由如下: (1) 如果乙方将 $i = 0$ 发给甲方, 则甲方将把一一映射 σ_0 发给乙方, 根据构造, $G_1 \simeq H$. (2) 如果乙方将 $i = 1$ 发给甲方, 则甲方将把一一映射 $\sigma_1 = \varphi' \circ \varphi^{-1}$ 发给乙方. 不难验证, σ_1 是使 $G_2 \simeq H$ 的一一映射.

5.7.2　重加密

重加密机制是把一个明文对应的密文, 在不进行解密和不获得明文的前提下, 转换成另一个新的密文. 例如, 可以在 Elgamal 密码体制的基础上构建一种重加密机制. Elgamal 密码体制是建立在乘法群 Z_p^* 上的, 其中 p 是大素数, g 是生成元.

在 Elgamal 密码体制中, 用户的公钥是 $g^X \bmod p$, 私钥是 $X < p$. 对于一个明文信息 $M < p$, 加密后的密文为

$$(C_1, C_2) = \left(g^k \bmod p, M g^{Xk} \bmod p\right),$$

其中 $k < p$ 是一个随机数.

对 Elgamal 密码体制的密文 (C_1, C_2) 进行重加密, 首先选取一个新的随机数 k', 然后计算新的密文

$$\left(C_1 g^{k'}, C_2 g^{Xk'}\right).$$

下面证明新密文与原密文 (C_1, C_2) 有相同的明文:

$$\begin{aligned}
(C_1', C_2') &= \left(C_1 g^{k'} \bmod p, C_2 g^{Xk'} \bmod p\right) \\
&= \left(g^k g^{k'} \bmod p, M g^{Xk} g^{Xk'} \bmod p\right) \\
&= \left(g^{k+k'} \bmod p, M g^{Xk+Xk'} \bmod p\right) \\
&= \left(g^{k+k'} \bmod p, M g^{X(k+k')} \bmod p\right).
\end{aligned}$$

因为 $k + k'$ 仍然是一个随机数, 所以新密文的明文就是原密文的明文. 此外, 如果执行重加密的一方公布 k', 则任何人都能验证新密文与原密文具有相同的明文, 所以 k' 也可视为这个结论的证明.

5.7.3　门限密码

门限密码是公钥密码体制的一种类型, 其密文的解密必须由预先设定的多个参与者共同合作才能完成. 为了构造门限密码, 所有参与者必须一起产生一个公钥, 其中每个参与者首先产生并向其他参与者发布自己的公钥, 然后这些公钥按某种方式整合后产生一个对外发布的公钥.

仍然以 Elgamal 密码体制为例构造门限密码, 它的基础是秘密共享方案. 在秘密共享方案中, 总共有 n 个参与者, 每个参与者都掌握了同一个秘密的某一部分, 需要至少 m 个参与者合作才能恢复这个秘密 $(m \leqslant n)$. 从技术角度看着实际上就是一个门限方案.

下面介绍的秘密共享方案是由 Adi Shamir 在 1979 年提出的, 它用到了多项式的一些性质. 令 s 代表某个秘密, 其中 s 是一个整数. 构造一个 $(m-1)$ 次方的多项式 $(m \leqslant n)$ 如下:

$$p(x) = a_{m-1} x^{m-1} + a_{m-2} x^{m-2} + \cdots + a_1 x + s.$$

一个称为发牌者的特殊机构负责建立这个多项式,对每个参与者,发牌者在这个多项式曲线上选取某一点发给这个参与者. 例如向 3 号参与者分发点 $(3, p(3))$. 一旦分发过程完成,发牌者将删除这个多项式.

为算出秘密 s,需要至少 m 个参与者用拉格朗日插值法共同重建这个多项式,此多项式在 $x = 0$ 的值就是秘密 s. 过程描述如下. 令

$$L(x) = \sum_{j \in \Delta} \ell_{j,\Delta}(x) y_j, \tag{5.2}$$

$$\ell_{j,\Delta}(x) = \prod_{\substack{k \in \Delta \\ k \neq j}} \frac{x - x_k}{x_j - x_k}, \tag{5.3}$$

其中 Δ 是所有点的下标的集合,每一个点的形式为 (x_i, y_i),$\ell_j(x)$ 称为拉格朗日系数.

将 Shamir 秘密共享机制和 Elgamal 密码体制以某种方式结合起来,就可得到 Pedersen 门限密码方案,它包括密钥选取阶段和密钥分发阶段,具体描述如下:

在密钥选取阶段,参与者 P_i 选取一个随机数 $r_i < p$,并公开发布 $h_i = g^{r_i}$,门限密码方案的公钥通过以下公式计算

$$h = \prod_{i=1}^{n} h_i = \prod_{i=1}^{n} g^{r_i}.$$

令 r 为公钥,h 为对应的私钥.

在密钥分发阶段,参与者采用 Shamir 秘密共享机制实现私钥 r 的秘密共享,实现过程如下所述:

(1) 参与者 P_i 随机选取一个 $(m-1)$ 次的多项式 $f_i(z)$,其中 m 是恢复私钥 r 所需的用户数量的最小值. 记

$$f_i(z) = f_{i,m-1} z^{m-1} + f_{i,m-2} z^{m-2} + \cdots + f_{i,1} z + r_i.$$

则有 $f_i(0) = r_i$,这是参与者 P_i 持有的私钥部分.

(2) 参与者 P_i 计算并将 $F_{i,j} = g^{f_{i,j}}$ 发给其他参与者 P_j $(1 \leqslant j \leqslant m-1)$.

(3) 参与者 P_i 秘密地发送一个包含 $s_{ij} = f_i(j)$ 的签名信息给所有参与者 P_j,其中 $1 \leqslant j \leqslant n, j \neq i$.

(4) 参与者 P_i 收到 P_j 发来的签名信息后,首先验证签名的正确性,然后对于所有的 $j \neq i$,验证等式

$$g^{s_{ij}} = \prod_{t=0}^{k-1} (F_{j,t})^{i^t} = \prod_{t=0}^{k-1} \left(g^{(f_{j,t}) i^t} \right).$$

(5) 如果对于所有的 j,签名和等式都验证通过,参与者 P_i 计算其持有的私钥部分 $s_i = \sum_{j=1}^{n} s_{ji}$,并对 h 签名表示确认公钥.

参与者按照以下步骤解密密文 (C_1, C_2):

(1) 每个参与者 P_i 将 $w_i = C_1^{s_i}$ 发给其他参与者.

(2) 每个参与者计算

$$M = \frac{C_2}{\prod_{j \in \Delta} w_j^{\ell_{j,\Delta}(0)}},$$

其中 Δ 是参与解密运算的参与者的标识符集合.

5.7.4 Helios 电子投票协议

下面以 Helios 电子投票协议为例说明电子投票协议的步骤. 协议共有如下 5 个步骤:

(1) 投票阶段: 每一个投票人首先检查其投票设备是否正常. 为叙述方便, 用 Alice 表示任何投票人. 然后 Alice 加密并投出她的选票, 在这个过程中, 系统需要对 Alice 的身份进行鉴别.

(2) 公布阶段: 系统公布所有投票人的名字以及对应的加密后的选票, 任何人都能够验证其他人投票的真实性.

(3) 重新洗牌阶段: 系统重新打乱名字和投票的对应关系, 对选票进行重新洗牌.

(4) 选票统计阶段: 系统统计每张选票的选项后销毁这些选票.

(5) 审计阶段: 审计者可以下载投票数据, 并对洗牌、选票统计等阶段进行审计和验证. 这个阶段是一个选项, 可不执行.

1. 投票和公布

在投票阶段, 系统会发给投票人 Alice 一份候选人列表, Alice 选择并投票后, 系统将使用门限 Elgamal 加密体制对选票进行加密, 并发给 Alice 其加密选票的散列值 (例如 SHA-256) 作为选票证明. Alice 有权选择对投票做审计, 收到审计请求后系统会发给 Alice 其选票的密文和 Elgamal 加密体制所用的随机数, 用于 Alice 验证其投票的正确性.

完成审计后, Alice 必须重新投票, 并得到新的密文和散列值, 系统将丢弃计算过程中产生的所有随机数. 然后, 系统将对 Alice 的身份进行认证. 目前, Helios 电子投票协议采用的是 Web 页上的 "用户名 + 口令" 的认证方式. Alice 的身份认证通过, 系统将发布 Alice 的加密选票和用户标识符.

2. 重新洗牌

Helios 协议采用混合网来保证选票的匿名性. 混合网是若干服务器组成的网络, 每一台服务器将对数据集合进行重新排列, 然后将结果传给下一台服务器, 服务器之间需要用交互式证明协议来证明混合结果的真实性.

假设选票集合为 $\mathcal{B}$, 混合网中的每一台服务器做以下操作:

(1) 采用 Elgamal 重加密双方, 对每一张选票 $B_i \in \mathcal{B}$ 进行重加密, 得到 B_i'.

(2) 对重加密后的选票集合 $B_1', B_2', \cdots, B_n'$ 进行重新排列, 得到一个新集合 $\mathcal{B}'$.

(3) 构造 m 个随机的选票 $\mathcal{B}_1, \mathcal{B}_2, \cdots, \mathcal{B}_m$，做类似于 $\mathcal{B}'$ 式的处理.

(4) 与一个用户进行交互，得到一个长度为 m 的二进制随机序列: $c_1 c_2 c_3 \cdots c_m$.

(5) 对于所有的 $1 \leqslant i \leqslant m$，如果 $c_i = 0$，则证明选票集合 $\mathcal{B}_i$ 等同于 $\mathcal{B}$. 为此目的，系统只需提供这个排列以及每张选票重加密时所用的随机数. 因为是重加密，所以选票的内容不会泄露.

(6) 对于所有的 $1 \leqslant i \leqslant m$，如果 $c_i = 1$，则证明选票集合 $\mathcal{B}_i$ 等同于 $\mathcal{B}'$，方法如下：

① 计算产生 $\mathcal{B}'$ 和 $\mathcal{B}_i$ 时用的重加密数据的差异；

② 计算产生 $\mathcal{B}_i$ 的逆置换和产生 $\mathcal{B}'$ 时的置换的组合.

系统将计算结果发给验证方.

整个证明过程是公开的.

3. 选票统计

在选票统计阶段，系统对选票进行解密并统计候选人所得选票，并将解密的正确性证明和统计结果公布于众. 为了证明门限解密结果的正确性，需要用到交互式证明协议，称之为解密证明协议.

Helios 电子投票协议所用的解密证明协议是 Chaum–Pedersen 协议，它证明对于给定的 Elgamal 密文 (α, β) 和对应的明文 M，以下等式成立：

$$\log_g (g^x) = \log_\alpha \left(\frac{\beta}{M} \right).$$

以下在甲方和乙方之间进行的协议，可证明这个明文–密文对应关系的正确性：

(1) 选取阶段: 甲方选取一个 $w \in Z_p^*$，并将 $A = g^w$ 和 $B = \alpha^w$ 发送给乙方.

(2) 挑战阶段: 乙方向甲方发送一个随机数挑战 $c \in Z_p^*$.

(3) 响应阶段: 甲方将 $t = w + xc$ 返回给乙方.

(4) 验证阶段: 乙方验证 $g^t = Ag^{xc}$ 和 $\alpha^t = B \left(\frac{\beta}{M} \right)^c$ 是否成立. 如果验证通过，则乙方确认解密结果是正确的；否则，乙方不认可解密结果.

现在来看一下为什么这个交互式证明能够达到目标：如果甲方要计算 t，那么他必须知道私钥 x，否则他需要通过公钥 g^x 来计算私钥 x，这是一个求解离散对数的难解问题. 因此可以相信甲方确实是私钥 x 的拥有者，他的解密是正确的. 系统将此证明贴在公布栏上供大家参考.

5.8 结 束 语

如何用密码算法构造既安全又实用的安全协议在网络安全应用中是一个十分重要的课题. 安全协议中出现的漏洞往往不是密码算法本身的问题，而是由于密码算法使用不当，特别是由于密钥的产生或管理不当所造成的. 好的安全协议需要通过实践检验，实践是发现漏洞和修补漏洞的过程，也是新协议产生的过程. 本章介

绍的安全协议主要是针对有线网络设计的, 无线网络的安全协议将在第 6 章加以
介绍.

习　　题

5.1　描述将密码算法分别置放在传输层和网络层对网络通信提供安全保护的主要区别.

5.2　描述将密码算法分别置放在应用层和数据链接层对网络通信提供安全保护的主要区别.

5.3　假设密码算法放置在 IP 层. 因此, 当 TCP 包传到 IP 层时, 其包头或载荷会被加密或认证. 如果只加密或认证包头, 从网络安全的角度解释这样做的利弊.

5.4　假设 TCP 包头在 TCP 层被加密. 如果不使用 TCP 网关, 这个 TCP 还能被有效地传送到目的地吗? 在什么时候被加密的 TCP 包头必须被解密? 解释你的答案.

5.5　解释为什么人们希望在数据链接层中将整个网帧加密. 对这样的网帧做交通分析会有什么结果?

5.6　解释为什么人们希望在数据链接层中对整个网帧进行认证.

5.7　如果只是网帧的载荷部分被加密 (即网帧的头部和尾部不加密), 对这样的通信做交通分析能得到什么信息?

5.8　使用微软 Windows XP 的读者可用以下指令查看系统中的公钥证书和证书吊销名单: 依次点击 Star 和 Run, 然后敲入 mmc, 点击 OK. 在标题为 Console1 的窗口中依次点击 File→ Add/Remove Snap-in→Add→Certificate→Add→My user account (如果已选, 则跳过)→Finish→Close→OK. 点击 Certificate-Current User 左边的 + 号, 回答下列问题:

(a) 每一项的含义是什么?

(b) 证书吊销名单出现在哪一项中? 哪个证书被吊销了?

5.9　如果你的计算机装有 Adobe Acrobat 6.0 以上的版本, 便能够按以下方式建立和使用公钥证书认证文件的出处. 用 Acrobat 打开一个 PDF 文件, 然后依次点击 Advanced 和 Manage Digital IDs. 将鼠标指向 My Digital ID Files, 依次点击 Select My Digital ID File→ New Digital ID File→ Continue. 按要求在空格内输入相关信息和选择密码, 点击 Create 之后会弹出一个标题为 The New Self-Sign Digital ID File 的窗口, 这便是你的公钥证书, 点击 Save.

依次点击 Advanced→ Manage Digital IDs→ My Digital ID Files→ My Digital ID File Settings→ Export. 选取 Save the data to a file, 这便是你的公钥. 选取目录和文件名后, 依次点击 Save→ OK→ Close.

依次点击 File→ Save as Certified Document→ OK. 选取 Disallow any changes to the document, 点击 Next. 选取 Do not show Certification on document, 依次点击 Next→ Add Digital ID→ Create a self-signed digital ID→ Continue. 选取 Add as a "Windows Trusted

Root" Digital ID, 依次点击 Create→ OK. 选取你刚建立的证书, 点击 OK 和 View digital ID. 你将会看到一个类似于图 5.4 的公钥证书, 列出你的公钥证书的内容.

最后点击 Close 和 Sign and Save as, 敲入文件名后点击 OK.

5.10 描述 IPsec 传输模式和隧道模式的主要区别.

5.11 在使用 IPsec 时, 传输模式和隧道模式可以混合使用. 描述 SA 捆绑的组合方式, 并指出它们的优缺点.

5.12 试用图描绘 AH 滑动窗口算法.

5.13 用文字和符号解释奥克利 KDP 协议基本步骤的含义.

5.14 以下是 ISAKMP 载荷交换的例子:
① $I \to R$: SA, proposal, transfer, nonce
② $R \to I$: SA, proposal, transfer, nonce
③ $I \to R$: key-exchange, nonce
④ $R \to I$: key-exchange, nonce
⑤ $I \to R$: identification (of I), signature
⑥ $R \to I$: identification (of R), signature
这个载荷交换试图解决什么问题? 请解释.

5.15 IPsec 已在 IPv4 和 IPv6 上实现. 解释为什么在 IPv6 上实现 IPsec 相对容易.

**5.16 思考能否设计比 IPv6 更合理的网络层协议使 IPsec 更容易实现. 解释你的设计.

5.17 Linux 的后期版本包含了 IPsec 协议. 如条件许可, 请在你的 Linux 机器上安装和设置 IPsec.

5.18 用 R64 编码表示下列二进制字符串:
(a) 10010010
(b) 1010110110010010
(c) 10110010011011011010011
(d) 0100110110010010010110010110010

5.19 因为二进制数据在计算机内是按字节为单位存储的, 所以二进制数据可以很自然地用 16 进制数以 ASCII 编码的方式表现出来, 即每一字节由两个 16 进制数字来表示. 解释为什么用这种编码方式表示二元符号串不是最好的.

5.20 解释为什么在第 5.4.1 中定义的 10 比特编码很容易从加长 9 比特编码区分开来. 即给定一个用这种方法压缩的文件, 说明如何可以快速和唯一地将压缩文件还原成原文的 ASCII 格式.

5.21 描述如何将 R64 编码还原成原来的二进制字符串.

5.22 根据你的在线购物经验, 描述 SSL 的执行步骤.

5.23 用网络流程图描述 SSL 握手协议.

5.24 描述 SSL 的接收端如何执行 SSL 记录协议.

5.25 用 Wireshark 网络嗅探软件辨认 SSL 握手信息.（做此习题前最好先完成习题 1.10.）如果你有网上银行账号，用 Wireshark 截获你的登录信息，并检查这些信息是否都是以密文形式传输的.

5.26 从网页 http://www.openssl.org 上下载 OpenSSL 的最新版本. 用 OpenSSL 给自己产生一个自签的公钥证书，并以此作为一个 CA，然后产生一个用此 CA 签名的用户公钥证书.

5.27 在自己的 PC 上安装 PGP，并用 PGP 和 Outlook Express 发送邮件. 首先从网页 http://www.pgpi.org/products/pqp/versions/freeware 根据所用操作系统下载并安装 PGP Freeware 的最新版本.

选取 I am a New User 并敲入姓名和工作单位名称. 选取 PGPMail for Microsoft Outlook Express 并点击 Next 键. PGP 安装完成后做以下练习:

(a) 产生公钥–私钥对: 点击 PGPtray 图标并选取 PGPkeys. 然后依次点击 Keys 和 New Key 进入 PGP 公钥–私钥生成向导. 点击 Next，然后输入你的姓名和电子邮件地址. 这样做使得PGP 生成的公钥–私钥对与你的姓名和电子邮件地址挂钩. 选取公钥密码算法（比如 RSA）和钥匙长度（即选取一个在 1024 与 4096 之间的整数），并输入有效期. 点击 Next 键和输入一个通行短句（你必须记住这个通行短句）. 最后点击 Finish 键. 这时你的公钥会出现在计算机屏幕上.

(b) 传递公钥: 将公钥发送给收信方（比如同修此课的同学）. 你可以将显示在屏幕上的公钥复制到邮件中送给收信方（当然最好的方法是使用公钥证书）.

(c) 获取送信方的公钥: 向送信方索取其公钥，并将公钥加在你的公钥环里. 为此目的点击 PGPtray，依次选取 Current Window 和 Decrypt and Verify. 如果送信方将其公钥送给公钥服务器，你也可从公钥服务器上获取送信方的公钥. 按下列步骤给公钥签名: 从 PGPtray 中选取 Key，然后依次点击 New Keys 和 Sign. 完成这些步骤后你就可以使用送信方的公钥了.

(d) 给收信方发送一个加密邮件和一个认证邮件: 打开 Outlook Express，在 New Message 窗口的右上角会出现 Encrypt Message Before Sending 和 Sign Message Before Sending 两个按键. 输入你的信息后根据需要选取其中一个或同时选两个，并将其发送出去.

(e) 接收认证或加密邮件: 接收认证或加密邮件只需选取 Decrypt and Verify 选项即可.

*5.28 阅读网页 http://www.pgpi.org/doc/pgpintro/ 后描述 PGP 如何使用密钥环机制.

5.29 在 Office Outlook 或 Outlook Express 上使用 S/MIME 需首先安装数字 ID（即数字证书）. 步骤如下: 开启 Office Outlook 或 Outlook Express 窗口，然后依次点击 Tools→ Options→Security 和 Get a Digital ID. 选择所在的国家或地区之后依次点击 VeriSign Web Site→Click here（60 天免费试用），输入你的电子邮件地址并依次点击 Accept 和 OK. 收到数字 ID 后，再依次点击 Continue→ Install → Yes.

(a) 给邮件签名的步骤如下: 开启 Office Outlook 或 Outlook Express 窗口，然后依次点击 Tools→ Options→ Security→ Add digital signature to outgoing message→OK. 可以给自己发一个电子邮件，然后点击 Send 和 OK. 打开发给自己的电子邮件，描述如何认证送信人的身份.

(b) 给邮件加密的步骤如下：在 Office Outlook 或 Outlook Express 窗口中点击 Message，然后选择 New Message 并点击 Encrypt. 给自己送一个加密电子邮件并解释解密步骤.

5.30　分析在 Kerberos 协议将 AS 和 TGS 分开成两个不同的实体的好处.

5.31　为什么单域 Kerberos 协议的第 3 步需要附加 $Auth_{U,TGS}$？它用于防御什么样的攻击？

5.32　仿照书中对单域 Kerberos 协议的解释给出多域 Kerberos 协议的解释.

5.33　用图描述单域 Kerberos 协议的对话流程，即将每一阶段的对话表示出来.

5.34　用图描述多域 Kerberos 协议的对话流程，即将每一阶段的对话表示出来.

*5.35　访问网页 www.openssh.com 并阅读 SSH 文件，然后写一篇 4 页纸的短文描述 SSH 如何使用身份认证和加密算法.

5.36　做此习题需要两台使用 Windows 操作系统的联网计算机. 从 http://winscp.net /eng/index.php 网址免费下载 WinSCP 客户和服务器程序（即 Ssh Client 和 Secure Windows FTP server），安装在你的机器上并使用.

第 6 章

无线网安全性

计算机无线网络通信在现代通信中占有举足轻重的位置. 智能手机、笔记本电脑、平板电脑及在电器和汽车内安装的特殊计算装置都可用无线网技术连成网络, 并通过无线接入点连到互联网. 无线接入点如今已广泛安装在办公楼、家庭、机场、火车站、旅馆、咖啡馆、高速公路服务站及其他公共场所, 为用户上网提供了前所未有的方便. 计算机无线网络的使用和发展是信息产业的革命性成果.

本章首先介绍美国电气和电子工程师协会 (IEEE) 制定的 802.11 无线局域网 (WLAN) 标准, 描述无线网的安全弱点及常用无线网安全协议, 包括有线等价隐私协议 (WEP)、Wi-Fi 存取保护协议 (WPA)、Wi-Fi 存取保护协议第 2 版 (WPA2)、IEEE 802.11i 协议及 IEEE 802.1X 认证协议. 然后介绍用于保护无线个人网 (WPAN) 通信安全的蓝牙协议及其安全机制. 最后介绍几个无线网状网的安全问题.

6.1　无线通信和 802.11 无线局域网标准

无线网用各种不同频率的无线电信号以广播形式在空中传输数据. 因此任何人都可以很容易接收和发送与无线网装置频率相同的无线电信号, 或将自己的计算机连入他人的无线网. 除此之外, 攻击者还可以利用无线电干扰来阻碍用户的正常通信. 值得指出的是, 因为不同的无线局域网会倾向于使用同一频道, 所以无线电干扰也可能来自用户本身的正常使用.

无线网媒体访问方式与有线网媒体访问方式有着本质的不同. 在有线网络中, 计算机必须通过网线相连, 网线可通过各种物理方法加以保护, 如埋在地下、放入金属管道、隐藏在墙内及架设在天花板上. 而无线网媒体却没有这类保护, 因此, 如何给无线网媒体访问提供媒体保护, 从设计无线网通信设备时就成为无线网通信安全的主要课题.

在实体层中为无线网提供安全保护是很困难的, 因为任何人都可通过无线电信号干扰来阻碍无线网通信. 这种攻击很容易执行, 却很难阻止. 扩频和换频技术是抵御这类攻击的常用方法, 其目的是增加无线电信号的干扰难度, 及一旦某个频道遭到信号干扰攻击能自动和快速地切换频道.

无线网安全协议主要是在数据链接层为媒体访问提供安全保护, 包括使用各种加密算法、认证算法和完整性检验算法. 这类协议为无线网媒体访问提供了类似于有线网媒体访问的隐私保护. 在数据链接层保护数据还有一个好处, 就是所有高层通信协议和网络应用程序 (有线和无线) 都无须更改便可照常使用.

IEEE 802.11 标准为无线网实体层通信和数据链接层安全性制定了一系列协议和规范.

6.1.1 无线局域网体系结构

无线局域网可与固定的有线网相连, 也可以不与任何固定的有线网相连. 与固定的有线网基础设施相连的无线局域网称为固定无线局域网, 不与任何基础设施相连的无线局域网称为特定无线局域网.

1. 固定无线局域网

固定无线局域网含有至少一个与有线网基础设施相连的无线接入点, 简记为 AP. 智能手机、笔记本电脑、平板电脑等含有无线通信设备的装置通过 AP 进入固定无线网. 含有无线通信设备的装置通常称为移动站 (STA) 或无线点 (WN). AP 设有无线信号发送和接收装置, 用于与 STA 相连. 它还设有与有线网连接的端口, 用于与有线局域网基础设施相连. 一台 AP 通过时分复用 (TDM) 技术允许多台 STA 同时与其相连. 因此, 固定无线局域网 AP 的功能与有线局域网交换机的功能类似, 它具有星状拓扑结构. 图 6.1 为固定局域无线网的示意图.

固定无线局域网的 AP 是固定的. 根据用户 STA 的位置, 它可能处于多个 AP 的覆盖范围内. 在选定某个 AP 与其相连后便成为该 AP 定义的固定无线网的一名新成员.

根据 802.11 通信标准, 每台 STA 由一个 48 比特 MAC 地址唯一确定. 因此, AP 可被设置成只能与一组具有预先设定 MAC 地址的 STA 相连. 这项技术称为MAC 地址过滤技术.

每个 AP 由一个服务集标识符 (SSID) 唯一确定. 它定时向外公布其 SSID 及其他信息, 为进入其覆盖范围内的 STA 与其建立连接之用. 定时向外发送 SSID 及其他信息的过程称为信标发送. STA 定期扫描 AP 信标, 决定与哪个 AP 相连后, 然后向该 AP (通过其 SSID) 发出连接请求. 这一过程称为信标扫描.

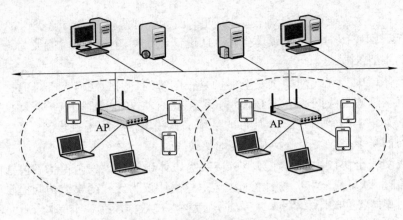

图 6.1   固定局域无线网示意图

2. Wi-Fi 无线网

满足 IEEE 802.11 标准的固定无线局域网通常称为 Wi-Fi 无线网. Wi-Fi 是英文 Wireless Fidelity 的缩写，Wi-Fi 这一名称的广泛使用与 Wi-Fi 联盟自 1999 年成立以来积极倡导各厂商按 IEEE 802.11 无线局域网标准生产网络设备的努力紧密相关.

3. Wi-Fi 热点

一个 Wi-Fi AP 所覆盖的面积通常称为 Wi-Fi 热点. 落在热点内的 STA 可通过此 AP 连到互联网. Wi-Fi 热点已经在许多公共场所设立，包括机场、咖啡厅、饭店、公共图书馆等地方.

4. 特定无线局域网

特定无线局域网不与任何固定的网络基础设施相连，因此不含 AP. 它允许不同的 STA 直接通信. 如果目标 STA 不在通信范围内，则根据情况使用若干介于起始 STA 与目标 STA 之间的 STA 作为中转站建立通信路径. 因此，特定无线局域网的通信方式与有线对等网络 (P2P) 相似.

6.1.2   802.11 概述

IEEE 802.11 是 IEEE 802 通信标准族中的无线局域网通信标准，它与 802.3 和 802.5 有线局域网通信标准相对应，其中 802.3 是以太网通信标准，802.5 是令牌环网络通信标准. 此外，由于数据链接层由逻辑链接控制（LLC）和媒体访问控制（MAC）两个子层所组成，802.11 还规定了无线局域网在 MAC 子层及实体层的通信和安全保护机制. 图 6.2 所示为 IEEE 802 局域网通信标准示意图.

802.11 MAC 子层使用的媒体访问方式是载波侦听多路访问避冲突（CSMA/CA）方法. 802.11 包含一系列协议，第一个协议命名为 802.11，以后出现的协议的命名是在 801.11 后加一个小写字母来表示，从 802.11a 到 802.11u 都有. 在这

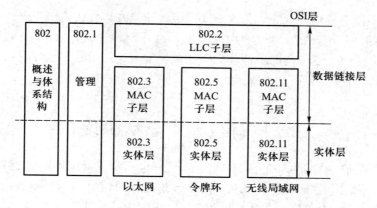

图 6.2 IEEE 802 局域网通信标准示意图

些协议中，802.11a、802.11b、802.11g 及 802.11i 已被厂商广泛采用，其中 802.11b 的带宽为 11 Mb/s，信号频率为 2.4 GHz，通信距离为室外 35 m，室内 110 m. 802.11g 的带宽为 54 Mb/s，信号频率和通信距离与 802.11b 的相同. 根据美国的标准，802.11b 和 802.11g 均含有 11 个可用频道，其中 3 个频道预留为紧急通信时使用. 此外，802.11b 还定义了 WEP 安全协议，802.11i 定义了 WPA2 安全协议.

802.11a 的信号频率为 5 GHz. 使用 802.11a 的好处是它不会与家用电器（如家用无线电话、微波炉及各种蓝牙装置）的信号频率相冲突. 比如家用无线电话使用的信号频率是 2.4 GHz.

802.11n 支持多重输入/多重输出（MIMO）无线通信技术，在装有多个无线信号发送器和接收天线的装置上使用，提高通信性能..

特定无线局域网的带宽通常是固定无线局域网带宽的一半，便于 STA 用固定无线局域网的一半带宽接收数据，另一半带宽传输数据.

6.1.3 无线通信的安全性弱点

无线通信尽管方便，但受媒体和技术本身的限制，比有线通信含有更多的弱点. 以下是无限通信常见的弱点：

(1) 侦听无线通信比侦听有线通信容易很多.

(2) 无线电信号比有线电信号更容易受干扰. 在无线媒体中更容易注入无线电信号.

(3) 无线计算装置和嵌入式系统的计算功能和电池能源有限，难以执行需要使用高性能中央处理器和大量内存及需要消耗大量电能的复杂运算.

这些弱点使得无线通信更容易遭受安全攻击，包括窃听、拒绝服务、消息重放、STA 诈骗和 AP 诈骗等攻击.

在早期的无线通信协议中，STA 和 AP 仅由 MAC 地址来验证其合法性，而 MAC 地址是由明文传送的，因此截获 MAC 地址并用其装扮成某个合法STA 或

AP, 在无线网通信中注入恶意包就能获得假认证或破坏合法用户与合法 AP 通信的目的. 有线等价隐私协议就是为了防止这类攻击而设计的安全协议, 希望在保证加密算法有足够强度的同时不消耗太多的电池能源, 并能够将意外中断的通信重新接通.

6.2　有线等价隐私协议

有线等价隐私协议 (WEP) 是 802.11b 无线通信标准规定使用的安全协议, 于 1999 年发布使用. 在同一个 802.11b 无线局域网内, WEP 要求所有通信设备, 包括 AP 和其他设备, 如便携式计算机和掌上计算机内的无线网网卡, 都赋予同一把预先选定的共享密钥 K, 称为 WEP 密钥. WEP 密钥的长度可取为 40 比特或 104 比特. 某些 WEP 产品采取更长的密钥, 长度可达到 232 比特. WEP 允许 WLAN 中的 STA 共享多把 WEP 密钥. 每个 WEP 密钥通过一个 1 字节长的 ID 唯一表示出来, 这个 ID 称为密钥 ID.

WEP 没有规定密钥如何产生和传递. 因此, WEP 密钥通常由系统管理员选取, 并通过有线通信或其他方法传递给用户. 一般情况下, WEP 密钥一经选定就不会改变.

6.2.1　移动设备认证和访问控制

WEP 使用挑战 – 应答 的方式认证移动 STA, 即用户 STA 必须向 AP 认证自己为合法用户后才能和 AP 联网, 具体步骤如下:

(1) 请求: 移动装置 A 向 AP 发出连接请求.

(2) 挑战: AP 收到移动装置 A 的连接请求后首先用伪随机数发生器产生一个 128 比特二进制字符串

$$cha = c_1 c_2 \cdots c_{16},$$

其中 c_i 为 8 比特二进制字符串, $1 \leqslant i \leqslant 16$, 然后将 cha 作为挑战信息发送给 A.

(3) 回应: 移动装置 A 产生一个 24 比特初始向量 IV, 并将 cha 用 RC4 序列加密算法和密钥 $IV \parallel K$ 加密, 即 A 对输入 $IV \parallel K$ 用 RC4 产生一个子钥序列 $k_1, k_2, \cdots, k_{16}$, 其中 k_i 为 8 比特二进制字符串, 然后计算 $r_i = c_i \oplus k_i$ ($i = 1, 2, \cdots, 16$), 然后 A 将

$$res = IV \parallel r_1 r_2 \cdots r_{16}$$

发送给 AP.

(4) 核实: AP 也对 $IV \parallel K$ 用 RC4 产生相同的子钥序列 $k_1, k_2, \cdots, k_{16}$, 计算 $c_i' = r_i \oplus k_i$, 并核实是否 $c_i' = c_i$, 其中 $i = 1, 2, \cdots, 16$. 如是, 则 A 被认可为合法用户并被允许与 AP 相连. 如否, 则拒绝 A 与 AP 相连的请求.

6.2.2 数据完整性验证

令 M 为从网络层传到数据链接层的网包, 表示成 n 比特二进制字符串. WEP 在数据链接层的 LLC 子层中用 M 的 32 比特循环冗余校验值 (CRC-32) 验证数据的完整性, 称为完整性校验值 (ICV).

CRC 是一个用多项式除法将二进制字符串的输入转换成固定长度的二进制检错码的方法. WEP 使用输出为 32 比特的 CRC 算法, 简记为 CRC-32. 令 M 为一个 n 比特二进制字符串, 选取一个适当的 k 阶二进制系数多项式 P, 其系数序列 (从最高阶项系数开始按顺序排到) 为一个 $(k+1)$ 比特二进制字符串. 将 $M0^k$ 视为一个 $n+k-1$ 阶二进制系数多项式, 并将 $M0^k$ 按多项式除法除以 P 得一个 $k-1$ 阶剩余多项式 R. R 的 k 比特系数系列就是 M 的 CRC 值, 记为 $\mathrm{CRC}_k(M)$. IEEE 802.3 选取

$$P = 100000100110000010001110110110111$$

为 CRC-32 多项式, 即

$$P(x) = x^{32} + x^{26} + x^{23} + x^{22} + x^{16} + x^{12} + x^{11} + x^{10} + x^8 + x^7 + x^5 + x^4 + x^2 + x + 1.$$

多项式 $M \,\|\, \mathrm{CRC}_k(M)$ 能被多项式 P 整除. 证明如下:

将 M 写成 $n-1$ 阶多项式 $M(x)$, 则 $M0^k$ 表示多项式 $M(x)x^k$, 而且

$$M(x)x^k \bmod P(x) = R(x),$$

其中 $R = \mathrm{CRC}_k(M)$. 因为多项式相加等于对其二进制系数作异或运算, 所以

$$\begin{aligned}
& M(x)x^k + R(x) \bmod P(x) \\
&= (R(x) + R(x)) \bmod P(x) \\
&= 0 \bmod P(x) \\
&= 0.
\end{aligned}$$

因此, 如果接收方算出 $M \,\|\, \mathrm{CRC}_k(M)$ 不被 P 整除, 则表示所收到的 M 已被更改, 与发送方送出的不同.

可按如下方式快速计算 k 比特 CRC 值. 将 M 和 P 表示成二进制字符串, 令 $T = M0^k$. 将 P 按 T 的左边第一次出现非零系数的位置对齐, 然后将 P 和 T 的对齐部分作异或运算, 其结果及 T 还没有被处理的部分所表示的二进制字符串仍用 T 表示. 重复上述过程直到按 T 的左边的第一个非零数字对齐后 P 的长度大于 T 所剩余的二进制字符串的长度. 这样, 右边的 k 比特二进制字符串就是所求的 k 比特 CRC 值.

举一个简单的例子. 令 $n = 8, k = 4$, 多项式 $x^4 + x + 1$ 为标准 CRC_4 多项式, 即 $P = 10011$. 令 $M = 11001010$, 则 $\mathrm{CRC}_4(M) = 0100$ (计算过程见图 6.3).

$$
\begin{array}{ccccccccc|cccc}
1 & 1 & 0 & 0 & 1 & 0 & 1 & 0 & & 0 & 0 & 0 & 0 \\
\oplus\ 1 & 0 & 0 & 1 & 1 & & & & & & & & \\
\hline
1 & 0 & 1 & 0 & 0 & 1 & 0 & & & 0 & 0 & 0 & 0 \\
\oplus\ 1 & 0 & 0 & 1 & 1 & & & & & & & & \\
\hline
& 1 & 1 & 1 & 1 & 0 & & & & 0 & 0 & 0 & 0 \\
\oplus & 1 & 0 & 0 & 1 & 1 & & & & & & & \\
\hline
& 1 & 1 & 0 & 1 & 0 & & & & 0 & 0 & 0 & 0 \\
\oplus & 1 & 0 & 0 & 1 & 1 & & & & & & & \\
\hline
& & 1 & 0 & 0 & 1 & 0 & & & 0 & 0 & 0 & \\
\oplus & & 1 & 0 & 0 & 1 & 1 & & & & & & \\
\hline
& & & & & & & & & 0 & 1 & 0 & 0
\end{array}
$$

图 6.3　一个计算 CRC$_4$ 的例子

6.2.3　LLC 网帧的加密

令 M 为一个即将被发送的 802.11b LLC 网帧, 包含 LLC 网帧头部和载荷. LLC 网帧也被称为 MAC 服务数据单位 (MSDU).

WEP 计算 CRC$_{32}(M)$, 并在 MAC 子层将 $M \parallel$ CRC$_{32}(M)$ 按以下步骤用 RC4 序列算法加密:

(1) 令

$$
M \parallel \mathrm{CRC}(M) = m_1 m_2 \cdots m_\ell,
$$

其中 m_i 为 8 比特 (或 16 比特) 二进制字符串.

(2) 发送方产生一个 24 比特初始向量 IV, 然后用 RC4 序列加密算法以 $IV \parallel K$ 为输入产生子钥序列 $k_1, k_2, \cdots, k_\ell$. 令

$$
c_i = m_i \oplus k_i.
$$

(3) 发送方将 $IV \parallel c_1 c_2 \cdots c_\ell$ 作为载荷放入 MAC 网帧后送给接收方. 图 6.4 给出 802.11b MAC 子层网帧的结构示意图.

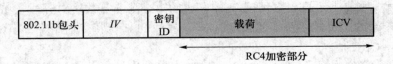

图 6.4　802.11b MAC 子层网帧结构示意图

为方便,将此加密算法记为

$$C = (M \parallel \text{CRC}_{32}(M)) \oplus \text{RC4}(IV \parallel K).$$

初始向量 IV 用于对不同的 LLC 网帧产生不同的加密子钥序列. 因此, $IV \parallel K$ 也称为网帧密钥. IV 是以明文形式传输的,接收方能产生相同的子钥序列 $k_1, k_2, \cdots, k_\ell$,用于将 c_i 解密得到 m_i. 将 $m_1 m_2 \cdots m_\ell$ 右边的 32 比特 ICV 值去掉后便得 M.

6.2.4 WEP 的安全缺陷

WEP 只提供类似于有线局域网的隐私保护,对网络合法用户之间的通信不提供数据保密的保护. 因此,为用户提供数据保密还需要在应用层使用加密算法.

WEP 是为了满足在数据链接层为无线通信提供安全保护而设计的. 由于设计仓促,WEP 在设备认证、网帧完整性校验、网帧加密及访问控制等方面都存在许多安全缺陷. WEP 不使用会话密钥是一个明显的弱点,而使用不加密的初始向量则是另一个弱点. 可以说 WEP 是在商业应用中密码算法设计失败的一个典型例子. 下面逐一介绍这些安全缺陷.

1. 认证缺陷

WEP 使用的挑战和回应认证机制只是一个简单的异或运算,很容易遭受已知明文攻击. 比如,攻击者可用无线网嗅探器截获 AP 和合法移动装置之间的一对挑战和回应二进制字符串 (cha, res) 及使用的初始向量 IV,其中

$$cha = c_1 c_2 \cdots c_{16},$$
$$res = IV \parallel r_1 r_2 \cdots r_{16},$$
$$r_i = c_i \oplus k_i,$$
$$i = 1, 2, \cdots, 16.$$

然后攻击者计算 $k_i = c_i \oplus r_i$ $(i = 1, 2, \cdots, 16)$,便可通过以下方式向 AP 认证自己的非法装置而进入该局域网:

(1) 向 AP 发出连接请求,并等待 AP 发出的挑战信息 cha'.

(2) 用 $k_1, k_2, \cdots, k_{16}$ 与挑战信息 cha' 作异或运算,算出回应字符串 res'.

(3) 将截获的初始向量 IV 和回应字符串 res' 发送给 AP.

AP 收到攻击者发送的初始向量 IV 和回应 res' 后,首先用 RC4 和密钥 $IV \parallel K$ 产生子钥序列 $k_1, k_2 \cdots, k_{16}$,然后核实 $k_1 k_2 \cdots k_{16} \oplus res' = cha'$,这样就使 AP 认证了攻击者的非法设备而允许其联网.

2. 完整性校验缺陷

CRC 在数据链接层被广泛用于检测传输错误,而且十分有效. 但用 CRC 来校验数据的完整性却不适用,因为它含有以下两个弱点:

① 线性运算性质: 令 x 和 y 为任意两个二进制字符串, 则

$$\mathrm{CRC}(x \oplus y) = \mathrm{CRC}(x) \oplus \mathrm{CRC}(y). \tag{6.1}$$

这个性质的证明很容易从多项式的运算性质得到, 留做练习 (见习题 6.9).

② 没有使用密钥: CRC 的产生不需要任何密钥, 所以给定一个二进制字符串后, 任何人都能算出其 CRC 值.

CRC 的第一个弱点允许攻击者很容易篡改数据而不改变其 CRC 的值, 第二个弱点允许攻击者很容易向网络通信注入新的网包.

(1) 篡改数据

假设 M 为用户甲向用户乙发送的网包. 根据 WEP 的加密算法, 用户甲向用户乙发送如下信息:

$$C = (M \parallel \mathrm{CRC}_{32}(M)) \oplus \mathrm{RC4}(IV \parallel K).$$

假设攻击者截获了 C, 则攻击者可按以下方式用 $\mathrm{CRC}_{32}(M)$ 作为 $M' = \Gamma \oplus M$ 的完整性校验值而不被检测出来, 其中 Γ 为任意一个网帧. 攻击者首先计算 $\mathrm{CRC}_{32}(\Gamma)$, 然后将

$$C' = (\Gamma \parallel \mathrm{CRC}_{32}(\Gamma)) \oplus C$$

发送给乙. 根据式 6.1 得

$$\begin{aligned}
C' &= (\Gamma \parallel \mathrm{CRC}_{32}(\Gamma)) \oplus C \\
&= [(\Gamma \parallel \mathrm{CRC}_{32}(\Gamma)) \oplus (M \parallel \mathrm{CRC}_{32}(M))] \oplus \mathrm{RC4}(IV \parallel K) \\
&= [(\Gamma \oplus M) \parallel (\mathrm{CRC}_{32}(\Gamma) \oplus \mathrm{CRC}_{32}(M))] \oplus \mathrm{RC4}(IV \parallel K) \\
&= [(\Gamma \oplus M) \parallel (\mathrm{CRC}_{32}(\Gamma \oplus M))] \oplus \mathrm{RC4}(IV \parallel K) \\
&= (M' \parallel \mathrm{CRC}_{32}(M')) \oplus \mathrm{RC4}(IV \parallel K).
\end{aligned}$$

因此, 乙收到的是被篡改的数据 M' 及正确的完整性校验值 $\mathrm{CRC}_{32}(M')$.

(2) 注入信息

RC4 很容易遭受明文攻击. 比如, 如果攻击者获得一对明文–密文对 (M, C), 其中 $M = m_1 \cdots m_l$, $C = c_1 \cdots c_l$, 且 m_i 和 c_i 为二进制字节, 则执行 $m_i \oplus c_i$ 运算便可获得对 M 加密的子钥序列 $k_1, \cdots, k_l$, 它由密钥 $IV \parallel K$ 生成. 因为初始向量 IV 以明文的形式传输, 且 CRC 值的产生不需要密钥, 所以如果初始向量可以重复使用, 则攻击者尽管不知道密钥 K, 却可用所算得的子钥序列和初始向量 IV 在网络通信中注入自己的信息. 方法如下: 令 Θ 为攻击者希望注入网络的二进制字符串, 含 ℓ 字节, 且 $\ell \leqslant l - 4$. 攻击者首先计算 $\mathrm{CRC}_{32}(\Theta)$, 然后用算出的子钥 $k_1, \cdots, k_{\ell+4}$ 将 $\mathrm{CRC}_{32}(\Theta) \parallel \Theta$ 加密, 并将

$$IV \parallel \mathrm{RC4}[\mathrm{CRC}_{32}(\Theta) \parallel \Theta]$$

发送给其他合法用户. 攻击者注入的这个信息将会得到合法认证.

(3) 碎片攻击

碎片攻击利用 802.11b LLC 网帧头部的结构将信息注入网络中. 802.11b 规定 LLC 网帧头部的前 8 个字节为以下固定的值 (按 16 进制表示), 用于区分 IP 包和 ARP 包.

如果网帧载荷是 IP 包, 则 LLC 网帧头部的前 8 个字节为

$$\text{AA} \quad \text{AA} \quad 03 \quad 00 \quad 00 \quad 00 \quad 08 \quad 00$$

如果网帧载荷是 ARP 包, 则 LLC 网帧头部的前 8 个字节为

$$\text{AA} \quad \text{AA} \quad 03 \quad 00 \quad 00 \quad 00 \quad 08 \quad 06$$

其中每个 ARP 包的长度为 36 字节.

因为这 8 个字节首先被加密, 所以攻击者用异或运算就能获得前 8 把子钥

$$k_1, k_2, \cdots, k_8.$$

令 IV 为初始向量. 802.11b 的 MAC 子层允许将一个 LLC 网帧分成 16 个片段. 因此, 攻击者可将一个 64 字节长的 LLC 网帧分割成 16 个 4 字节长的片段, 用 IV 和前 8 把子钥 $k_1, k_2, \cdots, k_8$ 将每个 4 字节长的片段及其 4 字节长的完整性校验值加密后封装在 MAC 包内, 然后将其注入网络. 这些 MAC 包将会获得合法认证.

3. 保密缺陷

RC4 序列密码算法 (详见第 2.6.1 节) 首先将密钥扩张生成一个 256 字节长的初始置换, 存在一个数组中, 然后不断地将数组中的某些元素对调产生子钥.

(1) 初始向量会被重复使用

第 2.6.2 节指出, 如果子钥序列重复使用, 则 RC4 序列编码很容易遭受相关明文攻击. 为了避免生成相同的子钥序列, WEP 对每一个网帧随机且独立地生成一个 24 比特初始向量 IV 而得网帧密钥 $IV \parallel K$. 然而, 因为 $2^{24} = 16\,777\,215$, 所以根据生日悖论 (见第 4.5.1 节), 在处理 $1.25\sqrt{2^{24}} = 5102$ 个网帧后, 至少有一个随机产生的初始向量在前面已出现过的概率大于 $1/2$. 由于 802.11b 的带宽为 11 Mb/s, 所以在一个通信频繁的网络内, 在很短的时间内就会有一个初始向量被重复使用.

(2) 弱密钥

弱密钥的概念已在第 2.6.2 节做了介绍. 不难看出, 获得初始置换便可破译 RC4 密码. 即使只知道初始置换的一部分, 攻击者仍然有可能推算出算法所使用的密钥. 因此, 如何选取合适的密钥生成安全的初始置换就变得十分重要了. 然而, 选取这样的密钥并不容易. 许多二进制字符串都不适合用做密钥. Fluhrer、Mantin 及 Shamir 三人于 2001 年描述了一种攻击, 简称为 FMS 攻击, 它通过搜集同一个 WEP 密钥的弱初始向量, 即那些可几乎 2^q 保存的向量 $(1 \leqslant q \leqslant 8)$, 而推算

出 WEP 密钥. 不少破解 WEP 密码的软件工具就是根据 FMS 攻击做成的，包括WEPCrack、WEPLab、WEPWedgie、WEPAttack、AirSnort、AirJack 及 AirCrack 等. 习题 6.12 的解答描述了一个用 WEPCrack 破解 WEP 密钥的实验和源程序.

6.3 Wi-Fi 访问保护协议

Wi-Fi 访问保护协议（WPA）是 Wi-Fi 联盟于 2003 年根据 IEEE 802.11i 标准的初稿（第 3 稿）而制定的无线网数据链接层安全协议，它有三个目的：第一是纠正所有已经发现的 WEP 协议的安全弱点，第二是能继续使用已有的 WEP 的硬件设备，第三是保证 WPA 将与即将制定的 802.11i 安全标准兼容.

所以，WPA 还是采用 RC4 序列密码算法加密 LLC 网帧及使用不加密的初始向量. 不过，WPA 使用一个特别设计的完整性校验算法来生成消息完整性编码（MIC）以防范数据伪造. 这个算法称为迈克尔算法. 此外，WPA 采用了新的密钥机制来防止消息重放，并使初始向量与 RC4 弱密钥不发生任何关系. 新的密钥机制由新的初始向量产生机制和密钥混合算法组成，构成时钥完整性协议，简记为 TKIP.

6.3.1 设备认证和访问控制

WPA 使用两种方法认证用户设备. 第一种方法与 WEP 的设备认证方法相同，即所有设备都使用预先制定的共享密钥. 在家庭或小公司内安装的无线网通常采用这种方法认证用户设备. 所以，这个方法也称为家庭和小公司 WPA.

第二种方法较复杂，通常用于在大企业无线网中认证用户设备. 因此，这个方法也称为企业 WPA. 企业 WPA 由一个认证服务器（AS）及一组用户设备与 AP 共享的密钥所组成，使得不同的用户设备与 AP 使用不同的共享密钥. 共享密钥通常以用户密码的形式出现.

企业 WPA 的认证服务器采用 802.1X 网络访问控制协议认证用户设备. 认证服务器与有线局域网相连，它可以在 AP 内运行，也可以作为单独的服务器运行. 802.1X 是 20 世纪 80 年代末为拨号联网认证用户设备而设计的. 套用 802.1X 的术语，用户设备 STA 也称为请求方，AP 称为认证方，而认证服务器 AS 则称为远程认证拨号用户服务，简记为 RADIUS.

802.1X 是认证用户设备的标准协议，用于当用户请求将自己的设备连接到某局域网时，认证用户是否为合法用户（见图 6.5 ）. 具体步骤如下：

① 用户 STA 向 AP 发出联网请求后，AP 向 STA 询问其身份号码.

② 用户 STA 用其与 AS 共享的密钥给身份号码签名，然后将其身份号码和签名一起送给 AP. AP 将所收到的转送给 AS. AS 核实 STA 的签名，并根据 STA 是否为合法用户通知 AP 是否准许其登录.

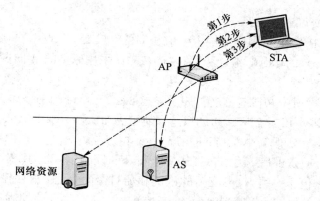

图 6.5 802.1X 认证步骤（其中虚线表示真实的连接. 所有步骤都通过 AP 进行）

③ 用户 STA 联网成功.

6.3.2 TKIP 密钥

假设合法用户 STA 和 AP 已经完成 802.1X 认证程序，其中 STA 和 AP 共享一把预先设定的密钥，且 AP 和 AS 也共享一把预先设定的密钥. AS 产生一把 256 比特长的配对主密钥，简记为 PMK，并将其用与 AP 共享的密钥加密后发送给 AP. AP 首先将收到的经过加密的 PMK 解密，然后用其与 STA 共享的密钥将 PMK 加密，并发送给 STA.

因为不是所有情况都需要使用 802.1X 认证用户，比如家庭和小公司 WPA 就不设 AS. 如果是这种情况，则 STA 和 AP 共享的密钥可用来在双方同时直接生成一把共享 PMK.

不同的 STA 和 AP 共享不同的 PMK. 为便于不同的 STA 进行小组通信，可以让它们共享同一把主密钥. 这种主密钥称为群主密钥，简记为 GMK.

TKIP 为用户 STA 生成 PMK 后，再产生 4 把 128 比特长的临时配对密钥，简记为 PTK. 这 4 把 PTK 分别用于数据加密、数据完整性校验、EAPoL 加密和 EAPoL 完整性校验，并分别称为数据加密密钥、数据 MIC 密钥、EAPoL 加密密钥和 EAPoL MIC 密钥，其中 EAPoL 为"局域网扩充认证协议"的英文缩写. 数据加密和数据 MIC 密钥用于对数据加密和生成消息完整性校验码，EAPoL 加密和 EAPoL MIC 密钥则用于保证 AP 和用户 STA 在建立连接的初始阶段（即握手协议）中的通信安全性.

以 PMK、用户 STA 的 MAC 地址、AP 的 MAC 地址、用户 STA 产生的现时数及 AP 产生的现时数做成种子，PTK 是用伪随机数发生器按这个种子生成的. 为方便，用 AMAC 和 ANonce 分别表示 AP 的 MAC 地址和现时数，用 SMAC 和 SNonce 分别表示用户 STA 的 MAC 地址和现时数.

4 向握手协议

STA 和 AP 必须用同样的输入生成相同的 PTK. 即 STA 被认证后, 必须和 AP 交换它们各自的 MAC 地址和现时数. TKIP 采用以下的 4 向握手协议来完成这一交换.

802.1X 用牢固安全网这一名称表示经过 802.1X 认证的网络, 牢固安全网简记为 RSN. 并引进牢固安全网系列的概念, 简记为 RSNA, RSNA 要求在牢固安全网中, AP 只能与具有 RSN 功能的用户 STA 相连.

用户 STA 被认证后, 给 AP 发送一个特殊的控制包, 称为 RSN 信息元, 简记为 RSN IE, 它包含一组 STA 支持的认证和配对密码算法、群主密钥、RSN 功能和其他 RSNA 参数. 将此控制包记为 RSNIE_STA. AP 收到此控制包后给 STA 回送一个 RSN 信息元控制包, 记为 RSNIE_AP, 通知 STA 它选取了哪个算法和参数. 以下是 4 向握手协议的步骤.

① AP 将 ANonce 送给 STA. AP 产生现时数 ANonce 和序列号 sn, 然后将以下信息以明文形式发送给 STA:

$$\text{message}_1 = (\text{AMAC, ANonce}, sn) \tag{6.2}$$

作为回应, STA 产生现时数 SNonce, 并根据 PMK、STA 的 MAC 地址 SMAC、SNonce、AP 的 MAC 地址 AMAC 以及 ANonce 算出全部 4 把临时配对密钥 PTK.

② STA 将 SNonce 送给 AP. STA 用步骤 ① 生成的 EAPoL MIC 密钥计算 SNonce‖ sn 的消息完整性码, 并将以下信息发送给 AP:

$$\text{message}_2 = (\text{SMAC, SNonce}, sn) \,\|\, \text{MIC(SNonce}, sn) \,\|\, \text{RSNIE}_\text{STA} \tag{6.3}$$

消息完整性码用于确保 AP 和 STA 具有相同的配对主密钥 PMK.

③ AP 送回执给 STA. AP 收到 STA 送来的 message_2 后, 从中提取 SNonce 和 SMAC, 并用与 STA 共享的 PMK、SMAC、SNonce、AMAC 及 ANonce 算出全部 4 把临时配对密钥 PTK. 然后 AP 用 EAPoL MIC 密钥验证收到的 MIC 是否正确. 如果 MIC 被核实, 则 AP 终止握手协议. 如验证失败, 则 AP 给 STA 回送以下信息:

$$\text{message}_3 = (\text{AMAC, ANonce}, sn+1) \,\|\, \text{MIC(ANonce}, sn+1) \,\|\, \text{RSNIE}_\text{AP} \tag{6.4}$$

此信息表明 AP 准备使用新的 PTK.

④ STA 送回执给 AP. STA 收到 AP 送给它的回执 message_3 后, 将以下信息发送给 AP:

$$\text{message}_4 = (\text{SMAC}, sn+1) \,\|\, \text{MIC}(sn+1) \tag{6.5}$$

此信息表明 STA 也准备使用新的 PTK. 4 向握手协议到此完成.

图 6.6 给出了 4 向握手协议的流程图.

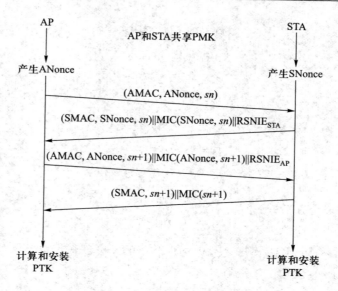

图 6.6 4 向握手协议流程图

6.3.3 TKIP 消息完整性编码

TKIP 用迈克尔算法计算 MIC. 这个算法是由荷兰密码工程学家 Niels Ferguson 专门为 WPA 设计的. 迈克尔算法用一个 64 比特长的密钥生成一个 64 比特长的消息认证码. 临时配对密钥中 128 比特长的数据 MIC 密钥的一半用做认证 AP 送往 STA 的数据的密钥, 另一半用做认证 STA 送往 AP 的数据的密钥.

TKIP 将数据按小端存储的方式存储. 令 K 为 STA 和 AP 共享的 64 比特密钥, 将 K 等分成两段, 记为 K_0 和 K_1, 即 $K = K_0 K_1$ 且 $|K_0| = |K_1|$. 令

$$M = M_1 \cdots M_n$$

为一个即将传输的 LLC 网帧, 其中每个 M_i 为 32 比特长的二进制字符串.

迈克尔算法按以下方法用密钥 K 为 M 产生 MIC:

$$(L_1, R_1) = (K_0, K_1),$$
$$(L_{i+1}, R_{i+1}) = F(L_i \oplus M_i, R_i),$$
$$i = 1, 2, \cdots, n$$
$$\text{MIC} = L_{n+1} R_{n+1},$$

其中 F 为 Feistel 替换函数. 令 l 和 r 分别为两个长 32 比特的二进制字符串, 则 $F(l, r)$ 的定义如下:

$$r_0 = r,$$
$$l_0 = l,$$

$$r_1 = r_0 \oplus (l_0 <<< 17),$$
$$l_1 = l_0 \oplus_{32} r_1,$$
$$r_2 = r_1 \oplus \mathsf{XSWAP}(l_1),$$
$$l_2 = l_1 \oplus_{32} r_2,$$
$$r_3 = r_2 \oplus (l_2 <<< 3),$$
$$l_3 = l_2 \oplus_{32} r_3,$$
$$r_4 = r_3 \oplus (l_3 >>> 2),$$
$$l_4 = l_3 \oplus_{32} r_4,$$
$$F(l, r) = (l_4, r_4),$$

其中 $l \oplus_{32} r = (l + r) \bmod 2^{32}$, $\mathsf{XSWAP}(l)$ 将 l 的左半部与其右半部对调. 例如, 将数字表示成 16 进制数, 得

$$\mathsf{XSWAP}(12345678) = 56781234.$$

迈克尔算法实质上是 Feistel 加密算法, 其密钥长度为 64 比特, 所以用迈克尔算法验证数据的完整性比用 CRC_{32} 安全很多. 但是, 同其他短密钥加密算法一样, 迈克尔 MIC 仍然可能遭受蛮力攻击. 为防止攻击者不断尝试可能的密钥, TKIP 规定如果在一秒钟内有两个失败的尝试, 则 STA 必须吊销其密钥并与 AP 断开, 等待一分钟后才能再和 AP 相连.

6.3.4 TKIP 密钥混合

对每个即将发送的网帧, TKIP 用密钥混合算法产生一把密钥将其加密. 密钥混合用一个 48 比特计数器对每个网帧产生一个 48 比特长的初始向量 IV. 这个计数器称为 TKIP 序列计数器, 简记为 TSC. 将 IV 分割成 3 个 16 比特长的段: V_2, V_1, V_0.

密钥混合运算由两部分组成, 记为 mix_1 和 mix_2, 其中 mix_1 将一个 128 比特长的二进制字符串 (输入) 转化成一个 80 比特长的二进制字符串 (输出), 而 mix_2 则将一个 128 比特长的二进制字符串 (输入) 转化成一个 128 比特长的二进制字符串 (输出). 这两个部分都具有 Feistel 加密结构, 包含一系列加法运算、异或运算和替换运算, 其中替换函数记为 S, 使用两个 S 盒, 每个 S 盒是一个包含 256 个元素的表, 每个元素是一个 8 比特二进制字符串. 令 a^t 表示发送端设备的 48 比特 MAC 地址, k^t 为发送端设备的 128 比特数据加密算法密钥, pk_1 为 mix_1 的输出, pk_2 为 mix_2 的输出, 其中 pk_1 和 pk_2 均为 128 比特长的二进制字符串. 即

$$pk_1 = mix_1(a^t, V_2 V_1, k^t),$$
$$pk_2 = mix_2(pk_1, V_0, k^t).$$

用 pk_2 作为 RC4 的网帧密钥.

1. S 盒

TKIP 使用两个 S 盒 S_0 和 S_1, 将一个 16 比特二进制字符串输入替换成另一个 16 比特二进制字符串作为输出. 具体做法如下: 将输入 X 等分成两个字节 X_0 和 X_1, 即 $X = X_1 X_0$. 将 X_0 和 X_1 分别视为一个值为 0 到 255 的整数, 用 S_0 替换 X_0, 即 $S_0(X_0)$ 为 S_0 在 X_0 处的元素. 同理, 用 S_1 替换 X_1, 即 $S_1(X_1)$ 为 S_1 在 X_1 处的元素. S_0 及 S_1 分别见表 6.1 和表 6.2.

例如, 令 $X = 0102$, 则 $S(X) = S_1(01)S_0(02) = $ f899.

表 6.1　S 盒 S_0

a5	84	99	8d	0d	bd	b1	54	50	03	a9	7d	19	62	e6	9a
45	9d	40	87	15	eb	c9	0b	ec	67	fd	ea	bf	f7	96	5b
c2	1c	ae	6a	5a	41	02	4f	5c	f4	34	08	93	73	53	3f
0c	52	65	5e	28	a1	0f	b5	09	36	9b	3d	26	69	cd	9f
1b	9e	74	2e	2d	b2	ee	fb	f6	4d	61	ce	7b	3e	71	97
f5	68	00	2c	60	1f	c8	ed	be	46	d9	4b	de	d4	e8	4a
6b	2a	e5	16	c5	d7	55	94	cf	10	06	81	f0	44	ba	e3
f3	fe	c0	8a	ad	bc	48	04	df	c1	75	63	30	1a	0e	6d
4c	14	35	2f	e1	a2	cc	39	57	f2	82	47	ac	e7	2b	95
a0	98	d1	7f	66	7e	ab	83	ca	29	d3	3c	79	e2	1d	76
3b	56	4e	1e	db	0a	6c	e4	5d	6e	ef	a6	a8	a4	37	8b
32	43	59	b7	8c	64	d2	e0	b4	fa	07	25	af	8e	e9	18
d5	88	6f	72	24	f1	c7	51	23	7c	9c	21	dd	dc	86	85
90	42	c4	aa	d8	05	01	12	a3	5f	f9	d0	91	58	27	b9
38	13	b3	33	bb	70	89	a7	b6	22	92	20	49	ff	78	7a
8f	f8	80	17	da	31	c6	b8	c3	b0	77	11	cb	fc	d6	3a

表 6.2　S 盒 S_1

c6	f8	ee	f6	ff	d6	de	91	60	02	ce	56	e7	b5	4d	ec
8f	1f	89	fa	ef	b2	8e	fb	41	b3	5f	45	23	53	e4	9b
d5	8b	6e	da	01	b1	9c	49	d8	ac	f3	cf	ca	f4	47	10
75	e1	3d	4c	6c	7e	f5	83	68	51	d1	f9	e2	ab	62	2a
08	95	46	9d	30	37	0a	2f	0e	24	1b	df	cd	4e	7f	ea
12	1d	58	34	36	dc	b4	5b	a4	76	b7	7d	52	dd	5e	13
a6	b9	00	c1	40	e3	79	b6	d4	8d	67	72	94	98	b0	85
bb	c5	4f	ed	86	9a	66	11	8a	e9	04	fe	a0	78	25	4b
a2	5d	80	05	3f	21	70	f1	63	77	af	42	20	e5	fd	bf

81	18	26	c3	be	35	88	2e	93	55	fc	7a	c8	ba	32	e6
c0	19	9e	a3	44	54	3b	0b	8c	c7	6b	28	a7	bc	16	ad
db	64	74	14	92	0c	48	b8	9f	bd	43	c4	39	31	d3	f2
6f	f0	4a	5c	38	57	73	97	cb	a1	e8	3e	96	61	0d	0f
e0	7c	71	cc	90	06	f7	1c	c2	6a	ae	69	17	99	3a	27
d9	eb	2b	22	d2	a9	07	33	2d	3c	15	c9	87	aa	50	a5
03	59	09	1a	65	d7	84	d0	82	29	5a	1e	7b	a8	6d	2c

2. mix_1 的计算

定义如下符号:

a_n^t: a^t 的第 n 个字节, 其中 a_5^t 为最高位字节, a_0^t 为最低位字节

k_n^t: k^t 的第 n 个字节, 其中 k_{15}^t 为最高位字节, k_0^t 为最低位字节

将 pk_1 分成 5 段

$$pk_1 = pk_{14}pk_{13}pk_{12}pk_{11}pk_{10},$$

其中每个 pk_{1i} $(i = 0, 1, \cdots, 4)$ 均为 16 比特长的二进制字符串. $mix_1(a^t, V_2V_1, k^t) = pk_1$ 的计算如下:

$pk_{10} \leftarrow V_1$
$pk_{11} \leftarrow V_2$
$pk_{12} \leftarrow a_1^t a_0^t$
$pk_{13} \leftarrow a_3^t a_2^t$
$pk_{14} \leftarrow a_5^t a_4^t$

for $i \leftarrow 0$ to 3 do

$pk_{10} \leftarrow pk_{10} \oplus_{16} S[pk_{14} \oplus (k_1^t k_0^t)]$
$pk_{11} \leftarrow pk_{11} \oplus_{16} S[pk_{10} \oplus (k_5^t k_4^t)]$
$pk_{12} \leftarrow pk_{12} \oplus_{16} S[pk_{11} \oplus (k_9^t k_8^t)]$
$pk_{13} \leftarrow pk_{13} \oplus_{16} S[pk_{12} \oplus (k_{13}^t k_{12}^t)]$
$pk_{14} \leftarrow pk_{14} \oplus_{16} S[pk_{13} \oplus (k_1^t k_0^t)] + \oplus_{16} i$

$pk_{10} \leftarrow pk_{10} \oplus_{16} S[pk_{14} \oplus (k_3^t k_2^t)]$
$pk_{11} \leftarrow pk_{11} \oplus_{16} S[pk_{10} \oplus (k_7^t k_5^t)]$
$pk_{12} \leftarrow pk_{12} \oplus_{16} S[pk_{11} \oplus (k_{11}^t k_{10}^t)]$
$pk_{13} \leftarrow pk_{13} \oplus_{16} S[pk_{12} \oplus (k_{15}^t k_{14}^t)]$
$pk_{14} \leftarrow pk_{14} \oplus_{16} S[pk_{13} \oplus (k_3^t k_2^t)] + \oplus_{16} 2i \oplus_{16} 1$

3. mix_2 的计算

令 pt 为一个临时变量，代表一个 96 比特长的二进制字符串. 将 pt 分割成 6 段

$$pt = pt_5 pt_4 pt_3 pt_2 pt_1 pt_0,$$

其中每段 pt_i 的长度为 16 比特.

令 $X = X_1 X_0$ 为 16 比特二进制字符串，X_1 和 X_0 分别为一个字节. 令 $ub(X) = X_1, lb(X) = X_0$，其中 ub 表示高位字节，lb 表示低位字节.

令 RC4Key 表示 $mix_2(pk_1, V_0, k^t)$ 的输出，它是 RC4 为网帧加密使用的 128 比特长密钥. 将 RC4Key 分割成以下 16 个字节：

$$\text{RC4Key} = \text{RC4Key}_{15}\text{RC4Key}_{14}\cdots\text{RC4Key}_0.$$

RC4Key 按以下方式算出：

for $i \leftarrow 0$ to 5 do
$\quad pt_i \leftarrow pk_{1i}$

for $i \leftarrow 0$ to 5 do
$\quad pt_i \leftarrow pt_i \oplus_{16} S[pt_{(5+i)\bmod 6} \oplus (k^t_{2i+1}k^t_{2i})]$
for $i \leftarrow 0$ to 1 do
$\quad pt_i \leftarrow pt_i \oplus_{16} ([pt_{(5+i)\bmod 6} \oplus (k^t_{2i+13}k^t_{2i+12})] >>> 1)$
for $i \leftarrow 2$ to 5 do
$\quad pt_i \leftarrow pt_i \oplus_{16} (pt_{i-1} >>> 1)$

$\text{RC4Key}_0 \leftarrow ub(V_0)$
$\text{RC4Key}_1 \leftarrow (ub(V_0) \lor \text{0x20}) \land \text{0x7F}$
$\text{RC4Key}_2 \leftarrow lb(V_0)$
$\text{RC4Key}_3 \leftarrow lb(pt_5 \oplus [(k^t_1 k^t_0) >> 1])$
for $i \leftarrow 0$ to 5 do
$\quad \text{RC4Key}_{2i+4} \leftarrow lb(pt_i)$
$\quad \text{RC4Key}_{2i+5} \leftarrow lb(pt_i)$

将 RC4Key 右边的 24 比特二进制字符串作为 WEP 的初始向量 IV，即

$$IV = ub(V_0) \parallel U \parallel lb(V_0). \tag{6.6}$$

将 RC4Key 左边的 104 比特二进制字符串作为 WEP 密钥.

6.3.5 WPA 加密和解密机制

发送端 WPA 将 LLC 网帧 (记为 MSDU) 用 WEP 加密机制加密后放入 MAC 网帧传给接收方，MAC 网帧也称为 MAC 协议数据单位，简记为 MPDU. 没有加

密的 48 比特初始向量 $V_2V_1V_0$ 也放在 MPDU 内，与 MSDU 一起传给收信方. 图 6.7 给出 WPA 加密机制的流程图.

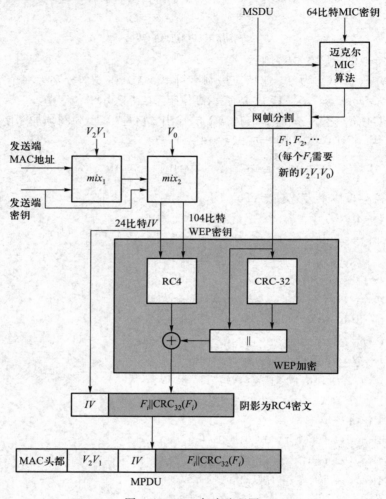

图 6.7 WPA 加密流程图

发送端初始向量计数器，从 0 开始，对每个 MSDU 块依次加 1 产生新的初始向量. 如果网帧块的初始向量不按次序到达，则会被清除以抵御消息重放攻击. 对每个新的连接和新的密钥，初始向量计数器将置 0.

接收端 WPA 提取初始向量 IV，并计算临时配对密钥. 然后将 MSDU 块解密并将它们重新整合成原来的 MSDU 及其完整性校验值 ICV.

6.3.6 WPA 安全强度

WPA 纠正了 WEP 的许多缺点. 比如，WPA 使用 802.1X 认证用户设备，用迈克尔算法计算 MIC，对每个 LLC 网帧用 TKIP 产生的会话密钥进行加密. 除此之外, WPA 允许 WEP 的设备经过软件更新后运行 WPA.

但是, TKIP 的安全强度还没有被证实, 它是否含有其他安全漏洞还不得而知. 已知道的是 WPA 很容易遭受拒绝服务攻击. 以下是两个拒绝服务攻击的例子.

第一个例子. 令 M 为一个 LLC 网帧. WPA 计算 M 的 MIC 并将其放入 MAC 网帧载荷. 然后 WPA 根据 MAC 子层协议将

$$M \parallel \mathrm{ICV}(M)$$

分割成若干小块: $F_1, F_2, \cdots$. 对每小块 F_i, WPA 产生一个 48 比特初始向量并用它产生 WEP 密钥. 由于初始向量的值总是不断增长, 而且初始向量以明文传输, 所以攻击者可以截获一个 MAC 网帧, 并将所含的初始向量用一个更大值的初始向量取代. 由于接收方不能将这个网帧正确解密, 因而只能将其清除. 但是由于这个初始向量已被使用, 导致稍后以此值为初始向量的合法网帧也会被清除.

第二个例子. 这个方法更简单. 根据 WPA 协议, 如果在 1 秒钟内检测到两个非法 MSDU, 则 TKIP 必须中断 STA 和 AP 的连接. 因此, 攻击者只需不断地给网络注入非法 MSDU 就能阻止合法 STA 与 AP 保持连接.

6.4   IEEE 802.11i/WPA2

WPA 是 2002 年为解决 WEP 的安全问题且能与 WEP 硬件设备兼容而仓促设计的安全协议, 它是基于 IEEE 802.11i 标准第 3 版初稿的基础上设计的. IEEE 在 2004 年正式公布了 802.11i 协议标准. Wi-Fi 联盟也随后推出 WPA2 协议与 802.11i 标准对应.

802.11i 与 WPA 的主要区别是, 802.11i 使用 AES-128 加密算法及计数器模式–密码分组链接 MAC 协议为网帧加密以及计算 MIC. 计数器模式–密码分组链接 MAC 协议简记为 CCMP. 此外, 因为 AES-128 密钥可被重复使用, 所以没有必要使用明文初始向量来协调发送方和接收方对每个网帧产生相同的子钥序列.

802.11i 仍使用 802.1X 标准认证用户设备.

但是, 因为 802.11i 使用了完全不同的加密算法, 所以它不能在现有的 WEP 上更新后使用, 这是与 WPA 的一个主要区别.

6.4.1   AES-128 密钥的生成

IEEE 802.11i 与 WPA 具有相同的密钥分层结构, 即 802.11i 也产生一把 256 比特配对主密钥和 4 把 128 比特的临时配对密钥. 此外, 802.11i 对每个 STA 和 AP 的连接还产生一把 384 比特的临时密钥, 它是由一个伪随机数发生器根据用户 STA 的 MAC 地址和现时数, 及 AP 的 MAC 地址和现时数计算出来的. 此密钥被分割成 3 把 128 比特长的临时密钥, 其中的两把密钥用于 STA 和 AP 建立连接, 另一把密钥用做 CCMP 加密的会话密钥.

6.4.2 CCMP 加密与 MIC

CCMP 使用 AES 计数器模式将 MSDU 加密. 令 Ctr 为一个 128 比特计数器, 它从初始值 Ctr_0 开始每次递增 1. 令 M 为一个 MSDU, 将 M 分割成一串 128 比特的二进制字符段:

$$M = M_1 M_2 \cdots M_k.$$

令 K 为 AES-128 密钥, $\text{AES-128}_K(X)$ 表示用 AES-128 及密钥 K 将 128 比特二进制字符串 X 加密的结果. CCMP 按以下方式给 M 加密:

$$Ctr = Ctr_0,$$
$$C_i = \text{AES-128}_K(Ctr + 1) \oplus M_i,$$
$$i = 1, \cdots, k.$$

CCMP 用以下基于 AES-128 的密码分组链接消息认证码, 简记为 CBC-MAC, 认证 MSDU 并进行完整性校验:

$$C_0 = 0^{128},$$
$$C_i = \text{AES-128}_K(C_{i-1} \oplus M_i),$$
$$i = 1, 2, \cdots, k.$$

除了使用不同的加密算法外, 802.11i 与 WPA 在认证 MSDU 的具体做法也有所不同. WPA 在 MSDU 分割成小段之前先计算其 MIC, 而 802.11i 则先将 MSDU 分段, 然后对每个小段用 CBC-MAC 计算其 MIC, 802.11i 将每个小段及其 MIC 一起加密后发送给接收方.

6.4.3 802.11i 安全强度

802.11i 的密码算法和安全机制比 WPA 强, 它不再使用明文传输的初始向量来产生会话密钥. 此外, 802.11i 使用 AES-128 为基础的 CCMP 加密和认证 LLC 网帧. 值得一提的是, 802.11i 建议使用在第 4.4 节中介绍过的 OCB 操作模式对 LLC 网帧进行加密和认证. 由于 OCB 操作模式受专利保护, 故目前还不适于设为标准.

尽管 CCMP 被认为是安全的, 但 802.11i 仍然可能遭受攻击, 特别是在通信协议方面. 例如, 802.11i 容易遭受反转攻击, 4 向握手协议容易遭受 RSN IE 投毒攻击, STA 和 AP 的连接容易遭受中断连接攻击. 这些都属于拒绝服务攻击, 而且发生在 MAC 子层. 习题 6.21、6.22 及 6.23 给出了几种拒绝服务攻击的例子.

1. 反转攻击

IEEE 802.11i 标准的目的是为用户设备和 AP 建立 RSN 连接. 然而, 为了支持现有的 WEP 和 WPA 设备, 802.11i 允许 RSN 设备与没有 RSN 功能的设备进行通信，这就使反转攻击成为可能. 攻击者可诱使 RSN 设备停止使用 RSN 功能. 比如，攻击者冒充合法 RSN AP 对外宣布这是一个 WEP AP，或者冒充合法的 RSN STA 向 AP 请求 WEP 连接. 这样，所有对 WEP 的攻击便可搬到 802.11i 上来.

抵御反转攻击的方法是不允许 RSN AP 与没有 RSN 功能的用户设备进行通信，特别是对保密要求很高的通信. 对保密性要求没有如此高的通信，可仍然接受 WPA 或 WEP 通信连接，以便为更多的用户服务.

2. RSN IE 投毒攻击

在 4 向握手协议中的第 2 步，用户 STA 送给 AP 的信息 $message_2$（见第 6.3.2 节）中包含 $RSNIE_{STA}$. AP 检验 MIC 后，如果 MIC 不正确，则将 $message_2$ 清除. 否则，AP 将收到的 $RSNIE_{STA}$ 与其记录中的相比较. 如果它们不相等，则终止握手，使用户 STA 与 AP 不能建立连接.

在第 3 步中，AP 送给 STA 的 $message_3$ 中包含 $RSNIE_{AP}$. STA 在检验 MIC 前先检查 RSN IE. 如果 RSN IE 与 STA 保存的记录不同，则 STA 终止握手协议并切断与 AP 的连接. 但是这个设计有安全漏洞，因为攻击者可以利用其他 RSN IE 伪造 $message_3$，迫使 STA 与 AP 不能建立连接.

3. 脱网攻击

脱网攻击利用伪造的 MAC 子层管理网帧将 STA 和 AP 已建立的连接切断. 例如，假设某用户 STA 已和 AP 建立了连接，攻击者向 AP 发送一个伪造的管理网帧，通知 AP 此 STA 的认证有问题，从而终止 STA 与 AP 的连接.

6.5　蓝牙安全机制

802.11 系列是构造无线局域网的技术，而蓝牙技术则是构造无线个人域网络的技术，它是由爱立信、英特尔、IBM、诺基亚和东芝等五家公司于 1998 年合作开发出来的小范围无线网通信技术. 无线个人域网络简称为无线个人网，记为 WPAN. IEEE 802.15 是基于蓝牙技术制定的无线个人网通信标准.

蓝牙之名取自 1000 多年前丹麦国王 Harold Bluetooth 姓名的字译. 据说 Bluetooth 国王擅长外交，他提倡交战各方应用谈判方式解决争端. 蓝牙之名用在无线网络表示不同的通信设备在不同的操作平台上能够进行无线通信.

蓝牙技术允许不同厂家生产的无线装置在不同的操作系统下进行通信，其特点是能耗低、计算量小，适合小型、简单的通信装置，如无线耳机等. 如今许多便携式设备都有蓝牙功能，如笔记本电脑、手机、平板电脑及各式各样的嵌入式系统等.

由于受计算能力的限制，蓝牙密码技术只能使用不需要太多计算资源的密码算法.

6.5.1 Pico 网

蓝牙是在 Pico 网上实现的. Pico 网是一个自配置和自组织的动态无线网, 它允许新设备动态加入和网内设备动态离开, 而且不需要使用无线网切入点和任何固定通信设施. 一个 Pico 网能够支持 8 个通信设备使用同一频道通信. Pico 网内所有的设备都是对等的, 可直接通信. 这些设备会动态选举一个设备作为主节点, 用于协调其余设备进行同步通信. 没被选为主设备的设备称为仆节点. 仆节点将与主节点同步.

为了节省能源消耗, 蓝牙设备设有三种状态, 即活跃状态、停泊状态和待命状态. 正在进行通信的设备 (包括主节点和仆节点) 呈活跃状态, 处在停泊状态的设备可随时进入活跃状态, 而处在待命状态的设备则需要更长的时间才能进入活跃状态. 一个 Pico 网最多可包含 255 个停泊设备. 图 6.8 给出了 Pico 网的示意图.

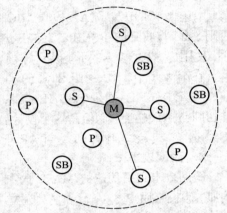

蓝牙设备可以自行组建 Pico 网, 或加入现有的 Pico 网. 希望组建 Pico 网的蓝牙设备向外发送一个特别的控制包, 并成为 Pico 网的主节点. 希望加入现有 Pico 网的蓝牙设备向该 Pico 网主节点发送请求加入控制包, 成为仆节点.

图 6.8 Pico 网示意图, 其中 M 为主节点, S 表示仆节点, P 表示处在停泊状态的设备, SB 表示处在待命状态的设备

若干 Pico 网的覆盖区域可能重合而构成一个散布网. 任何蓝牙设备在任何时刻都只能加入一个 Pico 网. 图 6.9 给出散布网的示意图.

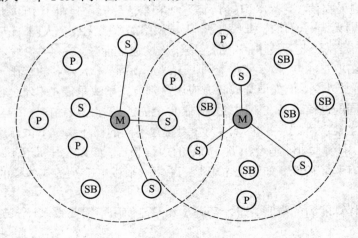

图 6.9 散布网示意图

6.5.2 安全配对

假设两个蓝牙设备 D_A 和 D_B 都落在同一 Pico 网的覆盖范围内，而且希望进行保密通信. 为方便起见，假设 D_A 处在活跃状态，并且是通信发起者. 为了进行保密通信，D_A 和 D_B 必须共享一个个人标识符，简记为 PIN. 一个 PIN 码是一个英文符号串，其长度不超过 16 个英文符号，包括字母、数字和其他符号. PIN 可由用户输入，也可由厂商预存在设备中.

D_A 和 D_B 然后产生共享密钥，用于相互认证. 这个过程称为安全配对.

安全配对刚开始时，蓝牙根据用户设备的 PIN 码和其他信息，为每一个蓝牙设备产生一把 128 比特长的初始密钥，然后蓝牙设备各自产生一把 128 比特长的链接密钥，也称为组合密钥. 蓝牙用链接密钥认证设备并产生加密算法密钥.

蓝牙使用一个记为 E_0 的特殊序列加密算法为网包载荷加密. 蓝牙还使用一个称为 SAFER+ 的分组加密算法以及根据 SAFER+ 的修改版构造的三个算法，分别记为 E_1、E_{21} 和 E_{22}，用于产生子钥和认证设备.

认证是安全配对的主要部分，本节主要介绍蓝牙认证算法.

6.5.3 SAFER+ 分组加密算法

蓝牙使用 SAFER+ 分组加密算法认证蓝牙设备，SAFER+ 是其前身 SAFER 的改进版. SAFER 是英文"安全与快速加密程序"的缩写，它是由 James L. Massey 于 1993 年设计的. SAFER 是 Feistel 密码体系的一种具体实施，其分组大小为 64 比特. SAFER+ 与 SAFER 大体相同，只不过其分组大小改为 128 比特，而且和 AES 一样允许三种长度的密钥，分别为 128 比特、192 比特和 256 比特. 蓝牙使用密钥长度为 128 比特的 SAFER+，记为 SAFER+ K-128.

与任何 Feistel 密码体系相同，SAFER+ K-128 包含一个子钥产生算法及加密和解密算法. SAFER+ K-128 加密算法由 8 轮相同的运算及一个输出转换组成，共需要 17 把子钥：每轮运算各需要两把子钥，而输出转换需要一把子钥.

1. SAFER+ 子钥

令 $X = x_1x_2 \cdots x_k$ 为 k 字节二进制字符串，并令 $X[i]$ 表示第 i 个字节 x_i，$X[i:j]$ 表示子串 $x_i \cdots x_j$，其中 $0 \leqslant i \leqslant j \leqslant k$.

令 $K = k_0k_1 \cdots k_{15}$ 为 128 比特密钥，每个 k_i 长 1 字节，$i = 0, 1, \cdots, 15$. 令

$$k_{16} = k_0 \oplus k_1 \oplus \cdots \oplus k_{15}.$$

令 X 为一个字节，令 $LS_k(X)$ 表示对 X 执行 k 次左循环运算得到的新的字符串. SAFER+ 按以下方式产生 128 比特子钥 $K_1, K_2, \cdots, K_{17}$：

首先令 $K_1 = K$. 然后令

$$K_e \leftarrow k_0k_1 \cdots k_{15}k_{16}$$

并按以下方式生成其余子钥 K_i $(i = 2, \cdots, 17)$: 首先对 K_e 中的每个字节做 LS_3 运算即连续做 3 次左循环位移, 然后按左循环的方式依次选取 16 字节二进制字符串. 令 L_i 为按此方式从第 $i-1$ 次选取中得到的字符串, $i = 2, 3, \cdots, 17$. 令 B_i 为一个长为 16 字节的常数字符串, 称为偏移向量, 其值满足如下关系:

$$B_i[j] = \left(45^{\left(45^{17i+j+1} \bmod 257 \right)} \bmod 257 \right) \bmod 256,$$

$$j = 0, 1, \cdots, 15,$$

$$B_i = B_i[0]B_i[1] \cdots B_i[15],$$

$$i = 2, 3, \cdots, 17.$$

子钥 K_i $(i = 2, 3, \cdots, 17)$ 由以下方式产生:

$$K_1 \leftarrow k_0 k_1 \cdots k_{15}$$
$$\text{for } j = 0, 1, \cdots, 16 \ \text{do}$$
$$\quad k_j \leftarrow LS_3(k_j)$$
$$K_2 \leftarrow k_1 k_2 \cdots k_{16} \oplus_8 B_2$$
$$\text{for } i = 3, 4, \cdots, 17 \ \text{do}$$
$$\quad \text{for } j = 0, 1, \cdots, 16 \ \text{do}$$
$$\quad \quad k_j \leftarrow LS_3(k_j)$$
$$\quad K_i \leftarrow k_{i-1} k_i \cdots k_{16} k_0 \cdots k_{i-3} \oplus_8 B_{i-3}$$

其中 $\oplus_8$ 表示字节相加运算取 $\bmod 2^8$, 即如果 $X = x_1 x_2 \cdots x_k$ 和 $Y = y_1 y_2 \cdots y_k$ 为两个二进制字符串, 其中 x_i 和 y_i 为字节, $i = 1, 2, \cdots, k$, 则

$$X \oplus_8 Y = x_1 \oplus_8 y_1 \parallel x_2 \oplus_8 y_2 \parallel \cdots \parallel x_k \oplus_8 y_k.$$

图 6.10 给出 SAFER+ 子钥产生示意图.

2. SAFER+ 加密算法

SAFER+ K-128 将 128 比特明文通过 8 轮相同的运算及一个输出转换进行加密.

(1) 加密算法中的轮运算

SAFER+ 加密算法的每轮运算由一个类似于阿达玛变换的运算 (简记为 PHT)、若干亚美尼亚混合运算 (简记为 ArS)、替换运算、异或和 $\oplus_8$ 等运算组成. 最后两个运算使用两把不同的子钥.

PHT 的输入为字节 x 和字节 y, 它产生一个 2 字节长的输出如下:

$$\text{PHT}(x, y) = (2x + y) \bmod 2^8 \parallel (x + y) \bmod 2^8.$$

令 $X = x_1 x_2 \cdots x_{2k-1} x_{2k}$ 为二进制字符串, 其中 x_i 为字节, $i = 1, 2, \cdots, 2k$. 令

$$\text{PHT}(X) = \text{PHT}(x_1, x_2) \parallel \text{PHT}(x_3, x_4) \parallel \cdots \parallel \text{PHT}(x_{2k-1} x_{2k}).$$

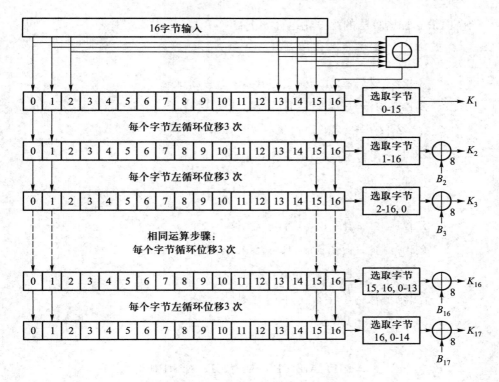

图 6.10　SAFER+ 子钥产生示意图

ArS 将 $X = x_0x_1\cdots x_{15}$ 中的每个字节进行置换，其中每个 x_i 长 1 字节，$i = 0, 1, \cdots, 15$:

$$\mathrm{ArS}(X) = x_8x_{11}x_{12}x_{15}x_2x_1x_6x_5x_{10}x_9x_{14}x_{13}x_0x_7x_4x_3.$$

替换运算使用两个 S 盒 e 和 l. e 是一个含 2^8 个元素的表，其下标从 0 到 255，用一个字节表示. 令 x 为输入字节，则

$$e(x) = \left(45^x \bmod \left(2^8 + 1\right)\right) \bmod 2^8.$$

替换运算将用 $e(x)$ 取代 x.

l 是 e 的逆盒，即 l 含 2^8 个元素，其下标从 0 到 255，用一个字节表示. 对每个字节 y，如果 $e(x) = y$，则

$$l(y) = x.$$

令 Y_i 表示第 i 轮运算的输入，它是长 128 比特的二进制字符串，其中 $1 \leqslant i \leqslant 8$. 即 $Y_i\,(i > 1)$ 是第 $i-1$ 轮运算的输出，Y_1 为明文段. 令 K_{2i-1}、K_{2i} 为子钥，Z_1、Z_2 为两个临时变量，分别表示 128 比特二进制字符串.

SAFER+ 加密算法的第 i 轮运算如下：

$$Z_0 = Y_i,$$
$$Z_1[2j-2] = e(Z_0[2j-2] \oplus K_{2i-1}[2j-2]),$$
$$Z_1[2j-1] = l(Z_0[2j-1] \oplus_8 K_{2i-1}[2j-1]),$$
$$Z_1[2j] = l(Z_0[2j] \oplus_8 K_{2i-1}[2j]),$$
$$Z_1[2j+1] = e(Z_0[2j+1] \oplus K_{2i-1}[2j+1]),$$
$$j = 1, 3, 5, 7.$$

$$Z_2[2j-2] = l(Z_1[2j-2] \oplus_8 K_{2i}[2j-2]),$$
$$Z_2[2j-1] = e(Z_1[2j-1] \oplus K_{2i}[2j-1]),$$
$$Z_2[2j] = e(Z_1[2j] \oplus K_{2i}[2j]),$$
$$Z_2[2j+1] = l(Z_1[2j+1] \oplus_8 K_{2i}[2j+1]),$$
$$j = 1, 3, 5, 7.$$

$$Y_{i+1} = \mathrm{PHT}(\mathrm{ArS}(\mathrm{PHT}(\mathrm{ArS}(\mathrm{PHT}(\mathrm{ArS}(\mathrm{PHT}(Z_2))))))).$$

(2) 输出转换

经过 8 轮相同的运算后，输出转换运算将 Y_9 通过以下运算得密文 C:

$$C[2j-2] = Y_9[2j-2] \oplus K_{17}[2j-2],$$
$$C[2j-1] = Y_9[2j-1] \oplus_8 K_{17}[2j-1],$$
$$C[2j] = Y_9[2j] \oplus_8 K_{17}[2j],$$
$$C[2j+1] = Y_9[2j+1] \oplus K_{17}[2j+1],$$
$$j = 1, 3, 5, 7.$$

6.5.4　蓝牙算法 E_1、E_{21} 和 E_{22}

蓝牙用 SAFER+ 算法和一个经过修改的 SAFER+ 算法构造 E_1，并用修改后的 SAFER+ 算法构造 E_{21} 和 E_{22}. 修改后的 SAFER+ 算法与原算法的不同之处在于，它将第 1 轮运算的输入 Y_1 和第 3 轮运算的输入 Y_3 用 $\oplus$ 和 $\oplus_8$ 运算，给出新的 Y_3，这样做的目的是使得修改后的算法不可逆.

$$Y_3[2j-2] \leftarrow Y_3[2j-2] \oplus Y_1[2j-2],$$
$$Y_3[2j-1] \leftarrow Y_3[2j-1] \oplus_8 Y_1[2j-1],$$
$$Y_3[2j] \leftarrow Y_3[2j] \oplus_8 Y_1[2j],$$

$$Y_3[2j+1] \leftarrow Y_3[2j+1] \oplus Y_1[2j+1],$$
$$j = 1, 3, 5, 7.$$

为方便, 用 A_r 表示 SAFER+ 加密算法, A'_r 表示修改后的 SAFER+ 算法.

1. E_1

令 K 为 16 字节长的密钥, ρ 为 16 字节二进制字符串, α 为 6 字节地址. 定义 $\tilde{K}$ 如下:

$$\tilde{K}[0] = K[0] \oplus_8 233, \quad \tilde{K}[1] = K[1] \oplus 229,$$
$$\tilde{K}[2] = K[2] \oplus_8 223, \quad \tilde{K}[3] = K[3] \oplus 193,$$
$$\tilde{K}[4] = K[4] \oplus_8 179, \quad \tilde{K}[5] = K[5] \oplus 167,$$
$$\tilde{K}[6] = K[6] \oplus_8 149, \quad \tilde{K}[7] = K[7] \oplus 131,$$
$$\tilde{K}[8] = K[8] \oplus 233, \quad \tilde{K}[9] = K[9] \oplus_8 229,$$
$$\tilde{K}[10] = K[10] \oplus 223, \quad \tilde{K}[11] = K[11] \oplus_8 193,$$
$$\tilde{K}[12] = K[12] \oplus 179, \quad \tilde{K}[13] = K[13] \oplus_8 167,$$
$$\tilde{K}[14] = K[14] \oplus 149, \quad \tilde{K}[15] = K[15] \oplus_8 131.$$

用扩张函数 E 将 α 循环扩张成 16 字节长的二进制字符串, 定义如下:

$$E(\alpha) = \alpha \parallel \alpha \parallel \alpha[0:3].$$

E_1 将 r、K 和 α 作为输入, 其输出为一个 16 字节的二进制字符串, 定义如下:

$$E_1(K, \rho, \alpha) = A'_r(\tilde{K}, [A_r(K, \rho) \oplus \rho] \oplus_8 E(\alpha)). \tag{6.7}$$

2. E_{21}

E_{21} 的输入为一个 16 字节的随机二进制字符串 ρ 及 6 字节地址 α. 令

$$\rho' = \rho[0:14] \parallel (\rho[15] \oplus b(6)),$$

其中 $b(6)$ 为数字 6 的 8 字节二进制表示, 即 $b(6) = 00000110$. 则

$$E_{21}(\rho, \alpha) = A'_r(\rho', E(\alpha)). \tag{6.8}$$

3. E_{22}

E_{22} 的输入 为16 字节随机二进制字符串 ρ、6 字节地址 α 及 ℓ 字节 PIN 码 p, 其中 $1 \leqslant \ell \leqslant 16$. 令

$$\text{PIN}' = \begin{cases} \text{PIN} \parallel \alpha[0] \parallel \cdots \parallel \alpha[\min\{5, 15 - \ell\}], & \ell < 16, \\ \text{PIN}, & \ell = 16 \end{cases}$$

令 $\ell' = \min\{16, \ell + 6\}$. 令

$$\kappa = \begin{cases} \text{PIN}' \parallel \text{PIN}' \parallel \text{PIN}'[0:1], & \ell' = 7, \\ \text{PIN}' \parallel \text{PIN}'[0:15-\ell'], & 8 \leqslant \ell' < 16, \\ \rho, & \ell' = 16, \end{cases}$$

$$\rho' = \rho[0:14] \parallel (\rho[15] \oplus b(\ell')),$$

其中 $b(\ell')$ 为 ℓ' 的 8 比特二进制表示. 则

$$E_{22}(\text{PIN}, \rho, \alpha) = A'_r(\kappa, \rho'). \tag{6.9}$$

6.5.5 蓝牙认证

每台蓝牙设备都有一个 ℓ 字节长的 PIN 码, 其中 $1 \leqslant \ell \leqslant 16$. 为蓝牙设备 D_A 和 D_B 建立安全配对, 其中 D_A 为通信发起者, 双方必须具有相同的 PIN 码, 它可以预先存在设备中或由用户输入. 此外, 每个蓝牙设备还有一个 6 比特长的地址, 记为 BD_ADDR.

蓝牙产生一把初始密钥 K_{init} 和一把链接密钥 K_{AB}, 用于设备认证之用.

1. 初始密钥

当 D_A 发起与 D_B 的通信时, D_A 首先产生一个 16 字节的伪随机二进制字符串, 记为 IN_RAND$_A$, 并将其以明文形式发送给 D_B. D_A 和 D_B 同时按以下方式各自计算初始密钥 K_{init}:

$$K_{init} = E_{22}(\text{PIN}, \text{IN\_RAND}_A, \text{BD\_ADDR}_B),$$

其中 BD_ADDR$_B$ 为设备 D_B 的 6 字节地址.

2. 链接密钥

蓝牙设备 D_A 和 D_B 产生初始密钥 K_{init} 后各自计算链接密钥 K_{AB}. 首先 D_A 产生一个 16 字节伪随机二进制字符串 LK_RAND$_A$, D_B 产生一个 16 字节伪随机二进制字符串 LK_RAND$_B$. 然后 D_A 将 LK_RAND$_A \oplus K_{init}$ 发送给 D_B, D_B 将 LK_RAND$_B$ 发送给 D_A. 从而 D_A 获得 LK_RAND$_B$, D_B 获得 LK_RAND$_A$.

D_A 和 D_B 各自按以下方式计算 K_{AB}:

$$K_{AB} = E_{21}(\text{LK\_RAND}_A, \text{BD\_ADDR}_A) \oplus E_{21}(\text{LK\_RAND}_B, \text{BD\_ADDR}_B).$$

3. 设备认证

蓝牙设备应用挑战–回应机制认证设备. 如果设备 D_A 需要认证设备 D_B, 则 D_A 首先产生一个 16 字节的伪随机二进制字符串 AU_RAND$_A$, 并将其作为挑战序列以明文形式发送给 D_B. D_B 收到此信息后按以下方式计算一个 4 字节的签字回应, 记为 SRES:

$$\text{SRES}_A = E_1(K_{AB}, \text{AU\_RAND}_A, \text{BD\_ADDR}_B)[0:3].$$

然后 D_B 将 SRES_A 送给 D_A. D_A 从 SRES_A 验证 D_A 具有相同的链接密钥 K_{AB}，从而认证 D_B. 图 6.11 给出设备认证的示意图.

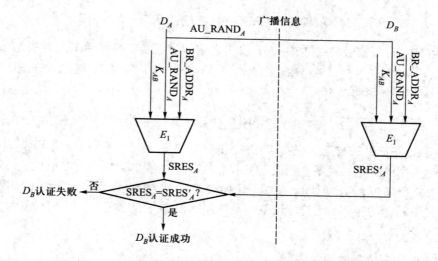

图 6.11　蓝牙设备 D_A 认证蓝牙设备 D_B 的示意图

6.5.6　PIN 码破译攻击

蓝牙认证协议容易遭受 PIN 码破译攻击，攻击方法与攻击 2DES 中间人攻击相似. 假设攻击者窃听到了设备 D_A 和设备 D_B 之间的所有配对和认证通信，如表 6.3 所示.

表 6.3　攻击者窃听到的设备 D_A 和设备 D_B 之间的所有配对和认证通信

信息标号	发送方	接收方	数据	长度	备注
1	D_A	D_B	IN_RAND_A	128 比特	明文
2	D_A	D_B	$\text{LK\_RAND}_A \oplus K_{init}$	128 比特	
3	D_B	D_A	$\text{LK\_RAND}_B \oplus K_{init}$	128 比特	
4	D_A	D_B	AU_RAND_A	128 比特	明文
5	D_B	D_A	SRES_A	32 比特	明文
6	D_B	D_A	AU_RAND_B	128 比特	明文
7	D_A	D_B	SRES_B	32 比特	明文

攻击者可用蛮力攻击用下列方法破译蓝牙设备 PIN 码. 首先攻击者穷举所有 2^{48} 可能的 PIN 码，对每个被枚举的 PIN 码，记为 PIN′，攻击者从第 1 条信息中获得 IN_RAND_A 及设备 D_B 的地址 BD_ADDR_B，计算初始密钥的候选者：

$$K'_{init} = E_{22}(\text{PIN}', \text{IN\_RAND}_A, \text{BD\_ADDR}_B).$$

然后攻击者用 K'_{init} 分别与第 2 条信息和第 3 条信息做异或运算，得 LK_RAND$'_A$ 及 LK_RAND$'_B$，然后计算链接密钥的候选者

$$K'_{AB} = E_{21}(\text{LK\_RAND}'_A, \text{BD\_ADDR}_A) \oplus E_{21}(\text{LK\_RAND}'_B, \text{BD\_ADDR}_B).$$

用 K'_{AB} 和最后的 4 条信息，攻击者可以验证 PIN$'$ 是否真是设备 D_A 和 D_B 使用的 PIN 码. 具体做法是从第 4 条信息获取 AU_RAND$_A$，然后用 K'_{AB} 和 BD_ADDR$_B$ 计算

$$\text{SRES}'_A = E_1(\text{AU\_RAND}_A, K'_{AB}, \text{BD\_ADDR}_B)[0:3],$$

并验证 SRES$'_A$ 是否与第 5 条信息中的 SRES$_A$ 相等. 如是，则 PIN$'$ 是设备 D_A 和 D_B 所使用 PIN 码的概率会很大. 然后攻击者用第 6 和第 7 条信息对此进行确认.

PIN 码越短，破译时间就越短. 比如在笔记本电脑上破译 4 比特 PIN 码，只需不到 1 秒钟的时间，而蓝牙设备通常使用 4 比特 PIN 码. 所以，应该避免使用短 PIN 码.

6.5.7　蓝牙安全简单配对协议

蓝牙安全简单配对协议，简记为 SSP，于 2007 年开始实施使用. 它用椭圆曲线 Diffie-Hellman 交换算法（简记为 ECDH）为通信算法选取密钥，取代 PIN 码，抵御 PIN 码破译攻击.

每个蓝牙设备产生自己的 ECDH 公钥–私钥对 (K^u, K^r). SSP 按以下方式交换公钥对：蓝牙设备 D_A（通信发起方）首先将其公钥 K^u_A 发送给蓝牙设备 D_B，然后 D_B 将其公钥 K^u_B 发送给 D_A.

容易看出，这个公钥交换协议很容易遭受中间人攻击，如同在第 3.3.2 节中介绍的 Diffie-Hellman 密钥交换体系很容易遭受中间人攻击一样. 比如，攻击者首先截获 K^u_A 和 K^u_B，然后用自己的公钥取代发送给 D_B 的公钥 K^u_A 和发送给 D_A 的公钥 K^u_B.

抵御中间人攻击的常用手段是用公钥证书认证公钥拥有者的身份，但蓝牙不提供数据链接层的公钥基础设施. 不过，由于蓝牙通信的范围很小，攻击者必须进入 Pico 网内才能发起攻击，很容易暴露自己的身份，因此，在 Pico 网内实施中间人攻击相对困难.

假设 D_B 已获得 D_A 的公钥 K^u_A，D_A 已获得 D_B 的公钥 K^u_B，即在公钥交换过程中没有发生中间人攻击. 在公钥交换完成后，SSP 执行两个认证步骤，以防止其他形式的中间人攻击. 然后 SSP 根据公钥计算链接密钥完成安全配对.

6.6　无线网状网的安全性

无线网状网（简记为 WMN）是由若干无线路由器组成的无线网，其中任意两

个无线路由器或者能直接通信,即它们同时落在对方的通信范围内,或者存在一系列能相互直接通信的中间路由器. 无线路由器提供地址分配、路由、DNS 查询及其他网络服务. 所以,无线路由器可被视为强化的 AP. 本节仍用 AP 表示无线路由器. 一个 AP 系列,如果每两个相邻的 AP 都落在对方的通信范围内,则将其称为一个 AP 路径.

无线网状网中的 AP 可与有线网相连. 无线网状网中的用户设备按动态的方式与一个 AP 相连. 因此,无线网状网的拓扑结构是多跳网络. 图 6.12 给出无线网状网拓扑结构示意图.

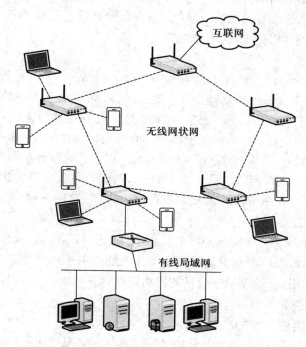

图 6.12 无线网状网拓扑结构示意图

无线网状网中的每个路由器通常都具有两个无线电频道,用 802.11b 或 802.11g 通信标准与用户设备连接,用 802.11a 通信标准与路由器连接. 在一个 WMN 内,一个路由器 AP 及所有与其相连的用户设备 STA 构成一个 WMN 区,并可视为一个WLAN. 因此,WMN 区可以使用 802.11i/WPA2 安全标转向 AP 认证 STA,并对所有通信加密.

同样,也可用 802.11i/WPA2 标准保护两个同时落在对方通信范围内的 AP 之间的通信,以及在 AP 路径上的每对相邻的 AP 之间的通信.

因为不同的 AP 可能属于不同的机构,由不同的系统管理员管理,所以在不同的 AP 之间传输和管理密钥需要有无线公钥设施或可信赖的无线密钥分布中心的支持,前者简记为 WPKI,后者简记为 WKDC.

在 WMN 中, 用于中继转播其他 AP 发来的网包的 AP 称为网间路由器. 如果允许网间路由器无须认证就加入 WMN, 将会导致一系列安全问题. 本节仅简要介绍几种网状网的安全问题, 它的研究同样是一个活跃的研究领域.

1. 黑洞攻击

在黑洞攻击中, 攻击者假冒合法网间路由器, 但却不中转所收到的网包, 即清除所收到的网包, 从而阻断合法用户使用网络. 攻击者可通过做广告的方式引诱合法用户使用其网间路由器.

黑洞攻击有两种不同的形式. 一种是清除所有网包, 另一种是有选择地清除网包. 比如, 清除送往某些目的地的网包, 或在每收到若干网包后清除一个网包. 有选择地清除网包的黑洞攻击也称为灰洞攻击.

2. 虫道攻击

在虫道攻击中, 攻击者将从某个 WMN 区的设备送往另一个 WMN 区的设备的网包改道到攻击者控制的路径中. 比如, 令 D_A 和 D_B 为两个在不同 WMN 区的用户设备. 假设 D_A 向 D_B 发送一个网包, 它将在由路由协议确定的路径上传输. 攻击者将此网包截获, 不做任何改动, 而且也送往 D_B, 但却不经过原先的路径, 而是将其送往一个更快的路径. 也就是说, 攻击者偷偷地在两个设备之间建立了另外一条由攻击者控制的通道, 称为虫道. 攻击者可以在稍后的时候有意清除某些网包或干脆将整条虫道清除, 从而破坏 D_A 和 D_B 之间的通信.

3. 抢占攻击

根据 WMN 按需路由协议的规定, 每个路由器必须将第一次收到的路由请求包传播出去, 但对以后收到的从同一设备传来的路由请求则置之不理, 以减少堵塞. 攻击者可利用这一机制抢在合理的路由请求包发出之前, 发出伪造的路由请求包, 破坏用户的正常通信.

4. 路径错误注入攻击

在路径错误注入攻击中, 攻击者将伪造的路径错误包注入网络中而切断通信路径. 因为路径错误信息通常是静态的, 不包含动态信息, 如目前使用的路径或路由协议等信息, 所以在网络注入路径错误包相对容易.

6.7　结　束　语

计算机无线网络, 包括 WLAN、蓝牙和 WMN (同时也包含本书没有介绍的 3G 和 4G 手机网络) 为数据通信提供了新的方式和操作平台. 但与有线网络相比较, 无线网络通信有其自身的局限性. 比如, 移动设备通常使用电池能源, 因此能源是一个大问题. 此外, 无线通信的范围通常较小, 而且传输的方式是无线电信号广播. 因此, 尽管在有线网络中一些行之有效的密码算法和基础设施可以借鉴进无线通信之中, 无线通信仍有许多自己独特的安全问题. WPA、802.11i/WPA2 和蓝牙是解决若干问题的工业化标准. 尽管如此, 无线安全性仍然是科研和工业开发的主要课题.

安全协议产生之后, 如何编写软件或设计硬件以便安全有效地实现这些协议又是一个重要课题. 所以, 开发网络安全产品除了对通信协议、密码算法和安全协议有深入了解之外, 还必须掌握编写安全软件的理论和技术. 安全软件是一个大课题, 有兴趣的读者可参考有关文献和书籍.

习　　题

6.1　解释为什么数据链接层是部署无线网安全协议的最佳层次.

6.2　解释为什么无线通信容易遭受窃听和拒绝服务攻击.

6.3　解释为什么无线通信容易遭受消息重放攻击.

6.4　在 WEP 的挑战–回应认证体系中, 如果某挑战信息重复使用, 将会发生什么结果?

6.5　如果无线网通信协议中没有用户设备认证功能, 将会发生什么情况?

6.6　将初始向量 IV 用明文的形式传播是很不安全的设计, WEP 的设计者不可能没有意识到这个问题. 那么, 他们为什么仍然这样做呢?

6.7　令 $P = 10011$ 为 CRC_4 多项式, $M = 10010110$. 计算 $\mathrm{CRC}_4(M)$.

6.8　令 $P = 10011$ 为 CRC_4 多项式, $M = 11001010$, 则 $\mathrm{CRC}_4(M) = 0100$. 证明多项式 $M \parallel \mathrm{CRC}_4(M)$ 被多项式 P 整除.

6.9　令 x 和 y 为任意两个二进制字符串, 证明

$$\mathrm{CRC}(x \oplus y) = \mathrm{CRC}(x) \oplus \mathrm{CRC}(y).$$

6.10　总结 WEP 的主要安全缺陷.

6.11　解释为什么 WEP 没有正确使用 RC4.

*6.12　WEPCrack 是一个开源软件工具, 它采用攻击 RC4 弱密钥的方法破译 WEP 密钥. 设计一个用 WEPCrack 破译 WEP 密钥的实验.

*6.13　为破译 WEP 密钥, 攻击者必须收集相当数量的网包. 攻击者可使用一个称为比特翻转的技术迫使用户 STA 重复发出 ARP 包, 使得攻击者在 5 到 6 分钟之内便能收集足够数量的 ARP 包以破译 WEP 密钥. 在这个攻击中, 攻击者首先用一个嗅探器截获用户 STA 发送给合法 AP 的扫描包, 然后将其控制的 AP 设置成一个看上去合法的 AP, 并和 STA 执行伪造的认证过程而建立连接. 假设被攻击的 STA 需要用 DHCP 协议获得一个 IP 地址. 因为伪造的 AP 无法满足此要求, 造成 DHCP 因为时间到而终止. 此时 STA 就会使用预先设置的 169.254.x.x 地址, 然后发送一个经过加密的 ARP 包. 攻击者截获此包并翻转其中的某一位数

字（即 0 变为 1, 1 变为 0）而产生一个新包. STA 收到这个新的 ARP 包, 并产生一个新的 ARP 包作为回应. 攻击者继续此步骤直到收集到足够多的包为止. 试描述此攻击的细节.

6.14 描述如何对迈克尔算法产生的 MIC 进行生日攻击, 它的复杂性是多少?

6.15 解释 WEP 和 WPA 的主要差别.

6.16 描述 802.11i 中的 CCMP 算法的解密算法.

*6.17 分析 802.11i 加密算法的强弱.

*6.18 分析 802.11i 认证算法和完整性校验算法的强弱.

6.19 CBC-MAC 通常用于认证. 它能被用做加密算法吗? 解释你的答案.

6.20 如何防止 RSN IE 投毒攻击?

6.21 假设用户设备 STA 和 AP 已经完成了 4 向握手协议的一半, 即 STA 已经收到 AP 发送过来的 $message_1$ 且 AP 也收到了 STA 发给它的 $message_2$. 假设攻击者伪装成 AP 在 STA 收到从合法的 AP 发送过来的 $message_3$ 之前, 将假冒的 AP 的信息 (AMAC, ANonce', sn) 发送给 STA. 解释会有什么情况发生并给出解决这个问题的方案.

*6.22 在 4 向握手协议中, RSN IE 是以明文形式交换的. 这样做安全吗? 如果不安全, 应该如何解决这个问题?

6.23 解释攻击者如何利用认证是在建立连接后进行的事实, 发起拒绝服务攻击切断 STA 与 AP 已经建立的连接.

6.24 用列表的方式总结 WEP、WAP 和 802.11i 的算法所使用的参数.

*6.25 攻击者企图利用彩虹表和在无线网通信中普遍使用的扩展服务集合标识符 (ESSID) 破译 WPA 和 WPA2 密钥. 描述攻击者是如何使用彩虹表的. 彩虹表的相关工具可在网页 http://www.shmoo.com/projects.html 上找到. 彩虹表可使用 BitTorrent 从网页 http://umbra.shmoo.com:6969/ 上下载.

6.26 解释为什么在无线网状网上检测虫道攻击会很困难.

*6.27 寻找相关资料写一篇短文描述检测虫道攻击的可能方法.

6.28 做出 SAFER+ 加密算法第 i 轮运算的流程图.

6.29 做出 SAFER+ 加密算法的输出转换运算部分的流程图.

6.30 描述 SAFER+ 的解密算法并证明其正确性.

6.31 做出 D_A 和 D_B 产生初始密钥 K_{init} 的流程图.

6.32 假设初始密钥 K_{init} 已经产生. 做出 D_A 和 D_B 产生链接密钥 K_{AB} 的流程图.

6.33 做出蓝牙设备相互认证的流程图.

*6.34　令 ℓ 为蓝牙设备 PIN 码的长度. 如果某 PIN 码破译程序找到一个 PIN 码候选者, 即它通过 $SRES_A$ 的检验, 那么它就是蓝牙设备的 PIN 码的概率是多少?

如果这个 PIN 码候选者还通过 $SRES_B$ 的检验, 它就是蓝牙设备的 PIN 码的概率会增加多少?

**6.35　在第 6.5.6 节描述的 PIN 码破译算法中, 假设攻击者通过窃听得到两台设备的配对和认证的全部来往信息. 这个要求在实际应用中也许不现实. 比如, 如果两台设备将其链接密钥存起来供以后的通信使用, 则这两台设备便不需要重新执行整个配对和认证步骤, 因此PIN 码破译算法便收集不到足够的信息而发起攻击. 然而, 利用蓝牙的连接协议, 攻击者可以强迫这两台设备重复执行整个配对和认证步骤. 试描述攻击者是如何利用蓝牙的连接协议强迫这两台设备重复执行整个配对和认证步骤的.

6.36　在蓝牙安全配对中, 攻击者可以不断发起和一个合法设备 STA 进行认证的步骤, 从而最终猜出该设备所用的 PIN 码. 为了防止这个攻击, 每个蓝牙设备通常都包含一个黑名单, 列出所有不能认证的设备. 然而, 攻击者也可以利用这个黑名单发动拒绝服务攻击. 描述这一攻击是如何进行的.

*6.37　从网上阅读安全简单配对协议（Bluetooth v2.1 + EDR 第 2 卷）, 并写一篇短文描述 SSP 是如何建立设备之间的安全配对的. SSP 能抵御中间人攻击吗? 解释你的答案.

*6.38　无线传感器网络（简记为 WSN）是由无线传感器和无线基站组成的特定无线局域网. 无线传感器包含传感装置、无线通信装置和可编程的嵌入处理器. 基站通常是笔记本电脑或其他功能较强的计算和通信设备, 其本身不含传感装置, 故基站只作为通信之用. 传感器的通信模型通常是一个二维圆盘（有时也看成是一个三维实心球）, 表示其通信范围, 其中传感器放置在圆盘（或实心球）的中心. 传感器和基站的通信范围也按同样的方式建模. 在一个特定 WSN 中, 传感器可以与落在其通信范围内的其他传感器或通信, 或通过传感器中转与不在其通信范围内的其他传感器通信. 因此, 特定 WSN 是多跳网通信, 与无线网状网相似. 当传感器收集到新的数据后通过传输路径将数据发送给基站. WSN 可以用来监控散布在某局域内的大量目标, 在军事行动、入侵检测、建筑物结构监控、环境监控、精确耕种和其他领域都有重要应用.

WSN 可以通过随机投放的无线传感器所组成（比如可以通过飞机将大量无线传感器投放到敌方控制的区域）. 然而敌方也很容易将自己的传感器插进来, 因此如何有效地认证传感器是一个重要的研究课题. 设计一个认证无线传感器的协议, 并解释为什么你的设计是安全和有效的.

第 7 章

云安全

近年来，云计算逐渐成为信息技术领域的主流计算模式和存储模式. 云计算以其可靠性高、弹性配置强及按需服务等特点，为用户提供灵活、便捷的计算和存储服务，大大降低了用户的软、硬件投入和管理成本，是互联网时代的一次重大技术创新和产业革命.

随着云计算的迅速发展，云计算的安全性也成为亟待解决的重要问题. 用户在云上进行计算或存储数据时，如果用户自己不采取任何安全措施，那么用户数据的安全性完全依赖于云服务提供商（CSP），即把 CSP 作为完全信赖的可信第三方，这无疑存在很大的安全风险. 本章将讨论云计算的 4 种服务模式，以及云计算中使用的虚拟化等关键技术，讨论各种云计算服务模式下的安全问题和解决方案，包括采用代理重加密技术实现不可信云上的访问控制、云计算中的存储证明和安全多方计算技术以及在诚实云环境和半诚实云环境下的可搜索对称加密技术.

7.1   云计算服务模式

云计算的服务可以概括为以下 4 种模式：软件即服务模式、平台即服务模式、基础架构即服务模式及存储即服务模式. 每一种服务模式都具有不同的性质和特点，所以需要考虑不同的安全问题.

不论是哪一种服务模式，用户都是通过互联网实现对云服务的访问，采用的交互式协议和技术包括 HTTP 协议、REST 架构和 RESTful 架构. 其中 REST 架构是使用最广泛的云计算模式。

7.1.1　REST 架构

REST 架构使用统一资源标识符（URI）和 HTTP 协议的 PUT、POST、GET 等函数实现对云服务的访问，用于网页服务器后台操作，并结合 HTML 语言、XML 语言及 JSON 格式等标准，形成了一种软件架构风格。例如，如果用户想获知其在某个云服务平台上已使用的 CPU 时间，并知道云平台记录所使用 CPU 时间的 URI 为 `http://sky.cloud/user/johndoe/usage`，则可以通过执行 HTTP 的 GET 指令向这个 URI 发出请求，从云服务器上获得 CPU 使用时间。

7.1.2　软件即服务模式

在软件即服务模式（SaaS）下，云服务提供商向用户直接提供各种应用软件服务，并负责这些应用软件的运行和维护，从而为用户节省大量的维护成本。用户除了使用这些软件服务，通常不能访问云上的其他资源，与平台即服务和基础架构即服务等模式相比，具有最小的访问权限。

SaaS 是最早的云计算应用模式之一，例如 Gmail 邮箱、Yahoo 邮箱等就是这种模式的典型例子。当邮箱用户收发邮件时，就是在与远程的"云"进行通信。除此之外，各种社交网络平台，例如 Facebook、Twitter 以及微博等，也是 SaaS 应用的典型范例。

7.1.3　平台即服务模式

在平台即服务模式（PaaS）下，用户可在云上部署实施自己的应用软件，由云服务提供商负责管理和维护整个云基础设施。谷歌应用引擎（GAE）和亚马逊网页服务（AWS）是常见的 PaaS 典型范例。中国的 PaaS 平台包括百度应用引擎（BAE）和新浪应用引擎（SAE）等。

7.1.4　基础架构即服务模式

在基础架构即服务模式（IaaS）下，用户可在云上部署实施自己的操作系统和应用软件，云服务提供商只负责服务器等物理设备的管理和维护。亚马逊的弹性计算云服务（EC2）是 IaaS 应用的典型范例。中国的 IaaS 平台包括阿里云、腾讯云及 Ucloud 等。

7.1.5　存储即服务模式

存储即服务模式（STaaS），又称为云存储，是一种发展迅速的新型云服务模式。因为其新，所以并不在美国国家标准与技术研究院（NIST）制定的三大云计算服务模式（即上述的 SaaS、PaaS 和 IaaS）之列。在云存储模式下，云服务提供商负责管理和维护大规模的存储设备资源，用户可以通过 REST 等协议实现对云存储空间的访问。亚马逊的 S3、Dropbox 以及 Google Drive 是 STaaS 应用的典型范例。中国的 STaaS 平台包括百度云盘和 360 云盘等。

7.2　云安全模型

在任何安全模型下进行安全性分析, 都要首先明确模型假想敌的攻击能力. 在云计算环境下, 假想敌就是云服务提供商本身. 下面将描述云计算的三种假想敌模型, 即可信第三方模型、诚实而好奇模型及半诚实而好奇模型.

7.2.1　可信第三方模型

在可信第三方模型 (TTP) 下, 用户完全信任云服务提供商, 这种信任通过签署服务等级协议 (SLA) 来完成. 在 TTP 模型下, 用户的所有数据和计算对云服务提供商完全不设防, 即不含任何防御云服务提供商 (如内部人员) 或云外攻击者进行非法操作的安全性措施, 因此具有较大的安全风险. 在现实中, 很多云计算系统都属于这种模型, 这是安全性最弱的一种模型.

7.2.2　诚实而好奇模型

在诚实而好奇模型 (HBC) 下, 云服务端与用户之间的交互过程具有以下特点:

(1) 根据用户需求, 云服务端诚实地存储用户的数据.

(2) 云服务端严格地按照事先规定的协议执行每一步操作.

(3) 在与用户的交互过程中, 云服务端会尽可能地获取用户的各种信息.

诚实而好奇模型比可信第三方模型更灵活, 与加密通信中的窃听安全模型很相似.

7.2.3　半诚实而好奇模型

在半诚实而好奇模型 (SHBC) 下, 云服务端有可能不完全按照协议的规定执行操作, 其与用户之间的交互具有以下特点:

(1) 根据用户需求, 诚实地存储用户数据.

(2) 或者严格地按照事先规定的协议执行每一步操作, 或者只执行其中的一部分.

(3) 有可能只返回部分计算结果.

(4) 在与用户的交互过程中, 尽可能地获取用户的各种信息.

7.3　多租户共享

在云计算环境中, 大量用户会共享使用云端的服务器等硬件设备, 存储各自的数据或安装各自的应用软件等, 由此产生的安全问题称为多租户问题. 在这种环境中, 需要考虑如何避免不同用户之间相互影响, 并防止用户之间的数据泄露.

7.3.1 虚拟化

虚拟化技术是在计算机硬件资源上使用软件模拟出多个逻辑系统的技术. 例如在一个硬件平台上同时运行多个操作系统, 即构建多个"虚拟机". 虚拟机 是对计算机系统的软件模拟, 可以在一台计算机上并发运行多个操作系统, 并保证在不同虚拟机上运行的应用程序之间的独立性. 虚拟化技术是云计算中的关键技术之一.

虚拟化技术为云计算带来了系统灵活性和可配置性等特点, 在基础架构即服务模式下起到非常重要的作用. 例如, 亚马逊 EC2 系统允许用户建立不同操作系统的虚拟机.

虚拟机是建立在虚拟机管理器（Hypervisor）上的。虚拟机管理器负责向虚拟机提供对各种软、硬件资源的访问, 这些资源可以是单个的硬件资源, 也可以是在单个硬件上虚拟出来的多个逻辑资源.

根据虚拟机管理器的不同实现方式, 虚拟化技术划分为软件辅助的虚拟化和硬件辅助的虚拟化.

1. 基于软件的虚拟化

基于软件的虚拟化技术指的是在实体机的操作系统之上运行虚拟机管理器（见图 7.1 ）. 实体机上用于支撑虚拟机管理器的操作系统称为宿主操作系统 , 运行在虚拟机管理器上的虚拟机操作系统称为宾客操作系统. 虚拟机管理器负责虚拟机和底层硬件之间的访问媒介. Oracle 公司的 Virtual Box 及 VMWare 都是基于软件的虚拟化技术的代表.

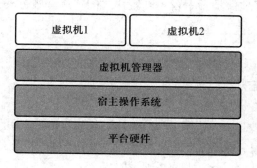

图 7.1 基于软件的虚拟化技术

2. 硬件辅助的虚拟化

硬件辅助的虚拟化技术是指虚拟机管理器以固件的形式直接运行在实体机硬件上, 实体机操作系统和各个虚拟机都运行在虚拟机管理器之上（见图 7.2）, 其中实体机操作系统提供对虚拟机管理器的管理接口. 开始启动时, 实体机操作系统首先控制所有硬件资源, 然后分配部分硬件资源用于创建新的虚拟机系统. Oracle 公司的 SPARC VM 服务器是硬件辅助的虚拟化技术的典型例子. 硬件辅助的虚拟化必须有专门的硬件支持才能实现.

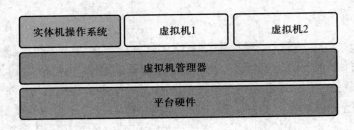

图 7.2　硬件辅助的虚拟化

3. 虚拟机管理器的安全性

在虚拟环境下, 多租户问题是一个重要的问题. 例如当 IaaS 云端向多个用户提供独立的虚拟机服务时, 必须同时保护用户之间的数据隐私. 大多数虚拟机管理器自身带有基本的安全防护措施. 实际上, 因为虚拟机的硬件资源是由虚拟机管理器进行分配的, 所以虚拟机管理器可以实施一定的安全机制, 保证不同虚拟机所得到的资源互不影响, 并通过监控存储空间和计算资源的边界访问, 防止非法访问. 但是, 多数虚拟机管理器只提供粗粒度的存储空间资源的访问控制, 比如只能监控虚拟机在何时访问了某个磁盘, 而不能具体到磁盘的某个扇区.

近年发展起来的新技术赋予虚拟机管理器一些细粒度的安全监控能力. 例如, 可用自省技术来监控虚拟机的网络流量、内存使用及进程状态等. 通过使用自省技术, 虚拟机管理器能够实现更强的安全策略和功能. 例如可以实现防火墙、入侵检测系统等, 从而更好地保护云平台不同用户之间资源和数据的独立性.

7.3.2 多租户问题的攻击

在多租户的云计算系统中, 存在多种不同的攻击形式, 其中侧信道攻击和共存攻击是最主要的攻击方式.

1. 侧信道攻击

云计算中的侧信道攻击, 是指从云计算环境中各种正常的信息处理和交互的过程中获取辅助信息, 从而达到攻击目的. 例如, 通过监控某台虚拟机的网络流量和繁忙程度便可获知这台虚拟机的重要程度.

2. 共存攻击

共存攻击的原理如下: 攻击者利用云计算系统存在的软件漏洞或使用其他方法, 在其试图攻击的虚拟机所运行的硬件上, 建立一台新的虚拟机, 这样两个虚拟机运行在相同的硬件资源上, 攻击者能够更有效地进行侧信道攻击.

7.4　访问控制

云计算环境中的访问控制, 目的是管理用户对硬件资源的访问. 自主访问控制和强制访问控制是最常见的两种访问控制模式. 在自主访问控制模式下, 每个用户拥有自己控制的硬件资源, 而且能给其他用户授权, 使他们具有访问这些资源的权利. 在强制访问控制模式下, 云平台系统管理员统一为所有的硬件资源建立访问控制策略, 并授予每个用户不同的访问权限.

在实施访问控制策略之前, 云平台需要先认证用户的身份, 常见的身份认证方法包括基于口令的认证方式、基于对称密码算法的 Kerberos 密钥管理系统等. 用户通过身份认证后, 系统就可以为用户实现访问控制策略. 系统通常采用基于口令的认证方式实现用户文件的访问控制, 例如, 用户输入自己的用户名和口令验证身份后, 就能够对相应的文件进行允许的读、写等操作.

7.4.1 可信云的访问控制

在云计算环境中, 如果用户完全信任云服务提供商, 就可以依赖云端实现对用户文件和数据的访问控制管理, 这种模式称为强制访问控制模式. 在这种模式下, 所有用户的资源都由云端统一管理. 用户使用基于口令的认证机制, 实现对资源的访问控制, 用户名表示用户的身份, 口令作为用户拥有相应访问权限的证明. 当用户通过了身份认证, 就拥有了相应资源的访问权限, 例如, 用户可以把数据资源分享给其他用户.

OAuth 身份认证协议

在某些应用场景下, 用户需要在不泄露自己账号信息的前提下, 将某些资源的访问权限授权给其他用户, 这是自主访问控制模式的一种形式. OAuth 协议可以实现这个功能, 它是运行在 HTTP 协议之上的协议, 在 RFC 5849 文档中有详细描述 (OAuth 1.0).

在 OAuth 协议中, 将需要保护的资源称为"保护资源". 例如, 亚马逊 S3 云系统中的存储块就是一种保护资源.

OAuth 协议包括三种对象: 服务器、客户端及资源拥有者. 服务器是接受 OAuth 请求的主体, 客户端是建立 OAuth 请求的主体, 资源拥有者是既能访问保护资源又能授权他人访问的主体.

图 7.3 描述了 OAuth 协议的流程, 包括以下步骤:

(1) 客户端向服务器发送一个申请临时访问权限的 OAuth 请求.

(2) 服务器给客户端返回一个临时的访问令牌.

(3) 客户端向资源拥有者发送一个包含了临时访问令牌的 URI, 资源拥有者通过这个 URI 可以打开要访问资源的口令认证登录界面. 如果资源拥有者登录成功, 那么客户端将被允许访问这些资源.

(4) 如果资源拥有者通过了访问请求, 这个访问许可会被转发到一开始的 OAuth 请求中的回调 URI 中.

(5) 客户端用临时访问令牌向服务器申请正式令牌, 这个申请过程通过 SSL 连接进行保护, 并用客户端和服务端共享的密钥签名.

(6) 服务器向客户端发送一个签名后的包含正式令牌的消息.

(7) 客户端用正式令牌向服务器发送访问某个资源的请求, 服务器将验证令牌的合法性, 验证通过后, 客户端能够访问这个资源. 值得注意的是, 资源拥有者可以根据情况撤销某个令牌.

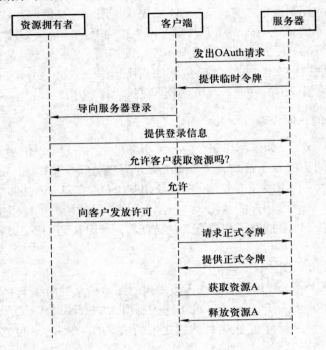

图 7.3 OAuth 协议的流程

OAuth 协议中采用的消息认证方式包括 HMAC-SHA1 和 RSA-SHA1 等. 在最新的 OAuth 2.0 中 (参见 RFC 6749), 认证过程不再使用签名. 从安全角度看, 没有签名保护的 OAuth 协议更容易受到仿冒攻击. 例如, 攻击者可仿冒自己是服务器; 由于没有签名认证身份, 客户端不能识别假冒的服务器, 因此会把合法的令牌发给假冒的服务器. 攻击者收到这些令牌后, 可以假冒客户端的身份去访问这些令牌所允许的资源. OAuth 2.0 协议于 2012 年被 IETF 定为标准.

7.4.2 不可信云的访问控制

在不可信任的云环境中, 用户需要自己实施和配置身份认证和访问控制机制. 具体来说, 云上的各种应用需要建立自己的身份认证和访问控制机制, 实现对软件使用和数据访问的权限管理, 这需要设计新的安全协议来解决这个问题.

采用最基本的密码算法, 可以实现一个简单的访问控制策略: 用户先将数据进行加密, 然后再把密文数据存储到远程的云端. 因为只有用户自己拥有密钥, 因此其他人都不能解密密文数据. 在用户不泄露自己密钥的前提下, 可以采用代理重加密方案来实现云上多用户之间密文数据的分享和访问控制. 在代理重加密方案中, 代理者可以将用户 A 能够解密的密文转化成用户 B 能够解密的密文, 但是在这个转换过程中, 代理者不能得到相应的明文信息, 而且用户 B 不能获取用户 A 的密钥. 下面首先介绍 BBS 代理重加密方案.

1. BBS 代理重加密方案

1998 年, Matthew Blaze, Gerrit Bleumer 和 Martin Strauss 首次提出了 BBS 代理重加密方案 的概念, 代理者可以将用户 A 能够解密的密文转化成用户 B 能够解密的密文. 在代理重加密方案中, 代理者会诚实地完成重加密这个操作, 但也会企图获取用户私钥、明文等秘密信息. 因此, 必须保证代理者在协议执行过程中, 既不能获得明文信息, 也不能得到用户 A 或者用户 B 的私钥. 在协议执行过程中, 用户 B 也不能获得用户 A 的私钥. 在代理重加密方案中, 称用户 A 为委托方、用户 B 为受托方、用户 C 为代理方.

代理重加密方案分为单向代理重加密和双向代理重加密两种类型. 在单向代理重加密方案中, 只能从一方向另一方进行重新加密; 在双向代理重加密方案中, 可以在双方之间互相进行重新加密. BBS 代理重加密方案是一种双向代理重加密方案, 它采用了 Elgamal 公钥加密算法, 具体算法流程如下:

(1) 系统参数建立. 选取一个大素数 p 以及乘法群 Z_p^* 中的一个生成元 g, 将 g 和 p 作为公开参数.

(2) 密钥生成. 用户 A 首先均匀随机地选取一个正整数 $a < p$, 作为自己的私钥, 计算 $g^a \bmod p$ 作为自己的公钥. 用户 A 然后随机地选取一个正整数 $b < p$, 并通过秘密信道将 b 发送给用户 B, 作为用户 B 的私钥. 用户 B 计算 $g^b \bmod p$ 作为自己的公钥.

(3) 加密. 用户 A 用 Elgamal 公钥加密算法将明文 m 加密如下:

① 均匀地随机选取一个正整数 k.

② 计算密文 $(mg^{ak} \bmod p, g^k \bmod p)$.

然后, 用户 A 将密文发给代理用户 C.

(4) 解密. 对于密文 $(mg^{ak} \bmod p, g^k \bmod p)$, 用户 A 可以用自己的私钥 a 解密密文如下:

$$(mg^{ak} \bmod p) \cdot (g^{ka} \bmod p)^{-1} = m.$$

(5) 重加密密钥生成. 当用户 A 想授权给用户 B, 使用户 B 也能够解密密文, 但又不想用用户 B 的公钥加密明文的方法来实现. 用户 A 向代理用户 C 发送 $\frac{b}{a}$ 作为重加密密钥, 由代理用户 C 重新加密密文并发给用户 B.

(6) 重加密. 对于密文 $(mg^{ak} \bmod p, g^k \bmod p)$, 代理用户 C 使用重加密密钥 $\frac{b}{a}$ 进行重加密如下:

$$\left(mg^{ak\left(\frac{b}{a}\right)} \bmod p, g^k \bmod p\right),$$

并将重加密后的密文发给用户 B. 对于这个密文, 用户 B 可以用自己的私钥 b 进行解密.

BBS 代理重加密方案不能抵御合谋攻击, 即如果代理用户 C 和用户 B 合谋, 则能够计算出用户 A 的私钥. 改进的代理重加密方案, 例如单向代理重加密方案, 能够弥补这一缺陷, 但改进算法采用了一种称为配对函数的函数, 但配对函数的计算成本过高而影响实用性.

2. 代理重加密方案在访问控制中的应用

这里以自助式存储设施为例, 说明代理重加密方案在访问控制中的应用. 假设用户不希望不信任的人访问他的存储箱, 包括自助式存储设施的拥有者和日常管理人员. 但是, 用户希望能够更加灵活地管理自己的存储箱, 包括能够随时更换存储箱的锁及授权特定人员在某个时刻使用自己的存储箱. 用户怎样才能在保证存储箱安全的前提下, 实现对其访问权限的授权呢?

假设用户 A 把自己的物品保存在用户 C 方的 UStorage 自主存储设施中, 尽管用户 C 是一家值得信赖的存储服务商, 但是用户 C 很可能会好奇地偷看没有上锁的存储箱中的物品. 为了防止用户 C 偷看, 用户 A 锁上了自己的存储箱, 并安全管好钥匙. 当用户 A 想让用户 B 访问自己的存储箱时, 他有三种方案可以选择: ① 打开存储箱上的锁, 让用户 B 使用存储箱; ② 授权一个可信赖的人打开存储箱上的锁; ③ 为用户 B 配一把存储箱的钥匙.

但是, 用户 A 对这三种方案都不满意, 原因如下:

(1) 他不能保证随时可到达存储箱, 亲自为用户 B 开锁.

(2) 他不愿意委托第三方开锁, 因为很难找到可完全信赖的人.

(3) 他同意为用户 B 配一把钥匙, 但为了防止用户 B 把钥匙私自给别人打开他的存储箱, 他要求用户 C 确认用户 B 的身份后才能让其进入 UStorage 的设施内.

(4) 他希望能够随时换锁, 但是不影响用户 B 使用; 即使他换了锁, 用户 B 也完全感觉不到, 能够照常使用存储箱.

为了解决这个有趣的问题, 用户 A 设计了一个特殊的保险箱, 用来保存打开存储箱的钥匙. 这个保险箱具有三个可替换的锁芯, 即原始锁芯、死锁锁芯和用户锁芯. 用户 A 可以用原始锁芯和自己的钥匙打开保险箱, 并能够把原始锁芯替换成死锁锁芯. 装有死锁锁芯的保险箱, 任何钥匙都不能将其打开. 保险箱有一把特殊的钥匙, 称为换锁钥匙, 可以把死锁锁芯换成原始锁芯或用户锁芯. 装有用户锁芯的保险箱, 可以用一把用户钥匙打开; 用这把用户钥匙, 可以把用户锁芯替换成死锁锁芯.

用户 A 为用户 B 专门制作一个用户锁芯和钥匙, 把钥匙交给用户 B. 用户 A 把换锁钥匙和用户 B 的用户锁芯交给用户 C. 用户 A 把存储箱锁好后, 把钥匙放入这个特殊的保险箱内, 用原始锁芯锁上保险箱, 并把原始锁芯替换成死锁锁芯.

当用户 B 想使用用户 A 的存储箱时, 他向用户 C 验明自己的身份后, 向其索取换锁钥匙和自己的用户锁芯. 用户 B 用换锁钥匙把死锁锁芯替换成自己的用户锁芯, 再用自己的用户钥匙打开保险箱, 取出里面的钥匙打开用户 A 的存储箱. 当用户 B 用完存储箱后, 锁好存储箱, 再把钥匙放回保险箱, 用自己的用户锁芯锁上保险箱后, 把用户锁芯替换成死锁锁芯, 然后将换锁钥匙和自己的用户锁芯交给用户 C.

在这个方案中, 用户 A 和用户 B 一起使用存储箱这个共享资源, 利用保险箱和可更换锁芯实现对存储箱的访问控制. 用户 A 通过制作用户锁芯和钥匙控制哪些人有权限使用存储箱. 用户 B 使用自己的用户锁芯和钥匙可以打开保险箱的锁, 因此不需要可信第三方为他开锁. 用户 A 可以随时更换存储箱钥匙, 把它放入保险箱, 不需要更换用户 B 的用户锁芯和钥匙, 因此不影响用户 B 的使用.

在这个方案中, 用户 A 和用户 B 不对用户 C 的可信任性做太多要求, 因为用户 C 不可能看到用户 A 的存储箱内的内容, 对用户 C 的要求是只是保存好交换钥匙和用户锁芯, 在需要时把它们交给用户使用即可. 注意: 将用户锁芯必须交给用户 C 保管是为了防止用户 B 没有将用户锁芯换成死锁锁芯而影响其他用户.

用代理重加密方案可以实现钥匙保险箱的机制, 为云存储中的数据拥有者建立类似 UNIX 操作系统的群组访问控制系统, 具体流程如下:

(1) 为每一个群组生成一对公私钥.

(2) 生成一个对称密钥 K, 用这个密钥对数据文件进行加密; 用数据拥有者的公钥为对称密钥 K 加密. 然后将加密后的文件和密文密钥 K 发送到云端.

(3) 如果要在群组中增加新用户, 则对密文密钥 K 进行重加密, 生成新用户能够解密的密文, 云端拥有重加密时使用的重加密密钥.

(4) 当用户要读云端的一个文件时, 请求云端使用自己所在群组的重加密密钥重新加密文件.

这个协议是否满足用户 A 的各种要求呢? 请大家在本章习题中讨论.

7.5　不可信云的安全问题

下面考虑不可信云环境中的两个安全问题, 即在虚拟机上进行的计算 (通常称为外包计算) 和存储在云上的数据所面临的安全问题.

7.5.1　存储证明

在 STaaS 云环境中, 首要的安全性问题是保证云端确实按照用户要求存储了数据. 为此目的, 用户需要云端出具不可伪造的证据, 证明存储数据的正确性. 为了提高效率, 存储证明不能太长, 应该比实际存储的数据小很多.

用挑战-应答机制可实现一个简单的存储证明协议, 这里用户为挑战方, 云端为应答方，双方进行若干次信息交互，确认云端是否正确存储了用户的数据. 主要步骤如下：

(1) 用户向云端发出请求，要求云端证明文件 f 已被正确存储.

(2) 云端返回给用户一个短证明，用来证实已正确存储了文件 f. 如果云端不能返回一个证明，则表明云端没有存储文件 f.

(3) 用户接收并验证云端发来的证明，如果验证通过，则证明云端确实存储了文件 f；否则确认云端没有正确存储这个文件.

有两种基于公钥密码体制的存储证明协议，一种是公开可验证的，另一种是私人可验证的. 在公开可验证的存储证明协议中，任何人只要知道用户的公钥，都可以验证云端是否正确存储了用户的文件. 在私人可验证的存储证明协议中，只有用户本人才能验证存储的正确性.

下面介绍的存储证明协议是基于 RSA 公钥体系上的挑战–应答方案，它由两个阶段组成，第一阶段称为系统建立阶段，第二阶段称为挑战阶段. 在系统建立阶段，用户向云端请求存储一个文件 f，并在自己的计算机上存储一个与文件相关的固定长度的信息. 在挑战阶段，云端要向用户证明确实存储了这个文件 f.

设 n 是两个大素数 p 和 q 的乘积，g 是从乘法群 Z_n^* 中随机选取的一个正整数.

(1) 系统建立阶段

① 用户计算并保存 $a = g^f \bmod n$.

② 用户将文件 f 发给云端.

(2) 挑战阶段

① 挑战：用户从 Z_n^* 中随机选取一个整数 r，计算 $g^r \bmod n$ 的值并发给云端.

② 响应：云端计算 $p = (g^r)^f \bmod n$，并将存储证明 p 发给用户.

③ 验证：用户计算 $a^r \bmod n$，如果计算结果等于 p，则验证成功，否则验证失败.

在上面的协议中，文件 f 作为一个大整数进行运算，计算 $g^f \bmod n$ 的时间复杂性是 f 长度的平方. 由于 f 可能是很大的文件，因此需要改进这个协议，使其更有效，具体的实现方案留作习题 (参见习题 7.21).

7.5.2　安全多方计算

安全多方计算指的是由多个互不信任的参与者联合计算一个函数，每个参与者在不泄露各自输入内容的条件下获得计算结果. 安全多方计算的概念是姚期智在 20 世纪 80 年代提出的，称为"姚氏百万富翁问题". 在云计算中，安全多方计算可以用于解决外包计算问题，云端凭借强大的计算能力为用户进行某些复杂运算，但用户不希望云端获得计算结果之外的其他信息. 这种特殊的场景也被称为"安全函数计算".

姚氏百万富翁问题是这样的：假设两位百万富翁用户 A 和用户 B 想知道谁更

富有, 但都不想向对方泄露自己有多少财产, 那么他们应该怎么做呢? 用安全多方计算协议可达到这个目的, 即两人分工合作计算以下函数:

$$f(a,b) = \begin{cases} 1, & \text{如果 } a > b, \\ 0, & \text{否则,} \end{cases}$$

其中 a 和 b 分别表示用户 A 和用户 B 拥有的财产数额.

1. 混淆电路

姚氏百万富翁问题可以用姚期智提出的混淆电路方法来解答. 混淆电路的思想是用布尔逻辑电路计算函数值, 并通过混淆逻辑电路的输入和输出值达到安全目的, 步骤如下:

(1) 构造电路. 假设 f 是需要计算的函数, 用户 A 构造计算这个函数的布尔逻辑电路 (1 表示真, 0 表示假), 这个电路有两个输入, 分别为用户 A 和用户 B 的输入.

(2) 混淆电路. 用户 A 混淆布尔电路中的每一个逻辑门的真值表, 并隐藏布尔电路的输入和输出之间的对应关系.

(3) 用户 A 将电路发给用户 B. 用户 A 把布尔电路和用户 A 输入的值混淆后发给用户 B.

(4) 用户 B 转换输入. 用户 B 使用迷惑传输协议, 请求用户 A 提供与用户 B 的输入对应的混淆值, 但不向用户 A 泄露自己想获得的是哪个混淆值.

(5) 用户 B 计算电路值. 用户 B 用真值表和混淆的输入计算输出值, 并将计算结果发给用户 A.

2. 混淆电路的构造

用户 A 依次混淆电路中的每一个逻辑门. 下面以异或运算为例说明逻辑门混淆的实现过程. 异或运算的定义是大家熟知的:

$$a \oplus b = \begin{cases} 1, & \text{如果 } a = b, \\ 0, & \text{否则,} \end{cases}$$

异或运算的真值表见表 7.1.

表 7.1 异或运算的真值表

a	b	$a \oplus b$
0	0	0
0	1	1
1	0	1
1	1	0

第 1 步, 通过对真值表的操作实现对异或逻辑门运算的混淆. 具体做法是, 用

户 A 首先选择一个对称密码算法（例如 AES 分组密码算法），并为这个算法生成 4 把密钥 k_a^0、k_a^1、k_b^0、k_b^1，分别用于对应异或运算的输入值，即 k_i^v 表示输入 i 的值为 $v \in \{0,1\}$. 对于异或运算的不同的输出值，对应的密钥是 $k_{a \oplus b}^0$ 和 $k_{a \oplus b}^1$. 通过密钥与对应输入值的替换，得到真值表 7.2.

表 7.2　异或运算混淆的第 1 步

a	b	$a \oplus b$
k_a^0	k_b^0	$k_{a \oplus b}^0$
k_a^0	k_b^1	$k_{a \oplus b}^1$
k_a^1	k_b^0	$k_{a \oplus b}^1$
k_a^1	k_b^1	$k_{a \oplus b}^0$

第 2 步，用户 A 对每一个输出值进行双重加密（先用输入 b 对应的密钥加密，再用输入 a 对应的密钥加密），得到真值表 7.3.

表 7.3　异或运算混淆的第 2 步

a	b	$a \oplus b$	混淆值
k_a^0	k_b^0	$k_{a \oplus b}^0$	$E_{k_a^0}(E_{k_b^0}(k_{a \oplus b}^0))$
k_a^0	k_b^1	$k_{a \oplus b}^1$	$E_{k_a^0}(E_{k_b^1}(k_{a \oplus b}^1))$
k_a^1	k_b^0	$k_{a \oplus b}^1$	$E_{k_a^1}(E_{k_b^0}(k_{a \oplus b}^1))$
k_a^1	k_b^1	$k_{a \oplus b}^0$	$E_{k_a^1}(E_{k_b^1}(k_{a \oplus b}^0))$

第 3 步，用户 A 删掉真值表的表头，并重新排列行序得到真值表 7.4. 对比表 7.3 每行中的内容不变.

表 7.4　异或运算混淆的第 3 步

k_a^1	k_b^0	$k_{a \oplus b}^1$	$E_{k_a^1}(E_{k_b^0}(k_{a \oplus b}^1))$
k_a^0	k_b^0	$k_{a \oplus b}^0$	$E_{k_a^0}(E_{k_b^0}(k_{a \oplus b}^0))$
k_a^0	k_b^1	$k_{a \oplus b}^1$	$E_{k_a^0}(E_{k_b^1}(k_{a \oplus b}^1))$
k_a^1	k_b^1	$k_{a \oplus b}^0$	$E_{k_a^1}(E_{k_b^1}(k_{a \oplus b}^0))$

以上是一个逻辑门运算的混淆步骤. 混淆整个逻辑电路的步骤如下：

(1) 用同样的方法分别混淆每个逻辑门.

(2) 对每两个逻辑门甲和乙，如果逻辑门甲的输出是逻辑门乙的某个输入，则用逻辑门甲的输出所对应的密钥与逻辑门乙的这个输入所对应的密钥连起来.

(3) 以此类推，直到将所有相连的逻辑门对应的密钥都连起来为止.

(4) 最后将所有含混淆值的表格（即每个逻辑门对应的表 7.3、表 7.4）的前 3 列删去，只保留第 4 列的混淆值，至此完成整个电路的混淆.

在混淆过程中, 用户 A 必须记录每个输出所对应的密钥及所代表的值, 以及每个输入所对应的密钥及所代表的值.

如果允许用户 B 知道解密后的计算结果, 则用户 A 只需将其记录的每个逻辑门的输出和输入所对应的密钥及所代表的值发给用户 B 即可. 但在云计算中 (可将云服务器看成用户 B), 用户 A 通常不希望云服务器看到解密后的运算结果.

3. 迷惑传输

为了获得正确的混淆输入值, 用户 B 需要知道哪个密钥对应输入值 0, 哪个密钥对应输入值 1. 但用户 A 只愿意将两个对应关系中的一个给用户 B, 而用户 B 也不希望用户 A 知道自己询问的是哪个输入值. 这个问题可以用 2-取-1 迷惑传输协议来解决. 以下描述的是由 Shimon Even、Oded Goldreich 和 Abraham Lempel 为解决这个问题设计的一个 2-取-1 迷惑传输协议, 记为 EGL 协议.

假设用户 A 拥有 RSA 明文空间中的两条秘密信息 m_0 和 m_1, 用户 B 想得到其中一个, 但不想让用户 A 知道是哪个, 用户 A 也不想让用户 B 都获得这两个信息的内容. 令用户 A 的 RSA 公钥密码算法的模数为 n、公钥为 e、私钥为 d, EGL 协议的细节如下:

(1) 用户 A 生成两个随机数 x_0 和 x_1, 并将模数 n、公钥 e 以及随机数 x_0、x_1 发送给用户 B.

(2) 假设用户 B 想获取信息 m_b, 其中 $b \in \{0, 1\}$. 用户 B 选择 RSA 明文空间中的一个随机数 k, 计算 $r = (k^e + x_b) \bmod n$, 并将 r 发给用户 A.

(3) 用户 A 计算 $k_0 = (r - x_0)^d \bmod n$ 和 $k_1 = (r - x_1)^d \bmod n$, 及两个盲化信息 $m'_0 = m_0 + k_0$ 和 $m'_1 = m_1 + k_1$, 并将 m'_0 和 m'_1 发给用户 B.

(4) 用户 B 收到两条信息 m'_0 和 m'_1 后, 计算 $m_b = m'_b - k$ 便得到所需的消息 m_b. 需要说明的是, 因为随机数 k 只能用于对 m_b 去盲化, 因此用户 B 只能得到消息 m_b.

4. 混淆电路的计算

从用户 A 那里获得混淆电路后, 用户 B 计算混淆电路的方法是用逻辑门的输入值作为密钥来解密其输出值, 通过一系列的解密得到最后的结果. 对于每一个逻辑门, 用户 B 获得的信息是若干个随机排列的密文, 因此必须依次解密所有的密文, 才能得到该逻辑门的输出值. 为了方便用户 B 验证哪个解密后的输出值是正确的, 用户 A 在明文后面增加固定格式的二进制字符串 (例如若干个 0), 用户 B 解密后, 通过验证明文的最后固定长度的二进制字符串是否符合固定格式, 就知道是否解密正确. 当计算出混淆电路的最后结果后, 用户 B 将结果发给用户 A.

7.5.3 迷惑随机存取机

随机存取机 (RAM) 是最接近传统的单处理器计算机的模型, 它包括一个单处理器、若干个寄存器、无上界的随机存取存储器和基本指令. 在 RAM 模型中, 每一条指令都能在常数时间内完成，每一个存储单元都可以在常数时间内存取，且多条指令不能并行执行.

随机存取机模型在算法执行过程中，会暴露所使用存储单元的地址. 算法执行过程中读取或写入数据的存储单元地址的序列，称为这个算法的读取模式. 通过分析算法的读取模式，可以知道算法做了哪些运算以及哪些数据是有价值的.

用户在不信任的云端执行程序时，必须设法隐藏程序的读取模式，防止泄露有用信息. 最简单的解决方案是对一个具有 m 个存储单元的随机存取机模型，当程序需要读取或写入某个存储单元时，把所有 m 个存储单元都读取或写入一遍. 这个方案可以使攻击者无法判断当前程序在访问哪个存储单元以及执行什么操作. 由于每次访问某个存储单元都需要访问全部 m 个存储单元，显然，这个机制的效率非常低. 这个机制称为迷惑机制.

Oded Goldreich 于 1987 年提出迷惑随机存取机（ORAM）的概念，它能够模拟 RAM 的算法同时向第三方隐藏读取模式，除了算法的输入内容和执行时间外，不泄露任何其他有用信息.

通用 ORAM 模拟方案

平方根模拟方案是最简单的 ORAM 模拟方案，它用概率随机存取机（PRAM）对平方根个存储单元进行迷惑处理.

算法请求的存储读取访问称为虚拟存储单元访问. 注意：这里的虚拟存储单元访问与操作系统中的虚拟存储是不同的概念.

平方根模拟方案不但隐藏了读取模式，还隐藏了虚拟存储地址、访问顺序、访问次数等信息. 这个方案需要 $m + 2\sqrt{m}$ 个存储单元，其中 m 是 RAM 模型下的算法需要的存储单元数量. 平方根模拟方案中的存储空间分为主分区、空设分区和遮蔽分区三个部分.

(1) 主分区是最前面 m 个存储单元的分区，为 RAM 模型下的算法提供存储单元.

(2) 空设分区是主分区后 $\sqrt{m}$ 个存储单元的分区.

(3) 遮蔽分区是空设分区后 $\sqrt{m}$ 个存储单元的分区，用于存储最近访问过的存储单元的缓存数据.

平方根模拟方案的执行过程是循环进行以下操作：

(1) 将主分区和空设分区的 $m + \sqrt{m}$ 存储单元的内容做迷惑排列（迷惑排列将在下面介绍）.

(2) 用遮蔽分区作为缓存空间，模拟 $\sqrt{m}$ 个虚拟存储单元的访问操作.

(3) 经过 $\sqrt{m}$ 次访问后，用遮蔽分区更新受影响的存储单元.

以下假设每一个存储单元都含有标签域、值域、虚拟地址域及一个称为遮蔽比特的比特值. 虚拟地址域默认为存储单元所在的虚拟地址，如果存储单元位于空设分区，则虚拟地址为 ∞. 主分区和空设分区的存储单元的遮蔽比特设为 0. 平方根模拟方案的操作步骤如下：

(1) 迷惑排列. 选取随机函数

$$f : \{1, 2, \ldots, m + \sqrt{m}\} \to \{1, 2, \cdots, m^2 + 2m\sqrt{m} + m\},$$

并将其存储在处理器中. 记存储单元 i 的标签为 $f(i)$. 构造排列函数 π 使 $\pi(i) = k$ 当且仅当 $f(i)$ 是集合 $\{f(j) | 1 \leqslant j \leqslant m + \sqrt{m}\}$ 中第 k 小的元素. 然后用迷惑排序算法对所有的存储单元按标签值进行升序排列.

迷惑排序算法对任何输入都执行同样的比较-交换操作进行排序，与输入元素的初始排序无关. 迷惑排序算法可由下面的插入排序算法实现：令 $A[0..n-1]$ 为一个 n 元数组，设 j 初值为 1. 在第 j 轮循环中，对所有满足 $i < j$ 的下标 i，如果 $A[i] > A[i+1]$，则将这两个元素互换. 将 j 加 1，进入下一轮循环.

(2) 模拟 $\sqrt{m}$ 次存储访问. 为了模拟对存储单元 i 的虚拟存储访问，首先在整个遮蔽分区中查找这个存储单元，如果找到，则在空设分区中访问一次还未访问过的存储单元. 这个过程用随机排列算法实现，即访问 $\pi(m+1)$ 到 $\pi(m+\sqrt{m})$ 的存储单元；否则，获取存储单元 $\pi(i)$ 中的内容.

模拟 $\sqrt{m}$ 次存储访问与此类似. 令 mem 表示存储单元的地址，$count$ 表示访问次数. 在遮蔽分区中查找存储单元，如果查找成功，则把存储单元中的值存储到处理器的寄存器中，这个过程用迷惑二分搜索算法访问 $\pi(m+count)$；如果查找失败，则直接访问存储单元 $\pi(i)$. 然后，循环遍历整个遮蔽分区，更新每个存储单元. 一旦超过了 $\sqrt{m}$ 次访问的界限，即遮蔽分区已满，则更新存储单元排列.

(3) 更新存储单元排列. 经过 $\sqrt{m}$ 次存储访问后，遮蔽分区的内容必须用迷惑方法更新存储数据的排列，这可以通过对 $m + 2\sqrt{m}$ 个存储单元重新排序来实现. 按降序方式对虚拟地址进行迷惑排序，如果两个虚拟地址的内容相同，则用遮蔽比特值加以区分. 这样重新排序之后，所有复制的虚拟地址彼此相邻，然后依次遍历 $m + 2\sqrt{m}$ 个存储单元，将第二次出现的虚拟地址改写成 ∞.

(4) 增加机密性. 为了实现迷惑随机访问机模拟方案的机密性，可以采用选择明文攻击安全 (CPA 安全) 的加密算法，对存储的数据进行加密. 对于相同的明文和密钥，每一次用 CPA 安全的加密算法加密都可生成不同的密文。换句话说，加密具有随机性效果. 例如 Elgamal 公钥加密算法以及采用随机初始向量的 CBC、OFB 等模式的对称加密算法都是 CPA 安全的. 这样每次写入内存都需要把新的密文写入访问的存储单元. 在平方根模拟方案中，每次对遮蔽分区存储单元的写入需要执行 $\sqrt{m}$ 次写入操作.

7.6 可搜索加密

假设用户有大量的文件需要存储在一个不可信的云中. 为了避免云端获取文件的内容，用户先加密这些文件，然后再上传到云端. 当用户需要从云端获取包含某个关键词的文件, 最直接的办法是用户从云端下载所有文件, 在本地进行解密, 再搜索包含这个关键词的文件. 但是, 这个方法的效率非常低, 不但需要下载所有文件, 而且需要全部解密后才能搜索, 这样做显然是不切实际的, 也不是使用云存储的初衷. 解决这个问题的方法是, 在云端处于不解密的环境下, 直接搜索包含这个关键词的密文文件, 这样只要把符合条件的密文文件发回给用户即可.

第一个可搜索的对称加密方案是 Dawn X. Song、David Wagner 和 Andrian Perrig 在 2000 年共同设计的, 它实现了在 HBC 远程存储模型下对密文的关键词检索, 而且关键词也是加密的. 远程服务器通过用户提供的密文关键词, 能够检索出包含此关键词的密文文件, 并发回给用户. 这类方案称为可搜索对称加密方案. 在可搜索加密方案中, 用户提供查询所需的密文关键词等信息, 称为查询陷门. 查询结束后, 服务端只知道哪些密文包含加密的关键词及文件的大小, 但不知道所查询的关键词和文件的明文内容, 保证了密文检索的隐私性.

可搜索加密方案非常适合于云存储环境下的密文检索, 实现用户数据的安全存储和隐私保护.

本节主要讨论基于对称密码体制的可搜索加密方案.

7.6.1 关键词搜索

可搜索的加密方案包括基于对称密码算法的方案和基于公钥密码算法的方案. 基于公钥密码算法的可搜索加密方法由 Dan Boneh、Giovanni Di Crescenzo、Rafail Ostrovsky 及 Giuseppe Persiano 于 2004 年首次提出, 本书不详述.

1. 基于对称密码算法的可搜索加密方案

根据云服务端是否能够知道查询的关键词明文, 可以分为隐藏搜索和非隐藏搜索两种类型的搜索方式. 在隐藏搜索方式中, 云端不知道用户查询的明文信息, 即不知道用户"查询什么"; 在非隐藏搜索方式中, 云端知道用户在"查询什么". 下面只考虑隐藏搜索方式. 在介绍可搜索加密方案之前, 先给出以下定义和假设:

① 每篇文档 d 都是由单词排成的序列.

② 对于任意正整数 m 和 n, 其中 $m < n$, 存在伪随机函数 $F_{k_i}: \{0,1\}^{n-m} \to \{0,1\}^m$ 的集合, 其中 k_i 为任意二进制字符串, 可视为密钥. 伪随机函数是指在这个集合中随机抽取的任何一个函数与其他函数都是计算不可分的. 计算不可分表示的是无法通过计算的手段将两个函数区分出来.

③ 存在一个带密钥函数 $F: \{0,1\}^k \times \{0,1\}^n \to \{0,1\}^l$ 的集合, 其中 $k, n, l > 1$, k 为密钥的长度.

④ 存在一个带密钥伪随机置换 $E_{k_i}: \{0,1\}^n \to \{0,1\}^n$ 的集合, 其中 n 是任意正整数, k_i 为密钥. 伪随机置换是一类特殊的伪随机函数, 其输入域和输出域相同.

⑤ 存在一个伪随机数发生器 G, 其输出为 $\{0,1\}^m$, 其中 m 是任意正整数, 其产生的输出序列与真随机序列是计算不可分的.

⑥ 存在一个密钥生成函数 $f_{k'} : \{0,1\}^* \to \mathcal{K}$，它是一个将任意二进制字符串映射到密钥空间 $\mathcal{K}$ 的伪随机函数.

用上述函数可构造可搜索加密方案（SSE），方案包括加密阶段和搜索阶段两部分. 用户在加密阶段对文件进行加密，云端在搜索阶段进行密文检索并返回结果. 在此方案中，需要用户生成并保存两个对称密钥 k' 和 k''.

(1) 加密阶段. 对于文档 d 中的每一个 n 比特长的单词 w_i，用户（即文档所有者）进行以下操作：

① 用密钥 k'' 加密 w_i，即 $x_i = E_{k''}(w_i)$. 这可以用分组密码算法的 CFB 或 OFB 模式实现.

② 将密文 x_i 分为左右两部分 $L_i \| R_i$，使 $|L_i| = n - m$、$|R_i| = m$，其中 m 的值由用户确定.

③ 生成密钥 $k_i = f_{k'}(L_i)$.

④ 用伪随机数发生器 G 生成一个长度为 $n - m$ 的伪随机数 s_i.

⑤ 计算 $T_i = s_i \| F_{k_i}(s_i)$，其中 F 的输出是长度为 m 的二进制字符串.

⑥ 加密文档中的每一个单词：$C_i = E_{k''}(w_i) \oplus T_i$，得到文档的密文，并上传到云端存储.

(2) 搜索阶段. 当用户需要搜索一个关键词 w，则将包含 $x = E_{k''}(w)$ 和密钥 $K = f_{k'}(L)$ 的查询信息发送给云端，其中 L 是 x 的前缀，长度为 $n - m$ 比特. 云端收到查询信息后，对每个文档 d 中的每一个单词 C_i 进行以下操作：

① 计算 $T_i = C_i \oplus x$.

② 将 T_i 分成两部分 $s \| v$.

③ 如果 $v = F_K(s)$ 成立，则查找成功，即文档 d 包含关键词 w，将文档 d 放入查找成功的文档集合中. 最后，将找到的文档集合发回给用户.

以上的搜索过程将关键词 w 的密文作为查询操作的令牌，计算过程中需要用带密钥的伪随机函数. 云端先把查询令牌与密文单词进行异或运算，如果左边 $n - m$ 比特的伪随机函数计算结果与右侧 m 比特相等，则搜索匹配成功.

这个方案能够实现对包含某个关键词的密文文档的查询，但是它的安全性和效率都不理想. 在安全性方面，这个方案向云端泄露了查询模式等统计信息；在效率方面，搜索过程必须逐个查询文档中的每个单词，其时间复杂性与文档的单词个数呈线性关系，效率较低.

2. 基于索引的可搜索加密方案

为了提高搜索效率，避免在每一个文档中逐个搜索关键词，常用的解决方案是为每一个关键词建立倒排索引. 倒排索引的原理如下：首先为每一个文档赋予一个数字标识符，然后为每一个关键词 w 建立包含这个单词的文档集合的列表 $D(w)$. 当搜索包含某个关键词的文档时，只要从倒排索引中找到该关键词对应的文档集合就可以了，不用再去遍历搜索每一个文档. 为了实现可搜索加密方案，必须对倒排索引进行加密, 称为密文索引, 以保证数据隐私和安全性.

基于索引的可搜索加密方案包括以下 4 个部分:

(1) 生成密钥: 生成系统所需要的对称密钥.

(2) 建立索引: 生成加密的密文倒排索引.

(3) 生成陷门: 生成查询关键词的陷门, 用于云端实现对密文倒排索引的搜索, 同时不泄露关键词的明文信息.

(4) 搜索: 这是在云端进行的操作, 即给定密文索引和一个关键词陷门, 云端返回包含这个关键词的所有文档的标识符.

为了建立一个查找表, 来匹配每个关键词 w 和其对应的文档集合 $D(w)$, 需要下面两个函数:

(1) 将关键词映射到二进制字符串的伪随机函数 F, 这个二进制字符串的长度是最大文档长度的某个多项式.

(2) 带密钥伪随机函数 G, 将关键词映射到长度为 k 的二进制字符串.

以上提到的 4 个部分的具体实施方案如下:

(1) 生成密钥. 产生 3 个长度为 k 的对称密钥 K_1、K_2 和 K_3. 用对称密钥 K_3 加密每一个文档.

(2) 建立索引. 用查找表 T 建立一个字典式的索引数据结构, 即为每一个关键词 w 进行以下操作:

① 为关键词 w 生成一个搜索密钥 $k_w = G_{K_2}(w)$.

② 为关键词 w 创建包含 w 的文档标识符的列表, 并计算

$$L_w = D_w \oplus F_{K_1}(w).$$

③ 将 L_w 存储在 $T[k_w]$ 中.

将密文索引以及用 K_3 加密的文档集合发送到云端.

(3) 生成陷门. 计算陷门 $\tau = (F_{K_1}(w), G_{K_2}(w))$.

(4) 搜索. 给定一个陷门 τ 和索引 T, 云端将陷门分成两部分 (f, g). 云端查找 T 中的位置 $T[g]$, 并返回 $T[g] \oplus f$ 给用户. 根据具体应用的不同, 云端可以只返回包含关键词的文档列表, 或者包含关键词的所有密文文档. 用户收到密文文档后, 可以用 K_3 解密密文得到文档的明文.

基于索引的可搜索加密方案的效率明显高于非索引方案. 但是, 基于索引的可搜索加密方案存在以下两个缺点: 第一, 这个方案仍然泄露了查询模式; 第二, 这个方案不能动态更新文档集合, 如果新添加一个文档, 则需要重新生成加密的索引.

关键词可搜索加密方案是近年来一个很活跃的研究领域, 取得了许多进展, 本书不再详细描述.

7.6.2 词组搜索

基于词组的可搜索加密方案 是由 Yinqi Tang、Dawu Gu、Ning Ding 和 Haning Lu 于 2012 年首次提出的, 这个方案包括两个阶段: 第一阶段, 云端检索出包含词组中所有单词的文档标识符, 并返回给用户; 第二阶段, 用户将查询的词组和前面得到的文档标识符列表发送给云端, 在云端进行第二次检索, 将包含了词组的文档返回给用户.

首先为每一个文档构建一个词组匹配查找表, 使云端在不获得词组明文的情况下, 能够判断该词组是否在这个文档中出现. 这个表是一个 $c \times (q+1)$ 的二维数组, 其中 c 是文档中互不相同的单词的个数, q 是所有单词在文档集合 $\mathcal{D}$ 中出现的最高频率. 建表需要用到以下三个带密钥的伪随机函数:

$$\Psi : \{0,1\}^\lambda \times \{0,1\}^* \to \{0,1\}^n,$$

$$h : \{0,1\}^\lambda \times \{0,1\}^* \to \{0,1\}^u,$$

$$f : \{0,1\}^\lambda \times \{0,1\}^* \to \{0,1\}^\lambda.$$

令 z、s、K 分别为长度为 λ 比特的二进制字符串. 令文档中互不相同的单词按照原文次序排列为 $w_1, w_2, \cdots, w_c$. 建表过程如下:

(1) 为每个单词 w_i 生成一个随机数 r_i.

(2) 在表的第 i 行第一列写入 $\Psi_z(w_i \| \mathrm{id}(D))$, 其中 $\mathrm{id}(D)$ 表示文档 $D \in \mathcal{D}$ 的标识符.

(3) 在第 i 行其余的位置, 分别对所有在文档中出现的 2 元词组 $w_j \| w_i$, 将 $h_s(r_j) \| r_i$ 写入该行的空格中, 其中 $s = f_K(w_j \| w_i \| \mathrm{id}(D))$. 对固定的单词 w_i, 这样的 2 元词组最多出现 q 次. 文档中的第一个单词需要单独处理: $h_s(r^*) \| r_1$, 这里 r^* 是一个随机数.

(4) 当所有的单词相邻关系都写入表后, 剩余的空闲位置用与 h_s 输出长度相同的随机数填充.

(5) 最后重新随机排列查询表中每一行除首元素外的其他所有元素, 并根据每一行的首元素将各行重新排序.

文档 D_j 构建查找表的例子如图 7.4 所示.

当在词组匹配查找表中搜索词组时, 云端需要依次搜索词组中每个单词的 $\Psi_z(w_i \| \mathrm{id}(D))$ 值, 这是用户建立的词组搜索陷门的一部分, 具体步骤如下:

(1) 用二分搜索法找到 $\Psi_z(w_i \| \mathrm{id}(D))$ 对应的行.

(2) 在行中搜索 $f_K(w_j \| w_i \| \mathrm{id}(D))$, 如果词组中的每一个单词都能在表中找到, 则返回成功; 否则失败.

7.6.3 对可搜索加密的攻击

可搜索加密主要受到以下两类攻击: 选择查询攻击 (CQA1) 和适应性选择查

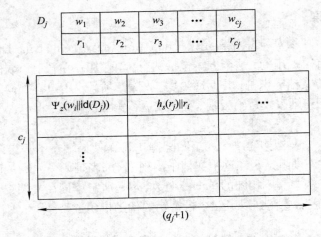

图 7.4　构建查找表的例子, 其中 $w_j \| w_i$ 是文档 D_j 中出现的 2 元词组

询攻击(CQA2). 在选择查询攻击中, 云端允许对索引进行查询, 但是与查询历史无关; 在适应性选择查询攻击中, 云端可以根据以前的查询模式或结果, 构造本次查询的内容.

　　能抵御 CQA1 攻击的可搜索加密方案的安全性较弱, 所有查询必须一次性提出. 例如, 上面所述的词组可搜索加密方案只能抵御 CQA1 攻击. 能抵御 CQA2 攻击的可搜索加密方案具有更高的安全强度. 例如, 基于索引的关键词可搜索加密方案能够抵御 CQA2 攻击.

7.6.4　SHBC 云模型的可搜索对称加密方案

　　以上描述的可搜索加密方案只针对 HBC 云模型, 在 SHBC 云模型下不适用. 第一个适用于 SHBC 云模型的可搜索加密方案是由 Qi Chai 和 Guang Gong 于 2012 年提出的, 称为可验证的可搜索对称加密(VSSE). 该方案采用了字典树的数据结构, 由 5 个部分组成, 分别为密钥生成(Keygen)、建立索引(BuildIndex)、查询令牌(Token)、搜索(Search)和验证(Verify).

　　(1) Keygen(1^λ) 是一个由用户 A 执行的密钥生成算法, 输入为安全参数 λ, 输出为秘密密钥 K_A, 其长度受限于 k 的多项式.

　　(2) Buildindex($K_A, \mathcal{D}$) 是一个由用户 A 执行的索引生成算法, 输入为密钥 K_A 和文档集合 $\mathcal{D}$, 输出为文档集合 $\mathcal{D}$ 的索引 $\mathcal{I}$, 其长度受限于 λ 的多项式.

　　(3) Token(K_A, w) 是一个由用户 A 执行的查询令牌生成算法, 输入为密钥 K_A 和单词 w, 输出为查询令牌 T_w.

　　(4) Search($\mathcal{I}, T_w$) 是一个由云端执行的密文索引搜索算法, 输入为索引 $\mathcal{I}$ 和令牌 T_w, 输出为包含 w 的所有文档标识符的集合 $\mathcal{D}(w)$ 和正确性证明 proof($\mathcal{D}(w)$), 其中正确性证明受限于 λ 的多项式, 并且是不可伪造的.

(5) Verify$(\mathcal{D}(w), \text{proof}(\mathcal{D}(w)), w, K_A)$ 是一个由用户 A 执行的验证算法, 用户 A 通过验证 proof$(\mathcal{D}(w))$, 确认返回的结果 $\mathcal{D}(w)$ 是否正确.

1. 字典树

字典树是一个关键词索引机制, 这些关键词都是定义在字符表 Σ 的字符串. 字典树支持两种基于单词的主要操作: 插入和搜索. 字典树是一棵 $|\Sigma \cup \{\$\}|$ 叉树, 其中 $\$ \notin \Sigma$ 是一个特殊符号, 树中的每一个内部节点都是 Σ 中的字符, 每一个叶子节点标记为 $\$$. 每一条从根节点到叶节点的路径都表示一个单词 $w \in \Sigma^*$.

插入运算是将新单词 w 插入到字典树中, 从树的根节点开始, 按 w 的字母从左到右逐个与树的节点上的字符进行比较. 如果相同就顺着树的路径往下走; 如果不同, 则增加这个字符的节点, 一直到单词 w 结束, 最后附加一个 $\$$ 字符作为叶子节点.

搜索运算是从字典树的根节点开始查找单词 $w + \$$ 形成的一条路径, 如果找到这样一条路径, 则查找成功; 否则失败.

2. 隐私字典树

在字典树 T 中令 $T_{i,j}$ 表示树中深度为 j 从左到右排列的第 i 个节点. 令 $T_{i,j}[s]$ 表示存储在该节点的值, 其中 s 表示字段的名字. 用 parent$(T_{i,j})$ 表示节点 $T_{i,j}$ 的父节点.

隐私字典树是在字典树上增加隐私保护, 它在每一个节点设置三个字段: l、h 和 e, 其中 l 为节点的字符, h 是代表节点的唯一标识符, e 存储节点的所有子节点的位图, 叶子节点是从根节点到叶子节点的路径对应的单词. e 字段通常称为"验证标签", 构建过程需要一个带密钥的散列函数 $F: \{0,1\}^\lambda \times \{0,1\}^* \to \{0,1\}^z$, 一个语义安全的分组密码算法 (G, E, D) 和一个函数 ord$: \Sigma \to Z^+$; 这个函数的输入为 Σ 中的一个字符, 输出为该字符的索引.

首先用插入运算将文档集合 $\mathcal{D}$ 中的所有单词构造成一棵字典树 T. 然后对每一个内部节点 $T_{i,j}$ 的各个字段进行赋值, 即将 h 字段设为

$$F_{k_1}(l \parallel j \parallel \text{parent}(T_{i,j})[h]),$$

将 e 字段设为

$$E_{k_2}(h \parallel b),$$

其中 b 字段是节点的所有子节点的位图. 令 $b[i]$ 表示位图中第 i 位上的比特值. 将每一个叶子节点 $T_{i,j+1}$ 的 e 字段设为

$$(D(w) \parallel E_{k_2}(h \parallel D(w))),$$

其中 w 是从根节点到叶节点的路径对应的单词. 叶子节点的 h 字段设为 $F_{k_1}(\$ \parallel j+1 \parallel \text{parent}(T_{i,j+1})[h])$. 对于字典树的每一个节点, 重新排列它的子节点的顺序.

图 7.5 、图 7.6 及图 7.7 分别给出了一个字典集合 $\Delta = \{\mathrm{cat}, \mathrm{car}, \mathrm{do}, \mathrm{dog}\}$ 上隐私保护字典树的构造实例.

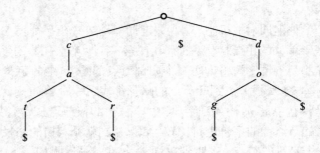

图 7.5　将单词"cat""car""dog"和"do"插入到字典树

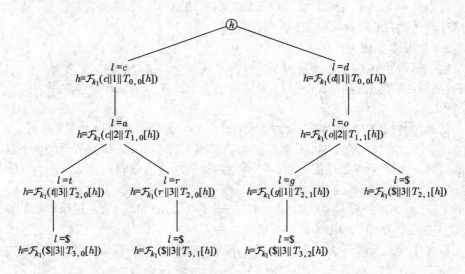

图 7.6　构建哈希链

VSSE 方案 5 个部分的具体算法如下：

(1) Keygen(1^{λ}) 从 $\{0,1\}^{\lambda}$ 中均匀随机地选取一个密钥 k_1，然后用函数 G 生成一个 λ 比特的密钥 k_2，输出用户密钥 $K_A = (k_1, k_2)$.

(2) Buildindex($K_A, \mathcal{D}$)　构造一棵包含 $\mathcal{D}$ 中所有单词的隐私字典树 $\mathcal{I}$，并将 $D_i \in \mathcal{D}$ 用密钥 k_2 加密.

(3) Token(K_A, w) 为用户生成一个隐私保护的查询信息 π 发给云服务端，用于查找索引中的关键词. 单词 w 的隐私保护查询信息 $T_w = \pi$ 的构建方法如下：设 π 的初始值 $\pi_0 = 0$，然后依次计算 $\pi_i = F_{k_1}(a_i \parallel i \parallel \pi_{i-1})$，其中 $i \geqslant 1$，a_i 是单词 w 的第 i 个字符. 最后得到 $T_w = \pi$. 这样就从隐私字典树的根节点到叶子节点建立了一条链状的哈希值路径.

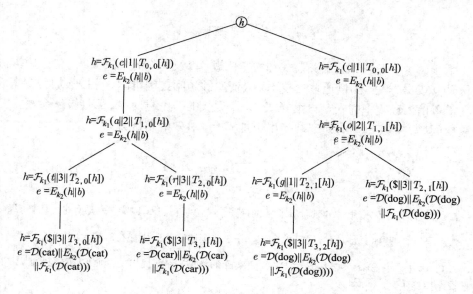

图 7.7 构造验证标签并删除 l 字段的值

(4) Search$(\mathcal{I}, T_w)$ 是查找令牌 T_w 的索引的过程，即是从隐私字典树的根到叶子依次匹配各个节点的 h 字段的过程. 对于查找路径上的每一个节点 $T_{i,j}$, 将 $T_{i,j}[e]$ 添加到 proof$(\mathcal{D}(w))$. 当查找和匹配过程成功到达了叶子节点, 则返回 $(\mathcal{D}(w),$ proof$(w))$, 否则返回 $(\perp, \mathsf{proof}(w))$.

(5) Verify$(\mathcal{D}(w), \mathsf{proof}(\mathcal{D}(w)), w, K_A)$ 对 proof$(\mathcal{D}(w)) = \langle t_1, t_2, \ldots, t_\ell \rangle$ 中的每一个 t_i 做以下运算:

① 如果 $i \neq |w| + 1$, 则计算 $(r_1, b) = D_{k_2}(t_i)$. 否则, 令 $t_{|w|+1} = \alpha \parallel \beta$, 并计算 $(r_1, \delta) = D_{k_2}(\beta)$.

② 验证 $r_1 = \pi_i$ 是否成立.

③ 如果 $i \neq |w| + 1$, 则验证 $b[\mathsf{ord}(w_{i+1})] = 1$. 否则验证 $\alpha = \delta$ 是否成立.

当 $D(w) = \perp$ 时, 则上述第 3 步验证 t_l 会失败. 如是, 则验证过程返回 True; 否则, 返回 False.

当 $D(w) \neq \perp$ 时, 如果以下 3 个条件成立, 则验证过程返回 True:

① $\ell = |w| + 1$.

② 如果 $t_{|w|+1} = (\mathcal{D}(w), F_{k_1}(\mathcal{D}(w)))$, 则 $\mathcal{D}(w) = F_{k_1}(\mathcal{D}(w))$.

③ 对于任意 t_i, 其中 $i < \ell$, 上述的第 2 和第 3 步验证均成功.

否则, 返回 False.

7.7 结 束 语

本章讨论了云计算的服务模式和安全问题, 以及对应的解决方案, 包括虚拟机架构及其攻击方法、侧信道攻击技术、云资源的访问控制机制、可搜索加密方案以及在不可信云环境中的安全方案等. 在未来很长的一个时期内, 云计算安全将是一个重要问题, 需要进一步研究并提出更加安全、有效的解决方案.

习   题

7.1 举出几个你使用过的云计算服务的例子, 并说明它们属于哪一种类型的云计算服务.

7.2 举出一些 STaaS 服务模型的应用例子, 并阐述这些应用存在的安全问题.

7.3 为什么说 SHBC 模型是比 HBC 更实际的模型? 你能提出一个比 SHBC 模型更实际的云安全模型吗?

7.4 在 BBS 代理重加密方案中, 代理者是必需的吗? 为什么?

7.5 对于存储即服务 STaaS 的各种应用场景, 思考哪些环境下需要满足非适应性安全.

7.6 讨论如何将可搜索加密方案推广到关系型数据库.

7.7 举例说明什么时候需要用 SaaS、PaaS 和 IaaS?

7.8 很多数据公司不愿意把他们的业务迁移到云平台上, 给出你的解释和原因.

7.9 安装一个操作系统虚拟化产品, 例如 Oracle Virtual Box, 然后做管理虚拟机的实验.

7.10 描述一种针对云计算的多租户环境的攻击方法.

7.11 论述硬件辅助的虚拟化比纯软件的虚拟化有哪些优势.

7.12 研究某个云存储产品 (例如 Dropbox) 的 REST API 接口, 写一篇 4000 字以上的报告.

7.13 给出一种针对虚拟机的侧信道攻击方法, 例如共存攻击.

7.14 分析最近发生的共存攻击时间, 撰写一篇 4000 字以上的报告.

7.15 在 Linux 操作系统上, 研究并实现 fopen 系统函数的库函数劫持软件, 能够实现对文件打开和访问操作的记录. 提示: 可以用 man 命令查看 dlopen、dlsym、dlclose 等命令的说明文档, 并研究 shell 环境变量 LD_PRELOAD.

7.16 解释为什么代理重加密方案能够满足用户 A 的需求, 并说明方案中哪些部分实现了类似钥匙保险箱、锁芯和钥匙的功能.

7.17 在本章内容中, 提到了存在基于配对函数的单向代理重加密方案. 根据配对函数的特点, 给出一种针对配对函数的 Diffie-Hellman 协议的攻击方法, 通过监听获得会话密钥.

7.18　Linux 文件系统是属于自主访问控制还是强制访问控制？给出你的答案并阐述理由.

7.19　与 OAuth 协议相比，在 OAuth 2.0 协议中去除了数字签名机制，讨论这种修改带来的安全风险.

7.20　本章给出的代理重加密方案中，代理者和受托者合谋，能够获得委托者的私钥，请具体阐述攻击的方法.

7.21　在基于 RSA 密码算法的存储证明协议中，将文件 f 作为一个大整数参与运算，这种方法的运算效率很低，请采用密码散列算法，给出一种改进方法提高效率.

7.22　为以下的逻辑门电路构造相应的混淆电路：
(a) 与门.
(b) 或门.
(c) 与非门 NAND，其中 A NAND B 等同于 $\overline{A \wedge B}$.

7.23　指出冒泡排序、二分搜索算法以及快速排序哪一种是迷惑排序算法，并解释原因.

7.24　提出一种新的迷惑排序算法，用于迷惑随机存储机的模拟，并分析算法的效率.

7.25　迷惑随机存储机的间接开销是迷惑随机存储机的访问次数与原始访问次数的比值，请计算平方根模拟方案的间接开销.

7.26　在可搜索加密方案中，如果泄露了读取模式，会带来什么安全风险？

7.27　为什么 Song 等学者提出的密文关键词搜索方案的效率不高？请论述原因.

7.28　能抵御 CQA2 攻击的可搜索加密方案比只能抵御 CQA1 攻击的方法有哪些优势？请阐述理由.

7.29　利用迷惑随机存储机，可以设计更安全的可搜索加密方案，请设计这样一个方案.

7.30　既然使用迷惑随机存储机可以设计出最安全的可搜索加密方案，那么为什么还要设计基于其他机制的可搜索加密方案？

7.31　在 Qi Chai 等提出的隐私字典树方案中，叶子节点的 e 字段是 $\mathcal{D}(w) \parallel F_{k_1}(\mathcal{D}(w))$，其中 w 是字典树的从根到叶子的路径. 设计一种攻击方法，云端返回一个不同的 e 字段，使 $\mathcal{D}(w)$ 仍能通过验证.

7.32　在改进的隐私字典树方案中，修改叶子节点的 e 字段值后，为什么能够抵抗上面习题中提到的攻击？

7.33　本章讨论了 2-取-1 迷惑传输协议，类似地也存在 n-取-1 迷惑传输协议：用户 B 从 n 个可选值中仅得到一个值，同时不向用户 A 泄露自己得到的是哪一个值. 研究并提出 n-取-1 迷惑传输协议的一种应用.

7.34　用你熟悉的编程语言，实现改进后的隐私字典树方案.

7.35　在 7.4.2 节中的访问控制机制中，云端拥有重加密密钥并进行重加密运算. 如果让用户自己重加密密文，这种修改对安全性有影响吗？给出你的分析.

7.36 在一个代理重加密方案中，如果代理者和受托者合谋也不能将解密权限授权给其他人，即不能产生一个新的、有效的重加密密钥，则称该方案满足不可转移性. 分析并说明 BBS 代理重加密方案具有不可转移性.

第 8 章

网络边防

局域网（有线和无线）、无线个人网和无线传感器网络是互联网的边缘网，它们以企业、机关、学校、家庭和个人为中心，纵横交错地分布在互联网的边缘，而干线网络就像高速公路将各个边缘网连接起来. 边缘网在早期是无须设防的，犹如在民风朴实的村落，家门无须上锁一样. 随着互联网技术的深入和普及，不设防的边缘网不断遭受来自其他边缘网恶意网包的侵犯. 有的时候入侵者进入不设防的边缘网犹如进入无人之境，或只需寻找边缘网内某个薄弱环节就能顺利进入边缘网.

加密算法和网络安全协议都不能有效地抵御恶意网包进入边缘网，因为数据不管是否加密都可从外部往边缘网内传送. 身份认证方法可用来确认网包的发送方，因此可用来帮助判断网包是否含有恶意，所以可在一定程度上抵御恶意网包的流入. 但是，因为边缘网内各主机的计算性能有差别，有些主机可能根本没有足够的能力应付身份认证的需要，所以，要求边缘网内所有的主机系统都进行身份认证也许不切实际. 此外，边缘网内各主机的管理也因人而异. 有些用户的系统管理技术良好，能妥善管理自己的主机系统使其少出漏洞. 而有些用户因为管理技术欠缺或疏于管理，使其主机系统安全漏洞百出. 所以，要求边缘网内所有用户都能有效地管理好自己的主机也是不切实际的.

为了有效地保护边缘网不受外来恶意网包的入侵，可借鉴一个古老但行之有效的护城方法，即修筑城墙，减少入城通道，并在通道上建造安全堡垒和加派岗哨，检查来往行人，按保安规则限制行人进出，这种方法称为网络边防. 防火墙技术便是这一经典方法在数字时代的应用，它使边缘网的系统管理员能集中力量设置和管理好若干台安全性能很强的主机，作为堡垒设置在进入边缘网的必经之路上，保护边缘网内其他安全性能较差的主机免受来自网外的侵害. 本章主要介绍防火墙的基本原理和设置方法.

8.1　防火墙基本结构

防火墙是从 1990 年代初期开始发展起来的网络安全技术, 其目的是限制恶意网包从边缘网的外部进入边缘网内. 从保护边缘网周边安全的角度出发, 称边缘网为内部网, 简称为内网; 称边缘网外的其他网络为外部网, 简称为外网. 内网受其拥有者的控制, 而外网则为他人拥有和受他人控制. 防火墙是用于控制连在不同网络的计算机之间相互访问的装置, 它可以是软件、硬件或是软件和硬件的混合体, 检查从外网送往内网及从内网送往外网的网包. 图 8.1 是防火墙的示意图. 经过防火墙的网包只有两种结果: 被放行或被挡住 (也称被拒绝). 网包被挡住之后便从网络中清除.

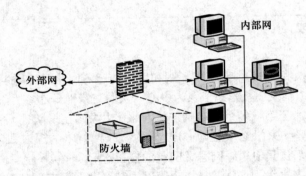

图 8.1　防火墙示意图

从外网流入内网的网包总是值得怀疑的, 所以必须经过检查方可放行. 防火墙的关键问题是, 如何检查网包以及检查到何种程度才能既保障安全又不会对通信速度产生明显的影响. 硬件防火墙是使用专用集成电路技术 (简记为 ASIC) 将网包检查程序硬化后的产品. 时至今日, 防火墙已嵌入在许多网络设备中, 如路由器、交换器、调制解调器和无线接入点等. 硬件防火墙的优点是处理速度快, 缺点是难以更新. 软件防火墙的优点是易于更新, 但处理速度较慢. 软件防火墙可以在许多常见的操作系统下运行, 有的还已成为操作系统 (如红帽 Linux 和微软 Windows) 的一个固定组成部分.

根据检查网包所使用的方式, 防火墙可分成如下几类: 网包过滤、线路网关和 应用网关. 除此之外还有 MAC 网关和混合型防火墙.

网包过滤防火墙设在网络层, 线路网关设在传输层, 应用网关设在应用层, MAC 网关设在数据链路层, 如图 8.2 所示.

有些防火墙可以跨越网络层, 比如网包过滤防火墙会同时检查 IP 包头和 TCP 包头. 又比如动态包过滤是结合网包过滤和线路网关做成的防火墙, 它是一种混合

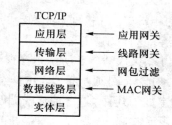

图 8.2 防火墙在网络各层的设置

型防火墙.

这些防火墙都是单个防火墙,受内网系统管理员的控制和管理. 大型企业、银行和其他大型单位通常都设有大量的防火墙,如果这些防火墙由各自的内网管理员进行设置和管理,对制定和实施统一防火墙政策会造成一定的困难. 假如大型机构希望对其拥有的整个网络建立统一的防火墙政策,则可以采用分布式防火墙系统,将防火墙政策存在某主机内,并要求每个内网系统管理员严格执行存储在这个主机内的防火墙政策.

8.2　网包过滤防火墙

网包过滤是最简单的防火墙技术,它的任务是检查从外网流入到内网的网包,并检查从内网流出到外网的网包. 前者通常称为流入过滤,后者通常称为流出过滤. 网包过滤检查的对象是网包头的内容,包括 IP 包头和 TCP 包头,而不是由应用层产生的载荷. 防火墙根据事先设置的检查规则,决定是否允许该网包通过. 网包过滤防火墙简称为过滤型防火墙.

过滤型防火墙又分无态过滤和有态过滤两种. 无态过滤指的是防火墙只根据所在网包包头的信息过滤此网包,与已经处理过的其他网包没有任何关系. 有态过滤与其相反,它除了根据网包包头本身的信息外,还根据已经处理过的其他网包包头的信息决定对该网包是放行还是清除. 比如,如果网包是请求连接的控制包或属于某个已经建立连接的通信,有态过滤防火墙将允许此网包通过,否则将其挡住并清除.

8.2.1　无态过滤

无态过滤是最早开发的防火墙技术,它简单实用,所以也是使用最广的防火墙技术. 无态过滤把每一个受检网包视为一个独立的个体,因而无须存储任何与之相关的网包信息. 无态过滤的基本操作是网包来一个检查一个,该放行的放行,该挡住的挡住,但不作任何记录. 挡住一个网包也称为清除一个网包.

无态过滤的常规检查项目包括 IP 包头中的起始地址、目标地址、TCP 包头或

UDP 包头中的起始端口和目标端口. 它根据事先制定的检查条例决定对受检网包采取何种行动: 放行还是清除. 这样的规则称为访问控制表规则, 简记为 ACL. 表 8.1 所示是检查流入包的 ACL 规则, 表 8.2 所示是检查流出包的 ACL 规则, 其中 a.b.c.d 代表某个具体的 IP 地址, ∗ 是通配符, 表示任意地址或任意端口. 一个地址或端口被屏蔽的原因一般有如下几种: 这个地址或端口经常传送垃圾邮件, 这个地址不被信赖, 或这个地址不受欢迎.

表 8.1　检查流入包的 ACL 规则样板

墙内地址	墙内端口	墙外地址	墙外端口	行动	注释
∗	∗	a.b.c.d	∗	拒绝	屏蔽该地址
192.63.8.254	110	∗	∗	放行	开放 POP3 端口

表 8.2　检查流出包的 ACL 规则样板

墙内地址	墙内端口	墙外地址	墙外端口	行动	注释
∗	∗	a.b.c.d	∗	拒绝	屏蔽该地址
∗	∗	∗	25	放行	准许外部SMTP端口
∗	∗	∗	> 1023	放行	准许外部非标准端口

因为网络层本来就要检查 IP 包头的目标地址, 所以网络层无态过滤型防火墙所执行的操作对网包处理速度没有明显的负面影响. 近年来生产的网络设备基本上都具有无态过滤的功能.

ACL 规则的执行顺序是从上至下. 如果在 ACL 中找不到相应的规则处理受检网包, 比如受检网包的地址或端口不在 ACL 中出现, 则一概清除这类网包. 也就是说, 任何 ACL 的尾部都含有如表 8.3 所示的默认规则, 尽管它通常不在 ACL 表中明确地显示出来.

表 8.3　ACL 表尾的默认规则

墙内地址	墙内端口	墙外地址	墙外端口	行动	注释
∗	∗	∗	∗	拒绝	ACL默认规则

除设置 ACL 规则外, 无态过滤防火墙还应该阻止如下几种 IP 包进入内网:

① 起始地址是内部地址的外来网包. 这类网包很可能是为实行 IP 地址诈骗攻击而设计的网包, 目的是装扮成内部主机混过防火墙的检查而进入内部网.

② 指定中转路由器的网包. 这类网包很可能是为绕过防火墙而设计的网包.

③ 载荷很小的网包. 这类网包很可能是为抵御 ACL 规则而设计的网包, 目的是将 TCP 包头部分封装成两个或多个 IP 包送出, 比如将起始端口和目标端口分放在两个不同的 TCP 包中, 使防火墙的 ACL 规则对这类网包失效. 这种攻击方

法称为 TCP 碎片攻击.

除了阻止从外网送来的恶意网包, 无态过滤还阻止某些类型的内网网包流向外网, 特别是用于建立局域网和提供内网通信服务的各种协议控制包, 包括启动程序协议 (Bootp)、动态主机设置协议 (DHCP)、简易文件传输协议 (TFTP)、网络基本输入输出系统 (NetBIOS)、共同互联网文件系统 (CIFS)、远程行式打印机 (LPR) 和网络文件系统 (NFS) 等.

Bootp 协议使联网计算机无须使用硬盘就可启动, 它使计算机在装载操作系统之前能自动获得 IP 地址及存储启动操作系统映像的路径. DHCP 协议是基于 Bootp 协议发展起来的协议, 并且通常也支持 Bootp 协议. TFTP 协议是最简单的文件传输协议, 它使用的内存空间很小, 因此常用于中央处理器与嵌入式处理器之间的通信. NetBIOS 系统提供局域网计算机之间的通信服务. CIFS、LPR 及 NFS 等协议使局域网计算机能共享远程文件及使用远程打印机.

无态过滤的优点是简便易行, 它不要求用户更改应用程序, 同时也给系统管理员充分的控制权. 但是, 由于无态过滤的检查深度只限于 IP 包头和 TCP 包头, 所以如果 ACL 开放某个内部端口, 则所有送往该端口的外来网包, 不管其应用数据如何, 均能通过. 因此, 无态过滤不能检测出利用应用层软件程序缺陷设计的恶意包而阻止其进入.

8.2.2 有态过滤

有态过滤将受检包和该包所属会话阶段的其他包作为一个整体全盘考虑. 有态过滤也称为连接状态过滤, 检查内网主机和外网主机的连接. 连接状态 (简称为状态) 表示该连接是 TCP 连接还是 UDP 连接, 以及这个连接是否已建立. 连接状态存放在一个称为状态表的数据结构内, 将所有会话阶段的网包信息存储起来. 有态过滤防火墙检查流入和流出的网包, 从状态表中确认此包是否属于已建立的连接. 如是, 则让其通过并将相关信息 (如序列号码) 存起来以便以后的检查之用. 如果该包为 SYN 控制包, 则将此连接加入状态表. 如果该包不属于任何已建立的连接且不是 SYN 控制包, 则将其清除. 表 8.4 是一个简单的状态表样板. 连接终止后, 其连接状态也随之消亡, 并从状态表中清除.

表 8.4 状态表样板

用户地址	用户端口	服务器地址	服务器端口	连接状态	协议
219.22.101.32	1030	129.63.24.84	25	已建立	TCP
219.22.101.54	1034	129.63.24.84	161	已建立	UDP
210.99.201.14	2001	129.63.24.87	80	已建立	TCP
24.102.129.21	3389	129.63.24.87	110	已建立	TCP

TCP 连接还可以保存更多的信息, 表 8.5 给出一个 TCP 连接的状态样板, 总

时间表示该条目在状态表中所能存放的总时间, 所剩时间表示该条目还能在状态表中保持多长时间而不被清除. 时间单位为秒.

表 8.5　TCP 连接的状态样板

起始地址	起始端口	目标地址	目标端口	所剩时间	总时间	协议
192.63.8.109	80	66.94.234.13	80	2200	3600	TCP

依照 TCP 的使用惯例, 内网主机对外开放的端口通常为标准端口, 由一个小于 1024 的正整数表示. 而外网客户用于与内网主机建立连接的端口通常是 1024 与 65535 之间的整数, 它可以是动态产生的. 当外网客户需要与内网服务器主机建立 TCP 连接时, 首先向内网服务器主机发出 SYN 请求. 有态过滤防火墙根据 TCP 的 3 向握手信息在状态表中建立一个状态条目表示这个 TCP 连接, 如表 8.6 所示.

表 8.6　状态表中显示的 TCP 连接状态样板

起始地址	起始端口	目标地址	目标端口	连接状态
219.22.101.32	1030	129.63.24.84	25	仍在连接
219.22.101.54	1034	129.63.24.84	25	仍在连接
210.99.201.14	2001	129.63.24.87	80	仍在连接
24.102.129.21	3389	129.63.24.87	80	仍在连接

有态过滤检查从外网传来的网包, 如果是 TCP 包, 则检查其 TCP 连接状态. 如果该包不是握手控制包, 便检查状态表中所记录的 TCP 连接状态, 如果该网包属于某个已建立的 TCP 连接, 则放其通过, 否则将其清除. 除此之外, 如果从外网流入的网包不是内网主机所期待的网包, 则有态过滤防火墙亦可拒绝此网包进入内网.

有态过滤通常与无态过滤一同使用. 当仅根据状态表难以决定某个网包是放行还是拒绝时, 便可用无态 ACL 规则对该网包的去留作出决断.

有态检测无疑能够对网包过滤提供更准确的信息, 但也将消耗更多的计算资源. 比如, 状态表的构造、管理和查找, 不但消耗时间也消耗内存空间. 有态过滤算法越复杂, 所消耗的计算资源就可能越多, 因而便会对通信速度产生一定的负面影响, 同时也可能为拒绝服务攻击提供方便. 可以设想, 攻击者选定目标后向其传送出大量诡诈网包, 迫使被攻击目标的有态过滤防火墙执行大量的计算而使内网计算机与外网计算机的正常联系中断. 因此有态过滤的使用应以不消耗过多计算资源为准. 比如, 状态表可以只记录某一段较短时间内的连接历史而不必将全部信息记录下来.

8.3 线 路 网 关

线路网关,也称为线路层网关,简记为 CLG,通常设在传输层. 它根据网包头所含的地址和端口信息决定允许或不允许收发两方建立 TCP(或 UDP)连接.

在实际应用中普遍将网包过滤和线路网关结合起来使用,构成动态包过滤防火墙,简记为 DPF.

8.3.1 基本结构

为表述方便,有时也将外网主机称为墙外主机,内网主机称为墙内主机.

线路网关的功能是作为中继站为墙外主机和墙内主机建立连接. 也就是说,墙外主机与墙内主机不直接建立连接,而是先与线路网关建立连接,然后再由线路网关与墙内主机建立连接. 比如,假设墙内主机是一台服务器,而墙外主机是客户机,客户机希望与服务器建立 TCP 连接. 客户程序首先与服务器程序的线路网关建立 TCP 连接,然后再由线路网关与服务器程序建立 TCP 连接. 服务器程序可以不需要知道客户机姓名和地址而完成 TCP 连接并提供服务. TCP 连接一旦建立后,线路网关将只负责为双方传递网包而不再做任何过滤. 线路网关首先检查请求与客户程序建立 TCP 连接的网包,检查通过后代替客户程序与服务器程序建立 TCP 连接,由此建立一条 TCP 通道. 如图 8.3 所示.

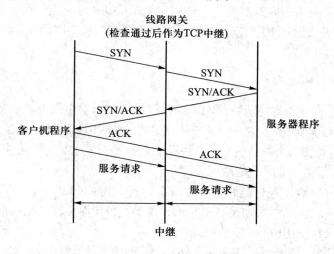

图 8.3 线路网关作为连接中继站

在实际应用中,企业和机关单位通常用线路网关将其内网,也称为企业内部网,与外部互联网隔开. 内网主机和外网主机之间的通信必须通过线路网关检查并且通过线路网关中转. 当线性网关收到客户程序从外网传来的网包后,通常可根据其 TCP 包头信息自动决定应与内网中的哪台主机连接,这种情况称为自动连接. 例如,假设外网客户试图访问某公司的数据库. 在通常情况下,数据库主机的地址是私人网 IP 地址, 它是从外部不能直接到达的地址, 而线路网关的地址是公开的, 它是数据库连接的中转站. 客户程序首先向该公司线路网关发出访问请求, 通过检查后, 网关自动与数据库主机建立连接, 如图 8.4 所示. 在某些情况下, 客户程序必须通过特定的协议告诉线路网关其目标主机.

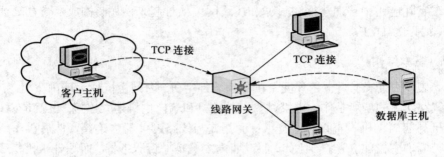

图 8.4   线路网关中转示意图

线路网关在协助双方建立 TCP 连接后只作为网包中转站, 不再检查来往的网包, 这就给如下问题的发生提供了方便: 假设内网某用户擅自在内网主机上设置端口, 然后通知线路网关帮助外网客户程序与该主机从该端口上建立联系, 外网恶意包便可通过这条通道进入内网主机. 因此, 线路网关应和过滤型防火墙一起使用. 除此之外, 线路网关还应该对所有中转网包 (流入包和流出包) 的字节数和其目标地址, 即目标 IP 地址和端口, 做好记录并留做通信日志, 以便在出现问题后能够从中寻找问题的根源.

8.3.2   SOCKS 协议

SOCKS[①] 协议是为构造线路网关而设计的协议, 它由服务器、客户程序及客户程序库三个主要部分组成. SOCKS 协议是由 Dave Koblas 和 Michelle Koblas 在 1990 年代初期开发出来的软件产品, 后经他人的加工完善, 逐渐从美国 NEC 公司的内部产品推广成为常用的线路网关.

SOCKS 服务器设置在过滤型防火墙上运行. SOCKS 客户程序库在内网主机上运行, SOCKS 客户程序则是经过修改的 FTP 和其他标准 TCP 客户应用程序. SOCKS 协议通常使用的 TCP 端口是 1080.

当外部网客户希望与在 SOCKS 线路网关保护下的内网服务器建立 TCP 连接时, 客户程序必须先连接到内网线路网关的 SOCKS 服务器端口, 然后商定身份认证方法, 提供认证所需信息, 并提出中转请求. 经 SOCKS 服务器审查通过后由 SOCKS 服务器与内网服务器建立中转连接. 如果外网用户只是希望向内网用户发送 UDP 包, 比如发送电子邮件, 则外网用户也必须首先与 SOCKS 服务器建立 TCP 连接, 经审查通过后才能将 UDP 包经过已建立的 TCP 通路由 SOCKS 服务

---

① SOCKS 是英文 SOCKetS 的缩写.

器中转给内网用户.

8.4 应 用 网 关

应用网关也称为代理服务器，它是安装在特定计算机内的软件，其功能是作为内部网服务器的代理者，处理外网客户向内网主机提出的服务请求. 应用网关对流入和流出的 IP 包做深入检查，包括检查网包内有关应用程序的格式，如 MIME 的数据格式和 SQL 的数据格式. 应用网关还可以检查网包是否含有计算机病毒及其他有害成分.

8.4.1 缓存网关

假设某机构欲设置一台万维网服务器对外网客户提供服务. 因为服务器必须让外网客户的 IP 包进入，所以必须采取有效措施保护服务器免受不必要的侵害. 通常的做法是设置一台应用网关代替万维网服务器主机与外网客户建立连接，称为万维网代理机，接收外网客户从端口 80 递交的网页浏览请求，检查流进的 IP 包的载荷是否满足安全性要求. 如是，才将客户的网页浏览请求传递给万维网服务器. 万维网代理机还检查从服务器主机送给外网客户的网页，并将网页存在代理机的缓存中. 这样，如果有其他用户访问这些网页，万维网代理机就可直接将存在其缓存中的网页直接送给用户，减少访问服务器的次数. 万维网代理机有时也称为缓存网关.

应用网关通常与具有网包过滤功能的路由器一同使用，这样的路由器通常设在应用网关之后，用于限制与其他内网主机的连接，使内网设备得到进一步的保护，如图 8.5 所示.

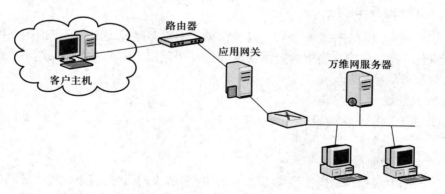

图 8.5 应用网关设置示意图

应用网关是针对某个具体的网络应用程序设置的，对其他网络应用程序无效. 此外，应用网关通常会消耗许多计算机时间和空间资源.

8.4.2 有态网包检查

有态网包检查, 简记为 SPI, 将有态过滤的检查范围推广, 使它不但检查网包头和连接状态, 也检查网包的载荷. 比如, SPI 检查企图进入内网的 IP 包是否属于合理的连接, 并且检查其载荷数据格式是否符合该连接所欲提供的服务. 因此, 如果 SPI 检查出属于某万维网连接的 IP 包载荷不属于常规万维网格式, 则将其清除.

8.4.3 其他类型防火墙

除了网包过滤、线路网关和应用网关这三种主要的防火墙以外, 还有 MAC 网关和混合型防火墙.

MAC 网关与过滤型防火墙类似, 它通过检查网帧的 MAC 地址决定是否放行. 混合型防火墙则是上述四种类型的防火墙不同组合的混合体, 比如将图 8.5 所示的应用网关和网包过滤做成一个软件包就成为一个混合型防火墙. 此外, 有态网包检查也可视为一种混合型防火墙.

8.5　可信赖系统和堡垒主机

应用网关防火墙通常是在特定计算机上运行的软件程序, 它们是外网用户与内网主机对话的关口. 换句话说, 运行网关的计算机直接暴露在外网黑客的火力之下, 因此必须采取特别措施保护它们不受侵犯. 措施之一是强化这些计算机的操作系统使其成为可信赖操作系统, 简记为 TOS. 措施之二是将这些计算机构造成防卫坚固的堡垒主机. 本节将介绍这两项措施.

8.5.1 可信赖操作系统

用户所使用的操作系统是否能够被信赖是由许多因素决定的, 可信赖操作系统是满足一组特定安全要求的操作系统. 例如, 满足以下四个要求的操作系统通常被认为是可信赖的:
① 系统设计不含缺陷;
② 系统程序不含漏洞;
③ 系统设置合理;
④ 系统管理得当.
前两个因素是研制操作系统的软件公司所要解决的问题. 将系统程序源码公开 (如 Linux 的做法) 无疑对研究解决这两个方面的问题会带来很大帮助. 后两个因素是系统管理员及用户自己需要解决的问题, 其重点是控制数据访问和用户权限.
用户是通过运行程序读写数据的. 不同的用户由于权限不同, 所以尽管使用相同的程序, 他们读写数据的能力是有区别的. 为使操作系统成为可信赖系统, 系统管理员必须对哪个程序能被何种权限的用户使用，以及何种权限的用户可以读写哪些数据和不能读写哪些数据做出明确规定，并将这些规定保存在操作系统中。

在可信赖操作系统中，每个用户及每个文件，包括数据文件和程序文件，都被赋予了一定的安全级别。为了预防系统用户有意或无意地泄露数据，可信赖操作系统必须严格执行如下两条规则：

- 不往上读，它指的是低级别用户不能使用高级别程序阅读高级别数据。同样，低级别程序也不能读取高级别数据文件。
- 不往下写，它指的是高级别用户不能使用低级别程序将数据写进低级别文件中。同样，高级别程序也不能将数据写进低级别文件中。

不往上读规则容易理解。为理解为什么不往下写，假设用户甲的安全级别很高，可以有权读取高级别文件。假如高级别用户被允许往下写，则用户甲可将读到的安全级别高的文件写入安全级别低的文件，从而使低级别的用户能够读取存在低级别文件中的高级别数据。因此，不往下写的规则必须与不往上读的规则一同使用。

8.5.2 堡垒主机和网关

堡垒主机是指防卫性能超强的主机，它通常用于运行应用网关。所以，堡垒主机也常被称为代理机。除了必须运行可信赖操作系统之外，堡垒主机系统还必须精简，即不安装多余程序，系统程序不使用多余语句，以减少出错机会，同时也便于检查安全漏洞。因此，堡垒主机通常只安装必要的网络应用程序，如 SSH、DNS、SMTP 及身份认证程序。

在堡垒主机上运行的网关应满足如下条件：

① 网关程序应使用小模块软件。使用小模块软件的好处是便于检查和修补安全漏洞，并且便于重复使用安全性能高的模块。

② 除了堡垒主机系统认证用户身份之外，网关软件也应该独立认证用户身份。堡垒主机可能只做链到链认证，即只在 IP 层验证网包的起始地址，而网关则可在更高层验证网包发送者的身份。

③ 网关应只与特定的内网主机相连，使得受影响的主机数目尽可能少。这样做的目的是便于管理，减少可能遭受的侵害。

④ 网关应对系统的使用做详细记录，包括记录每个 TCP 连接的状态数据和连接时间长度。这些记录能够帮助系统管理员发现异常行为。

⑤ 如果堡垒主机同时运行多个网关，则这些网关应是独立的，互不依赖。如果某一个网关出现问题，系统管理员可关闭该网关而不影响其他网关的运行。

⑥ 除了读取初始配置外，网关应避免向硬盘读写任何数据，以避免入侵者在堡垒主机内植入恶意程序。

⑦ 网关程序不应被赋予所在堡垒主机系统的系统管理权限。换句话说，网关程序的运行应该在堡垒主机的某个受保护的目录内进行。这样，即使网关被攻克也不

会危及堡垒主机系统和安装在堡垒主机的其他网关.

8.6 防火墙布局

安装在堡垒主机上的网关防火墙通常与网包过滤防火墙一同使用. 假定路由器具有网包过滤的功能. 为方便起见, 用堡垒主机代表代理机服务器. 一台堡垒主机可以同时运行几个相互独立的代理机服务器. 本节介绍几种常见的路由器防火墙和堡垒主机防火墙的布局, 它们分别是单界面堡垒系统、双界面堡垒系统及子网监控防火墙系统. 子网监控防火墙系统也称为非军事区布局, 简记为 DMZ.

8.6.1 单界面堡垒系统

单界面堡垒系统由一个具有网包过滤功能的路由器和一个单界面堡垒主机组成. 单界面堡垒主机只有一个网卡, 它与内网相连. 虽然路由器向外网公布服务器主机的地址和端口, 但路由器不将从外网流入的网包传递给内网主机. 换句话说, 路由器首先检查外网流入的网包, 根据其预先制定的 ACL 规则或者拒绝该网包, 或者将网包传递给堡垒主机, 由堡垒主机根据网包的应用层信息决定应该与内部网哪台服务器主机相连. 从内部主机流向外网的网包必须由堡垒主机中转. 路由器检查所有从内网流向外网的网包, 如果其起始地址是堡垒主机的地址, 则放行, 否则拒绝.

某些安全要求不高的服务器主机, 如介绍大学招生专业和院系配置等信息的万维网网站, 可以通过设置路由器中的 ACL 规则使之与互联网直接相连, 不受数据过滤防火墙的约束. 其做法是将从外部网流向这些服务器主机的网包和从这些服务器流向外部网的网包直接放行. 但是, 这些服务器与内部网主机通信时仍要通过堡垒主机. 图 8.6 所示是一个单界面堡垒系统的简单样板, 其中虚线表示通信, 实线表示网络实体连接.

在单界面堡垒系统中, 如果攻击者设法控制了数据过滤路由器, 便可自行更改其 ACL 规则, 不将网包传给堡垒主机. 即路由器直接将网包传给内网主机, 使堡垒主机的功能失效. 解决这个问题的方法是使用双界面堡垒主机, 将内网分成两段, 一段将路由器与堡垒主机相连, 另一段将堡垒主机与内部网主机相连, 使路由器不直接与内网主机相连. 为此目的, 堡垒主机必须具有两个网络界面. 在堡垒主机中安装两块网卡便可达到这个目的.

8.6.2 双界面堡垒系统

用于构造双界面堡垒系统的堡垒主机使用两个网络界面将两个不同的网络片断连接起来. 堡垒主机的一端与数据过滤路由器连接, 这一段网络称为外端; 另一端与内网其他主机连接, 这一段网络称为内端. 连在内端网段的主机受到堡垒主机和数据过滤防火墙的双重保护. 连在外端网段的主机也在数据过滤防火墙的

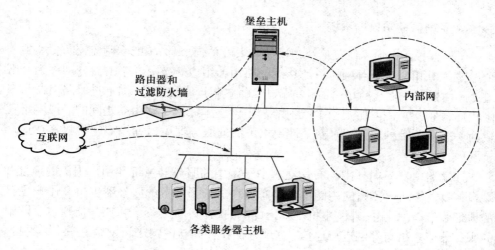

图 8.6   单界面堡垒系统示意图

保护之下. 不过，与单界面堡垒系统类似，外端网段允许安装安全性要求不高的
服务器主机与外部网直接相连. 换句话说，数据过滤防火墙的 ACL 规则将所有以
这些服务器地址为目标地址和以其开放的端口为目标端口的 IP 包全部予以放行.
图 8.7 所示是双界面堡垒系统的一个样板，其中虚线表示通信，实线表示网络实体
连接.

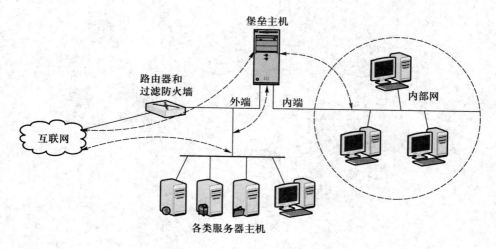

图 8.7   双界面堡垒系统示意图

在双界面堡垒系统中，即使黑客控制了数据过滤路由器，他仍无法绕开堡垒主
机而直接与内网的主机建立连接. 因此，双界面堡垒系统的安全性能高于单界面堡
垒系统.

8.6.3 子网监控防火墙系统

子网监控防火墙系统是广泛使用的防火墙系统. 最简单的子网监控防火墙由一个堡垒主机和两个具有网包过滤功能的路由器组成. 这两个路由器分别称为外端过滤路由器和内端过滤路由器. 外端过滤路由器与外网相连, 内端过滤路由器与内网相连, 而堡垒主机则与这两个路由器相连. 这样, 两个路由器之间的一段网络就成为一个受监控的子网. 对安全性要求不高的服务器主机和用户主机将连在这个子网内.

外端路由器只向外网公布连在这个子网上的服务器主机和用户主机的地址和端口, 而内端路由器只向内网主机公布连在这个子网上的服务器主机和用户主机的地址和端口. 因此, 外网主机不知道内网的结构, 而内网主机亦只能通过子网中的服务器或主机与外网进行通信. 这就好比在外网与内网之间设立了一个缓冲区, 通常称为非军事区[①].

在非军事区设置的服务器主机和用户主机可以通过设置外端路由器的 ACL 规则与外网直接相连. DMZ 主机与内网主机通信时必须经过堡垒主机和内端过滤路由器. 因此, 子网监控防火墙系统比双界面堡垒系统更安全, 而且使用起来也更灵活. 图 8.8 所示是子网监控防火墙的示意图. 图中虚线表示通信路径, 实线表示网络媒体连接.

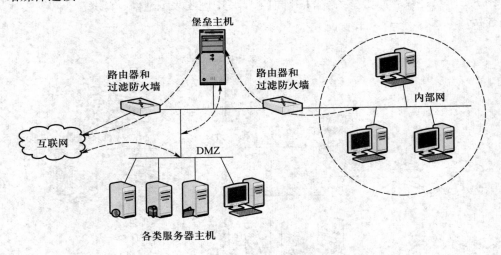

图 8.8   子网监控防火墙的示意图

为了更安全, 可将安装在 DMZ 的服务器主机 (如万维网服务器主机) 移到内网, 并将相应的代理机服务器主机 (如万维网代理机服务器主机) 安装在 DMZ 中. 但这样做会对通信速度造成一定的负面影响. 所以必须权衡利弊, 既要考虑安全性

---

① 非军事区一词是联合国于 20 世纪 50 年代在朝鲜半岛北纬 38 度线一带设立的地理缓冲区, 规定朝鲜和韩国双方均不得进入此区域.

也要考虑网络的实用性, 在这两项要求中寻找最佳方案.

8.6.4 多层 DMZ

网络 DMZ 的概念其实就是在内网和外网之间建立一个缓冲区, 即子网, 其两端各用一个防火墙监控流入和流出的 IP 包. DMZ 子网有无堡垒主机均可. 外端防火墙保护 DMZ 子网免受外网恶意包的侵入, 而内端防火墙则保护内网主机免受从 DMZ 来的侵害. 对安全性要求不高的服务器主机通常设在 DMZ 子网中. 这种 DMZ 通常称为单层 DMZ.

单层 DMZ 的概念可推广到多层 DMZ, 即 DMZ 还可包含子 DMZ. 对内网主机的安全保护可分为若干级别, 根据安全级别将主机连在相应的 DMZ 子网中, 最高级别的主机 (即安全保护要求最高的主机) 将只与最内层 DMZ 相连. 比如, 假设内网主机的安全级别被分为 3 等, 则将内网设置成 2 层 DMZ. 将安全级别最低的主机连在第 1 层 DMZ, 安全级别为 2 的主机连在第 2 层 DMZ, 安全级别最高的主机连在最内端的子网, 只与连在第 2 层 DMZ 的主机相连, 如图 8.9 所示.

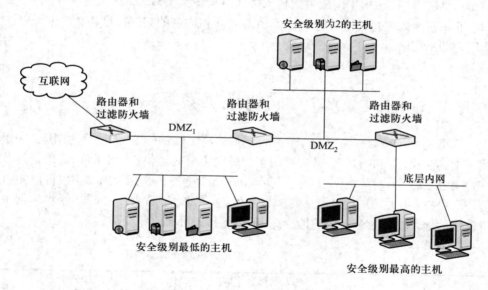

图 8.9　2 层 DMZ 示意图

多层 DMZ 是一个墙内有墙的防火墙系统. 从外网企图进入内网的 IP 包首先经过外层防火墙的检查, 如果不能通过, 则该包就在外层防火墙被清除而不能进入外层 DMZ. 如果该包能通过外层防火墙的检查但不能通过第 2 层防火墙的检查, 则不能进入第 2 层 DMZ, 如此类推. 只有通过所有防火墙的检查, IP 包才能进入最底层的内网. 将内网分为不同层次的 DMZ 还有管理上的好处: 每个 DMZ 子网相对较小, 因而较易于管理.

8.6.5　网络安全基本拓扑结构

用防火墙可以将网络划分为 3 个区域，分别称为不信任网络、半信任网络及信任网络，如图 8.10 所示.

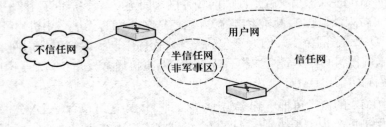

图 8.10　网络安全基本拓扑结构

不信任网络是外端防火墙以外的互联网，半信任网络是外端防火墙和内端防火墙之间的网络，即 DMZ，通常包含堡垒主机和其他服务器主机，而信任网络则是受内端防火墙保护的内网. 半信任网络还可按多层 DMZ 的形式再细分.

非军事区的概念是相对的. 比如，在堡垒主机内部的某些目录和文件也可以被指定为非军事区.

8.7　网络地址转换

网络地址转换简称为 NAT，它允许局域网将其管辖的 IP 地址分为两组，一组用于内网主机之间的通信，另一组用于与外网主机的通信. NAT 将内部地址隐藏在防火墙之后，同时为内网用户提供更多的地址空间，这是因为内网主机可以使用与外网主机相同的 IP 地址，只要这些内网主机的地址不对外公开即可. 供内网主机使用的地址也称为私人网地址. 私人网地址按地址类别定义见表 8.7.

表 8.7　私人网地址和范围

地址类别	私人网地址下界	私人网地址上界
A	10.0.0.0	10.255.255.255
B	172.16.0.0	172.31.255.255
C	192.168.0.0	192.168.255.255

有了 NAT 之后，每个局域网只需申请一个或少量几个 IP 地址作为 NAT 路由器、防火墙和直接对外的服务器主机地址，然后用私人网地址将局域网内的主机与这些对外的 IP 地址相连. 还可使用分层次的办法将内部网分成若干层，这样就能允许局域网拥有更多的主机. NAT 是为解决 IPv4 地址空间不够大而设计的方法.

8.7.1 动态 NAT

动态 NAT 是广泛使用的网络技术, 它将局域网有限几个 IP 地址按需要动态地分配给众多的私人网地址.

端口地址转换, 简称为 PAT, 是动态 NAT 的一种形式, 它允许众多私人网地址共享一个 IP 地址. PAT 是家庭用户和小公司常常使用的网络技术. 比如, 假设两台内网主机同时从端口 25 向外发送电子邮件, 它们的私人网地址分别为 192.168.0.3 和 192.168.0.4. PAT 路由器将这两个不同主机发出的 IP 包转换成它们共享的 IP 地址, 但使用不同的端口将它们区别开来, 如 61003 和 61004. PAT 路由器收到回送的 IP 包后, 如果其目标端口为 61003, 则将其转递给 192.168.0.3:25; 如果其目标端口为 61004, 则将其转递给 192.168.0.4:25.

8.7.2 虚拟局域网

虚拟局域网, 简称为 VLAN, 是一种将实体网络(如一个以太网)划分成若干独立的虚拟局域网的网络技术. 比如, 局域网交换器就可以用软件按具体需要设置端口, 将其分成若干独立的虚拟局域网, 如图 8.11 所示.

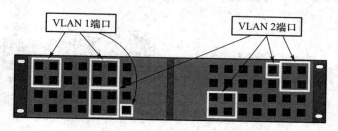

图 8.11 交换器端口逻辑划分示意图

VLAN 技术允许若干虚拟局域网共用一条实体链路, 因此可用 VLAN 将用户按不同的标准和安全要求分成若干小组. 同一小组的用户并不一定相邻, 他们的办公室可能分散在不同的楼层甚至不同的建筑物内, 如图 8.12 所示.

VLAN 技术实施起来非常灵活. 比如, 可将某大学的职称评审委员会的委员们所使用的主机系统构造成一个 VLAN, 然后在这个 VLAN 上设置防火墙以保护委员们之间的通信安全. 这些委员一般是每个院系选出来的代表, 而且每年都可能更换, 所以使用 VLAN 技术可以根据需要随时组成不同的虚拟局域网.

IEEE 802.1q 标准是为 VLAN 技术而设立的. 然而, 某些 802.1q 产品的具体实施已经发现含有安全漏洞, 在此不详述.

8.7.3 SOHO 防火墙

防火墙的设立通常需要受过专门训练的系统管理员对其进行设置和管理, 对于小单位和家庭用户来说可能不切实际. 小单位和家庭用户简称为 SOHO 用户.

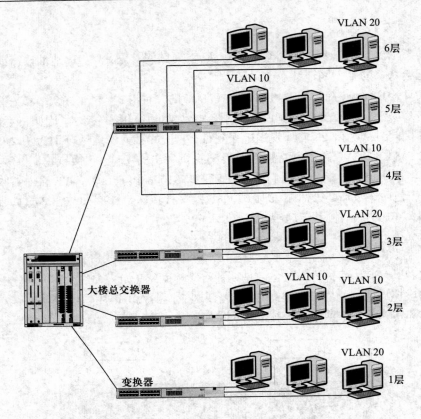

图 8.12 虚拟局域网示意图

SOHO 用户多数通过闭路电视网络或数字电话线（DSL）用宽带网关或 DSL 路由器，通过闭路电视网络公司、电话公司或其他互联网服务提供商（ISP）的设备，将 SOHO 主机或 SOHO 局域网（有线网或无线网）与互联网连接. 这些宽带网关和 DSL 路由器除了具有 NAT/PAT 的功能之外，一般还具备网包过滤的功能，包括无态过滤和有态过滤，称其为 SOHO 防火墙，如图 8.13 所示. 近年来生产的 SOHO 路由器一般都支持 IEEE 802.1q.

8.7.4 反向防火墙

反向防火墙严格说来并不是防火墙，它的作用是限制局域网内用户使用某些网络协议访问外网的某些网站，或接收从外网传进来的某些内容. 反向防火墙也称为内容过滤器，它是应用层软件程序，其基本功能是将外网的网站根据其提供的服务性质定级，并过滤从内网主机流向外网的 IP 包，截住流向某些定为不适宜的网站的 IP 包.

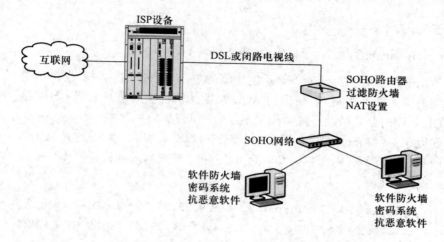

图 8.13 SOHO 防火墙示意图

8.8 防火墙设置

微软 Windows 操作系统含有内置防火墙, 其设置很简单: 在 Control Panel 选项下开启 Windows Firewall 窗口, 然后点击防火墙选项即可.

Linux 和 UNIX 操作系统的用户可以使用内置程序设置防火墙. 比如, Linux 用户可以使用 iptables 内置程序设置一个无态过滤防火墙, 而 FreeBSD UNIX 用户则可用 ipf 内置程序设置一个 DMZ 防火墙.

8.8.1 安全政策

为设置防火墙, 用户必须首先制定安全政策, 明确规定哪类 IP 包允许进出, 哪类不允许. 安全政策必须简单明了, 减少在执行中可能出现的意外. 一般情况下, 通常不限制或只是稍限制内网用户与外网主机的联系. 例如, 防火墙应该允许 DNS 查询和流向外网请求 TCP 连接的 SYN 控制包. 然而, 内网主机不能向外网用户直接提供网络服务, 任何这种服务都应该经过防火墙的控制. 例如, 从外网流入内网的 HTTP 包必须经过受防火墙保护的万维网服务器, 而从外网流入内网的电子邮件网包必须经过受防火墙保护的电子邮件服务器.

8.8.2 设置 Linux 无态过滤防火墙

Linux 操作系统的 iptables 指令是设置无态防火墙的内置程序, 它支持 NAT 协议、传递 IP 包, 并能根据 IP 地址、端口和标识旗决定是否让 IP 包通过. 这条 iptables 指令将 ACL 规则划分成若干子集, 称为链, 它含 3 个系统链, 分别是输入链、输出链和前行链. 输入链规则用于检查流入内网的 IP 包, 输出链规则用于检查流向外网的 IP 包, 而前行链规则则用于检查经过的 IP 包. 以下是 iptables 指令的基本格式：

> iptables <选项> <链> <检查内容> <目标>

常用的选项为 -A，表示在链后附加新的规则. 此外，选项 -I 也很常用，表示在链之前插入新的规则. 以前提到 ACL 规则的执行次序是从上到下. 因此，在制定 ACL 规则时必须清楚各规则的关系，并安排好相应的次序.

假设在一台 Linux 主机上设置一个无态过滤防火墙，其 IP 地址是 129.63.8.109，安全政策是允许所有内网主机发出的 TCP 包，拒绝从外网流入的 telnet 包. 以下是输入链的构造：

```
iptables -A INPUT -p TCP -s 129.63.8.109 -j ACCEPT
iptables -A INPUT -p TCP ! -syn -d 129.63.8.109 -j ACCEPT
iptables -A INPUT -p TCP -d 129.63.8.109 telnet -j DROP
```

选项 -j、-p、-s 和 -d 说明每个 ACL 将如何执行，其中选项 -j 说明被检查的网包根据检查内容应该被接受或清除，选项 -p 说明该 ACL 规则是针对哪种网络协议进行的，选项 -s 标明起始端 IP 地址，选项 -d 标明接收端地址. 选项 ! 表示逆反，选项 -syn 标明应该检查 TCP 包头的 SYN 标识旗.

这个例子中的第 1 条规则说明从内网主机 129.63.8.109 流向外网的 IP 包，只要是属于 TCP 连接就予以放行. 第 2 条规则说明从外网主机流入内网主机 129.63.8.109 的 IP 包，只要是属于 TCP 连接但不是 SYN 控制包就予以放行. 第 3 条规则说明所有从外网主机流入内网主机 129.63.8.109 的 IP 包，只要是属于 telnet 连接便一律拒绝.

8.9   结　束　语

防火墙是用于阻挡恶意 IP 包进入内网并阻止恶意 IP 包从内网流向外网的网络技术，它是保护联网计算机系统的一道重要防线. 然而，任何坚固的防火墙都有可能被攻击者通过其他途径侵入内网. 比如，计算机病毒和蠕虫等恶意软件会趁用户的疏忽或利用软件中的漏洞进入内网主机系统，而防火墙技术目前还不能有效和快速地查出即将进入内网的恶意软件而将其拒之门外. 即使防火墙有了这种技术，也只能用于阻挡病毒的入侵，对于已经进入内网主机的病毒和恶意软件，还必须了解抗恶意软件的机制和寻求解决之法. 第 9 章将介绍恶意软件的种类和抗恶意软件的方法.

习　题

8.1　假定某使用无态过滤防火墙的 ACL 规则对流入网包的处理含有如下条目:

墙内地址	墙内端口	墙外地址	墙外端口	行动	注释
*	*	*	25	放行	允许外部 SMTP 端口

这个规则是否安全, 并解释原因.

8.2　加密的 IP 包可以通过线路网关中转吗? 为什么?

8.3　表 8.8 列出用于建立局域网通信的常用通信协议. 设计 ACL 规则使得执行这些协议的控制包只能在内网上通行, 不能流向外网.

表 8.8　设置局域网的常用通信协议

端口	传输层协议	用途
67/68	UDP	Bootp/DHCP
69	UDP	TFTP
135, 137, 138, 139	TCP 和 UDP	NetBIOS
445	TCP 和 UDP	CIFS
515	TCP	LPR
2049	UDP	NFS

8.4　为防止 TCP 碎片攻击, 要求 IP 包有效载荷里的 TCP 包头长度有一个固定下界, 从而使防火墙有足够的信息来决定接受还是清除该 IP 包. 但是, IP 包并不一定按顺序到达, 因此, 如果 TCP 包头被分为两半, 则包含 TCP 包头下半部分的 IP 包可能先于含 TCP 包头上半部分的 IP 包先行到达. 这种情形该如何处理? 解释你的答案.

8.5　假设在图 8.8 中需要加强 SMTP 服务器主机的安全, 给出一个或多个解决方案.

8.6　图 8.14 是一个子网监控防火墙系统, 其 DMZ 中含有三个服务器. 外端过滤路由器、内端过滤路由器和各服务器的 IP 地址如图 8.6 所示. 构造 ACL 规则使外网客户主机可以直接和 DMZ 服务器主机建立连接, 但不能与内网的任何主机直接建立连接.

8.7　假设在图 8.14 中外端过滤路由器和内端过滤路由器分别具有如表 8.9 和表 8.10 所示的 ACL 规则. 除端口 25 外, 表中还出现其他一些端口. 端口 80 是万维网服务程序 HTTP 所用的端口, 端口 7 是服务程序 echo 所用的端口, 端口 23 是服务程序 telnet 所用的端口, 端口 22 是服务程序 SSH 所用的端口.

(a) 解释每一条 ACL 规则的含义, 指出设置这条 ACL 规则的原因.

(b) 指出哪一条规则针对流向外网的网包, 哪一条规则针对流入内网的网包.

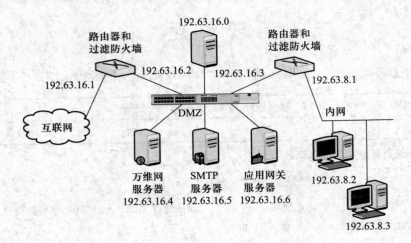

图 8.14 习题 8.6 和习题 8.7 所用的防火墙系统

表 8.9 图 8.14 中外端过滤路由器的 ACL 规则表

编号	起始地址	起始端口	目标地址	目标端口	行动
1	*	*	10.11.12.0	> 1023	放行
2	*	*	10.11.12.1	*	拒绝
3	*	*	10.11.12.2	*	拒绝
4	10.11.12.1	*	*	*	拒绝
5	10.11.12.2	*	*	*	拒绝
6	10.11.12.0	*	*	*	放行
7	*	*	10.11.12.5	110	放行
8	*	*	10.11.12.0	7	拒绝
9	*	*	10.11.12.0	23	拒绝
10	*	*	10.11.12.0	22	放行
11	*	*	10.11.12.4	80	放行
12	*	*	*	*	拒绝

表 8.10 图 8.14 中内端过滤路由器的 ACL 规则表

编号	起始地址	起始端口	目标地址	目标端口	行动
1	*	*	10.11.12.0	> 1023	放行
2	*	*	10.11.12.0	25	放行
3	*	*	10.11.12.3	*	拒绝
4	*	*	192.168.10.1	*	拒绝
5	10.11.12.3	*	*	*	拒绝
6	192.168.10.1	*	*	*	拒绝

续表

编号	起始地址	起始端口	目标地址	目标端口	行动
7	192.168.10.2	*	*	*	放行
8	192.168.10.3	*	*	*	放行
9	10.11.12.6	*	192.168.10.2	*	拒绝
10	10.11.12.6	*	192.168.10.3	*	拒绝
11	*	*	*	*	拒绝

8.8　图 8.15 中的内网主机使用私人网地址. 假设内端过滤路由器支持 PAT 协议. 如果内网的两台主机在同一端口（如端口 80）同时向外发送信息, 它们的私人网地址分别为 192.168.8.2 和 192.168.8.3, 描述 PAT 如何使用一个对外 IP 地址 192.63.16.3 为这两台主机完成通信任务.

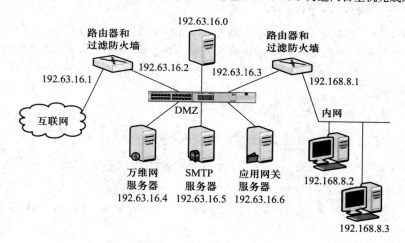

图 8.15　习题 8.8 所用的防火墙

8.9　如果从外网流入的 IP 包的起始地址为内网地址或私人网地址, 这样的网包应该放行还是拒绝? 为什么?

8.10　因为不能轻易信赖设在外网的服务器, 所以设置防火墙处理 DNS 查询的通常做法是放行从内网流向外网的 DNS 查询包, 但阻挡从外网流入内网的 DNS 回应包. 描述使用网包过滤和 DNS 应用网关检查 DNS 包的优点和缺点.

*8.11　假设某人企图用 telnet 从内网主机登录到外网某主机, 而此人在该主机上没有账户. 按理这个 telnet 连接会失败, 但事实并不是如此. 发出 telnet 指令的内网主机有一个以太网端口与局域网网关相连. 解释为什么 telnet 包能抵达外网主机并建立连接, 并解释如何防止.（提示: 假设有另外一个路由器与局域网网关相连, 这个路由器宣布自己是内网的预设进入点. 这种现象称为路由泄露.）

8.12　如果从外网流入的 IP 包的起始地址或目标地址为 127.0.0.1, 这样的网包应该放行还是拒绝? 为什么?（注: 127.0.0.1 是 localhost 地址, 代表本主机.）

8.13 如果从外网流入的 IP 包的起始地址或目标地址为 0.0.0.0，这样的网包应该放行还是拒绝? 为什么? (注: 0.0.0.0 是广播地址.)

8.14 如果从外网流入的网包属于一个已经建立的 TCP 连接，这样的网包应该放行还是拒绝? 为什么?

8.15 如果从外网流入的网包的目标端口为 25 或 80，这样的网包应该放行还是拒绝? 为什么?

8.16 如果从外网流入的网包的目标地址是内网服务器地址或子网主机地址，其目标端口是 7 或 23，这样的网包应该放行还是拒绝? 为什么?

8.17 如果从外网流入的网包的目标地址是内网服务器地址或子网主机地址，其目标端口是 22，这样的网包应该放行还是拒绝? 为什么?

8.18 在通常情况下，防火墙对从内网流向外网的 HTTP 包都会予以放行. 然而，从外网流入内网的 HTTP 包必须经过防火墙的检查. 假设万维网服务器安置在 DMZ 内. 这时防火墙碰到一个流入的 HTTP 包，其目标地址是属于内网的 IP 地址，这个 HTTP 包应该放行还是拒绝? 为什么?

8.19 流向外网的 SMTP 包能被放行吗? 为什么?

8.20 内网主机允许与外网 POP3/IMAP 服务器相连吗? 为什么?

8.21 如果从内网流出的 IP 包的起始地址不是内网地址，这样的网包应该放行还是拒绝? 为什么?

8.22 如果从内网流出的 IP 包的目标地址是一个私人网地址，这样的网包应该放行还是拒绝? 为什么?

8.23 如果从内网流向外网的 IP 包的目标端口是 53，但其起始地址不是 DNS 服务器的地址，这样的网包应该放行还是拒绝? 为什么?

8.24 Windows 操作系统允许从端口 135—139 及 445 使用 NetBIOS 和文件共享. 如果从外网流入的网包的目标端口是这些端口中的一个，这样的网包应该放行还是拒绝? 为什么?

8.25 在微软 Windows 10 操作系统中，打开 Internet Explorer 网页浏览器，然后点击 Tools 和 Internet Options. 仔细浏览 Security、Content、Privacy 和 Advanced 四个选项.

(a) 解释在 Security 选项中的 Trusted Sites 和 Restricted Sites 的含义及如何设置.

(b) 解释 Privacy 选项的含义及如何设置.

(c) 解释如何用 Content 选项进行内容过滤及如何设置密码保护内容过滤.

(d) 解释如何用 Advanced 选项保护与浏览网页有关的信息.

8.26 在微软 Windows 10 操作系统中，打开 Internet Explorer 网页浏览器，然后点击 Tools 和 Internet Options. 用 Security 和 Privacy 两个选项完成如下任务:

(a) 设置反向防火墙.

(b) 阻止网页 Cookie 进入自己的主机系统.

8.27　以下 iptables 规则的作用是什么?

```
iptables -A INPUT -i $INTERNET -s $BROADCAST_DEST -j LOG
iptables -A INPUT -i $INTERNET -s $BROADCAST_DEST -j DROP
```

其中选项 -i 说明该规则是针对哪个界面名, 选项 -j LOG 将所有满足该规则的 IP 包记录下来.

8.28　给出两个仅用防火墙就能抵御的攻击.

8.29　给出两个防火墙不能抵御的攻击.

8.30　使用 NAT 技术, 虽然只使用 32 比特 IP 地址, 互联网仍可将多于 2^{32} 的主机和具有地址的网络通信设备连接在互联网上. 解释为什么.

8.31　在微软 Windows 操作系统中可用如下方式进行 DNS 搜索, 查找 IP 地址的信息. 依次点击 Start 和 Run, 然后敲入指令 nslookup, 并在弹出的窗口提示符 > 下输入 IP 地址, 并按回车键. 比如, 敲入 cs.uml.edu, 按下回车键后便可得到如下输出:

```
> cs.uml.edu Server: saturn.cs.uml.edu Address: 129.63.8.2
cs.uml.edu
    primary name server = dns-primary.uml.edu
    responsible mail addr = abuse.uml.edu
    serial  = 2003071488
    refresh = 28800 (8 hours)
    retry   = 1800 (30 minutes)
    expire  = 3600000 (41 days 16 hours)
    default TTL = 259200 (3 days)
>
```

(a) 在提示符 > 下输入 yahoo.com, 解释所看到的信息. (如果需要可参考有关书籍或上网寻找有关资料.)

(b) 在提示符 > 下输入 IP 地址 66.94.234.13, 解释所看到的信息. (如果需要可参考有关书籍或上网寻找有关资料.)

(c) 有些系统的防火墙也许会拒绝某些类型的 DNS 查询. 假若如此, 读者可用网页 http://www.kloth.net/services/nslookup.php 帮助查找. 给出两个用此网页查找 DNS 的例子.

*8.32　从 www.sans.org、www.cert.org 或其他相关网站和网页上寻找资料回答下述问题:

(a) 描述一个向万维网服务器攻击的实例.

(b) 描述一个向防火墙攻击的实例.

8.33　如果你的计算机使用微软 Windows 操作系统, 在 cmd 窗口上用 route print 指令显示系统的路由表. 如果你的计算机使用 Linux 或 UNIX 操作系统, 用 route 或 ip route show 指令显示系统的路由表. 解释所看到的信息.

*8.34　阅读 RFC 3089 文档 (http://www.ietf.org/rfc/rfc3089.txt), 写一篇 4000 字左右的短文描述 SOCKS 线路网关协议.

8.35 某公司有些员工利用上班时间到 eBay 网站上买卖货物，该公司希望制定防火墙规则限制这类活动.

(a) 用 nslookup 指令找到 eBay 的 IP 地址.

(b) 制定 ACL 规则阻止内网主机与 eBay 服务器进行通信.

*(c) eBay 能否做一些修改使 (b) 中制定的规则无效?

第 9 章

抗恶意软件

恶意软件是黑客蓄意制造的软件，它以损害他人的计算机系统、盗窃他人的隐私及非法占用他人的计算机系统和网络资源为目的. 计算机系统包括各种计算机硬件和软件资源，如 CPU、硬盘、文件系统、系统程序及应用程序. 恶意软件的设计和传播通常是利用软件程序的漏洞及用户使用计算机系统资源不当而进行的，因此往往能通过防火墙的检查进入内网主机系统之中. 恶意软件还有可能是通过内网主机直接传播的，并不经过防火墙. 比如，内网主机用户有意或无意地将恶意软件安装在内网主机系统之中. 此外，旅行中使用公用无线网进入点或其他不可信赖的网络与公司内网主机通信，恶意软件便可能有机会通过这些渠道绕过防火墙进入公司内网主机. 单凭防火墙将不足以抵御恶意软件入侵. 因此，除了使用网络安全协议和防火墙外，还必须具备抗恶意软件的功能，包括检测、抵御和清除恶意软件.

病毒、蠕虫、木马和间谍软件是最常见的恶意软件. 利用万维网浏览器和相关软件工具漏洞制造的恶意软件也经常发生. 分布式拒绝服务攻击需要在他人的主机内植入占比软件，所以也在恶意软件之列. 本章重点介绍计算机病毒、计算机蠕虫的基本原理、病毒防治、万维网系统安全以及分布式拒绝服务攻击的防卫方法.

9.1 病 毒

计算机病毒是一段程序代码，它嵌入在一个可执行文件之中，并能自我复制到其他可执行程序或可执行文件之中. 可执行文件是含有宏指令代码的文件，比如 PDF 文件和微软办公文件能包含宏指令. 承载病毒程序代码的可执行程序和文件统称为载体. 已被感染的载体称为含毒载体或带毒载体. 计算机病毒不能自己执行，它必须等到带毒载体执行时才能执行. 当带毒载体不执行时，隐藏在其中的病毒程序代码什么也不能做. 所以，计算机病毒是一种寄生病毒.

计算机蠕虫与计算机病毒的本质区别在于蠕虫本身就是一个可执行文件，可以自由执行. 它能通过计算机网络自我复制到其他主机的操作系统之中. 因为操作系统也是可执行程序，所以计算机蠕虫可视为网络病毒.

不含病毒的载体也称为健康载体. 曾被病毒感染而现在已经清除病毒的载体称为已消毒载体.

9.1.1 病毒种类

炮制计算机病毒是一种邪恶的游戏，而且竞争激烈. 自从 20 世纪 80 年代第一代计算机病毒产生以来，已有许许多多各种各样的病毒被相继炮制出来. 如今几乎所有的操作系统平台都有计算机病毒，而且新的计算机病毒仍层出不穷.

计算机病毒是针对具体的文件系统、文件格式和操作系统而制作的. 针对某个操作系统的病毒在其他操作系统下可能会丧失作用. 此外，计算机病毒也受限于计算机体系结构、计算机语言、计算机宏指令、计算机脚本、计算机检错程序及编程和系统环境. 病毒通常只在某种特定的环境下才能生存，但也有些病毒可以在多种不同的环境下生存. 后者通常是采用与平台独立的语言编写的程序代码. 当这种病毒进入某个特定的环境时，其程序代码会自动转换成能在该环境下运行的代码而感染本地载体.

病毒的分类有两种，第一种是按载体类别进行分类，第二种是按生存形式进行分类.

1. 按载体类别分类

基于载体的病毒分类是按病毒感染的载体类型和生存区域而划分的. 下面列出最常见的病毒类型.

(1) 启动程序病毒

启动程序病毒感染主机的启动程序，它在启动分区内生存. 启动分区通常是在只读存储器（ROM）中存放启动程序的区域. 启动程序病毒也可在存放启动程序的磁盘（包括硬盘和软盘）内生存. 当计算机启动时，启动程序会自动从 ROM 的启动分区（或磁盘的启动扇区）调入内存中运行.

启动程序病毒利用计算机的启动程序将其激活而运行. 启动程序病毒能修改操作系统或感染其他系统盘. 它也可以感染 PC 中可升级的 BIOS 系统. 比如，麋鹿复制病毒（Elk Cloner）和串联病毒（Cascade）是两种常见的启动程序病毒，它们可分别感染苹果-II 和 PC 计算机的操作系统.

启动程序病毒通常将原有的启动程序拷贝到另外的地点. 因此，尽管某计算机感染了启动程序病毒，仍然有可能被修复，只要找回原有启动程序即可. 然而，如果两个启动程序病毒都将原有的启动程序拷贝到同一地点，或同一台计算机被同样的病毒感染了两次，则第二次感染可能导致该计算机原有的启动程序永远丢失. 例如，Stoned Empire Monkey 就是这种类型的启动程序病毒.

(2) 文件系统病毒

文件系统病毒的目的是感染计算机内的文件系统. 计算机文件通常存在硬盘（或软盘）内，其存储方式是将文件分成若干块，每块存在彼此相邻的连续扇区内，而不同的块则可以存在不连续的扇区内. 文件系统对所有文件建立一个文件指针表，每个文件都有一个指针，指向该文件的第一块. 文件系统病毒用于感染文件指针表，它可以修改指针值，或将病毒复制到其他文件系统中. 例如，DIR-II 是针对微软 DOS 操作系统文件分配表（FAT）的病毒，NTFS Stream 病毒和 NTFS 压缩病毒是针对微软 Windows 操作系统的新技术文件系统（NTFS）的病毒.

(3) 文件格式病毒

文件格式病毒感染的对象是单个文件. 例如，COM 病毒专门感染以 .com 为扩展名的二进制文件，EXE 病毒感染以 .exe 为扩展名的二进制文件，DLL 病毒感染以 .dll 为扩展名的二进制文件. ELF 病毒感染 UNIX 操作系统的可执行文件，其中 ELF 表示可执行和链接格式. 驱动级病毒感染 Windows 10 等操作系统的驱动程序文件. Win32 病毒和 Win64 病毒分别感染 32 比特和 64 比特 Windows 操作系统.

(4) 宏指令病毒

宏指令病毒简称为宏病毒. 宏病毒感染的对象是包含宏指令编码的文件. 微软办公文件，包括 Word、Excel、PowerPoint 以及 Visio 文件，均允许用户加入宏指令以增强处理功能. 比如用户可在 Word 文件中加入宏指令，使得当文件关闭时能自动启动英文拼写错误检测程序. WM/DMV 病毒和 XM/Larous 病毒是在 20 世纪 90 年代中期制作的病毒，前者用于感染 Word 文件，后者用于感染 Excel 数据表格文件. 此外，有些宏指令病毒还能感染不同语言的办公文件（包括中文、日文和俄文文件）. 目前已有大量宏指令病毒，它们是附加在文件中的恶意宏指令.

(5) 脚本病毒

脚本病毒感染的对象是脚本文件，包括 UNIX 脚本、Visual Basic 脚本（VBScript）、Java 脚本（JScript）和批处理文件. 脚本病毒通常以电子邮件、办公文档和万维网文件的方式自我复制. 因此，脚本病毒也可看成是蠕虫. 例如，LoveLetter 病毒在 2000 年通过电子邮件以极快的速度感染了许多用户的脚本文件.

(6) 注册表病毒

注册表病毒的感染对象是微软 Windows 操作系统的注册表. 微软的注册表用来存储操作系统和其他非系统软件的设置和选项. 例如，Happy99.exe 病毒感染的方式是每运行一次就加入一条新记录到注册表中.

(7) 内存驻存病毒

内存驻存病毒潜伏在主机内存内，其感染对象是任何调入内存的正在执行的文件. 比如 Black Ice 病毒就是这种类型的病毒.

2. 按生存形式分类

计算机病毒还可以根据其生存形式进行分类. 比如, 可将病毒分成隐蔽型病毒、多态病毒和变形病毒. 隐蔽型病毒试图躲藏在载体内而不被发现, 通常的做法是使被感染的载体和其没有被感染时的文件大小相同. 比如可将健康载体先适当压缩后再嵌入病毒代码. 多态病毒通常采用改变指令次序或用不同的密钥将病毒代码加密的方式, 使得同一个病毒能以多种形式出现. 变形病毒会在复制过程中自动改写成不同的形式.

9.1.2 病毒感染机制

病毒代码通常按以下两种方式感染健康载体: 改写载体中的某部分程序或嵌入到载体中. 改写的程序块或嵌入的位置可以在载体的首部、中部或尾部. 有的病毒代码还能分解成若干段, 分别改写载体不同的程序块或嵌入在载体不同的位置. 图 9.1 是病毒代码感染健康载体的示意图.

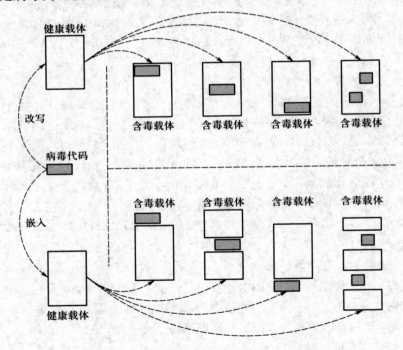

图 9.1   病毒代码感染健康载体示意图

无论病毒出现在载体中哪个位置, 它通常都会在感染载体的入口处 (即在载体首条被执行的指令前) 嵌入一个 goto 语句, 直接指向病毒代码, 然后在病毒代码的最后一条指令后嵌入一个 goto 语句, 返回到载体原来的首条被执行的指令. 所以当载体执行时, 首先运行病毒程序, 然后才运行载体原来的程序.

含毒载体在执行病毒代码时称为病毒发作. 因为病毒代码具有与其载体一样的权限, 所以病毒发作时可能造成很大的危害. 例如, 病毒能修改或删除系统文件或设置. 病毒代码附有自我复制的指令, 因此每当含毒载体被执行时, 病毒载体就能通过载体所在系统自我复制到系统内其他健康载体之中, 或通过网络通信复制到联网计算机中的其他载体, 使它们染上病毒.

与生物病毒类似, 计算机病毒的生命周期分为潜伏期、传染期及发作期. 病毒处在潜伏期时通常什么也不做, 等待载体的执行. 载体开始运行之后, 病毒代码根据当时的系统情况或者将病毒繁殖（即自我复制）到其他载体上, 或者发作（比如病毒可等到自我复制到一定数量时才发作）, 或者同时发作和繁殖.

9.1.3 病毒结构

病毒软件的结构主要包括 4 个子程序, 即传染、传染条件、发作及发作条件. 传染子程序用于寻找还没有被传染的载体, 将病毒代码植入其中. 传染条件子程序列出病毒在什么情况下开始传染. 发作子程序定义具体的破坏指令, 如删除或修改系统文件. 发作条件子程序列出病毒在什么情况下开始发作. 下面是一个嵌入在载体入口处的简单病毒结构的例子.

```
1.      program V := {
2.          12345;
3.          goto main;
4.          subroutine infect := {
5.              loop:
6.              P := get-random-host-program;
7.              if the second line of P = 12345;
8.                  then goto loop
9.                  else insert lines 1-27 in front of P;
10.         }
11.         subroutine breakout := {
12.             modify selected files;
13.             delete selected files;
14.             ...
15.         }
16.         subroutine infection-condition := {
17.             return true if certain conditions are satisfied;
18.         }
19.         subroutine breakout-condition := {
20.             return true if certain conditions are satisfied
```

```
21.          }
22.   main: main-program := {
23.              if infection-condition then infect;
24.              if breakout-condition then breakout;
25.              goto next;
26.          }
27.   next:
28.   the original host program ...
29.   }
```

在这个例子中，载体执行时会根据 **goto** 语句跳到病毒主程序，病毒主程序首先检查传染条件子程序 infect-condition 是否满足. 如是，则执行传染子程序 infect；如否，则检查发作条件子程序 breakout-condition 是否满足. 如是，则执行发作子程序 breakout.

传染子程序 infect 在系统内随机选取载体 P，检查其是否已被传染病毒，即检查 P 的第 2 行是否为 "12345;" 的传染标记，如果没有被传染，则在 P 文件的首部嵌入病毒程序. 如果 P 已被感染，则随机选取另一载体. 发作子程序 breakout 使病毒发作，执行预先制定的破坏活动.

9.1.4 载体压缩病毒

被感染的载体仍使用感染前的文件名. 被感染的载体比感染前的要大，超出的范围正好是病毒程序的长度. 所以，病毒炮制者通常会设法使被感染的载体的长度等于没被感染时的长度. 方法如下：当传染子程序找到没被感染的载体 P 之后，首先将其压缩成 P′，以便腾出足够大的空间嵌入病毒软件. 如果所腾出的空间过大，病毒程序可在病毒内加入若干无用指令，使得被修改后的载体与修改前的载体长度正好相同. 经过这样处理之后，如果用户只检查文件大小而不检查文件内容或文件更改日期，就查不出哪个文件含病毒而哪个文件不含病毒. 当含毒载体被执行时，病毒程序首先执行，然后将 P′ 解压还原成 P 并执行 P 中的指令，如图 9.2 所示.

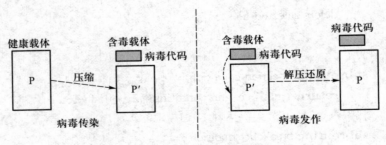

图 9.2　载体压缩病毒示意图

下面是一个病毒将载体压缩后再嵌入的例子.

```
1.      program CV := {
2.          012345;
3.          goto main;
4.          subroutine infect := {
5.              loop:
6.              P := get-random-host-program;
7.              if the second line of P = 012345;
8.                  then goto loop
9.                  else {
10.                     compress P to become P';
11.                     insert viral code CV in front of P'
12.             }
13.         subroutine breakout := {
14.             modify selected files;
15.             delete selected files;
16.             ...
17.         }
18.         subroutine infection-condition := {
19.             return true if certain conditions are satisfied;
20.         }
21.         subroutine breakout-condition := {
22.             return true if certain conditions are satisfied;
23.         }
24.     main: main-program := {
25.             if infection-condition then infect;
26.             if breakout-condition then breakout;
27.             decompress P' back to P;
28.             执行 P;
29.     }
```

病毒从一台计算机繁殖到另一台计算机, 主要通过以下两种途径:

① 当含毒载体执行时, 病毒代码阅读用户存储在系统中的电子邮件地址本, 然后用电子邮件将病毒软件发送给这些地址.

② 当含毒载体执行时, 病毒代码扫描所在系统的网络连接, 然后将病毒软件复制到与之相连的计算机上.

9.1.5 病毒传播

病毒可以通过含有带毒载体的便携式存储设备如光盘和 USB 存储条进入主机系统. 用电子邮件传播病毒也是最常见的方法之一. 用电子邮件传播病毒有以下两种方法:

① 将病毒放在电子邮件内寄给受害者, 受害者阅读电子邮件而感染病毒.

② 将病毒放在电子邮件的附件中寄给受害者, 受害者打开电子邮件附件而感染病毒.

用户选择邮件中的附件后, 电子邮件软件通常会自动寻找相应的应用程序开启此附件. 如果附件含可执行代码, 则这些代码便会自动执行. 因此, 如果附件中含有病毒代码, 病毒代码就会执行而进入主机系统. 例如, 2004 年圣诞节前出现的 Zafi 病毒就是一个通过电子邮件附件传染的病毒. Zafi 病毒也称为圣诞节病毒, 它内含 SMTP 电子邮件引擎, 能在许多不同的文件中寻找电子邮件地址, 并将病毒传播给这些邮件地址. 除此之外, 圣诞节病毒还能检测所在计算机系统是否装有抗病毒软件, 并试图用病毒软件取代抗病毒软件. 为了引诱用户打开邮件附件, Zafi 病毒送给用户的电子邮件是节日贺卡, 许多用户出于好奇打开附件想看看贺卡的内容而使自己的系统感染病毒.

预防电子邮件病毒的最好方法是不要随便打开邮件附件, 不轻易打开陌生人发来的电子邮件.

9.1.6 Win32 病毒传染机制

本节用 Win32 病毒为例讲解利用微软 Windows 操作系统漏洞传播病毒的机制. Win32 病毒大都是利用 Windows 操作系统的可移植的可执行格式的设计缺陷炮制出来的. 可移植的可执行格式简记为 PE. 事实上, 成千上万的 Win32 病毒都与 PE 有关.

1. PE 格式

PE 格式是从 UNIX 操作系统中的通用对象文件格式发展起来的, 它将 Windows 操作系统的可执行文件、对象代码及 DLL 文件均放在一个 PE 文件中. 通用对象文件格式简记为 COFF, 其功能是将可执行文件迅速可靠地从硬盘映射到计算机内存. PE 文件的格式如图 9.3 所示, 其中代码模块存在 .text 区, 全程变量存在 .data 区, 资源存在 .rsrc 区, 等等. PE 头部提供可执行映像的重要信息, 也是 Win32 病毒的传染目标.

PE 文件中有一个特殊的区域, 用来存放导入地址表, 简记为 IAT, 它在运行中将 PE 使用的 Windows 操作系统的应用程序编程接口函数的确切地址存放起来, 使得程序代码能调用到这些地址运行这些函数. 所以, IAT 也是 Win32 病毒的传染目标.

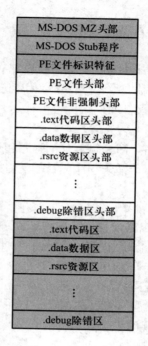

图 9.3 PE 文件格式示意图

2. PE 头部与病毒

PE 文件的头部包含若干值域，以下三个值域常被 Win32 病毒利用：

- WORD AddressOfEntryPoint 这个值域存放 PE 文件进入点的地址，指向 .text 代码区，它是程序代码运行的起点. 许多 Win32 病毒修改这个值域，使得它指向病毒代码的存储地址.
- DWORD ImageBase 这个值域存放 PE 映像的地址. 许多 Win32 病毒利用其计算目标对象在内存中的确切地址.
- DWORD SectionAlignment 这个值域存放 PE 文件中的每个区在内存中的地址. 许多 Win32 病毒利用其计算病毒代码在内存中的确切地址.

9.1.7 病毒炮制工具包

病毒大都是采用汇编语言编写的. 因此，炮制病毒需要经过专门训练. 为了简化病毒炮制过程，以及让业余人员在不懂汇编语言的情况下也能自己炮制病毒，一些病毒炮制专家制作了病毒炮制工具包. 比如，"下一代病毒炮制包"，简记为 NGVCK，就是一个这样的工具包. NGVCK 是一个 Visual Basic 应用程序，用于炮制针对微软 Windows 操作系统的变形病毒，专门传染 PE 文件.

9.2 蠕 虫

蠕虫与病毒的性质一样,区别仅在于蠕虫可以独立生存和繁殖,病毒需要借助用户的介入(如打开电子邮件附件,运行被病毒传染的可执行文件)才能传播病毒.有些蠕虫也需要载体帮助传播.因此,蠕虫也可视为一种特殊的病毒,常常通过网络自我繁殖.

蠕虫通常包含两个子程序,即目标定位子程序和传播子程序.目标定位子程序的目的是寻找新的目标主机,传播子程序的目的是将蠕虫复制到目标主机中.

9.2.1 常见蠕虫种类

批量邮件蠕虫和兔子蠕虫是最常见的两种蠕虫.顾名思义,批量邮件蠕虫是通过电子邮件大批量自我繁殖的蠕虫.通常情况下,批量邮件蠕虫在其名字后附有"@mm".例如,VBScript LoveLetter 蠕虫有时也表示为 VBS/LoveLetter.A@mm.兔子蠕虫的目的是通过大量自我复制占满被感染主机系统的内存和系统硬盘空间,导致系统崩溃.兔子蠕虫通常会将自己藏在隐蔽文件目录内,或取一个看似正常的文件名作伪装,以减少被发现的机会.

9.2.2 莫里斯蠕虫

1988 年出现的莫里斯(Morris)蠕虫是最早的蠕虫,它是由康奈尔大学计算机科学系研究生 Morris 编写的.莫里斯蠕虫利用 UNIX 操作系统中的 sendmail、finger和 rsh/rexec 等系统程序的安全缺陷,通过所在用户目录中包含的其他用户登录信息和电子邮箱地址进行传播.当时的 UNIX 操作系统允许用户建立系统文件存储从该目录登录到其他系统的信息,从而使用户能直接登录到其他系统而无须输入登录密码.这给蠕虫传播提供了方便.即使蠕虫所在目录不含这样的文件,蠕虫通过用户存储的电子邮箱地址文件亦很容易找到其他系统的地址及其他用户的登录名,然后用字典攻击方法寻找用户的登录密码.早期的 UNIX 操作系统对登录密码如何选取没有设立安全标准,使得实施简单的字典攻击往往就能够获取很多登录密码.

在获得其他主机的地址后,莫里斯蠕虫利用 finger 服务程序中的缓冲区溢出漏洞自我复制到这些主机中.该漏洞来自程序中一个 512 字节长的缓冲区,在这个缓冲区不检查边界条件就使用函数 gets().莫里斯蠕虫给目标主机发送一个长 536字节的经过仔细设计的符号串将缓冲区充满溢出.该符号串包含 28 字节长 VAX汇编代码,也称为壳代码.缓冲区溢出的效果就是使主机执行这个壳代码.

莫里斯蠕虫的目的是传染尽可能多的计算机但不留下痕迹,因此,它并没有蓄意破坏被感染的计算机系统中的文件.但是,由于莫里斯蠕虫传播极快,它在无意中起到了拒绝服务的效果.图 9.4 是莫里斯蠕虫传播的示意图.

Morris 因此被判处 3 年缓刑,10050 美元罚款,400 小时社区服务.

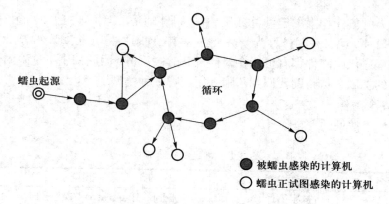

图 9.4 莫里斯蠕虫传播示意图

9.2.3 梅丽莎蠕虫

梅丽莎（Melissa）蠕虫是 1999 年出现的一个危害极大的宏指令蠕虫, 它也是第一个被广泛报道的针对微软产品的蠕虫. 梅丽莎蠕虫用电子邮件附件的形式自我传播和复制. 当含有梅丽莎宏指令的电子邮件附件第一次被打开时, 如果用户主机装有微软 Outlook 邮件系统, 梅丽莎宏指令便会在 Outlook 地址本内选 50 个地址将梅丽莎宏指令蠕虫用电子邮件发送给这些地址, 所以其传播速度很快. 比如, 如果梅丽莎蠕虫每次传播时都能传给 50 个不同的地址, 它就能在 n 次传播后使 50^n 个地址受到感染. 与此同时, 网络系统还必须负责传送 50^n 个电子邮件, 所以 n 无须很大就能导致网络系统因处理大量信息而瘫痪. 梅丽莎宏指令包含在名为 List.doc 的微软 Word 文件中, 作为电子邮件附件进行传播. 传播梅丽莎蠕虫的电子邮件有如下特征:

> From: <被感染病毒的发件人用户名>
> Subject: Important message from <发件人用户名>
> To: <50个收件人的地址>
> Attachment: LIST.DOC
> Body: Here is that document you asked for ... don't show anyone else ;-)

梅丽莎蠕虫的炮制者 David L. Smith 因此在 2002 年被判处 1 年监禁, 5000 美元罚款.

将宏指令功能关闭可有效地预防宏指令病毒和蠕虫的传染.

9.2.4 电子邮件附件

电子邮件附件是传播病毒和蠕虫的主要途径. 根据附件类型可大致判定附件是否可能是蠕虫或有无可能包含病毒. 如果附件是不能包含宏指令的文件或是不可执行的文件, 则是安全附件, 可以放心打开. 有些附件可能不安全, 必须小心, 根据对发件人的信任程度决定可否打开. 有些附件则是千万不能打开的. 第一种附件称为安全附件, 第二种附件称为谨防附件, 第三种附件称为危险附件.

任何程序代码附件都有可能在附件打开时被执行, 因此都属于危险附件之列. 附件的扩展名可帮助我们判断附件属于哪一种类型.

1. 安全附件

表 9.1 为常见的安全附件.

表 9.1　常见的安全附件

扩展名	文件类型	说明
.ai	数字图像	Adobe Illustrator 图像文件
.art	数字图像	America Online 图像文件
.avi	数字电影	音像格式文件
.bmp	数字图像	微软 Bitmap 文件
.cgm	数字绘图	三维辅助设计软件产生的文件
.dxf	数字绘图	三维辅助设计软件产生的文件
.dwg	数字绘图	三维辅助设计软件产生的文件
.eps	数字图像	Encapsulated PostScript文件
.gif	数字图像	图形交换格式文件
.jpe	数字图像	联合图像专家组格式文件
.jpg	数字图像	联合图像专家组格式文件
.jpeg	数字图像	联合图像专家组格式文件
.mid	数字音乐	乐器数字界面文件
.midi	数字音乐	乐器数字界面文件
.mov	数字电影	苹果公司 Quicktime Movie 格式文件
.mp2	数字音乐	MP2格式文件
.mp3	数字音乐	MP3格式文件
.mpg	数字电影	运动图像专家组格式
.mpeg	数字电影	运动图像专家组格式
.pcx	数字图像	微软 Paintbrush 文件
.pdf	轻便格式文件	Adobe Acrobat 文件
.rle	数字图像	Run Length Encoded 文件
.rm	数字音像	RealPlayer 文件格式
.ram	数字音像	RealPlayer 文件格式
.rtf	格式文件	微软 Windows 格式文件
.sdr	数字绘图	SmartDraw 文件
.tif	数字图像	标签图像文件
.tiff	数字图像	标签图像文件
.ttf	字体文件	TrueType 字形标准文件

扩展名	文件类型	说明
.txt	纯文本文件	微软纯文本文件
.wav	数字声音	IBM 及微软数字声音格式文件
.wma	数字声音	Windows 媒体格式文件
.wri	文本文件	Windows 写文件

2. 谨防附件

表 9.2 为常见的谨防附件.

表 9.2　常见的谨防附件

扩展名	文件类型	说明
.asp	网页文件	可能包含恶意软件或有害 Cookie 信息
.doc	微软 Word 文件	可能包含宏指令病毒
.dot	文件格式模板	可能包含宏指令病毒
.eml	电子邮件	附件是电子邮件，需警惕附件可能还会包含附件
.htm	网页文件	可能包含恶意软件或有害 Cookie 信息
.html	网页文件	可能包含恶意软件或有害 Cookie 信息
.lnk	指向其他文件的指针	可能指向恶意软件
.rar	压缩文件包	解压无问题，但应警惕文件包内的文件
.sea	压缩文件包	解压无问题，但应警惕文件包内的文件
.sit	压缩文件包	解压无问题，但应警惕文件包内的文件
.tex	$\TeX$ 或 $\LaTeX$ 文件	可能包含宏指令病毒
.url	网页链接	偶然会指向恶意网页
.wk1	Lotus 文件	可能包含宏指令病毒
.wk3	Lotus 文件	可能包含宏指令病毒
.wk4	Lotus 文件	可能包含宏指令病毒
.wks	Lotus 文件	可能包含宏指令病毒
.xls	微软 Excel 文件	可能包含宏指令病毒
.zip	压缩文件包	解压无问题，但应警惕文件包内的文件

3. 危险附件

表 9.3 为常见的危险附件.

表 9.3　常见的危险附件

扩展名	文件类型	说明
.pif	程序代码	含 SirCam 及其他病毒
.exe	程序代码	微软可执行文件
.com	程序代码	微软程序代码

续表

扩展名	文件类型	说明
.vbs	程序代码	微软 Visual Basic 脚本
.vb	程序代码	微软 Visual Basic 程序代码
.bat	程序组文件	微软用于运行其他软件的文件
.bin	程序代码	苹果机可执行文件
.reg	注册文件	能修改系统设置的微软文件
.js	JavaScript	可执行文件
.jse	JavaScript	可执行文件
.scr	屏幕存储器	可能是伪装的程序代码
.xlm	程序代码	微软 Excel 宏指令文件
.wmz	媒体外壳	微软媒体外壳文件，可用于传播病毒
.hta	HTML应用	在网页内运行的程序代码
.ocx	ActiveX 控制	可执行其他程序
.wsf	脚本	可执行其他程序
.wmf	数字图像	可用于传播病毒

4. 附件分类的注意事项

上述附件分类只是提供一个出发点，它们会随着时间的推移和技术的发展而改变. 比如，某些现在属于安全附件的文件类型也许由于新的漏洞被发现而不再安全，因此会下降到谨防或危险附件之列. 同样，某些现在属于谨防或危险之列的附件也许由于漏洞已修补而进入其他类别中. 与此同时，新的文件扩展名也将随着新文件类型的出现而产生，因此上述附件列表中将会不断有新的成员加入，而有些成员也会由于技术过时不再被人们使用而删除.

9.2.5 红色代码蠕虫

红色代码蠕虫公布于 2001 年 7 月，它利用微软互联网信息服务程序（IIS）的漏洞，侵入计算机系统并使微软 Windows 操作系统文件检测程序失效. 红色代码蠕虫随机挑选 IP 地址进行传播，当被感染的计算机达到一定数量之后，便同时对特定目标发起拒绝服务攻击. 比如，它在 14 小时之内便使 36 万台计算机感染上了红色代码蠕虫.

IIS 是在 Windows 2000 或 Windows NT 服务器上运行的. 红色代码蠕虫利用 IIS 缓冲区溢出漏洞，向运行 IIS 的万维网服务器主机发送以下 GET /default.ida 请求（共 224 个 N）：

```
GET /default.ida?NNNNNNNNNNNNNNNNNNNNNNNNNNNNNNNNNNNNNNNNNNNN
NNNNNNNNNNNNNNNNNNNNNNNNNNNNNNNNNNNNNNNNNNNNNNNNNNNNNNNNN
NNNNNNNNNNNNNNNNNNNNNNNNNNNNNNNNNNNNNNNNNNNNNNNNNNNNNNNNN
```

```
NNNNNNNNNNNNNNNNNNNNNNNNNNNNNNNNNNNNNNNNNNNNNNNNNNNNNNNNNNNNNN
NNNNNNNNN%u9090%u6858%ucbd3%u7801%u9090%u6858%ucbd3%u7801
%u9090%u6858%ucbd3%u7801%u9090%u9090%u8190%u00c3
%u0003%u8b00%u531b%u53ff%u0078%u0000%u00=aHTTP/1.0 ...
```

其中 ... 是省去的蠕虫代码部分, %uXXXX 为 Unicode 编码, 共有 22 个 Unicode 编码, 而 %00=a 则表示一个特殊的符号. 这个请求激发蠕虫代码的执行, 并且反复执行直到万维网服务器主机的内存耗尽为止. 如果被蠕虫侵入的主机系统时间是这个月的 20 日之前, 则蠕虫会设法自我繁殖到新的主机系统. 如果时间是在 20 日到 27 日之间, 则蠕虫会向美国白宫的万维网服务器网址 www.whitehouse.gov 发动拒绝服务攻击.

红色代码蠕虫按以下方式传播到其他 IIS 服务器: 首先随机产生一个 IP 地址, 并检查这个 IP 地址是否为万维网地址及端口 80 是否已打开. 如是, 则向这个网址发出 GET /default.ida 请求. IIS 服务器主机在处理这个 GET 请求中的 224 个 N 时, 程序中的一个缓冲区将充满溢出, 迫使某 C 函数发生意外情况, 而对这个意外情况的处理会进入以下意外地址:

$$\%u9090\%u6858\%ucbd3\%u7801\%u9090\%u9090\%u8190\%u00c3$$

它分别表示地址 (用 16 进制数表示): 68589090、7801cbd3、90909090 和 00c38190, 其中地址 7801cbd3 是 IIS 程序中某个 C 函数的内存映像地址, 最终导致程序执行蠕虫代码.

9.2.6 其他针对微软产品的蠕虫

自 2001 年出现的红色代码蠕虫后, 利用微软产品漏洞炮制的蠕虫不断出现, 如 2001 年出现的红色代码 Ⅱ 蠕虫及 Win32/Nimda 蠕虫, 2003 年出现的 SQL 监狱蠕虫和 Sobig.f 蠕虫, 2004 年出现的 Mydoom 蠕虫, 以及 2007 年出现的 Storm 蠕虫.

红色代码 Ⅱ 蠕虫在红色代码蠕虫内安装了后门, 使黑客可直接控制染上蠕虫的计算机系统.

Nimda 蠕虫与红色代码 Ⅱ 蠕虫类似, 它亦利用 IIS 漏洞进行攻击, 所不同的是它却能以多种形式进行传播, 包括电子邮件、万维网浏览和红色代码 Ⅱ 蠕虫开启的后门. Nimda 蠕虫不但修改万维网文件, 如 .htm、.html、.asp 文件, 及某些可执行文件, 而且还在被入侵的主机系统内自我复制成几个具有不同文件名的副本, 危害极大.

SQL 监狱蠕虫利用微软 SQL 服务器的内存溢出漏洞侵入他人系统, 程序小但传播速度却极快. Sobig.f 蠕虫利用开放的代理服务器发送垃圾邮件.

Mydoom 蠕虫是装有后门的蠕虫, 迫使被入侵的主机系统发送大量电子邮件, 它在短短的 36 小时之内就向互联网发送了 1 亿个电子邮件.

Storm 蠕虫的攻击目标是 PC 主机. 比如, YouTube Storm 蠕虫邀请用户观看一个视频, 它会将用户导向一个网页并下载恶意代码到其 PC 主机中.

最后指出, 前些年出现的病毒和蠕虫主要都是针对微软公司的软件产品设计的, 苹果软件没有受到太多的关注, 因此人们通常认为苹果软件比微软软件安全. 但是, 根据 SANS 最近的报告, 苹果操作系统已发现了不少关键漏洞. 毫无疑问, 黑客们会想方设法利用这些漏洞及一些还没被发现的漏洞构造病毒或蠕虫攻击苹果系统.

9.3 病 毒 防 治

为表述方便, 本节将用病毒一词代表病毒和蠕虫. 预防和修复是抵御病毒攻击的常用方法.

(1) 预防

预防措施主要是堵住病毒和蠕虫的传播渠道, 具体方法包括以下几个方面:

① 及时安装修补软件漏洞的补丁程序.

② 不从可疑网页下载软件.

③ 警惕谨防附件.

④ 不打开任何危险附件.

(2) 修复

修复也称为杀毒, 包括以下方法:

① 用病毒扫描软件对系统内文件逐一检查, 将含毒文件隔离或清除. 病毒扫描软件能检测已知病毒.

② 定期 (最好每天) 将计算机文件备份, 以便在病毒或蠕虫入侵后重装系统软件.

病毒扫描软件也称为杀毒软件, 它是利用对计算机病毒和蠕虫的认识而编写的软件, 用于识别和清除病毒和蠕虫.

9.3.1 常用杀毒方法

杀毒软件首先对主机系统中所有可能会染上病毒的文件逐一进行病毒扫描, 然后根据用户指令隔离或删除被病毒感染的载体. 这些文件包括系统内已经安装的所有可执行文件、微软办公文件、电子邮件的附件、即时信息以及从互联网下载的文件.

病毒扫描可分为如下几种类型:

(1) 基本扫描

基本扫描杀毒法是根据病毒特征如病毒结构和格式而设计的检测软件, 它只针对已知的病毒. 同时, 基本扫描通过记录和观察可执行文件大小的改变, 判定系统文件是否受病毒感染.

(2) 启发式扫描

启发式扫描杀毒法用特定的启发式规则逐一检查可执行文件, 寻找可疑的代码片断, 判定被测文件是否受病毒感染, 比如寻找嵌入在多形态病毒中的用于病毒加密和解密的密钥.

(3) 完整性校验值检查

完整性校验值检查杀毒法将系统中每一个可执行文件用一个固定的算法(如信息鉴定码算法) 算出其完整性校验值, 并将其附在该文件之后. 因为病毒不知道用于计算完整性校验值的密钥, 所以如果该文件受到病毒感染, 便可通过计算和比较完整性校验值检测出来.

(4) 行为监测

行为监测指在操作系统内安装监视软件, 用于观察所有正在运行的程序的行为. 如果某程序在执行中的行为不当, 比如它积极寻求其他可执行文件, 则该程序就有含毒嫌疑.

病毒检测软件通常将上述几种杀毒方法结合起来一起使用, 它能更有效地检测病毒, 但同时也需消耗更多的计算资源.

9.3.2 抗病毒软件产品

本节介绍常见的抗病毒软件产品. 这些产品常常更新, 用于检测和排除新病毒.

(1) McAfee 病毒扫描软件

McAfee 病毒扫描软件是大型机构和家庭用户常使用的抗病毒软件, 它用基本扫描杀毒法检测文件、电子邮件附件和即时信息, 并用启发式扫描杀毒法检测新病毒. McAfee 的网址是 www.mcafee.com.

(2) 诺顿抗病毒软件

诺顿抗病毒软件与 McAfee 病毒扫描软件的基本功能相似, 而且还可检测和清除间谍软件. 诺顿还可以执行安装前病毒检测. 诺顿的网址是 www.symantec.com.

(3) Avast! 抗病毒软件

Avast! 抗病毒软件只向商业团体用户收费, 对家庭用户和非商业团体用户则免费使用. 除了缺少一些特殊功能外, Avast! 具有良好的抗病毒功能. Avast! 抗病毒软件的网址是 www.avast.com.

(4) 其他抗病毒产品

其他抗病毒产品还包括 PC-cillin、熊猫 (Panda)、EZ 抗病毒软件 (eTrust EZ Antivirus)、AVG 抗病毒软件 (AVG Anti-Virus) 和 ClamAV 等产品, 它们的网址分别是

- PC-cillin: www.trendmicro.com
- Panda: www.pandasoftware.com

- EZ Antivirus: www3.ca.com
- AVG: http://free.grisoft.com
- ClamAV: http://www.clamav.net

9.3.3 仿真杀毒

仿真检查是用专门的软件模拟硬件环境, 执行具有含毒嫌疑的软件, 其目的是通过实际运行病毒文件来发现病毒, 但又不会让病毒传染给系统中及系统外的文件. 比如, 被多形态病毒感染的软件可通过运行帮助发现软件是否含有解密算法, 从而查出病毒.

用户可在每台计算机或每个局域网内设置仿真环境, 从而能够在严格控制的环境下实际运行那些怀疑染上病毒的软件, 查出真伪. 不过, 这样做往往会加重计算机的负担. 为了有效地检测病毒和蠕虫而又不给用户计算机或局域网增加负担, IBM 公司在 1997 年提出了数字免疫系统的概念, 它将常规杀毒法和仿真杀毒法一起使用. 数字免疫系统的基本思想如下: 在内部网内设置一台特殊的计算机, 称为病毒分析机, 它提供一个运行可执行文件的仿真环境. 内部网内每台计算机仍使用常规杀毒法, 比如使用 McAfee 病毒扫描软件或诺顿抗病毒软件. 当某台计算机系统中的某个文件被怀疑感染了病毒, 但常规杀毒法不能确定其是否含毒时, 主机系统通过局域网内的管理主机把含毒嫌疑文件送交给病毒分析机, 病毒分析机设置运行该文件的仿真环境并具体运行这个软件, 然后将结果回送给管理主机, 管理主机将检测结果送给局域网内所有其他主机, 如图 9.5 所示. 换句话说, 数字免疫系统杀毒可分为 4 个基本阶段:

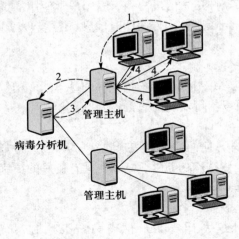

图 9.5 数字免疫系统示意图

① 局域网某主机发现病毒嫌疑, 将其送给管理主机.
② 管理主机将病毒嫌疑加密, 使其在传输过程中不能运行, 然后将其送给病

毒分析机.

③ 病毒分析机将收到的嫌疑文件解密,并为该文件设立仿真环境实际运行该文件,检查该软件是否含有病毒,比如检查该程序在执行过程中是否寻求本不该寻求的系统内其他可执行文件,然后将结论送给局域网管理主机.

④ 管理主机将病毒分析机得出的结论送给局域网内所有主机.

9.4　特洛伊木马

特洛伊木马(简称木马)是可执行文件,它表面看起来是做这件事,其实暗中还含有可执行代码,称为武士码,在做不同的事. 武士码的作用与病毒代码类似,所以有人也将木马称为"木马病毒". 不过,木马与病毒有以下两个本质区别:

第一,木马的载体通常也由黑客制作,所包含的武士码只能在这个特殊的载体内生存. 木马软件通常只能被动地等待用户将其安装到主机中并在执行时才能被执行. 所以,黑客一般都把木马表面所做的事做得非常吸引人(如做成游戏软件和系统管理软件),引诱用户将木马下载到用户主机中. 木马通常被认为是最容易制作的恶意软件.

第二,木马一般没有传染性,因为木马所包含的武士码只能在木马内生存. 不过,有一种木马软件能在被侵入的主机系统中安置其他木马,这类木马称为特洛伊串门木马.

木马的主要危害包括以下几个方面:

① 在被侵入的主机系统内安装后门软件,比如为黑客设立用户账号或安装占比软件,以便黑客用被害计算机发起分布式拒绝服务攻击或发送垃圾邮件.

② 安装间谍软件.

③ 寻找用户的银行账号等私人信息.

④ 将病毒或其他类型的恶意软件植入到其他程序中.

⑤ 删除或修改用户文件.

防治病毒的许多方法对防治木马同样适用,即不让木马进入用户系统及排除已进入用户系统的木马. 前者包括不从互联网随意下载软件、不随便运行他人公布的软件及警惕谨防附件和不打开任何危险附件,因为这些软件都可能含有木马. 后者包括基本扫描、启发式扫描、行为监测和仿真杀毒等方法. 各种抗病毒软件一般都具有检测和排除木马的功能.

9.5　网络骗局

骗局的目的是欺骗用户做他们本不愿做的事. 网络骗局通常以电子邮件的形式出现,利用用户的同情心、好奇心或贪婪的心理,诱骗用户去做邮件要求的事.

比如，骗局邮件的内容可能是请求用户捐钱帮助一个病孩、发送连环信、邀请用户去某地免费度假或帮助某非洲富人的遗孀（或遗孤）去继承一笔财产（作为回报，收信人在事成之后能得到一大笔好处费）. 几乎所有话题都有可能成为骗局邮件的内容.

大多数邮件骗局的目的是骗取用户的钱财. 比如，如果用户对请求帮助某非洲富人遗孤继承财产的骗局邮件做了回应，则会收到一封看起来非常真实的从某银行发来的信件或证书，告诉用户只要付一些手续费就会有一大笔钱转入其名下.

病毒骗局是另外一种骗局，不是真病毒. 病毒骗局通常有两种形式，一种是给用户发送电子邮件，谎称该邮件出自某抗病毒中心，"通知"用户其计算机系统内感染了病毒，然后指示用户清除某些系统文件或系统注册表中的某些条款进行"消毒". 而这些被清除的系统文件或条款实际上不应该被清除，因为清除后会影响系统的正常运行. 病毒骗局的另一种形式是在用户上网时弹出一个窗口，显示一些与上述电子邮件骗局类似的信息. 比如，w32 火焰骗局（W32.Torch Hoax）便是向用户发出与如下内容类似的电子邮件病毒骗局：

最新病毒警告：新病毒可能摧毁你的计算机硬件!

本计算机病毒中心资深研究人员最近发现了一种称为 w32 火焰的计算机新病毒，它不但能烧坏计算机的中央处理器，而且会损坏计算机的主板. 该病毒利用微软 DCOM net-trap 产品的弱点，依附在 winbond 的 w83781d 芯片中，一旦感染就会很快传染给局域网内的其他计算机. 该病毒一旦发作，将会关闭安装在 BIOS 的温度调节器并降低风扇转速，导致计算机内的温度不断升高，最终烧坏中央处理器并损坏计算机主板.

如果您发现您的计算机显得很安静，但它很可能已经受病毒攻击而不再运行. 您应该马上检查您的计算机，因为再过几分钟可能就没救了. 我们的研究人员发现 w32 火焰病毒具有如下特征并可通过如下步骤将其清除······

实际上，能直接毁坏计算机硬件的病毒并不存在，至少到目前为止还没有出现过.

再比如，"You've Got Virus!" 骗局曾经是一个影响很大的病毒骗局. 它给用户发送邮件，通知用户其主机系统被有史以来最严重的病毒所侵害，敦促用户从系统中清除这些病毒文件，并将此邮件转发给其他用户. 骗局中提到的所谓病毒其实是合法的 Java 程序 jdbgmgr.exe 或 sulfnbk.exe. 不少用户受骗上当，真的就把这两个文件删除了. 这个骗局也称为"泰迪熊病毒骗局"，因为文件 jdbgmgr.exe 的图标是一只泰迪熊.

防御骗局的方法很简单，就是不理睬它. 天下没有免费的午餐. 此外，如果用户不能肯定病毒骗局的真伪，则应该首先询问有关人员或到相关网站查询. 总之，计算机用户应提高警觉，不上网络骗局的当.

9.6   对等网络安全问题

除了客户机-服务器网络应用程序外,还有对等网络应用程序,后者简称为 P2P. P2P 协议包括 BitTorrent、eMule、Napster、Skype 和 Gnutella 等. 这些 P2P 应用程序被广泛应用于共享音乐、游戏、视频及其他类型的文件. 客户机-服务器网络应用程序的通信模型呈星型结构,如图 9.6 所示,其中一小部分服务器主机给大量的用户主机提供服务.

在 P2P 网络通信中,每台主机既是客户机又是服务器. 当用户从其他主机下载他们所拥有的文件部分到其主机系统时,他就是这些服务器主机的客户. 与此同时,如果其他用户从此用户主机下载他们所需的文件,则该主机便成为其他用户主机的服务器. 图 9.7 所示为 P2P 拓扑结构的示意图.

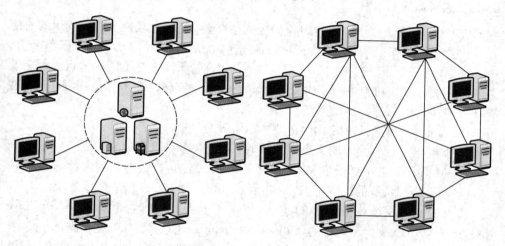

图 9.6   客户机-服务器通信模型示意图   图 9.7   P2P 拓扑结构示意图

9.6.1   P2P 安全弱点

P2P 协议通常用于下载和共享音乐(如 MP3)及视频(如 AVI)文件,因而会产生版权、网络资源及安全等方面的问题:

① 版权问题:因为用户可以将受版权保护的音乐和视频文件放在 P2P 网络上与他人共享,因而可能会侵犯版权所有者的利益.

② 带宽问题:P2P 协议的大量应用会导致网络带宽被过多占用,影响其他服务.

③ 安全问题:P2P 应用程序会在用户主机系统开启一个特定的端口,用于下载文件或传送自己拥有的文件. 在下载文件时,P2P 协议通常不做身份认证,因此,用户便极有可能将病毒、蠕虫、特洛伊木马和其他恶意软件下载到自己的主机中.

9.6.2 P2P 安全措施

以下是 P2P 的若干安全措施:

① 用户应该只使用信得过的 P2P 软件,即不从不被信任的网站上下载 P2P 软件,防止将恶意软件下载到自己的主机中.

② 用户应该牢记:用 P2P 从不认识的用户主机下载的文件可能包含恶意代码. 因此,应该用杀毒软件扫描将下载的文件,扫描通过后再下载此文件,这样可以防止将病毒、蠕虫、木马、间谍软件或其他有害软件下载到自己的主机中.

③ 未经许可,用户不能在工作单位的主机上使用 P2P 软件. 这项措施将帮助工作单位避免因为其用户侵犯版权而被起诉,以及防止因为 P2P 应用程序占用太多的网络资源而使服务中断.

9.6.3 实时信息

实时信息(简记为 IM),有时也称为网络会话,是在互联网上广泛使用的通信工具,它允许用户之间传送互动实时信息或通话,后者称为 IP 音频,简记为 VoIP. IM 的前身是一个简单的 UNIX 应用程序,它允许若干用户从不同的地点远程登录到同一台 UNIX 主机上进行实时交谈. 有些 IM 是客户机-服务器应用程序,通过服务器中转信息. 有些 IM 是 P2P 应用程序.

IM 是很有用的工具,使用时应注意以下安全问题:

① 实时信息通常是以明文形式传输的,因此很容易被窃听.

② IM 程序一般不做病毒和木马检查,因此,IM 可能会传输病毒及木马程序.

③ 如果终端系统的设置不当,攻击者也许可以通过 IM 侵入终端系统.

常见的 IM 系统包括腾讯 QQ、微信、WhatsApp、Skype 及 Windows Live Messenger 等,以及曾经流行的 Yahoo! Messenger、Google Talk 等. 腾讯 QQ 采用 UDP 为网络连接的默认方式,使用两个 UDP 端口,分别为 8000 和 8001. 腾讯 QQ 也可以使用 TCP 连接,并使用两个 TCP 端口,分别为 80 和 443. 其他 IM 系统分别使用表 9.4 所列端口.

表 9.4 常见 IM 端口

IM 名称	微信	WhatsApp	Skype	Windows Live Messenger
TCP 端口	4443, 80, 8080 等	443, 5222	80, 443 等	80, 443 等

建议用户制定 ACL,检查从这些端口经过的 IP 包.

9.7   万维网安全问题

万维网是建立在 TCP 连接上的客户机-服务器网络应用程序. 万维网系统包括各种各样的软件工具. 这些软件工具在给人们上网提供方便的同时,也由于所含的漏洞被恶意软件利用而给用户造成伤害. 本节介绍常用的万维网文件种类、软件工具、可能被恶意软件利用的安全漏洞以及防护措施.

9.7.1 万维网文件种类

万维网文件是用超文本标示语言书写的, 该语言简记为 HTML, 它由一串并列或嵌套的 HTML 标签对所组成, 描述万维网文件从服务端主机下载到客户端主机后将应该如何显示. 早期的万维网文件是不含可执行代码的, 后来为了给用户提供更好的服务, 人们逐渐在万维网文件内加入了可执行程序的功能. 万维网文件可分为静态文件、动态文件和主动文件三种. 静态文件不包含可执行代码, 动态文件和主动文件均含有可执行代码, 动态文件中的代码是在服务器主机上运行, 而主动文件中的代码是在客户主机上运行.

1. 静态文件

当客户浏览器向万维网服务器发出请求访问某个文件时, 如果该文件是静态文件, 客户浏览器就将文件直接下载到客户主机并将其在屏幕上显示出来. 下载静态文件是安全的.

2. 动态文件

动态文件所含的程序有时也称为通用网关接口, 简称为 CGI, 或CGI 脚本. CGI 定义了一系列系统变量和指令行, 用于获得万维网服务器主机的数值以及数据库查询等功能. CGI 程序是用其他语言, 如 C 语言和 Visual Basic 语言, 用 CGI 系统变量和指令行编写的程序.

当客户浏览器请求动态文件时, 服务端主机首先运行动态文件所含的程序, 算出最新的数据, 然后将这些数据连同文件其他内容送给客户端主机, 并将其在屏幕上显示出来.

动态文件还包含 Java 服务器网页 (简记为 JSP)、主动服务器网页 (简记为 ASP) 和超文本预处理器 (PHP). JSP 是一种 Java 技术, 它将一些预定义的 Java 代码植入文件中, 使万维网服务器能动态生成用户所需的 HTML、XML 及其他类型的文件. ASP 是微软公司的服务端脚本工具. ASP 网页可用 VBScript 或其他脚本语言编写. PHP 则是通用脚本语言, 不受平台限制.

3. 主动文件

主动文件所包含的程序通常主要以 JavaScript 和 Java Applets 的形式出现.

当客户浏览器向万维网服务器请求访问某个文件时, 如果该文件是动态文件, 该文件所含的程序将会下载到客户端计算机上运行.

JavaScript 是用 Java 描述语言编写的程序, 它嵌入在 HTML 文件中的 ⟨head⟩ 和 ⟨/head⟩ 标签之间. 表示 JavaScript 程序的标签是 ⟨script⟩ 和 ⟨/script⟩. 含有 JavaScript 程序的 HTML 文件通常具有如下形式:

```
<html>
```

```
<head>
<title>
    Sample JavaScript HTML file
</title>
<script language="JavaScript">
    document.writeln("Sample JavaScript HTML file");
</script>
</head>
<body>
    ⋮
</body>
</html>
```

JavaScript 程序由用户下载到用户计算机后，在万维网系统指定的运行环境和内存空间内运行.

Java Applets 是用 Java 语言编写的源程序，它经过编译后以 Java 字节码的形式下载到客户端主机. Java 字节码是定义在 Java 虚拟机（简记为 JVM）的机器指令，下载到客户端主机后需要翻译成客户主机的机器指令，然后在万维网系统指定的运行环境和内存空间内运行.

9.7.2　万维网文件的安全性

静态文件因为不含可执行代码，所以下载和打开静态文件在通常情况下不会有任何安全问题. 动态文件和主动文件因为要运行程序而具有一定的风险. 由于动态文件和主动文件运行程序的系统环境不同，动态文件在服务端主机，主动文件在用户端主机，所以对万维网系统的攻击可分为对服务端主机的攻击和对客户端主机的攻击两种.

1. 服务端主机的安全措施

因为服务端主机允许服务端用户在服务器上张贴动态文件，而服务器程序和用户编写的程序可能含有漏洞，故会造成对服务端系统的危害. 保护服务端主机的一般方法如下：

① 使用最新版本的服务器软件.

② 严格管理 CGI 程序和存储 CGI 程序的目录.

③ 禁止普通用户在服务器目录上自行张贴 CGI 程序.

2. 客户端主机的安全措施

下载 JavaScript 和 Java Applets 的客户端主机对执行这些程序有严格的权限制约和明确的运行空间管制. 然而，黑客还是能够利用浏览器程序漏洞炮制恶意 JavaScript 和 Java Applets 程序，危害用户. 比如，一些旧版本的浏览器允许恶意

JavaScript 程序改变客户浏览器的默认首页到黑客指定的网页、阅读系统文件以及阅读用户系统中的电子邮箱地址等操作.

抵御恶意 JavaScript 和 Java Applets 程序的一般方法如下所述：

① 及时安装修补浏览器漏洞的补丁程序.

② 在浏览器的设置中关闭 JavaScript 功能，使 JavaScript 程序不能在客户端主机上运行.

③ 在浏览器的设置中关闭 Java Applets 功能，使 Java Applets 程序不能在客户端主机上运行.

9.7.3 ActiveX

ActiveX 是微软公司制作的软件工具，它将几种现有的软件技术重新组装，允许用不同语言编写的软件组件能相互沟通，使可执行程序与浏览器可以结合起来使用. ActiveX 将微软的对象链接和嵌入（OLE）技术及组件对象模型（COM）技术结合起来做成统一的平台. 这里对象指的是软件中的一个小组件. ActiveX 通常用于开发微软 IE 浏览器的互动程序，它允许用户在 IE 内直接开启微软办公文件、PDF 文件及其他常见类型的文件.

1. OLE 技术

OLE 技术允许不同的应用程序共享和传递信息. 它能将对象（如图像文件）链接到一个复合文件中（如 Word 文件、Excel 文件或 PowerPoint 文件）. 链接和嵌入是两种不同的技术，链接技术能将对象所做的修改在复合文件中自动反映出来，而嵌入技术必须在复合文件中重新嵌入修改后的对象.

2. COM 技术

COM 技术允许程序重新使用已有的软件组件和在已有的 Windows 程序中加入新的功能. COM 组件通常用 C++ 语言编写，也可用其他语言编写. COM 技术允许程序在运行当中去掉某个 COM 组件不需重新编译就能继续运行.

3. ActiveX 控制

随着万维网应用的深入和发展，许多程序被做成可以主动执行. ActiveX 控制是一种广泛使用的软件工具，用于开发 IE 的应用软件插件. ActiveX 控制是一个自我注册的 COM 对象，可以嵌入在 HTML 文件中.

ActiveX 控制可以通过 HTML 的 <OBJECT> 标签启动. 下面是一个简单例子.

```
<OBJECT ID="ax_example"
CLASSID="clsid:431BD693-4A33-3B46-AA7CD285CA13"
CODEBASE="http://www.ABC.com/ax_controls/"
    WIDTH=80 HEIGHT=30>
<PARAM NAME=_version VALUE="2">
</OBJECT>
```

在这个例子中, `ax_example` 是这个 ActiveX 控制的名字, 存储在文件 http:// www.ABC.com/ax_controls 内, 它具有唯一的 16 进制数标识符. 如果用户向万维网服务器请求的 HTML 文件包含这段代码, 则 `ax_example` 将会自动下载到用户主机, 编译成用户主机的机器代码, 并调入用户主机的内存运行. 所以, 如果 ActiveX 控制包含恶意代码, 则会给用户主机造成危害.

ActiveX 控制可以附有数字签名, 以证明 ActiveX 控制文件 (扩展名为 .ocx) 的出处, 帮助用户决定是否执行该文件.

抵御利用 ActiveX 控制执行恶意软件的方法是及时安装漏洞补丁程序, 或设置网页浏览器只接受附有恰当数字签名的 ActiveX 控制文件, 拒绝执行所有没有恰当数字签名的 ActiveX 控制文件.

9.7.4 Cookie

Cookie 是表示用户网页浏览状态的一串数据, 通常用来将一串看起来不连续和不相关的网页访问连起来. 网页浏览器是一个不记录状态的客户应用程序, 它对用户访问 URL 网址的每一个请求都建立一个新的 TCP 连接, 下载所需网页, 然后终止 TCP 连接, 即便两个相邻的访问在同一网页也是如此. 例如, 假设用户要访问的网页设有密码保护, 则用户必须输入登录名和登录密码, 经过网页服务器认证后才能进入该网页. 进入该网页之后, 用户可能会访问这个网页所包含的受同样密码保护的其他网页. 从一页浏览到下一页时, 必须首先终止目前的 TCP 连接, 然后建立一个新的 TCP 连接. 也就是说用户必须再次输入登录名和登录密码才能进入新的网页, 这样做无疑过于笨拙.

为了解决这个问题, 网页服务器在用户输入登录名和登录密码后, 用一个 Cookie 将用户信息保存起来, 并传送给用户的浏览器. Cookie 通常存储在用户的主机中. 当用户换页时, 其浏览器会同时将适当的 Cookie 和用户请求一同发送给网页服务器. 网页服务器检查包含在 Cookie 中的信息, 如果通过检查, 则允许用户登录. 这样, 用户就不必每次都输入登录名和登录密码. Cookie 在这个例子中的作用可以看成是网页访问通行证.

Cookie 可长可短. 短的 Cookie 可能只包含用户标识符, 便于网页服务器辨别用户. 长的 Cookie 可以包含用户名、用户主机 IP 地址、用户主机所用的操作系统及其他信息 (例如, 曾经访问过的网页地址). 显然, 这类 Cookie 包含用户的隐私.

服务器主机用 Set-Cookie 包头封装所使用的 Cookie 并将其传给客户浏览器. 下面是一个简单的例子:

```
Set-Cookie: USER_NAME=J.Wang; path=/;
            expires=Monday, June 8, 2010, 16:59
```

客户浏览器则用 Cookie 包头封装所使用的 Cookie 回送给服务器主机. 下面所示是一个简单的例子:

```
Cookie: USER_NAME=John Doe
```

服务器主机可根据 Set-Cookie 包头和 Cookie 包头记录客户访问过的网页，从中获取商业信息. 黑客还能利用 Cookie 和例外错误（Exception error）处理的功能进入客户账号. 所以信誉良好的网站通常会制定严格措施保证客户 Cookie 不被非法利用. Cookie 存储在用户主机上，所以用户应该经常清除过时的 Cookie.

9.7.5　间谍软件

间谍软件是恶意软件，它在未经用户许可的情况下收集用户的上网信息或控制用户主机. 间谍软件不会自我繁殖，这点与病毒和蠕虫不同. 但间谍软件的危害不可低估. 间谍软件主要有以下几种形式：

① 在用户主机上弹出商业广告窗口.

② 收集用户信息，包括用户的网页浏览喜好和在线购买内容、用户的财务信息以及用户的信用卡信息等.

③ 监视用户的上网活动，以便及时弹出相应的商业广告.

④ 修改用户主机系统的设置，包括修改用户浏览器的默认设置、将用户网页访问的请求改道到某个特定的商业网站上去等.

间谍软件不会自我复制，所以其传播途径与木马的传播途径相似. 比如，有些间谍软件标榜自己能加快用户的上网速度，有些甚至标榜自己是抗间谍软件，并弹出警示窗口，谎称在用户计算机内发现恶意软件，并宣称只要点击窗口中的某个键就能加快网络速度或清除恶意软件，引诱用户安装间谍软件.

抗间谍软件也可称为抓谍软件. 间谍软件常在运行微软 Windows 操作系统的计算机中出现. 特别是微软 IE 浏览器的漏洞曾给间谍软件许多可乘之机. 微软操作系统经常出现的各种问题也使用户容易相信这些由间谍软件发送的假信息，如果不小心就会将间谍软件下载到自己的计算机内.

主机被间谍软件侵入后的一些主要症状如下：

① 用户没有上网但仍有广告窗口弹出.

② 用户浏览器的默认网页地址或搜索设置被篡改.

③ 用户浏览器新出现了一个很难清除的工具栏.

④ 用户主机处理速度明显降低.

⑤ 用户主机系统崩溃次数明显增多.

⑥ 用户主机中某些软件被清除后又重新出现.

间谍软件的防治可采取如下方法：

① 设置防火墙，防止黑客在用户计算机中植入间谍软件.

② 及时更新系统软件和安装补丁软件，堵住旧版本中的漏洞.

③ 安装并运行抗间谍软件. 抗间谍软件与抗病毒软件的功效类似，所不同的只是对象不同. 微软 Windows 用户可使用 Windows 保卫者抗间谍软件. Webroot（http: //www.webroot.com）也是一个很实用的抗间谍软件.

9.7.6 AJAX 安全性

万维网应用的传统操作方式是点击 – 等待, 即用户在网页上点击一个链接或一个按钮, 然后等待万维网服务器下载所请求的网页到用户主机上. 这个请求 – 回应的同步通信模式限制了网页浏览器和网页服务器的互动和网页切换, 给人一种生硬的感觉. 异步 JavaScript 和 XML, 简记为 AJAX, 是近年来发展起来的技术, 用于支持互动频繁的万维网应用, 使得用户浏览器可以不用按请求 – 回应的方式更新页面, 并且不用刷新整个网页, 从而得到平滑、快速和感觉上是连续的网页刷新效果. 比如, 谷歌地图就是一个典型的 AJAX 应用.

AJAX 是若干现有技术的组合, 在 Web 2.0 中扮演了重要角色. 它通过用户端主机的 JavaScript 引擎和服务端主机的 XML 网页来达到网页平滑更新的效果. XML 是可扩展表示语言的缩写, 它允许用户自己定义 HTML 标签. 除 JavaScript 外, 用户端主机也可以使用其他脚本语言. 除 XML 外, 服务端主机也可以使用 JavaScript 对象符号, 简记为 JSON.

用户端主机的 JavaScript 代码通过 JavaScript 的 XMLHttpRequest（XHR）对象与服务端主机相连, 由用户的击键、计时器或其他事件激发运行. 图 9.8 是一个万维网用户和服务器之间的 AJAX 互动示意图. 用户端主机的脚本引擎回应用户

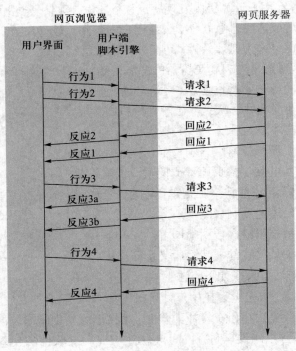

图 9.8 万维网用户和服务器之间 AJAX 互动示意图

的请求与服务端主机相连, 并在用户浏览器内平滑更新页面.

AJAX 应用程序与传统万维网应用面临相同的安全问题. 已知的对 AJAX 应用程序的攻击大都来源于软件缺陷. 比如, 跨端脚本就是这样一种攻击手段, 它引诱用户(比如用网络钓鱼邮件)去访问某指定的恶意网页, 访问该网页就会使用户主机下载恶意 JavaScript 代码并执行.

又比如, AJAX 可以不经过用户的同意私下与服务端主机通话, 并且每个连接都重用同一个 Cookie. 这个机制, 如果软件实施不当, 会造成安全危害. 比如, 假设用户甲登录到一个受密码保护的网页, 通过认证后, 服务端主机将传送一个 Cookie 给用户端浏览器. 假设攻击者窃听到了这个 Cookie. 如果用户甲在退出登录前被引诱到一个包含 AJAX 代码的恶意网页, 并忘记终止和这个网页的连接, 则攻击者可利用窃听来的 Cookie 访问受密码保护的网页.

9.8　分布式拒绝服务攻击和防卫

本书在第 1.2.9 节中介绍过分布式拒绝服务攻击(DDoS)的基本结构, 其宗旨是在网上寻找安全防护措施薄弱的计算机系统, 在这些系统内安插后门和植入占比软件, 使这些计算机听从于黑客的指令, 即成为占比机, 向固定目标同时发送大量请求服务的数据包, 使攻击目标计算机系统因为忙于处理同时到来的大量数据包而瘫痪. DDoS 攻击通常有两种基本形式, 即主仆 DDoS 攻击和主仆 DDoS 反射攻击.

9.8.1　主仆 DDoS 攻击

在 DDoS 攻击的具体实施中, 黑客为了不暴露黑客主机, 会进一步将占比机分为两类, 即主占比机和仆占比机. 黑客主机首先设法控制一批占比机, 称为主占比, 然后令这些主占比像黑客主机寻找主占比那样寻找其他安全保护薄弱的主机并将它们变成占比机, 称为仆占比. 发起攻击时, 黑客主机首先向所有主占比发出攻击指令, 主占比再向仆占比发出攻击指令, 由仆占比实施具体攻击. 这类 DDoS 攻击称为主仆 DDoS 攻击, 如图 9.9 所示.

9.8.2　主仆 DDoS 反射攻击

使用主仆 DDoS 攻击使黑客可隐藏在仆占比和主占比之后, 减少了被追踪的机会. 为了使追踪更困难, 黑客还常常设法再加一层防护, 即令每一台仆占比机向目标发动类似于 Smurf 攻击的攻击, 向其他非占比机发出请求回话的诡诈数据包, 而诡诈数据包的起始地址被换成攻击目标的地址, 使目标主机在短期内因需要处理大量信息而瘫痪. 被仆占比选中的非占比机称为反射主机, 这类攻击称为主仆 DDoS 反射攻击, 如图 9.10 所示.

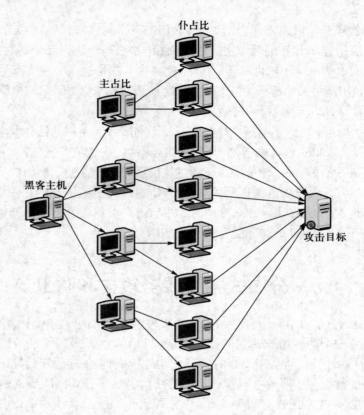

图 9.9 主仆 DDoS 攻击示意图

9.8.3 DDoS 攻击的防御

DDoS 攻击的成功与否由以下三个条件决定: 第一, 要有好的占比软件; 第二, 互联网内要有大量安全防护薄弱的计算机可供利用; 第三, 要有有效的寻找占比机的方法, 通常使用的方法是 IP 地址扫描. 因此, 防御 DDoS 攻击主要有以下两个方面.

1. 减少占比机数量

为此目的, 要普及并提高计算机用户的安全意识, 使每个用户都尽可能提高其主机的安全性能, 使之不被黑客利用成为占比机. 以下措施可帮助用户达到这个目的:

① 关闭所有不必要的端口, 以加大 IP 地址扫描的难度.

② 当用户不再使用计算机时应该主动中断网络连接 (如将计算机系统设置为备用状态、睡眠状态或关机), 减少计算机因连在网上而被利用的概率.

③ 及时发现和清除占比软件.

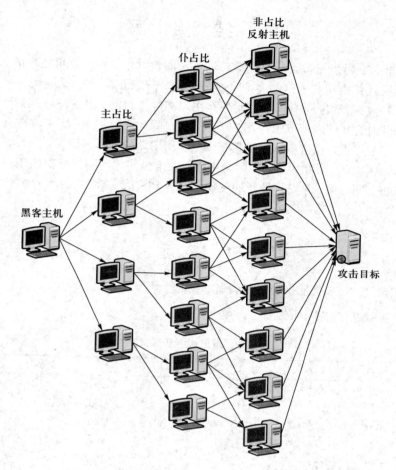

图 9.10 主仆 DDoS 反射攻击示意图

2. 加强服务器主机的安全管理

当服务器主机遭到 DDoS 攻击时仍能提供正常服务, 并及时发现受到 DDoS 攻击的迹象和追踪发起攻击的黑客主机. 以下措施可帮助用户达到这个目的:

① 设置备用设备, 以便在服务器主机遭到 DDoS 攻击时仍能向用户提供正常服务.

② 制定资源分配规则及修改通信协议, 以便减少遭受 DDoS 攻击的可能性.

③ 建立 DDoS 监测机制, 根据 DDoS 攻击的行为模式寻找可疑迹象, 以便及时发现 DDoS 攻击并采取相应措施, 清除用于进行 DDoS 攻击的数据包.

④ 建立完备的系统日志, 以便在遭到 DDoS 攻击后能够根据系统日志提供的信息寻找攻击起源.

9.9 结 束 语

恶意软件，特别是病毒软件、蠕虫软件及间谍软件，是计算机用户的大敌. 它们利用普通计算机用户安全教育不高或安全意识不强的弱点，通过互联网侵犯其利益. 有些恶意软件也许不以修改或删除用户文件为目的，但它们通常会试图获取用户计算机内的文件内容或追踪用户上网习惯. 除此之外，有些恶意软件甚至会在用户不知情中将用户主机变成一台服务器，利用用户的计算机资源、网络资源和电力资源为黑客服务. 因此，除了使用防火墙外，每个使用联网计算机的用户都应该养成良好的上网习惯，并安装最新的抗病毒软件和抗间谍软件，尽可能减少恶意软件的侵害.

习 题

9.1 描述病毒、蠕虫和木马的主要差别和相似之处.

9.2 表 9.5 所列是常见的蠕虫及它们的端口.

表 9.5 常见蠕虫及其端口

端口	协议层次	名称
445	TCP	Zotob
1080	TCP	MyDoom.B
2041	TCP	W32/korgo
2745	TCP	Bagle.C
3067	TCP	W32/korgo
3127	TCP	MyDoom.A
3128	TCP	MyDoom.B
5554	TCP	Sasser–FTP 服务器
8080	TCP	MyDoom.B
8998	UDP	Sobig.F
9898	TCP	Dabber
9996	TCP	Sasser–远程外壳
10080	TCP	MyDoom.B

(a) 在互联网上寻找这些蠕虫的相关信息，描述这些蠕虫的危害.

(b) 构造 ACL 规则阻止 (a) 中所列的蠕虫进入内网.

9.3 表 9.6 所列是常见的特洛伊木马和它们的端口.

表 9.6　常见特洛伊木马及其端口

端口	协议层次	名称
1243	TCP	SubSeven
1349	UDP	Back Orifice DLL
1999	TCP	SubSeven
2583	TCP and UDP	WinCrash
6711	TCP	SubSeven
6776	TCP	SubSeven
8787	TCP and UDP	Back Orifice 2000
12345	TCP	NetBus
12346	TCP	NetBus Pro
27374	UDP	SubSeven
54320	TCP and UDP	Back Orifice 2000
54321	TCP and UDP	Back Orifice 2000
57341	TCP and UDP	NetRaider

(a) 在互联网上寻找这些木马的相关信息, 描述这些木马的危害.

(b) 构造 ACL 规则阻止 (a) 中所列的木马进入内网.

9.4　病毒最常见的传播手段是什么? 试解释其原因.

9.5　假设程序 D 是一个病毒检测程序, 它以程序 P 为输入, 检查 P 是否含有病毒. 如是, D 输出 "真", 否则输出 "假". 假设 P 包含的传染子程序 infect 首先扫描硬盘, 寻找可执行文件, 然后将病毒代码复制到该文件中. D(P) 能够检测出 P 含有病毒程序吗? 程序 P 的结构如下所示.

```
1.      program P := {
2.          ...
3.          main-program := {
4.              if D(P) then goto next;
5.              else infect;
6.          }
7.  next: (the entry point of the original executable file)
8.      }
```

9.6　什么是启发式病毒扫描? 书中给出了一个启发式病毒扫描的例子. 给出一个与此例子不同的启发式病毒扫描的例子.

9.7　访问网页 http://www.avast.com/eng/download-avast-home.html, 下载免费家庭版杀毒软件 Avast! 4 Home, 并将其安装在你的计算机上, 然后用其扫描和清除间谍软件. 根据所见信息试解释该抗病毒软件的运作机制.

9.8　描述 McAfee 病毒扫描软件和 Avast! 抗病毒软件的相似之处和不同之处. 比如, 它们是否进行安装前扫描？它们是否支持启发式扫描？它们能否用来制定主机系统安全性能的级别？

9.9　访问 http://www.microsoft.com/downloads，下载免费抗间谍软件 Windows Defender (Beta 2)，将其安装在你的主机上，然后用其扫描和清除间谍软件. 根据所见信息试解释该抗病毒软件的运作机制.

9.10　从互联网上寻找最近 45 天发现的新的计算机病毒和蠕虫，将它们归类，并解释它们的危害性.

***9.11**　收集有关红色代码蠕虫的资料，并详细描述红色代码蠕虫如何利用缓冲区溢出来执行蠕虫代码.

9.12　举例说明为什么系统管理员不应该使用具有超级用户权限的账户上网浏览网页.

9.13　举例说明为什么系统管理员不应该使用具有超级用户权限的账户发送和接收邮件.

9.14　在微软 Windows 操作系统中，网页 Cookies 通常存在 C 盘的 Documents and Settings 目录下. 先找到你的用户名，然后打开 Cookies 目录，并任选一个文件双击打开，解释你所看到的信息.

9.15　按照习题 9.14 的方法，打开几个最新访问过的网页 Cookie 文件并观察其内容.

(a) 如果 Cookie 以明文形式传输，列出用户面临的潜在危险.

(b) 如果允许用户修改存在硬盘上的 Cookie 并将其传给服务器主机，列出服务器面临的潜在危险.

9.16　第 9.7.6 节介绍了 AJAX 中的一些安全问题. AJAX 存在更多的安全问题. 上网查询有关资料并描述两个没有介绍过的 AJAX 安全问题.

9.17　Web 2.0 是 2004 年为表示第二代万维网技术而起的名字，第一代万维网技术称为 Web 1.0. 表 9.7 列出了两者之间的一些显著差别.

表 9.7　Web 1.0 和 Web 2.0 的差别

Web 1.0 技术	Web 2.0 技术
个人网页	博客
Akamai	BitTorrent
mp3.com	Napster
DoubleClick	谷歌 AdSense
Britannica Online	Wikipedia
内容管理系统	wikis

还有很多差别没有列出来. Web 2.0 除了具有和 Web 1.0 类似的安全问题外，还带来了新的安全问题. 上网收集有关资料，并描述 5 个只有 Web 2.0 才有的安全问题.

9.18　网页虫是一种网页窃听器，它是安装在网页或电子邮件中的一个不可见的小图像，通常只有 1×1 像素大小. 网页虫的目的是收集网页访问者的资料. 从 http://www.bugnosis.org/

download.html 网页下载并安装网页虫检测软件 bugnosis. 安装后随机访问几个商业网站看这些网页含有多少网页虫.

*9.19 访问 http://www.bugnosis.org 并阅读常见问题与答案（FAQ）及其他相关文件. 写一篇 3000 字左右的短文描述网页虫的作用、制作原理和检测方法.

9.20 用户上网时因为需要与网页服务器主机建立 TCP 连接，所以会在网页服务器主机上留下用户的一些信息，如用户名、用户主机的 IP 地址以及用户主机使用的操作系统等，这就如同在服务器主机上留下了自己的名片. 如果所访问的网站含有恶意软件，这些信息便可能会为其提供可乘之机. 如果用户希望匿名上网，即不在服务器主机上留下名片，一个简单的方法是使用匿名器，它像一个应用网关，替用户和网页服务器中继网页请求和网页下载. 从 http://www.anonymizer.com 网址下载具有60天免费试用期的匿名上网软件，并用其匿名上网.

*9.21 使用网页匿名器上网，尽管被访问的网页主机不知道用户信息（因为所有请求都是从匿名器发出的），但匿名器知道这些信息. 用户能够不用任何匿名器匿名上网吗？

人们在不断探讨和研究各种匿名上网的方法，并设计了一些匿名上网和在网上匿名发表文章的协议，Freenet 就是其中的一种. 收集有关 Freenet 的资料，并写一篇 3000 字左右的短文介绍 Freenet 的具体用途、组织结构及所用的算法.

*9.22 与习题 9.21 类似，收集有关 Tor 的资料，并介绍其具体用途、组织结构及所用的算法.

**9.23 NGVCK 能产生变形病毒，特别是它能产生一种病毒代码，使得每次传染给其他载体时都以几乎完全不同的结构出现. 这种变形病毒能躲过基本的病毒扫描而不被发现.

隐马尔可夫模型（简记为 HMM）能够检测这类变形病毒. HMM 是从统计角度描述含有未知参数马尔可夫过程的模型，它能从可观察到的参数确定隐蔽参数.

收集有关资料描述 HMM 是如何检测变形病毒的.

第 10 章

入侵检测系统

防火墙和抗恶意软件技术是维护网络安全的重要手段，它们能够有效地阻止攻击者利用通信协议缺陷和软件漏洞侵入用户的联网计算机系统. 然而，这些技术无法阻止攻击者通过盗窃用户的登录密码而进入用户主机. 比如，攻击者可通过特洛伊木马或身份诈骗等手段获取合法用户的登录名和登录密码. 这类攻击者通常称为入侵者. 在网络安全范畴内，入侵者指的是通过计算机网络非法进入他人计算机系统的攻击者或受攻击者操纵的软件程序.

为防范这类入侵，有必要监控已通过防火墙流入内网的数据包，通过分析用户的正常行为发现入侵迹象，从而使系统管理员能及时采取相应的措施. 这是入侵检测的主要任务. 本章介绍入侵检测领域的主要概念和工具.

10.1 基 本 概 念

入侵检测思想的孕育始于 20 世纪 80 年代中期 Dorothy Denning 和 Peter Neumann 等人的工作. 他们发现入侵者与合法用户具有不同的用机行为，而且这些行为能够用定量的方法测量出来. 经过他们及许多人多年持续不断的努力，入侵检测在实践中已发展成为一个重要的研发领域，同时也已成为维护网络安全的重要手段. 虽然入侵检测系统的使用在小型和家庭计算机用户中还不十分普及，但在大型网络安全防御系统中已成为不可缺少的重要防护措施.

入侵检测的目的是及时发现进入内网主机的入侵行为，包括已经发生的入侵、正在进行中的入侵以及还没有发生但可能即将发生的入侵，并采取相应的措施将入侵的危害降到最小.

入侵检测主要通过以下手段发现入侵者：检测非法进入计算机网络系统的行为，检测与正常用户的用机习惯相抵触的行为，检测不正当使用系统资源的行为. 入侵检测系统收集各种入侵证据，包括那些已经发生过的入侵和正在进行的入侵证据，以及显示入侵企图的各种直接和间接的证据.

入侵检测系统，简记为 IDS，是具体实施这些手段的软件系统，它使用各种不同的工具和技术，包括操作系统管理技术、网络管理技术、计算统计方法和数据挖掘方法.

传统的 IDS 只有检测入侵行为和发警报的功能，现代的 IDS 还包括一些自动应对入侵行为的功能. 后者也称为入侵防范系统，简记为 IPS. 入侵防范系统可自动修改网络规则，将被入侵的主机隔离出来或将其关闭. 为方便起见，仍用 IDS 表示传统 IDS 以及 IPS.

10.1.1 基本方法

入侵检测的基本思想是行为检测，它将用户的用机和用网行为刻画成一系列离散事件，然后找出这些事件的内在规律，并以此为基础发现反常行为，即入侵迹象. 例如，IDS 在运行初期先将系统中每个用户每天使用计算机和网络的情况记录下来，建造用户表征. 用户表征包括用户通常何时登录、何时退出登录、登录后通常运行哪些程序、运行这些程序的先后顺序和时间长短、何时使用网络以及使用哪个网络应用程序.

IDS 根据用户的用机表征定义一些允许的改动和变化范围，作为可接受行为的定义，例如允许加入一些合理事件，减去一些已观察到的事件，或改变事件的顺序. 可接受行为的定义应在实践中不断修正并逐步加以完善.

如果攻击者窃取了某用户的登录密码并以其名义登录，则其用机行为势必与用户本人的用机表征相差甚远，IDS 分析用户的用机行为，发现差异后便向检测中心的警报管理器发出警报，并做出应变处理. 例如，继续监视该用户的行为，及进一步审查使用该用户账号的人是否真是用户本人. 所以，入侵检测在很大程度上是行为检测，它以检测用户用机的行为模式为主要目的.

检测入侵行为最简单的方法是设立系统日志，将所有使用主机的行为记录下来供分析之用. 系统日志是一个离散时序事件的集合，它记录系统的使用情况，包括登录、程序运行和网络连接等重要信息. 系统日志也称为事件日志.

根据系统日志可以这样构造一个简单的 IDS：首先设计一组规则决定哪些行为是可以接受的，哪些行为是不可以接受的，然后用一个网络嗅探器将所有经过某路由器或防火墙的数据包记录下来，并根据所设的规则分析这些数据包以便发现可疑行为. 因为系统日志通常很大，所以分析系统日志要用相应的软件和计算机才能有效地进行. 例如，Snort 就是这样一种工具，它的源程序是公开的，可从网页 http://www.snort.org 上下载. Snort 可对过往的 IP 包进行实时分析. 日志分析也称为稽查或安全审计.

系统日志不但可以用来发现入侵行为，也可以为入侵发生后的取证和修复提供依据，作为入侵者犯罪的有力证据.

入侵检测可在网络和主机上进行，IDS 可通过分析局域网通信、内网主机系统或两者同时进行. 第一种方法称为网检 IDS，简记为 NBD. 第二种方法称为机检 IDS，简记为 HBD. 第三种方法称为混检 IDS，简记为 HBD. 简单的混检 IDS 可将网检 IDS 和机检 IDS 捆在一起使用，然后将各自的警报信息综合起来使用. 图 10.1 是一个带防火墙的入侵检测系统的布局示意图.

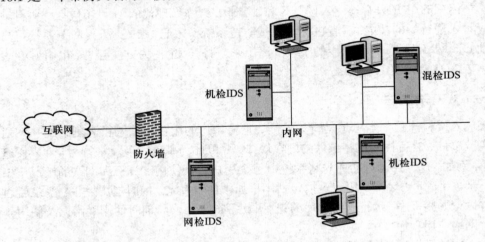

图 10.1   一个带防火墙的入侵检测系统的布局示意图

例如，Cisco 公司的 NetRanger 系统是一个网检 IDS，Axent 技术公司的 Intruder Alert 系统是一个机检 IDS，CyberSafe 公司的 CyberSafe 系统是一个混检 IDS.

10.1.2 安全审计

安全审计是网络安全管理的一个重要环节，也是例行的安全检查，但它检测的对象与入侵检测的对象有所不同. 网络安全审计通常以检查系统设置和检查用户是否根据安全政策合理使用计算机和网络资源为目的. 例如，安全审计检查系统实施的用户登录密码政策和软件安全补丁政策是否被用户严格执行. 虽然入侵检测系统通常也包含安全审计，但入侵检测的重点是用户的用机和用网行为，而不是操作系统的设置.

因为入侵检测和网络安全审计的对象不同，所以使用的技术也不同. 它们有着本质的区别，但又相辅相成. IDS 的安全审计包含两个方面，即审计静态系统设置（称为安全表征）及审计动态事件.

1. 安全表征

安全表征是对若干安全参数预先设置的值，比如用户在多长时间内必须更换登录密码. 表 10.1 是一个安全表征的实例.

表 10.1 一个有关登录密码和参数的安全表征实例

	登录参数	参数值
登录密码	最小长度 (字节)	8
	有效期 (天)	90
	提前发出过期警告 (天)	14
登录阶段	允许登录失败的次数	3
	登录失败后允许下一次登录的间隔 (秒)	20
	登录后什么也不做保持登录的时间 (小时)	8

2. 事件

一个事件通常由以下几个部分组成:

① 执行者: 给出事件执行者的信息.

② 操作: 给出事件执行者所做的操作.

③ 对象: 给出操作的接收对象.

④ 意外条件: 列出事件的意外条件.

⑤ 资源使用状况: 定量给出事件使用的计算机资源.

⑥ 时戳: 给出事件发生的时间.

从语法的角度来看, 执行者可视为主语, 操作可视为谓语, 对象可视为宾语.

大部分事件都是由一系列初等操作组成的序列, 其中一个初等操作通常指的是一个内存访问操作、一个算术运算或一个逻辑运算. 例如, 假设用户甲使用 UNIX 操作系统用以下指令将文件 myprogram 拷贝到系统目录 /etc 中:

```
cp myprog /etc
```

这个简单事件是由 3 个初等操作组成的, 如表 10.2 所示. 假设用户甲不是超用户 (即没有系统密码), 则他没有权限将文件备份到系统目录中, 所以操作系统会拒绝执行此命令.

表 10.2 事 件 样 板

执行者	操作	对象	意外条件	资源使用状况	时戳
用户甲	运行	cp	无	CPU: 00001	Tue 11/06/07 20:18:33 EST
用户甲	开启	./myprog	无	byte-r:* 0	Tue 11/06/07 20:18:33 EST
用户甲	写入	etc/myprog	写入失败	byte-w:** 0	Tue 11/06/07 20:18:34 EST

* "byte-r" 表示被读取字节数.

** "byte-w" 表示被写入字节数.

10.1.3 体系结构

入侵检测系统是一个完整的警报系统,它由指令控制台和被监视目标两部分组成. 这两个部分包括评估、检测和警报等功能. 评估的任务是对系统的安全需求做出整体评价,并做出系统安全表征. 检测的任务是建立用户表征、记录用机事件并根据用户表征分析所收集到的事件,找出反常行为. 此外,分析程序行为也是检测部分的内容. 例如,常规万维网服务器不应该在其 CGI 目录外启动程序. 因此,如果发现万维网服务器在其 CGI 目录外启动程序,则表明这很可能是一个入侵行为. 警报的任务是及时通知系统管理员发现反常用机行为,并自动做出相应的反应. 图 10.2 给出 IDS 体系结构的流程图.

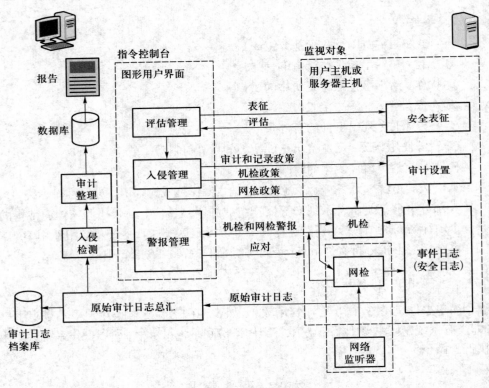

图 10.2 IDS 体系结构流程图

1. 指令控制台

指令控制台也称为检测中心,用于控制和管理目标主机. 指令控制台的入侵检测机制包含以下几个部分:

① 评估管理:用于管理和评估安全表征.

② 入侵管理:用于维护与目标端的连接,为目标端的审计设置、机检和网检系统制定政策.

③ 警报管理：用于收集和管理从机检和网检送来的警报，根据收集到的事件日志对这些警报作全面分析，决定应变措施．应变措施包括终止网络连接、关机、取消用户登录、删除用户登录账户、重新设置防火墙规则及增强安全审计等．

④ 原始审计日志总汇：用于收集从目标端送来的审计日志．

⑤ 审计日志档案库：用于存储原始审计日志总汇收集到的日志．

⑥ 入侵检测：用于检查收到的日志，如发现问题就将其交给警报管理进行处理．

⑦ 审计整理：用于分析整理日志和删掉不相关的事件．

⑧ 数据库：用于存储经过筛选的日志和统计数据．

⑨ 报告：向指令控制台送出入侵检测报告．

2. 监视目标

监视目标指的是用户主机或服务器主机．监视目标中的入侵检测机制包括以下几个部分：

① 安全表征：用于表示系统中各项安全指标．

② 审计设置：用于定义检查哪些安全项目、收集哪些事件．

③ 事件日志：用于收集设置产生的记录．

④ 机检：用于检测事件日志的入侵检测技术，并向警报管理发出警报．

⑤ 网检：用于检测网络数据包的入侵检测技术，并向警报管理发出警报．

⑥ 网络监听器：用于监听网络流量和数据包，为网检系统提供数据．

指令控制台应安装在受防火墙保护的内网内，它只与监视目标主机相连，与外部网断绝联系．对家庭用户而言，指令控制台和目标端检测可合并装在同一台主机上，也可将指令控制台的部分或全部功能移到监视目标主机上构成分布式入侵检测系统．具体结构的描述留做练习（见习题 10.5）．

10.1.4 检测政策

检测入侵行为必须首先制定入侵检测政策，简记为 IDP．IDP 规定哪些数据必须保护及受保护的程度，定义哪些行为是入侵行为，并制定发现可疑行为后的操作程序．

IDP 有简有繁．好的 IDP 应该简单有效，便于实现，不错判，也不漏判．错判指的是正常行为被误认为危险行为，漏判指的是危险行为被误认为正常行为．

1. 错判和漏判

错判和漏判是入侵检测系统需要极力避免的现象，但却又不可完全避免，因为危险行为和正常行为的界限有时并不清楚．错判和漏判是两个对立的矛盾，因为如果将危险行为的定义范围扩大，将一些原来被认为可接受的行为定义成不可接受，能够帮助减少漏判的次数，但却同时可能会增加错判的次数．反之，将危险行为的定义范围压缩能够减少错判的次数，但却可能会增加漏判的次数．所以，入侵检测系统研发的一个重要挑战是如何在错判和漏判之间寻找能够接受的平衡点. 这种平衡根据用户的具体情况和要求而不同.

2. 行为分类

制定合理的 IDP 并将行为分类有助于调节错判和漏判之间的平衡. 比如可把行为分成如下三类, 分别称为绿灯行为、黄灯行为和红灯行为. 它们的定义如下:

① 绿灯行为是系统可接受的正常行为, 包括合理使用计算机和网络资源的行为, 以及防火墙规则允许的行为. 绿灯行为也称为可接受行为.

② 黄灯行为是系统无法确定是否可接受的行为, 比如用户试图打开的电子邮件附件属于谨防附件. IDS 检测到这种行为后根据 IDP 向系统管理员发出黄灯信号. 黄灯行为也称为中间行为, 介于绿灯行为和红灯行为之间.

③ 红灯行为是系统必须拒绝的对系统构成直接危害的入侵行为. IDS 检测到这种行为后根据 IDP 向系统管理员发出红灯信号. 红灯行为也称为不可接受行为.

行为分类与制定防火墙的 ACL 规则有类似之处. 因此, IDP 通常由一系列检测规则来表示.

检测政策还应该制定当发现黄灯行为和红灯行为后的处理政策和方案. 比如, 对黄灯行为应加强监视和增强审计. 对红灯行为则应切断网络连接、终止肇事用户登录或停机.

10.1.5 不可接受行为

用户使用联网计算机系统的过程可以看成是行为的集合, 包括使用系统软件 (如浏览文件目录和拷贝文件), 使用标准应用软件 (如微软办公软件、万维网浏览器、电子邮件软件及系统管理软件), 以及使用自己编写的软件等行为. 用户按自己的权限使用计算机的行为是可接受行为. 不可接受的行为包括非法使用计算机资源、非法读写数据及非法修改数据. 因此, 入侵检测系统的一个关键技术问题是如何精确定义可接受行为和不可接受行为, 以及建立数学模型对行为进行定量描述和推理.

10.2　网检和机检

入侵检测系统的基本技术分为两类, 一类以分析网络流量为主要目的, 比如分析经过内网路由器的数据包首部和有效载荷. 这类技术称为基于网络的入侵检测系统, 简称为网络检测系统 或网检系统, 记为 NBD. 另一类技术以分析系统事件和用机行为为主要目的, 比如分析哪个文件被打开和哪个应用程序被使用. 这类技术称为基于主机的入侵检测系统, 简称为主机检测系统, 或机检系统, 记为 HBD.

完备的入侵检测系统应同时兼备网检和机检这两种功能. 检测的具体实施可分为实时检测、批量检测或定期检测三种方式. 实时检测指的是数据即到即测, 批量检测指的是收集到一定数量的数据后再测,定期检测指的是按事先指定的时刻进行检测.

10.2.1 网检系统

网检系统的责任是通过检查网传数据鉴别不可接受行为,在发现不可接受行为后向警报管理发出警报信号,并将警报行为保存在系统日志中供以后分析之用.网检系统通常由两部分组成,即网络监听和检测引擎.网络监听负责在网络中的指定地点收集过往的数据包,检测引擎负责鉴别数据包是否属于不可接受行为.

网检系统有两种,一种称为网端检测,另一种称为网段检测.它们都具有相同的结构,不同之处仅在于放置网检系统的地点.网端检测系统设在主机内,负责检测主机上流入和流出的数据包(见图 10.3).网段检测系统设在网络上选定的地点,它负责检测在网络中流通的数据包(见图 10.4),网段检测需要使用网络监听设备.

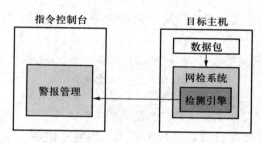

图 10.3 网端检测示意图

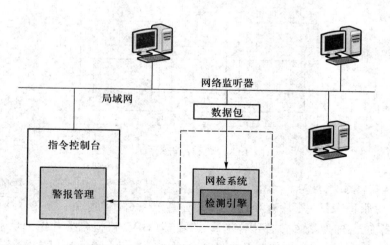

图 10.4 网段检测示意图

1. 网检系统的优点

网检系统有以下三个优点:

① 成本低. 如果大型局域网的设计合理, 则系统管理员只需在少数几个网络点安装网段检测设备便可建造一个网段检测系统监视整个网络.

② 干扰少. NBD 通常只监听和收集流过的数据包, 因此基本上不干扰现有网络通信.

③ 抗入侵. 网检系统很小, 故不容易被入侵者侵入, 而且用于网段检测的网检系统通常不容易被入侵者发现.

2. 网检系统的缺点

但是网检系统也有以下几个缺点:

① NBD 无法检查加密数据, 因而无法分析用网络安全协议发送的数据包, 包括 IPsec、SSL 及 SSH 协议数据包.

② 如果网络流量很大, NBD 可能无法分析所有数据而漏判入侵行为.

③ 某些入侵行为仅靠网检系统将难以识别, 比如使用碎片攻击的入侵 IP 包就很难识别.

④ 网检系统难以准确判断入侵行为是否成功 (参见第 10.3.2 节关于混合行为特征的描述).

⑤ 网检系统要求网络硬件设备提供监测端口.

10.2.2　机检系统

机检系统安装在目标主机 (用户主机或服务器主机) 上, 它的责任主要是检查日志, 并在发现不可接受行为后向警报管理发出警报信号. 图 10.5 是机检系统示意图.

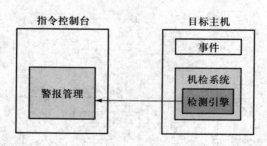

图 10.5　机检系统示意图

HBD 检测引擎检查和分析时间日志, 寻找可疑行为. 此外, 它还检查操作系统日志和应用程序日志, 检查项目包括任何建立、修改和删除系统文件的行为. 所以, 机检系统也称为系统完整性验证器, 简记为 SIV. 机检系统首先记录系统文件属性, 包括文件大小、文件位置及文件建立时间等属性, 然后利用这些属性识别入侵行为.

HBD 检测引擎的常规检查项目还包括系统设置, 比如微软 Windows 操作系统的注册表.ini 文件、.cfg 文件及 .dat 文件.

机检系统还可能建立自己的事件日志，这样做的好处是如果入侵者修改系统日志，机检系统也仍能够用自己建立和保存的系统日志识别入侵行为.

1. HBD 的优点

机检系统的优点包括以下几个方面：

① 因为加密数据到达终端主机后会被解密，所以机检系统不会因为数据在传输过程中被加密而受影响.

② 机检系统可以识别网检系统识别不了的入侵行为，比如碎片攻击可以逃过网检系统但却逃不过机检系统.

③ 机检系统对网络硬件设备没有特殊要求.

④ 通过检查系统日志，机检系统可以更全面地分析系统行为，检查系统程序和应用程序的执行是否一致.

2. HBD 的缺点

机检系统的缺点包括以下几个方面：

① 因为机检系统装在主机上，通过分析主机系统日志识别入侵行为，故机检系统需要使用更多的系统管理资源.

② 机检系统可能需要使用很多计算资源，包括中央处理器时间和硬盘空间，故对主机会增加额外负担，给主机运行带来明显的负面影响.

③ 直接危害主机操作系统的攻击会影响机检系统的执行.

④ 机检系统通常不能安装在路由器和交换器等网络设备上.

10.3 特 征 检 测

无论是机检系统还是网检系统，入侵检测的主要技术是特征检测和统计分析. 特征检测也称为操作特征. 特征检测检测正在发生的事件（即在当前时刻一个很小的区间内发生的事件），并决定哪些事件可接受哪些不可接受. 特征检测通常使用一组规则，因此特征检测也称为规则检测. 这些规则可包括：

① 普通用户不应该拷贝系统文件，特别是密码文件.

② 硬盘访问只应通过操作系统程序来执行，即用户不应该直接读写硬盘.

③ 用户之间（除超级用户外）不应该访问不属于自己的个人文件夹.

④ 普通用户不应该将文件拷贝到其他用户或系统文件夹中.

⑤ 用户不应该修改其他用户的文件.

⑥ 登录失败三次后，用户必须等待一段时间才能再登录.

⑦ 有较高权限的用户不应该将文件从保密级别高的地方拷贝到保密级别低的地方.

⑧ 权限级别低的用户不应该阅读存在保密级别高的文件夹内的文件.

特征检测包括网络特征检测和行为特征检测，以下分别介绍.

10.3.1 网络特征

网络特征指的是数据包头信息和数据包有效载荷信息对系统的影响. 网络特征包括包头特征和有效载荷特征, 后者也称为数据包内容特征.

1. 包头特征

利用数据包头信息将不可接受的数据包区别开来是常见的入侵检测手段. 比如, 广播攻击是向用户系统传送起始地址和目标地址相同的数据包的一种攻击. 起始地址等于目标地址的包头是一个典型的包头特征, 这样的数据包能够导致系统崩溃. 下面是一个广播攻击的范例:

```
so.com.80 -> so.com.80:1711552001:1711552001:1711552021(0)
WIN 4096 <mss 1460>
```

检测系统发现这样的数据包后应立即向警报管理发出警报.

2. 有效载荷特征

检测数据包内容是入侵检测最基本的手段, 它根据数据包内容的特征定义哪些行为可接受, 哪些行为不可接受. 用下面的例子来说明这个问题. 在这个例子中, 入侵者从远程通过 FTP 标准应用程序企图在内部网的 FTP 服务器主机上运行某个程序. 这是入侵者读取系统文件的常用手段.

```
so.com -> de.com ETHER TYPE=0800 (IP), SIZE=68 bytes
so.com -> de.com IP D=129.63.8.1 S=129.63.8.12 LEN=54,ID=44340
so.com -> de.com TCP D=21 S=28613 ACK=2132480783
          SEQ=1358787809 LEN=14 WIN=61320
so.com -> de.com FTP C PORT=28113 SITE exec cat /etc/passwd\r\n
```

这个例子的前三行是可接受行为. 最后一行含有指令 cat /etc/passwd, 企图从 FTP 服务器主机系统中下载服务器主机的登录密码文件, 这是不可接受行为.

10.3.2 行为特征

识别行为特征是机检系统最常用的检测方法, 它根据事件制定的检测规则检查用户的用机行为.

例如, "三次登录失败" 是一种行为特征, 可能是由于入侵者试图利用合法用户的账号登录. 此时机检系统应该向警报管理发出警报, 由警报管理做出应变指示.

行为特征可分为单事件特征、多事件特征、多机特征及混合特征 四种类型.

1. 单事件特征

使用单条指令的行为属于单事件特征. 比如, 试图修改可执行系统文件的行为是单事件特征, 它是可疑行为, 因为用户一般不会修改可执行系统文件. 以下是几个单事件特征的例子, 它们均为可疑行为:

① 阅读其他用户的私人文件夹.

② 修改其他用户的文件.

③ 直接读写硬盘, 即不使用操作系统提供的硬盘驱动程序读写硬盘.

④ 复制系统文件.

2. 多事件特征

多事件特征是在同一主机上发生的若干个单事件特征所组成的特征. 例如, "三次登录失败" 行为便具有多事件特征, 因为它是由同一主机上 3 个单事件组成的特征, 这是可疑行为. 又例如, "用户登录后通常会使用前次登录时使用过的文件" 也属多事件特征, 而这是可接受特征.

3. 多机特征

多机特征是由若干主机上发生的单事件特征和多事件特征合起来组成的行为特征. 下面是一个可疑的多机特征的例子: 某用户试图登录到主机甲, 失败后又试图登录到主机乙, 失败后又试图登录到主机丙, 仍然失败.

4. 混合特征

有时仅凭网络特征或上面提到的三种行为特征可能不足以判定入侵行为. 例如, 假设攻击者利用 FTP 安全漏洞以系统管理员的名义试图从远程登录. 仅凭这个网络特征难以确定攻击者的登录企图是否成功. 如果此时还伴有行为特征, 表示攻击者登录成功, 则这两个特征合起来便足以证明入侵者的入侵. 所以, 将网络特征和行为特征合以来考虑具有更多的优越性. 网络特征和相应的行为特征合起来称为混合特征. 混合特征能帮助 IDS 更准确地识别入侵行为. 表 10.3 是几个混合特征的例子.

表 10.3　混合特征实例

网络特征	行为特征	混合特征
系统用户 FTP 登录后使用 cd 和 ls 等指令	浏览 \etc 目录和阅读 passwd 文件	两者合在一起显示用户从远程浏览系统文件
系统用户 FTP 登录后使用 put 指令	病毒和木马特征	两者合在一起显示用户从远程将可疑文件上载到主机中
系统用户 FTP 登录后使用 put 指令	修改系统数据文件和注册表条款	两者合在一起显示用户从远程修改系统数据文件; 该用户账户密码可能已被黑客破获
某种万维网攻击	阅读系统可执行文件	两者合在一起显示恶意软件攻击成功, 并正在读取系统可执行文件

10.3.3　局外人行为和局内人滥用权限

在系统中具有登录权限的用户称为该系统的局内人, 没有登录权限的用户称为局外人. 局外人通过合法或非法渠道获得登录权限进入系统后就成为局内人. 因此,入侵者在没有获得登录权限之前是局外人,获得登录权限之后就是局内人. 入侵者在成为局内人后,其行为和合法用户的行为有很大区别,可视为局内人滥用权限. 与合法用户行为差别很大的行为是入侵检测的对象和依据.

1. 利用局外人行为的检测

入侵者会想方设法成为局内人. 例如,他们可能会设法在目标系统内安装特洛伊木马软件修改系统设置,允许入侵者进入系统. 也可能会试图通过劫持 TCP 连接进入系统. 对防火墙进行扫荡攻击 是另一个例子,入侵者向防火墙发送一系列探索包,寻找防火墙可能的弱点. 这是典型的局外人企图入侵内网主机的行为,因此很容易被检测.

2. 利用局内人滥用权限的检测

入侵者一旦从局外人变为局内人,他可以做任何合法用户所做的事情. 但入侵者的目的通常不是只做合法用户要做的事,因此,任何与合法用户行为表征不同的行为都可以用来发现入侵迹象. 比如,入侵者可能会执行的操作包括复制系统文件、修改系统设置或阅读与自己身份不符的保密级别较高的文件.

10.3.4 特征检测方式

许多商用入侵检测系统都含有默认特征规则. 用户也可根据需要定义自己的特征检测规则. 将特征检测规则存入 IDS 有如下三种方式.

1. 内置系统

内置系统将特征检测规则固定在 IDS 之中,并提供编辑器允许用户选取自己所需的检测规则. 内置系统是许多商用入侵检测系统采用的方式,例如,CyberSafe 公司生产的 Centrax 系统以及 Internet Security Systems 公司生产的 Safe Suite 系统都使用这种方式.

2. 程序系统

程序系统除了提供默认特征规则外还提供程序语言或程序描述语言,供用户编写新的特征规则. 这种方式为用户提供灵活性,但要求具备更高的专业知识. 使用这种方式的商用产品包括 Axent 技术公司的入侵警报(ITA)系统和 Haystack 实验室的 Stalker 系统. ITA 系统允许用户使用 Axent 公司设计的程序描述语言编写特征规则,而 Stalker 系统则允许用户使用 C 语言编写特征规则.

3. 专家系统

专家系统是针对某些领域或部门的特殊需要而设计的 IDS. 它首先由领域专家和系统工程师共同设计特征规则. 比如,专门检测银行欺诈行为的入侵系统需要银行审核员或其他金融专家的介入,提供专业知识,然后将这些特征规则构造成检测引擎.

值得指出的是,增加特征检测规则一方面可以帮助减少漏判的次数,但另一方面也会对系统的检测速度产生负面影响. 因此,需要在这两者中寻求平衡.

10.4 统 计 分 析

当不可接受行为和正常行为之间的差别能够被定量描述时，便有可能用统计分析的方法将不可接受行为识别出来. 统计方法根据具体的检测要求设置和收集行为记录，定义行为测度，并用统计学方法处理新数据，识别入侵行为. 统计方法通常有两种：一种是根据行为测度进行临界值分析，另一种是根据用户表征寻找反常行为.

临界值分析方法统计在一段时间内某种类型的事件出现的次数，当次数超过预设的临界值时就认为是可疑行为. 临界值分析简单易行，但往往不够精确.

用户表征分析方法更为准确，它收集用户或一组用户的用机行为，并为用户建立用户表征.

使用统计分析方法识别入侵行为的首要任务是将行为量化. 用户的用机行为的许多指标是可以用数字精确表述的，例如，下列指标都是可度量的：

① 事件发生的时间.

② 每种事件发生的次数.

③ 系统中使用的各种变量和数据结构的当前值.

④ 系统资源的使用率.

根据这些参数，可以定义以下四种事件测度：事件计数器、事件计量器、事件计时器及资源利用率.

10.4.1 事件计数器

对同一类型的事件赋予一个整数变量，用来记录该类事件在某段固定时间内总共发生的次数. 这种整数变量称为事件计数器. 不同类型的事件使用不同的计数器. 只有系统管理员可以将计数器的值重设为 0. 计数器的值从 0 开始，事件每发生一次，其值便增加 1.

事件的分类根据具体情况而定. 比如，可将某用户在某个固定时间内的所有登录行为视为同一类事件，将该用户的每一次登录视为一个单独事件. 同样，也可将某主机在某段固定时间内的所有登录行为（可来自不同的用户）视为同一类事件，将每一次用户登录视为一个单独事件. 又比如，可将某指令在某段固定时间内的所有执行行为视为同一类事件.

某些事件能导致计数器重设其值. 比如，用户在 1 次或 2 次登录失败后登录成功，则其计数器的值将被重设为 0.

10.4.2 事件计量器

为系统中可量度的实体赋予一个整数变量，用来表示这个实体的当前值. 比如，TCP 服务器程序中用于存储客户数据包的缓冲区便是一个可量度的实体，缓冲区当前所含有的客户数据包的个数便是该实体的当前值. 这种整数变量称为事件计量器. 不同实体使用不同的计量器. 计量器的值为非负整数, 可增可减.

10.4.3　事件计时器

为系统中两个相关的事件赋予一个整数变量, 用来表示从第一个事件的发生到第二个事件的发生之间的时间间隔. 比如, 某用户两次成功登录之间的时间间隔, 某用户登录成功后到执行第一个系统程序的时间间隔. 这种整数变量称为事件计时器.

10.4.4　资源利用率

为系统中每个资源赋予一个变量, 用来表示该资源在某固定时间内的使用率. 比如, 运行某个程序所需的计算时间 (即中央处理器时间), 某用户每次登录后平均使用打印机的次数, 发送了多少个电子邮件等等. 这种变量称为资源利用率.

10.4.5　统计学方法

根据第 10.4.1 节到第 10.4.4 节所定义的事件量度, 采用统计学的方法和工具进行各种测试, 确定受试行为是否为可接受行为. 常用方法包括均值和方差分析、多变量分析、马尔可夫过程及时间序列分析.

均值和方差分析是最简单也是使用最普遍的统计方法, 它对发生在某段时间内的行为测度求均值和方差. 比如, 它可用来分析以下事件的发生频率识别入侵者:

① 登录频率: 入侵者通常在用户不用机时才登录.

② 远程登录频率: 入侵者通常在用户不常用的远程地点登录.

③ 远程输出量: 入侵者可能会向某远程地址输送大量数据.

④ 资源利用率: 入侵者行为将增大主机处理器的利用率或输入输出设备的利用率.

⑤ 执行频率: 入侵者登录后执行指令的频率可能与合法用户的常规频率有很大的差别.

⑥ 文件读写频率: 入侵者登录后读写文件的频率可能与合法用户的常规频率有很大的差别.

用多变量分析将两个或多个相关变量一起考虑能够更精确地识别反常行为, 比如, 将处理器时间和资源利用率两个相关的变量一起考虑通常能获得更多的信息.

用马尔可夫过程研究系统从一种形态到另一种形态转换的概率, 比如从一条指令到另一条指令系统状态的变化.

用时间序列分析方法鉴别给定的事件序列与正常的事件序列相比, 是发生得太快了, 还是太慢了, 从而发现反常行为.

多变量分析、马尔可夫过程及时间序列分析需要较多的统计学方法，本书不作详细描述.

10.5 行 为 推 理

行为推理是用数据挖掘技术分析事件日志和寻找入侵迹象.

数据挖掘的目的是在大量数据里寻找有用信息. 有用的信息可能隐藏在收集到的大量数据之内，需要寻找并开采出来. 数据挖掘在许多部门都有重要应用，例如，从人类基因库里寻找对医治遗传病有用的信息，需要用计算机处理大量数据. 数据发掘的任务是为寻找信息提供快速和有效的方法，包括计算机算法、统计算法和高维数据的图像表示方法等.

在入侵检测范畴内，指令控制台从各检测目标收集到原始数据后，它的任务便是在这些数据中挖掘出有助于鉴别入侵行为的信息. 数据的原始表达方式多种多样，且数据量很大. 原始数据的表达形式有以下几种：

① 由网络检测器收集到的数据，具有 TCP/IP 数据格式.

② 由终端主机操作系统收集到的原始二进制数据.

③ 由终端主机操作系统收集到的系统日志和应用日志，用 ASCII 格式表示.

④ 在数据库中存储的行为特征数据.

10.5.1 数据挖掘技术

IDS 每天都会收集到大量的原始数据和事件，分析这些数据需要行之有效的数据挖掘工具. 数据挖掘技术包括以下几种方式：

(1) 数据提炼

数据提炼是改进数据表达方式的技术，目的是将数据中所包含的信息特征更好地显示出来，帮助发现新信息.

(2) 上下文演绎

上下文演绎是根据数据的上下文解释数据的技术，目的是根据不同的解释演绎出有用信息. 从不同的角度解释数据往往能得到从前没有发现的新的信息.

(3) 来源组合

来源组合是将不同的数据来源重新组合的技术，目的是从不同的角度寻找新的信息.

(4) 外围数据

利用外围数据是使用入侵检测范畴之外数据的技术，从更广的范围发现新信息.

(5) 深挖细掘

深挖细掘是一种自上而下的挖掘技术，它从最高层次开始逐步往下挖掘，一旦发现可疑行为，就往更低的层次挖掘寻找新信息．

10.5.2 行为推理实例

假设系统管理员马凯从分析系统日志中发现，王翰在过去 10 天内一共登录了103 次，这个数字比他通常在任何一个 10 天周期内登录的次数要大很多．这一发现促使马凯对王翰的登录日志进行深挖细掘，希望从低层活动找到原因．结果马凯发现王翰很有规律地在每晚 8 点 30 分登录，包括上周六晚上，执行程序 mytest，2 小时后退出登录．利用马凯找到的外围数据，王翰上周六晚上 8 点到 10 点在剧院看表演，登录的可能性不大．马凯据此怀疑王翰的账号已被入侵者盗用．进一步查看 mytest 证实了马凯的怀疑．

10.6　蜜罐系统

入侵检测的另一种手段是使用蜜罐系统，其指导思想是在局域网内专门设置若干主机，故意暴露这些主机系统的设置弱点，引诱入侵者向这些主机发起攻击．这些蜜罐主机应该看起来与真正的主机一样，以便吸引入侵者的注意力，使真正的主机免受入侵干扰．与此同时，入侵检测系统将收集证据，分析入侵者在这些蜜罐系统上的行为，追踪入侵者．蜜罐系统也称为蜜罐主机．

蜜罐系统可以设成用户主机或服务器主机，还可设成网络交换器和路由器，构造蜜罐子网．

蜜罐系统又分研究型蜜罐和生产型蜜罐两种．前者供研究人员研究入侵行为，后者直接用于第一线．所以，蜜罐系统有以下两个主要的作用：

① 帮助系统管理员研究入侵行为，了解入侵者．
② 牺牲自己，保全真正的主机系统和网络不被侵害．
蜜罐系统已经成为网络安全基础设施的一个重要组成部分．

10.6.1 蜜罐系统种类

最早的蜜罐系统是在 20 世纪 90 年开发出来的．早期的蜜罐系统是一个连在局域网内的实体主机，有真实的 IP 地址，执行没有打过补丁的操作系统，并使用默认设置．这种蜜罐系统要求蜜罐系统服务端程序和操作系统进行高层互动（互动层次的解释见下文），并需要相当的精力来维护系统的运行．

1990 年代后期，用软件在主机上模拟蜜罐系统的技术逐渐成熟，这种蜜罐系统称为虚拟蜜罐系统，它用软件模拟真实的操作系统和网络服务．虚拟蜜罐系统只要求蜜罐系统服务端程序和主机硬盘在低层次互动．Honeyd 和 KFSensor 是常用的虚拟蜜罐系统,前者是模仿网络服务的虚拟蜜罐系统,后者是模仿主机操作系统的虚拟蜜罐系统. CyberCop 伪装技术工具包是另一个常用的虚拟蜜罐系统.

MWCollect 联盟和 Honeynet 计划是研究和开发蜜罐系统技术的白帽子黑客的国际组织.

MWCollect 计划包括 Nepenthes、Honeytrap 和 HoneyBow.

Honeynet 计划包括 Honeywall CDROM、Sebek 及高层互动蜜罐分析包(HIHAT).

此外,还有针对具体入侵行为开发的特别蜜罐系统技术,如针对垃圾邮件的蜜罐系统,引诱垃圾邮件发送给某个固定的地址,减少垃圾邮件的干扰.

蜜罐系统的功能也可以分布在不同的蜜罐系统内进行,这样的系统称为分布式蜜罐系统. 比如,常见的分布式蜜罐系统的体系结构为使用集中在一起的主机处理高层互动蜜罐系统,使用分布在内网的主机处理低层互动的蜜罐系统.

1. 互动层次

蜜罐系统的互动层次分为以下 3 层:

(1) 低层互动

低层互动指的是运行蜜罐主机的服务端程序只能往主机的硬盘上写入信息.

(2) 中层互动

中层互动指的是运行蜜罐主机的服务端程序只能往主机的硬盘上读出和写入信息.

(3) 高层互动

高层互动指的是运行蜜罐主机的服务端程序可以和主机的操作系统互动,并通过操作系统与主机硬盘和其他系统资源互动.

2. 蜜罐系统的组成

蜜罐系统通常包含数据收集、数据控制和人机界面等三个部分. 数据收集的目的是捕获入侵活动、事件或入侵者. 数据控制的目的是降低入侵活动的速度或排除入侵者.

蜜罐系统可根据互动层次、API、非网络实现的实施环境、网络实现的实施环境、分布外貌和网络角色加以刻画,细节如图 10.6 所示.

10.6.2 Honeyd

Honeyd 是并行运行虚拟 IP 协议集合的软件引擎,它为在网络层建立虚拟蜜罐系统提供了结构简易的框架. Honeyd 服务程序的每一个实例都能模拟一个标准的网络服务程序,如 SMTP、FTP 及 ICMP,并能模拟在不同的操作系统下不同主机的执行情况. Honeyd 的目的是检测和清除蠕虫、分散入侵者的注意力,阻止垃圾邮件的传播.

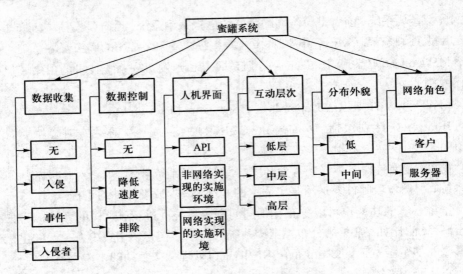

图 10.6 蜜罐系统的功能和刻画

1. 虚拟框架

Honeyd 虚拟蜜罐系统看上去是在真实 IP 地址上运行的, 但实际上这些 IP 地址并没有与任何主机有实体连接. Honeyd 通过路由器 (或 ARP 代理机) 接受和传递 IP 包, 如图 10.7 所示.

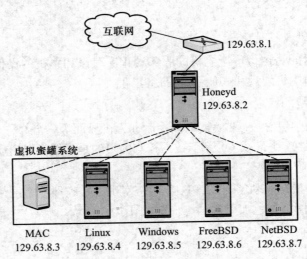

图 10.7 Honeyd 结构示意图

令 A.B.C.x 和 A.B.C.y 分别为路由器和 Honeyd 主机的 IP 地址 (这是真实地址). 为解释方便, 假定所有虚拟蜜罐系统都安装在相同的地址空间

$$A.B.C.v_1, \cdots, A.B.C.v_k.$$

假设入侵者从外网向虚拟地址为 A.B.C.v_i 的蜜罐系统发送 IP 包. 内网路由器收到此 IP 包后将其转给在 A.B.C.y 地址上运行的 Honeyd 主机, 并由该主机将此包转给对应于地址 A.B.C.v_i 的虚拟蜜罐系统. 这只需在路由器上将送给 A.B.C.v_i 地址的 IP 包改写成送往 A.B.C.y 地址即可.

2. 个性化引擎

因为攻击者可以使用各种工具 (如 Xprobe) 去侦察发现目标主机是否为蜜罐主机, 所以如何将蜜罐主机装扮成有价值的攻击目标是蜜罐系统成功的关键. Honeyd 通过模拟真实网络协议的各种操作达到以假乱真的目的. 这个技术称为虚拟蜜罐系统个性化.

不同的虚拟蜜罐系统因为所运行的操作系统不同而具有不同的个性. Honeyd 通过个性化引擎软件模块提供虚拟蜜罐系统个性化功能. 图 10.8 给出 Honeyd 体系结构的示意图.

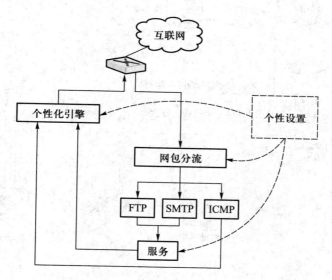

图 10.8 Honeyd 体系结构示意图

流入内网的 IP 包由网包分流器送给相应的协议模拟程序进行处理, 使得流向外网的 IP 包看上去的确是经过正常网络协议发出的.

10.6.3 MWCollect 计划

Nepenthes、Honeytrap 及 HoneyBow 是 MWCollect 联盟开发出来的蜜罐系统工具, 其中 Nepenthes 及 Honeytrap 是低层互动蜜罐系统, HoneyBow 为高层互动实体蜜罐系统.

Nepenthes 及 Honeytrap 主要是对付蠕虫或与蠕虫类似的恶意软件. Nepenthes 用于引诱已知的攻击, Honeytrap 用于引诱还没见过的攻击. Honeytrap 处理流入内网的 IP 包, 如果该 IP 包属于还没有建立的 TCP 连接, 而自身又不是请求 TCP 连接的控制包, 则 Honeytrap 就将扮演网络服务器处理这个连接.

10.6.4 Honeynet 计划

Honeynet 是在真实操作系统下的实体蜜罐系统, 它与虚拟蜜罐系统不同, 它的蜜罐系统的 IP 地址是真实可达的. 尽管造价高, Honeynet 能检测更多的入侵信息. 以下是几种常见的 Honeynet 工具.

① Honeywall CDROM: Honeywall 是一个与 Honeynet 连接的硬件设备, 其 CDROM 可用于开启主机, 并允许用户捕获、控制和分析网包.

② Sebek: Sebek 用来捕获入侵者的活动, 包括用 IPsec、SSL 和 SSH 加密的网包. 图 10.9 是 Sebek Honeynet 的示意图.

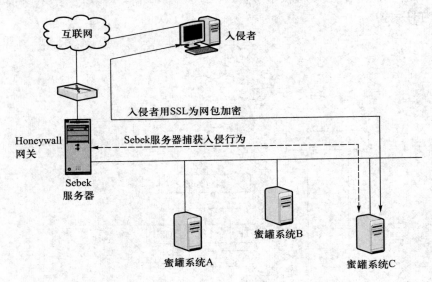

图 10.9　Sebek Honeynet 示意图

③ 高层互动分析工具包 (HIHAT): 这个工具能将 PHP 文件转换成万维网的高层互动蜜罐系统, 监控和分析网包. 此外, HIHAT 还能根据 IP 地址生成入侵者的位置图.

10.7　结　束　语

如何更快和更准确地发现入侵行为是一个活跃的研究领域. 入侵检测系统与实际操作经验紧密相关, 它应用操作系统、网络通信协议、计算统计和数据挖掘等知识将用机行为进行定量描述和定量分析. 蜜罐系统是抗击入侵的另外一个有效途径, 它将入侵者引向预设的陷阱中. 入侵检测系统将在实践中成熟和完善.

习　题

10.1　与图 10.2 类似，做出机检系统的流程图.

10.2　从网页 http://www.snort.org 上下载并安装 Snort. 描述如何使用 Snort 作为网检工具.

10.3　与图 10.2 类似，做出网检系统的流程图.

10.4　内网中的任何设备都可能成为攻击对象. 网络监听器可以安装在内网的任何一点. 假设指令控制台设置在 DMZ 内的堡垒主机内. 做出这种 IDS 的流程图.

10.5　将指令控制台的一部分或全部功能分步安装在内网的若干目标系统中便可构成分布式 IDS. 做出分布式 IDS 的流程图, 给出系统全貌组成部分之间的关系细节.

10.6　解释为什么在单事件特征所描述的 4 种行为都是有害行为.

10.7　解释为什么 "用户通常会打开上次登录时打开的文件" 是一个多事件特征. 为什么这是可接受特征?

10.8　解释为什么下面的行为是可疑的多机特征: "某用户试图登录到主机甲, 失败后又试图登录到主机乙, 失败后再试图登录到主机丙, 仍然失败. "

10.9　假设 IDS 检测到如下数据包内容特征. 请问哪一行是可接受行为, 哪一行是不可接受行为? 并解释你的回答.

```
so.com -> de.com ETHER TYPE=0800 (IP), SIZE=68 bytes
so.com -> de.com IP D=129.63.8.1 S=129.63.8.12 LEN=54,ID=44340
so.com -> de.com TCP D=21 S=28613 ACK=2132480783
          SEQ=1358787809 LEN=14 WIN=61320
so.com -> de.com FTP C PORT=28113 SITE exec cat /etc/hosts\r\n
so.com -> de.com FTP C PORT=28113 SITE exec cat /etc/services\r\n
```

10.10　试举一个书中没有描述过的且是不可接受的数据包内容特征的例子, 并解释为什么它是不可接受的.

10.11　试举一个书中没有描述过的且是不可接受的数据包头特征的例子, 并解释为什么它是不可接受的.

10.12　试举一个书中没有描述过的且是不可接受的行为特征的例子, 并解释为什么它是不可接受的.

10.13　试举两个书中没有描述过的且是不可接受的单事件特征的例子, 并解释为什么它们是不可接受的.

10.14　试举两个书中没有描述过的且是可接受的单事件特征的例子, 并解释为什么它们是可接受的.

10.15 试举两个书中没有描述过的且是不可接受的多事件特征的例子，并解释为什么它们是不可接受的.

10.16 试举两个书中没有描述过的且是可接受的多事件特征的例子，并解释为什么它们是可接受的.

10.17 试举两个书中没有描述过的且是不可接受的混合特征的例子，并解释为什么它们是不可接受的.

*10.18 向系统管理员索要过去两周的系统日志，分析有无入侵行为，并写一篇 3000 字左右的短文报告你的分析结果.

10.19 如果某入侵检测系统的错判率太高，可能的原因是什么，如何降低错判率?

10.20 假设机检系统主要用于检测系统文件. 什么时候机检系统会发生错判? 如果发生错判，应如何解决?

*10.21 下列是几个常见的商用机检系统产品的厂家和名称，从中挑选 2 个不同公司的产品，寻找有关资料写一篇 2000 字左右的短文描述它们的性能.
① ODS 网络公司的计算机非常规使用检测系统（Computer Misuse Detection System），简记为 CMDS.
② ODS 网络公司的 Kane 安全监控机检系统（Kane Security Monitor），简记为 KSM.
③ Axent 技术公司的入侵警报机检系统 Intruder Alert，简记为 ITA.
④ Pentasafe 公司 的 PS Audit 机检系统.
⑤ Mission Critical 公司的操作管理系统 Operations Manager.

*10.22 下列是商用 IDS 产品的厂家和名称，这些产品同时含有网检系统和机检系统，寻找有关资料写一篇 4000 字左右的短文描述它们的性能.
① CyberSafe Corporation 公司的 Centrax.
② NAI（Network Associates）公司的 CyberCop.
③ ISS（Internet Security Systems）公司的 RealSecure.

10.23 访问网页 http://honeytrap.mwcollect.org/attacks，并描述 10 个最近被 Honey-trap 诱捕的入侵行为.

10.24 浏览目标主机文件夹的行为可能是正常行为也可能是入侵行为，它是构造行为推理的一个有力依据. 试给出一个通过分析浏览行为而发现入侵活动的例子.

10.25 如果某用户不断地从一个文件夹换到另一个文件夹并从一台主机换到另一台主机浏览敏感文件，这很可能是入侵行为，它是构造行为推理的一个有力依据. 试给出一个通过分析浏览敏感文件的行为而发现入侵活动的例子.

10.26 在实验用的计算机上安装蜜罐系统：访问网页 http://www.mwcollect.org，下载并安装 Honeytrap，将这台计算机设成为一个蜜罐系统.

*10.27 在 Linux 操作系统中，描述如何检测企图劫持网络 TCP 服务的入侵行为.

*10.28　节点颠覆攻击 是特定无线传感器网络（WSN）安全的严重威胁（有关无线传感网络的描述请参考习题 6.38）. 节点颠覆攻击指的是攻击者可通过逆工程技术侵入合法传感器节点，或将合法传感器节点用自己的传感器所取代. 因此，如何有效地检测传感器节点是否已被颠覆是一个很重要的研究课题. 试设计能有效检测节点颠覆攻击的算法，并证明算法的正确性.（提示：可考虑使用认证算法.）

10.29　在特定无线传感器网络中一旦检测到有节点被颠覆，其他正常节点及基站计算机会将被颠覆的节点排除在网络之外，比如，不接受这些节点送来的传感数据、不与这些节点通信及不用这些节点做通信中继点. 然而，恶意节点也许能通过冒充正常节点而将正常节点排除在网络之外. 为了解决这个问题，有研究人员提出使用自杀节点来排除被颠覆节点，具体方法如下：当节点 A 检测到某节点 M 被颠覆后，将向所有的节点发出由 A 签名的自杀信息：$E_K(A, M)$. 其他节点确认自杀信息的签名的确是 A 的签名后，同时将这两个节点排除在网络之外. 因此，节点 A 以自己的牺牲来换取整个网络的完整. 讨论这个方法的优缺点.

10.30　沙盒技术 是一种隔离措施，它是真实的主机或操作系统. 任何未经严格安全检验的程序通常放在这个系统内运行，在保证其他主机安全的同时为研究人员提供方便. 比较蜜罐系统和沙盒技术，讨论它们的共同之处和不同之处.

附录 A　部分习题解答

附录 A 提供部分习题的解答. 解答不一定完全按照习题中的问题顺序进行.

A.1　第 1 章习题解答

1.5　此习题目的是帮助读者掌握 Windows 操作系统中常用的网络管理工具.

(1) 网管工具 ipconfig 用于控制和显示所在计算机上的 TCP/IP 网卡的设置, 包括 ip、sub-net mask 及 gateway 的设置. 此工具包含如下常用选项：

/?	给出所有选项及其解释
/all	显示完整的网卡配置信息
/release	将网卡与 IP 地址分离
/renew	更新网卡的 IP 地址

其他选项还包括：/flushdns，/registerdns，/displaydns，/showclassid，/setclassid，读者可敲入 ipconfig /? 列出所有这些选项的解释.

(2) 网管工具 ping 用于检测联网计算机是否响应该指令的询问，它包含若干选项，比如选项 -a 将经过的 IP 地址用其主机名显示出来. 其他选项还有 -t 、-n count、-l size、-f、-i TTL、-v TOS、-r count、-s count、-j host-list、-k host-list 和 -w timeout. 读者可用 ping /? 指令列出这些选项的解释.

实例

（1）ping cs.uml.edu

```
Pinging cs.uml.edu [129.63.8.2] with 32 bytes of data:

Request timed out.
Request timed out.
Request timed out.
Request timed out.
```

```
Ping statistics for 129.63.8.2:
    Packets: Sent = 4, Received = 0, Lost = 4 (100% loss),
```

此指令向 IP 地址 129.63.8.2（域名为 cs.uml.edu）送了 4 个控制包, 但都没有收到. 因此可判断此计算机不响应 ping 指令的询问.

（2）ping www.google.com

```
Pinging www.l.google.com [64.233.169.99] with 32 bytes of data:

Reply from 64.233.169.99: bytes=32 time=209ms TTL=235
Reply from 64.233.169.99: bytes=32 time=16ms TTL=235
Reply from 64.233.169.99: bytes=32 time=16ms TTL=235
Reply from 64.233.169.99: bytes=32 time=16ms TTL=235

Ping statistics for 64.233.169.99:
    Packets: Sent = 4, Received = 4, Lost = 0 (0% loss),
Approximate round trip times in milli-seconds:
    Minimum = 16ms, Maximum = 209ms, Average = 64ms
```

此指令向 IP 地址 64.233.169.99（域名为 www.google.com）送了 4 个控制包, 并且全部收到. 因此可判断此计算机响应 ping 指令的询问.

(3) 网管工具 tracert 列出数据包从起点到终点所经过的路由器, 它包含如下选项: -d、-h maximum_hops、-j host-list 和 -w timeout. 读者可敲入 tracert /? 指令列出这些选项的解释.

实例

```
tracert www.yahoo.com

Tracing route to www.yahoo-ht3.akadns.net [69.147.114.210] over a
maximum of 30 hops:
1    2 ms    1 ms    6 ms   129.63.223.254
2    2 ms    2 ms    4 ms   tigers-int.uml.edu [172.16.1.2]
3    3 ms    3 ms    5 ms   greenmonster.uml.edu [172.16.1.13]
4    2 ms    3 ms    2 ms   129.63.235.198
5   12 ms    3 ms    3 ms   69.16.14.38
6   39 ms  269 ms  219 ms   cis-to-miti-linknet01.bent300-bdr-gw02.cis. nox.org
                            [192.54.224.93]
7   14 ms    4 ms   11 ms   gi0-9.na22.b002250-1.bos01.atlas.cogentco.com
                            [38.112.7.49]
8   13 ms    5 ms   92 ms   gi3-3.3548.core01.bos01.atlas.cogentco.com
                            [66.250.12.9]
9   89 ms    7 ms  230 ms   te3-3.mpd01.bos01.atlas.cogentco.com [154.54.5.22]
```

```
10   27 ms   21 ms   18 ms   te2-3.ccr02.dca01.atlas.cogentco.com [154.54.6.138]
11   16 ms   18 ms   16 ms   te4-1.mpd01.dca02.atlas.cogentco.com [154.54.2.182]
12   17 ms   25 ms   16 ms   vl3496.mpd01.iad01.atlas.cogentco.com [154.54.5.46]
13   18 ms   16 ms   16 ms   yahoo.iad01.atlas.cogentco.com [154.54.12.102]
14   27 ms   17 ms   21 ms   ge-2-1-0-p151.msr2.re1.yahoo.com [216.115.108.23]
15   20 ms   19 ms   17 ms   gi1-23.bas-a2.re3.yahoo.com [66.196.112.55]
16   24 ms   21 ms   20 ms   f1.www.vip.re3.yahoo.com [69.147.114.210]
```

```
Trace complete.
```

此指令列出从发出此指令的计算机到终点计算机 www.yahoo.com 的路径经过的所有路由器的名称或 IP 地址，以及所需时间．

(4) 网管工具 nslookup 用于找出域名服务器（DNS）的细节，包括联网计算机的 IP 地址．

实例

```
nslookup www.yahoo.com.cn

Server:     fsdc1.fs.uml.edu
Address:    129.63.1.27


Non-authoritative answer:
Name:       homepage.vip.cnb.yahoo.com
Address:    202.165.102.205
Aliases:    www.yahoo.com.cn
```

前半部分是发出此指令的计算机所属局域网使用的 DNS 服务器的域名和 IP 地址，后半部分是 yahoo 的域名、IP 地址和别名．

(5) 网管工具 netstat 用于找出网络通信连接（进入或流出）的信息、路由表和其他网络界面的统计数据．比如，选项 -a 显示所有与本机的网络连接及其收听端口等信息．其他选项还包括 -b、-e、-n、-o、-p proto、-r、-s 和 -v．读者可输入 netstat /? 指令列出这些选项的解释．

实例

```
Netstat -e


Interface Statistics

                        Received             Sent
Bytes                   64215142             13856380
Unicast packets         239642               227692
Non-unicast packets     3085                 438
Discards                0                    0
Errors                  0                    0
Unknown protocols       11
```

此指令给出通信中的若干统计数字.

1.13 此习题的目的是帮助读者熟悉最基本的统计破译方法. 首先算出密文中每个字母出现的频率如下（从大到小排列）：

T	C	J	F	H	S	G	O
15.4891	10.8696	7.88043	7.33696	7.06522	6.25	5.97826	5.43478
B	P	M	A	N	I	Q	D
4.34783	4.07609	3.26087	2.71739	2.71739	2.44565	2.44565	2.17391
V	Y	Z	E	W	R	L	X
2.17391	1.63043	1.63043	1.08696	1.08696	0.815217	0.543478	0.543478
K	U						
0	0						

比较标准频率, 得到密文字母和明文字母如下对应关系：

T	C	J	F	H	S	G	O	B	P	M	A
e	t	n	a	i	r	h	s	c	o	l	f
N	I	Q	D	V	Y	Z	E	W	R	L	X
m	g	p	d	u	x	y	b	v	q	k	w

将密文按其对应关系置换取代, 并加以适当的空格和标点符号得到如下明文：

Methods of making messages unintelligible to adversaries have been necessary. Substitution is the simplest method that replaces a character in the plain text with a fixed different character in the cipher text. This method preserves the letter frequency in the plain text and so one can search for the plain text from a given cipher text by comparing the frequency of each letter against the known common frequency in the underlying language.

1.15 此习题的目的是帮助读者熟悉彩虹表的一些性质.

(a) 因为对某个 $1 \leqslant j \leqslant k$ 有 $Q_1 = h(w_{jn_j})$, 所以如果存在 i ($1 \leqslant i \leqslant n_j$) 使得 $h(w_{jn_i}) = Q_0$, 其中 $w_{jn_i} = (r \circ h)^i(w_{j1})$. 因为 h 是一一对应的, 所以 $w = w_{jn_i}$ 会出现在第 j 条链 $w_{j1}, \cdots, w_{jn_j}$ 中.

(b) 从彩虹表的构造中可知, 第 j 条链 $w_{j1}, \cdots, w_{jn_j}$ 的构造方法如下：

$$w_{ji} = r(h(w_{j,i-1})),$$

其中 $i = 2, \cdots, n_j$. 这里函数 h 是事先给定的, 密码 w_{j1} 是选定的, 只有函数 r 是可变的. 比如 r 可以选择 $h(w)$ 的后 8 个字符, 或前 8 个字符, 或中间的 8 个字符, 或由其他 8 个字符组成的字符串. 因此在彩虹表的同一行或不同行选用不同的缩减函数能够增加链与链之间不相交的概率, 因而增加密码 w 在彩虹表中出现的概率.

A.2　第 2 章习题解答

2.1　(a) 解密算法 D 如下. 不失一般性, 只考虑长度为 ℓ 的段（长度为 m 的最后一段 C_k 的解密与此类似）. 令 $M_i = m_{i_1} \cdots m_{i_\ell}$ 为第 i 段原文, $C_i = c_{i_1} \cdots c_{i_\ell}$ 为第 i 段密文, $K = k_1 \cdots k_\ell$ 为密钥, 其中每个 m_{i_j}、c_{i_j}、k_j 均为字母. 令

$$c_{i_j} - k_j = \begin{cases} I^{-1}(I(c_{i_j} - I(k_j))), & I(c_{i_j}) \geqslant I(k_j) \\ I^{-1}(I(c_{i_j} - I(k_j)) + 26), & I(c_{i_j}) < I(k_j) \end{cases}$$

不难看出 $m_{i_j} = c_{i_j} - k_j$. 所以, $M_i = (c_{i_1} - k_1) \cdots (c_{i_\ell} - k_\ell)$.

(b) 密文如下：

NPTJYKSHGXAMSUGFFDSCQLSNOTNVOSLBHTBNOAOTEGETCHRBFDHCFLBXFYNGMLSLBCYUEISMJE
UVSVNBTEHGCPMIMPSVWLTAPOTJKARXQWAEOZAVILRCMAEKJYTJOWLTJYTGHAWBUSAHSEEWETFH
OYEGUNHCBHCMFCIPDOEVJAHGBAEQUEHKCTEMIZDRBLSXSGEUDOEEFETGBMRXRFEPMFIGUSERVH
IGUPXVKUDLPZNGMHNLFLRERMOKUSERVHIGUPXVPYOFBRIXOUCBQSETDLXMCJCQWWAKJYGVRLFK
FBUGXJYHGPAERSEMUPRCQHIGTETJORNHXYCQWTOGGCESELNVZTNVRLUGEPRNIPNZMLNIEHGX

2.4　下面是计算过程：

$$M = \text{WHITEHAT}$$
$$= 01010111010010000100100101010100010001010100100001000001010100$$
$$K = \text{BLACKHAT}$$
$$= 10000100100110011000001010000111100101101001000010000010101001$$
$$IP_{key}(K) = 1111111100000000100000000011010111000011001100000100010$$
$$U_0 = 111111110000000100000000011$$
$$V_0 = 0101110000011001100000100010$$
$$U_1 = LS_1(U_0)$$
$$= 111111100000000100000000111$$
$$V_1 = LS_1(V_0)$$
$$= 1011100000110011000001000100$$
$$K_1 = P_{key}(U_1 V_1)$$
$$= 000011110100000110111001001000010010101000001011$$
$$IP(M) = 1111111110001001100110010101010100000000000000000010011000000001$$
$$L_0 = 11111111100010011001100101010101$$
$$R_0 = 00000000000000000010011000000001$$

$$EP(R_0) = 1000000000000000000000000001000011000000000000010$$
$$EP(R_0) \oplus K_1 = 10001111010000011011100100110001111010101000001001$$
$$S((EP(R_0) \oplus K_1)) = 11001100111011001011101111001010$$

$$P(S((EP(R_0) \oplus K_1))) = 001110011011101110110001111010101$$

$$L_1 = R_0$$

$$= 00000000000000000010011000000001$$

$$R_1 = L_0 \oplus F(R_0, K_1)$$

$$= L_0 \oplus P(S((EP(R_0) \oplus K_1)))$$

$$= 11000110001100100010100010000000$$

2.8 假设攻击者获得两个明文密文对 (M_i, C_i), 其中 $C_i = E_{K_1}(D_{K_2}(E_{K_1}(M_i)))$, $i = 1, 2$. 与对 2DES 的中间相遇攻击类似 (2DES 相遇方式是 $D_{K_2}(C) = E_{K_1}(M)$), 3DES/2 的相遇方式是 $D_{K_1}(C) = D_{K_2}(E_{K_1}(M))$ (或 $E_{K_2}(D_{K_1}(C)) = E_{K_1}(M)$. 不失一般性, 只考虑第一种方式). 两种方式共要考虑 $2^{56} \cdot 2^{56} = 2^{112}$ 个不同的密钥对, 平均大致有 2^{48} 个密钥对 (X, Y) 使 $D_X(C) = D_Y(E_X(M))$. 所以, 这一部分与 2DES 大致相同.

用表格记录所有可能的 $D_X(C)$ 值, 将这些值按字典顺序排序, 然后计算所有的 $D_Y(E_X(M))$ 值, 并将每一个值与表格所记录的值相比较. 另一种方法是用表格记录所有可能的 $D_Y(E_X(M))$ 值, 将这些值按字典顺序排序, 然后计算所有的 $D_X(C)$ 值, 并将每一个值与表格所记录的值相比较. 这两种方法所需时间量级都至少是 2^{112} (第二种方法还需量级为 2^{112} 的空间), 所以中间相遇攻击对 3DES/2 不切实际.

2.12 因为 $K = $ 1234567890abcdef1234567890abcdef, 所以

$$W_0 = \text{12345678}$$

$$W_1 = \text{90abcdef}$$

$$W_2 = \text{12345678}$$

$$W_3 = \text{90abcdef}$$

$$W_4 = W_0 \oplus T(W_3, 0)$$

$$= W_0 \oplus [S(w_{32}) \oplus m(0)]S(w_{33})S(w_{34})S(w_{31})$$

$$= W_0 \oplus [S(\text{ab}) \oplus m(0)]S(\text{cd})S(\text{ef})S(\text{90})$$

$$= \text{12345678} \oplus (62 + 01)\text{bddf60}$$

$$= \text{71898918}$$

$$W_5 = W_1 \oplus W_4$$

$$= \text{90abcdef} \oplus \text{70898918}$$

$$= \text{e12244f7}$$

$$W_6 = W_2 \oplus W_5$$

$$= \text{12345678} \oplus \text{e12244f7}$$

$$= \text{f316128f}$$

$$W_7 = W_3 \oplus W_6$$

$$= \text{90abcdef} \oplus \text{f316128f}$$

$$= 63\text{bddf60}$$

$$K_1 = W_4 W_5 W_6 W_7$$

$$= 71898918\text{e}12244\text{f}7\text{f}316128\text{f}63\text{bddf60}$$

2.24 如果 $K_1 = K_2$,则攻击者可获得一个明文–密文对 (r, r_1). 因此攻击者可以通过求解一个含 8000 个变量和 1600 个二次方程组而获得 K_1. 尽管目前这只在理论上有意义,但它还是比用蛮力分析所有的 2^{128} 个可能的密钥好多了.

2.26 (a)

证明: 令 $L_0 = (L + S_0) \bmod 2^{32}$, $R_0 = (R + S_1) \bmod 2^{32}$. 令 L_i 和 R_i 分别为加密算法在第 i 次 ($i = 1, \cdots, r$) 运算中得到的结果,即

$$L_i = (((L_{i-1} \oplus R_{i-1}) <<< R_{i-1}) + S_{2i}) \bmod 2^{32}$$

$$R_i = (((L_i \oplus R_{i-1}) <<< L_i) + S_{2i+1}) \bmod 2^{32}$$

令 L_i' 及 R_i' 分别表示解密算法中在第 i 次运算所得的 L 和 R,其中 i 从 r 开始依次递减 1,则

$$R_r' = (((R_r - S_{2i+1}) \bmod 2^{32}) >>> L(r)) \oplus L_r$$

$$= (((((((L_r \oplus R_{r-1}) >>> L(r)) + S_{2i+1}) \bmod 2^{32}) - S_{2i+1}) \bmod 2^{32})$$

$$>>> L_r) \oplus L_r$$

$$= (((L_r \oplus R_{r-1}) >>> L(r)) >>> L_r) \oplus L_r$$

$$= L_r \oplus R_{r-1} \oplus L_r$$

$$= R_{r-1}$$

同理可得 $L_r' = L_{r-1}$. 用数学归纳法可证

$$R_i' = R_{i-1}, \ L_i' = L_{i-1}, \ i = r-1, \cdots, 1$$

所以 $R_1' = R_0, L_1' = L_0$. 因此

$$R_0' = (R_1' - S_1) \bmod 2^{32}$$

$$= (((R + S_1) \bmod 2^{32}) - S_1) \bmod 2^{32}$$

$$= R$$

同理可证 $L_0' = L$. 证毕.

(b) 下面是用 C 语言写的程序:

```
#include<stdio.h>
#include<stdlib.h>
#include<math.h>

typedef unsigned long WORD;

#define w 32
```

```
#define r 12
#define b 16
#define c 4
#define t 26 // t = 2r+1

WORD S[t];
WORD POWER = pow(2,32);
WORD P = 0xb7e15163;
WORD Q = 0x9e3779b9;

WORD ROTL(WORD X, WORD Y)
{
    WORD A,B;

    A = X >> (32-Y);
    B = X << Y;
    X = A | B;

    return X;
}


WORD ROTR(WORD X, WORD Y)
{
    WORD A,B;

    A = X << (32-Y);
    B = X >> Y;
    X = A | B;

    return X;
}


void RC5_ENCRYPT(WORD & L, WORD & R)
{
    L = (L+S[0]); //%POWER;
    R = (R+S[1]); //%POWER;

    for(int i = 1; i <= r; i++)
    {
        WORD ROL=ROTL(L^R,R);
```

```
        L = (ROL + S[2*i]); //%POWER;


        ROL = ROTL(R^L, L);
        R = (ROL + S[2*i+1]); //%POWER;
    }
}


void RC5_DECRYPT(WORD & L, WORD & R)
{
    for (int i = r; i > 0; i--)
    {
        WORD ROL = ROTR((R-S[2*i+1]), L);
        // WORD ROL = ROTR((R-S[2*i+1])%POWER, L);
        R = ROL^L;
        ROL = ROTR((L-S[2*i]),R);
        // ROL = ROTR((L-S[2*i])%POWER, R);
        L = ROL^R;
    }
    R = (R - S[1]); //%POWER;
    L = (L - S[0]); //%POWER;
}


void KEY()
{
    WORD L[c];
    S[0] = P;

    for (int i = 1; i < t; i++)
        S[i] = (S[i-1] + Q); //%POWER;

    i = 0;
    int j = 0;
    WORD A = 0;
    WORD B = 0;

    for (int k = 0; k < 3*t; k++)
    {
        A = S[i] = ROTL(S[i]+(A+B), 3);
B = L[j] = ROTL(L[j]+(A+B), (A+B));
        i = (i+1)%t;
```

```
        j = (j+1)%c;
    }
}

void main()
{
    WORD L = 0xea8b9203;
    WORD R = 0x87654321;

    printf("\n plaintext %lx %lx\n",L,R);

    if (sizeof(WORD) != 4)
        printf("The length of RC5's WORD error\n");
    printf("Run RC5 example:\n");

    // KEYS, encrypt, and decrypt
    KEY();
    RC5_ENCRYPT(L,R);
    printf("\n cipthertext %lx %lx\n", L, R);
    RC5_DECRYPT(L,R);
    printf("\n plaintext %lx %lx\n", L, R);
}
```

2.29 AES 的分组长度是 128 比特, 所以密码反馈模式中的初始向量长为 128 比特. 如果在传输过程中某长为 8 比特的密文 C_i 发生传输错误, 则这个错误会影响后面的 $128/8 = 16$ 个明文段, 所以一个传输错误总共会影响接收方 $16 + 1 = 17$ 个明文段的正确性.

2.31 密文偷窃模式的解密算法如下:

$$M_k = pfx_q(D_K(C_{k-1})) \oplus C_k$$
$$M_{k-1} = D_K(D_K(C_{k-1}) \oplus M_k0^{1-q}) + C_{k-2}$$
$$M_i = D_K(C_i + C_{i-1})$$
$$i = 1, \cdots, k-2$$

正确性证明: 对 $i = 1, \cdots, k-2$ 的证明显而易见. 对 $i = k-1$ 和 $i = k$ 的证明如下:

$$pfx_q(D_K(C_{k-1})) \oplus C_k = pfx_q(D_K(E_K(Z_{k-1} \oplus M_k0^{1-q}))) \oplus pfx_q(Z_{k-1})$$
$$= pfx_q(M_k0^{1-q})$$
$$= M_k$$
$$D_K(D_K(C_{k-1}) \oplus M_k0^{1-q}) + C_{k-2}$$
$$= D_K(D_K(E_K(E_K(M_{k-1} \oplus C_{k-2}))))$$

$$= D_K(E_K(M_{k-1} \oplus C_{k-2}) \oplus M_k 0^{1-q} \oplus M_k 0^{1-q}) \oplus C_{k-2}$$

$$= M_{k-1} \oplus C_{k-2} \oplus C_{k-2}$$

$$= M_{k-1}$$

2.34 已知

$K = 0110010110000011$

$M = \text{WHITEHAT}$

$= 0101011101001000010010010101010001000101010010000100000101010100$

简化 RC4 的具体算法如下：

简化密钥调度算法（简化 KSA）

Initialization:

      for each $i = 0, 1, \cdots, 7$

          set $S[i] \leftarrow i$

Initial permutation:

      set $j \leftarrow 0$

      for each $i = 0, 1, \cdots, 7$

          set $j \leftarrow (j + S[i] + K[i \bmod l]) \bmod 8$

          swap $S[i]$ with $S[j]$

简化密钥生成算法（简化 SGA）

Initialization:

      set $i \leftarrow 0$

      set $j \leftarrow 0$

      set $u \leftarrow 0$

Permutation and generation loop:

      set $u \leftarrow u + 1$

          set $i \leftarrow (i + 1) \bmod 8$

          set $j \leftarrow (j + S[i]) \bmod 8$

          swap $S[i]$ with $S[j]$

          set $K_u \leftarrow S[(S[i] + S[j]) \bmod 8]$

          repeat

    因为 $K[0] = 01100100$ 和 $K[1] = 10000011$，所以从简化 KSA 可得 $S[0, 7] = (1, 2, 6, 7, 0, 3, 4, 5)$. 从简化 SGA 可得

$$K_1 = 1 = 00000001$$

$$K_2 = 0 = 00000000$$

$$K_3 = 4 = 00000100$$

$$K_4 = 2 = 00000010$$

$$K_5 = 2 = 00000010$$
$$K_6 = 4 = 00000100$$
$$K_7 = 5 = 00000101$$
$$K_8 = 7 = 00000111$$

将此子钥序列与明文分别进行排斥运算, 得密文

$C = 010101100100100001001101010101100100011101001100010010001010011.$

2.36 容易验证 $383 \bmod 4 = 3, 503 \bmod 4 = 3$. 令种子 $s = 101355$. C 语言程序如下:

```cpp
#include <iostream>
using namespace std;
int main()
{
  int i;
  long long int x,n;
  n = 383 * 503;
  x = 101355;
  cout << x * x << endl;
  for (i = 1; i <= 128; i++) {
    x = (x * x) % n;
    cout << x % 2;
  }
  return 1;
}
```

此程序产生的前 128 比特为

1110011100001001110101001100111110110110111101001100100111100101
1100100110011000100101101000111110011000100010100101000000101001

A.3 第 3 章习题解答

3.1 方法如下:

① 用户甲将明文 M 放入盒子内, 在其中一个锁扣上用自己的锁将盒子锁上, 然后将上锁的盒子送给用户乙.

② 用户乙收到用户甲送来的盒子后, 在另一个锁扣上用自己的锁将盒子锁上, 然后将锁了两把锁的盒子回送给用户甲.

③ 用户甲收到用户乙送来盒子后, 用自己的钥匙打开自己的锁, 然后将盒子回送给用户乙 (此时盒子只有用户乙的锁).

④ 用户乙收到盒子后, 用自己的钥匙打开自己的锁, 并从盒子中取出密文 M.

3.4 证明: 因为 p 为素数且 $a < p$, 所以 $a^2 \bmod p = 1 \Leftrightarrow (\exists k \in N)[a^2 = kp + 1]$.

如果 $k = 0$, 则 $a^2 = 1 \Leftrightarrow a = \pm 1 \Leftrightarrow a \bmod p = \pm 1$.

如果 $k = 1$, 则 $a^2 = p + 1 \Leftrightarrow (a+1)(a-1) = p$. 因为 p 为素数且 $p > 1$, 所以 $a + 1 = p$ 和 $a - 1 = 1$, 因此 $a \bmod p = \pm 1$.

如果 $k > 1$, 则将 k 分解成 $k = p_1 \cdots p_n$, 其中每个 p_i 为素数, 因此 $p_i \geqslant 2$. 所以 $a^2 = kp + 1 \Leftrightarrow (a+1)(a-1) = p_1 \cdots p_n \cdot p$. 因为 $(a-1) < (a+1) \leqslant p$, 所以 $a - 1$ 或者 $a + 1$ 必须与 p 相等, 即 $a \bmod p = \pm 1$.

证毕.

3.6 计算过程如下:

$$a = 101, x = 124 = 1111100, n = 110$$
$$g_6 = 101 \bmod 110 = 9$$
$$g_5 = ((g_6^2 \bmod 110) \cdot 101) \bmod 110 = 41$$
$$g_4 = ((g_5^2 \bmod 110) \cdot 101) \bmod 110 = 51$$
$$g_3 = ((g_4^2 \bmod 110) \cdot 101) \bmod 110 = 21$$
$$g_2 = ((g_3^2 \bmod 110) \cdot 101) \bmod 110 = 101$$
$$g_1 = g_2^2 \bmod 110 = 81$$
$$g_0 = g_1^2 \bmod 110 = 71$$

所以, $101^{124} \bmod 110 = 71$.

3.10 令 $p = 13$.

(a) $\phi(13) = 12$. 令 $a = 2$, 则 $a^k (0 < k < 13)$ 的十进制表示必须以 2、4、6、8 中的一位数结尾. 因此, $a^k \neq 1 (\bmod p)$, 所以 $a = 2$ 是 p 的原根.

(b) 如果 $Y_A = 7$, 则 $X_A = 11$, 因为 $2^{11} \bmod 13 = 7$.

(c) 如果 $Y_B = 11$, 则 $X_A = 7$, 因为 $2^7 \bmod 13 = 11$.

3.11 甲乙双方可通过将 Y_A 与 Y_B 相乘获得共同密钥. 但这个方法是不安全的, 因为从 Y、a 和 $Y = X^a \bmod p$ 只需计算 $Y^{1/a} \bmod p$ 便可获得 X, 而这个运算不需要花费很多时间.

3.13 证明如下:

$$\left(C_2 \cdot (C_1^{X_B} \bmod p)^{-1}\right) \bmod p$$
$$= \left(C_2 \cdot ((Y_B)^{-1} \bmod p)^{-1}\right) \bmod p$$
$$= M \bmod p$$
$$= M$$

3.16 计算如下:

(a) $C = M^e \bmod n = 89^7 \bmod 187 = 166$.

(b) $\phi(187) = 10 \cdot 16 = 160$. 算出 $d = e^{-1} \bmod 160 = 23$, 因此, $M = C^d \bmod n = 163^{23} \bmod 187 = 89$.

(c) $C = M^e \bmod n = 88^7 \bmod 187 = 11$. C 可分解 $n = 187$, 因为 $M = 88$ 含有 $n = 187$ 的因子 11.

3.20 用户甲的方法不安全, 这是因为用户甲将字母逐一加密, 因此同样的字母会在密文中重复出现, 这为使用统计攻击的方法破译密文带来方便.

3.23 丁方知道的参数包括 n、e_A、e_B、C_A 和 C_B. 因为 e_A 与 e_B 互素, 所以可用欧几里得算法算出参数 r 和 s, 使得

$$r \cdot e_A + s \cdot e_B = 1.$$

因此, 丁方可作以下计算破译 M:

$$(C_A^r + C_B^s) \bmod n = M^{r \cdot e_A + s \cdot e_B} \bmod n = M.$$

3.32 (a) 假设甲方希望与乙方进行加密通信, 按以下步骤使甲乙双方获得会话密钥:

① 甲方向 KDC 请求给甲方和乙方分配会话密钥.

② KDC 收到请求后产生一个给甲乙双方使用的会话密钥 K_{AB}, 用乙方的主密钥 K_B 将会话密钥 K_{AB} 和时戳 t_{AB} 加密得 $E_{K_B}(K_{AB}, t_{AB})$, 然后用甲方的主密钥将会话密钥 K_{AB}、$E_{K_B}(K_{AB}, t_{AB})$ 和时戳 t_A 加密得

$$C_A = E_{K_A}(K_{AB}, E_{K_B}(K_{AB}, t_{AB}), t_A)$$

并将其送给甲方.

③ 甲方收到 KDC 送来的信息 C_A 后, 用自己的主密钥 K_{AB} 将其解密得会话密钥 K_{AB}、$E_{K_B}(K_{AB}, t_{AB})$ 和时戳 t_A, 根据时戳确定这不是消息重放攻击, 然后将 $E_{K_B}(K_{AB}, t_{AB})$ 以及甲方的地址送给乙方.

④ 乙方用自己的主密钥 K_B 将 $E_{K_B}(K_{AB}, t_{AB})$ 解密得会话密钥 K_{AB} 和时戳 t_{AB}, 根据时戳 t_{AB} 确定这不是消息重放攻击, 然后将一个新时戳 t_{BA} 用双方共享的会话密钥 K_{AB} 加密后送给甲方, 即将 $E_{K_{AB}}(t_{BA})$ 送给甲方.

由此, 甲乙双方得到一把共享会话密钥 K_{AB} 及时戳 t_{BA}.

(b) 上述协议可以同时用于防范中间人攻击和消息重放攻击, 而且乙方产生的时戳 t_{BA} 还可以作为三向握手的初始值.

(c) KDC 应该用一个密钥匙圈将所有用户的主密钥存放起来统一管理. 用户可用主密钥将自己的身份号码加密, 然后将密文和未经加密的用户身份号码一起送给 KDC. KDC 根据收到的明文身份号码从密钥匙圈中找到相应的主密钥, 并用其将收到的密文解密得用户身份号码, 如果与明文寄来的身份号码相同, 则用户身份验证成功, 否则失败.

(d) 用户首先应到 KDC 注册, 获得登录名和登录密码. 然后登录, 用其登录密码给主密钥加密然后送给 KDC (同样, 也可由 KDC 产生用户的主密钥, 并用用户的登录密码加密后送给用户).

(e) 将用户分成若干不同组, 每组由一个 KDC 负责. 这些 KDC 又由一个更高层的 KDC 负责. 当甲乙双方分别属于不同的底层 KDC 时, 可通过以下方式获得会话密钥. 令甲乙双方的 KDC 分别为 D_A 和 D_B, 高层 KDC 为 D, 它与 D_A 和 D_B 分别共享密钥 K_{DA} 和 K_{DB}. 甲乙双方按以下步骤获得会话密钥:

① 甲方向其 KDC D_A 发出请求.

② D_A 收到请求后发现乙方属于 KDC D_B, 因此首先产生给甲乙双方的会话密钥 K_{AB}, 用密钥 K_{DA} 将 K_{AB} 及时戳 t_{DA} 加密后, 连同自己的地址一起送给顶层 KDC.

③ 顶层 KDC 根据收到的明文部分找到密钥 K_{DA}, 用其将密文解密, 并根据时戳 t_{DA} 确认这不是消息重放攻击, 然后用 K_{DB} 将会话密钥 K_{AB} 和时戳 t_{DB} 一起加密后送给 KDC D_B.

④ D_B 用密钥 K_{DB} 将收到的密文解密, 检查时戳确信这不是消息重放攻击后, 用乙方的主密钥将会话密钥 K_{AB} 和时戳 t_{AB} 加密得 $E_{K_B}(K_{AB}, t_{AB})$, 然后计算

$$E_{K_{DB}}(E_{K_B}(K_{AB}, t_{AB}), t_{DB})$$

并将其送给顶层 KDC.

⑤ 顶层 KDC 收到密文后用密钥 K_{DB} 将其解密, 验证时戳确信这不是消息重放攻击, 并获得 $E_{K_B}(K_{AB})$, 然后计算

$$E_{K_{DA}}(E_{K_B}(K_{AB}), t_{DA})$$

并将其送给 KDC D_A.

⑥ KDC D_A 用密钥 K_{DA} 将从顶层 KDC 送来的密文解密后得 $E_{K_B}(K_{AB})$ 和 t_{DA}, 验证时戳确信这不是消息重放攻击, 然后计算

$$E_{K_A}(K_{AB}, E_{K_B}(K_{AB}, t_{AB}), t_A)$$

并将其送给甲方. 其余步骤与 (a) 中第 1 步以后的步骤相同.

(f) 优点: 无须使用公钥证书和公钥基础设施, 实现相对容易. 缺点: KDC 会成为通信瓶颈.

3.37 客户程序: `client.c`. 服务器程序: `server.c`.

```
// client.c

#include <stdio.h>
#include <time.h>
#include <stdlib.h>
#include <unistd.h>
#include <errno.h>
#include <string.h>
#include <netdb.h>
#include <sys/types.h>
#include <netinet/in.h>
#include <sys/socket.h>

#define DEFPORT 1231 // the port a client will be connecting to

#define MAXDATASIZE 100 // the max number of bytes one can get at once

typedef long long int LONG;
typedef struct
{
    LONG e, n;
} keypair;
LONG gcd(LONG a, LONG b)
```

```
{
    if (b==0) return a;
    else return gcd(b, a%b);
}


LONG calc_s(LONG n)
{
    LONG i;
    for (i=2; i<n; i++)
        if (gcd(i, n)==1) break;
    return i;
}


LONG fast_exp(LONG base, LONG exp, LONG mo)
{
    LONG z=1, y=base;
    while (exp>0)
    {
        if (exp%2==1)
            z = (z*y)%mo;
        y = (y*y)%mo;
        exp /= 2;
    }
    return z;
}


LONG BBSGen(int isInit, LONG seed, LONG n)
{
    static LONG x;
    LONG result = 0;
    int t, i, offset, length;
    int isfirst = 1;
    if (isInit)
    {
        t = (int)time(NULL);
        srand(t);
        x = seed;
    }
    else
    {
```

```
            offset = rand()%100;
            length = rand()%12+10;
            for (i=0; i<offset; i++)
                x = (x*x)%n;
            for (i=0; i<length; i++)
            {
                x = (x*x)%n;
                if (isfirst && x%2==0)
                {
                    result = 2;
                    isfirst = 0;
                }
                else result = 2*result + x%2;
            }
        }
        return result;
}


int main(int argc, char *argv[])
{
    LONG p,q,n,s,temp;
    int sockfd, numbytes;
    char buf[MAXDATASIZE];
    struct hostent *he;
    struct sockaddr_in their_addr; // connector's address information
    int MYPORT;
    keypair pubkey;

    switch (argc)
    {
     case 2:
        MYPORT = DEFPORT;
        if ((he=gethostbyname(argv[1])) == NULL)
        { // get the host info
            perror("gethostbyname");
            exit(1);
        }
        break;
     case 3:
        MYPORT = atoi(argv[2]);
```

```
        if (MYPORT <= 0)
        {
            fprintf(stderr,"Bad port number %s\n", argv[2]);
            exit(1);
        }
        if ((he=gethostbyname(argv[1])) == NULL)
        { // get the host info
            perror("gethostbyname");
            exit(1);
        }
        break;
    default:
        fprintf(stderr,"usage: client hostname [port]\n");
        exit(1);
}

printf("Initilize BBS Generator ... ");
p = 1223;
q = 5003;
n = p*q;
s = calc_s(n);
BBSGen(1, s, n);
printf("Done!\n");
int i;

if ((sockfd = socket(AF_INET, SOCK_STREAM, 0)) == -1)
{
    perror("socket");
    exit(1);
}


their_addr.sin_family = AF_INET;     // host byte order
their_addr.sin_port = htons(MYPORT);  // short, network byte order
their_addr.sin_addr = *((struct in_addr *)he->h_addr);
memset(their_addr.sin_zero, '\0', sizeof their_addr.sin_zero);

if (connect(sockfd, (struct sockaddr *)&their_addr, sizeof
    their_addr) == -1)
{
    perror("connect");
```

```
            exit(1);
        }
        printf("Client: connected to %s\n",inet_ntoa(their_addr.sin_addr));

        //receive public key
        if ((numbytes=recv(sockfd, &pubkey, sizeof(pubkey), 0)) == -1)
        {
            perror("recv");
            exit(1);
        }
        printf("Client: Received public key from %s\n",inet_ntoa(their_
                addr. sin_addr));
        printf("Client: transmitting data to %s\n\n",inet_ntoa(their_addr.
                sin_addr));
        for (i=1; i<10; i++)
        {
            temp = BBSGen(0, s, n); //generate msg
            printf("msg: %10d\t\t", temp);
            temp = fast_exp(temp, pubkey.e, pubkey.n); //encode msg
            printf("encode: %10d\t", temp);
            if (send(sockfd, &temp, sizeof(temp), 0) == -1) //send msg
            {
                perror("send");
                exit(1);
            }
            printf("sent!\n", temp);
        }
        //send msg end signal
        temp = 0;
        if (send(sockfd, &temp, sizeof(temp), 0) == -1) //send msg
        {
            perror("send");
            exit(1);
        }
        printf("\nTransmission Ends.\n");
        close(sockfd);
        return 0;
    }


// server.c
```

```c
#include <stdio.h>
#include <stdlib.h>
#include <unistd.h>
#include <errno.h>
#include <string.h>
#include <sys/types.h>
#include <sys/socket.h>
#include <netinet/in.h>
#include <arpa/inet.h>
#include <sys/wait.h>
#include <signal.h>

#define DEFPORT 1231    // the port users will be connecting to

#define BACKLOG 10 // how many pending connections queue will hold


typedef long long int LONG;
typedef struct
{
    LONG e, n;
} keypair; //key pair structure

void sigchld_handler(int s)
{
    while(waitpid(-1, NULL, WNOHANG) > 0);
}


LONG gcd(LONG a, LONG b)
{
    if (b==0) return a;
    else return gcd(b, a%b);
}


LONG fast_exp(LONG base, LONG exp, LONG mo)
{
    LONG z=1, y=base;
    while (exp>0)
    {
```

```
            if (exp%2==1)
                z = (z*y)%mo;
            y = (y*y)%mo;
            exp /= 2;
        }
        return z;
    }


LONG calc_e(LONG phi)
{
    LONG i;
    for (i=2; i<phi; i++)
        if (gcd(i, phi)==1) break;
    return i;
}


LONG calc_d(LONG e, LONG phi)
{
    int i;
    for (i=1; ; i++)
        if ((phi*i+1)%e==0) return (phi*i+1)/e;
}


int main(int argc, char *argv[])
{
    LONG p,q,n,phi,e,d,temp;
    int sockfd, new_fd, numbytes; // listen on sock_fd, new connection
                                  // on new_fd
    struct sockaddr_in my_addr;   // my address information
    struct sockaddr_in their_addr;// connector's address information
    socklen_t sin_size;
    struct sigaction sa;
    int yes=1;
    int MYPORT;
    keypair pubkey;

    switch (argc)
    {
    case 1:
        MYPORT = DEFPORT;
```

```
        break;
    case 2:
        MYPORT = atoi(argv[1]);
        if (MYPORT <= 0)
        {
            fprintf(stderr,"Bad port number %s\n", argv[1]);
            exit(1);
        }
        break;
    default:
        fprintf(stderr,"usage: server [port]\n");
        exit(1);
    }

    printf("Initilize RSA parameters ... ");
    p = 3407;
    q = 6917;
    n = p*q;
    phi = (p-1)*(q-1);
    e = calc_e(phi);
    d = calc_d(e, phi);
    pubkey.e = e;
    pubkey.n = n;
    printf("Done!\n");

    if ((sockfd = socket(AF_INET, SOCK_STREAM, 0)) == -1)
    {
        perror("socket");
        exit(1);
    }

    if (setsockopt(sockfd, SOL_SOCKET, SO_REUSEADDR, &yes,
                sizeof(int)) == -1)
    {
        perror("setsockopt");
        exit(1);
    }

    my_addr.sin_family = AF_INET;        // host byte order
    my_addr.sin_port = htons(MYPORT);    // short, network byte order
```

```
        my_addr.sin_addr.s_addr = INADDR_ANY;// automatically fill with
                                             // my IP
        memset(my_addr.sin_zero, '\0', sizeof my_addr.sin_zero);

        if (bind(sockfd, (struct sockaddr *)&my_addr, sizeof my_addr)
              == -1)
        {
            perror("bind");
            exit(1);
        }

        if (listen(sockfd, BACKLOG) == -1)
        {
            perror("listen");
            exit(1);
        }

        sa.sa_handler = sigchld_handler; // reap all dead processes
        sigemptyset(&sa.sa_mask);
        sa.sa_flags = SA_RESTART;
        if (sigaction(SIGCHLD, &sa, NULL) == -1)
        {
            perror("sigaction");
            exit(1);
        }

        while(1) {  // main accept() loop
            sin_size = sizeof their_addr;
            if ((new_fd = accept(sockfd, (struct sockaddr *)&their_addr,
                &sin_size)) == -1)
            {
                perror("accept");
                continue;
            }
            printf("Server: got connection from %s\n",
                    inet_ntoa(their_addr.sin_addr));
            if (!fork())
            { // this is the child process
                close(sockfd); // child doesn't need the listener
                printf("Server: sending public key to %s\n",
```

```
                     inet_ntoa(their_addr.sin_addr));
    if (send(new_fd, &pubkey, sizeof(pubkey), 0) == -1)
                                    //sending public key
    {
        perror("send");
        exit(1);
    }

    if ((numbytes=recv(new_fd, &temp, sizeof(temp), 0)) == -1)
    {
        perror("recv");
        exit(1);
    }
    printf("Server: Receiving data from %s\n\n",
             inet_ntoa(their_addr.sin_addr));
    while (temp)
    {
        printf("msg: %10d\t\t", temp);
        temp = fast_exp(temp, d, n); //decode msg
        printf("decode: %10d\n", temp);
        if ((numbytes=recv(new_fd, &temp, sizeof(temp), 0))
             == -1)
        {
            perror("recv");
            exit(1);
        }
    }
    printf("\nTransmission Ends.\n\n");
    close(new_fd);
    exit(0);
}
    close(new_fd);  // parent doesn't need this
}
return 0;
}
```

A.4 第 4 章习题解答

4.1 下列两个意思相反的短句 "draconian devil" 和 "leonardo da vinci" 在 16 比特异或散列函数 $H_{\oplus}$ 下有相同的散列值.

4.8 所求 ℓ 按以下方式求出：

$$\ell = \begin{cases} 351 - L \bmod 512, & 351 \geqslant L \bmod 512 \\ 351 + (512 - L \bmod 512), & 351 < L \bmod 512 \end{cases}$$

4.9 (a) 见图 A.1.

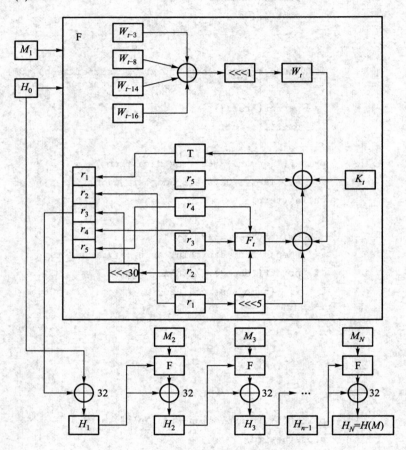

图 A.1 SHA-1 算法的流程图

4.22 解答如下：

$n = 3 \times 365 = 1095$. 从 $1.17\sqrt{1095} < k < 1.25\sqrt{1095}$ 得 $38.72 < k < 41.36$，即 $k = 39$ 或 $k = 40$. 如果 $k = 39$，则任意选出的 39 位学生没有相同的生日的概率是

$$\frac{1095 \cdot (1095 - 1) \cdots (1095 - 38)}{1095^{39}} = 0.504.$$

所以 $k = 40$，即随机选取至少 40 位学生可保证至少有两位学生的生日相同的概率大于 1/2.

4.26 下面是一个典型的集相交攻击方法：

① 构造所需信息 $Z_1 \parallel Z_2 \parallel \cdots \parallel Z_{N-2}$.

② 计算 $H_i = E_{Z_i}(H_{i-1})$，其中 $i = 1, \cdots, N - 2$.

③ 随机产生 $2^{\ell/2}$ 个 ℓ 比特长的二进制字符串 $X_1, \cdots, X_{\ell/2}$, 并计算 $E_{X_i}(H_{N-2})$, $i = 1, \cdots, \ell/2$.

④ 随机产生 $2^{\ell/2}$ 个 ℓ 比特长的二进制字符串 $Y_1, \cdots, Y_{\ell/2}$, 并计算 $D_{Y_i}(H(M'))$, $i = 1, \cdots, \ell/2$.

⑤ 根据生日悖论可知存在 X 和 Y, 使 $E_X(H_{N-2}) = D_Y(H(M'))$ 的概率很大.

⑥ 令 $M'' = Z_1 \| \cdots \| Z_{N-2} \| X \| Y$.

容易验证 $H(M'') = H(M')$.

4.28 (a) 盐素的使用是为了保证不同的用户得到不同的散列值, 尽管他们可能选择了相同的登录密码. 此外, 盐素的使用还给不同的用户生成不同的 EP, 可以更好地抵御已知明文攻击.

4.32 DSS 的安全性取决于用户的私钥不被窃取. 因此, 如果用户甲所使用的随机数 k_A 被盗, 则攻击者可用其算出 r_A, 然后根据 s_A 和 M, 攻击者可算出用户甲的私钥 x_A. 所以, 如果 k_A 被盗, 则用户甲必须宣布其公钥作废, 然后重新选取私钥并算出其公钥.

4.33 双重签名协议可用于电子在线投票, 用于将投票者的个人资料及其投票资格分开.

4.34 eCash 协议不满足可分割性和单一性. 此外, 其安全性也没有数学证明.

A.5 第 5 章习题解答

5.4 TCP 包头在 TCP 层被加密后封装入 IP 包. 因为 IP 包没有加密, 所以无需 TCP 网关就能将此包有效地传送到目的地. 当此包到达目的地后, 由目的地的 TCP 的密码算法解密.

5.8 依照练习的描述完成所有步骤后会得到如图 A.2 所示窗口, 每一项的意思均显而易见, 在此不再描述. 被吊销的证书可在 Certificate Revocation List 中找到.

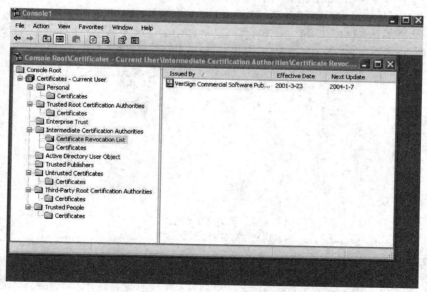

图 A.2 Windows 公钥证书

5.11　SA 捆绑的方式有两种, 一种是先加密后认证, 即接收方收到的网包是 AH 包头在 ESP 包头之前. 另一种是先验证后加密, 即接收方收到的网包是 ESP 包头在 AH 包头之前. 第一种方法比第二种优越, 因为如果认证失败, 则没有必要继续运行解密算法, 从而节省时间.

5.14　第 1 步和第 2 步在发送端和接收端之间建立安全联系, 第 3 步和第 4 步进行密钥交换确定双方将使用的密钥, 第 5 步和第 6 步互相认证对方的身份.

A.6　第 6 章习题解答

6.1　因为无线通信是通过无线电波传递数据, 所以其媒体传播没有任何物理保护, 不像在有线通信中媒体信号有缆线、墙壁、房屋、管道及其他物理设施加以保护. 所以, 对无线通信的媒体保护只能通过在数据链接层用密码算法进行.

6.9　因为 $\mathrm{CRC}_k(M) = M0^k \div P$, 所以

$$\begin{aligned}
\mathrm{CRC}(x \oplus y) &= (x \oplus y)0^k \div P \\
&= (x0^k \oplus y0^k) \div P \\
&= (x0^k \div P) \oplus (y0^k \div P) \\
&= \mathrm{CRC}(x) \oplus \mathrm{CRC}(y)
\end{aligned}$$

证毕.

6.12　此习题解答给出一个用 WEPCrack 破译 WEP 密钥的实验, 它是由 Stephen Brinton 设计和实施的. 本实验使用三台计算机和一个运行 WEP 协议的 Linksys 无线路由器作为 AP. 第一台计算机是一个台式计算机, 运行 Apache 万维网服务器程序, 它与 AP 用以太网缆线相连. 第二台计算机为笔记本电脑, 装有能运行 WEP 协议的无线网卡, 与 AP 相连, 它们共享一把 104 比特长的 WEP 密钥 K. 这台笔记本电脑不停地向万维网服务器请求网页, 以便产生大量网帧. 第三台计算机也是一台笔记本电脑, 并装有运行 WEP 协议的无线网卡, 用于监控网络流量. 第三台计算机将用 WEPCrack 破译 WEP 密钥 K. 第二台计算机为模拟用户, 第三台计算机为攻击者. 图 A.3 给出实验设置示意图.

图 A.3　WEPCrack 实验系统配置

本实验使用的 AP 是能执行 WEP 协议的 Linksys 无线-B 宽带路由器 (Wireless-B Broadband Router). 用户和攻击者分别使用以下网卡:

用户网卡:

设备: Belkin F5D7010 54g 无线网卡

驱动程序: ndiswrapper (Belkin: bcmwl5.inf)

厂商: Broadman

攻击者网卡:

设备: AR5212 802.11 abg (Netgate)

设备名: ath0

驱动程序: ath_pci

厂商: Atheros Communications, Inc.

WEPCrack 首先收集弱初始向量, 当收集到足够的弱初始向量后 (大约需几个小时), WEPCrack 开始破译 WEP 密钥, 破译只需要几分钟时间就可以了. 以下是具体步骤:

① 初始设置: 给 AP 和用户主机 (即第二台电脑) 选取一个 104 比特长的 WEP 密钥, 它是如下 13 字节长的二进制字符串:

$$K = 96\ 6\ 91\ 24\ 207\ 211\ 39\ 92\ 158\ 7\ 240\ 37\ 234$$

在第一台主机 (即万维网服务器主机) 上用指令 **#rcapache2 start** 开始运行 Apache 服务器程序. 在用户主机上如下运行 C 程序 requester.c (源程序稍后给出):

```
./requester 172.16.1.1 80 GET /
```

其中 172.16.1.1 是 Apache 服务器主机的 IP 地址. 这个程序会连续不断地向 Apache 服务器主机发出访问请求.

② 攻击者设置: 攻击主机 (即第三台电脑) 使用 Linux 操作系统. 首先运行指令 ifconfig ath0 up 启动无线网卡, 然后运行指令 iwconfig ath0 scan 寻找 AP 及其 MAC 地址、频道和 essid 等信息. 执行指令 iwconfig ath0 scan 得到以下信息:

```
ath0    Scan completed
        Cell 01 -- Address: 00:11:F5:1D:98:04
        ESSID: "Gates"
        Mode: Master
        Frequency: 2.442 GHz (Channel 7)
        Quality = 43/94 Signal level = -52 dBm
        Noise level = -95 dBm
        Encryption Key: on
        Bit Rate: ...
```

用以下指令设置网卡:

```
ifconfig ath0 down
iwconfig ath0 channel 11
iwconfig ath0 ap 00:06:25:F3:CD:89
iwconfig ath0 essid ResearchAP
iwconfig ath0 mode monitor
ifconfig ath0 up
```

③ 收集弱初始向量: 攻击者主机运行 Wireshark 并开启捕获窗捕获网帧. 然后用以下指令运行 WEPCrack 程序 pcap-getIV.pl:

　　　./pcap-getIV.pl -i ath0

此步骤可能需要若干小时才能收集到足够的弱初始向量. 这个程序将产生一个名为 IVFile.log 的日志文件, 它包含所有收集到的弱初始向量和经过加密的网帧. 这些数据将被用于破译 WEP 密钥.

④ 破译: 以 IVFile.log 为输入文件运行程序 WEPCrack.pl 破译 WEB 密钥. 经过几分钟运算后, WEPCrack 输出以下正确的 WEP 密钥, 其中 $ 是 Linux 操作系统指令提示符:

```
$ ./WEPCrack.pl
Keysize = 13 [104 bits]
96 6 91 24 207 211 39 92 158 7 240 37 234
```

用户 STA 执行下列程序, 向万维网服务器不断请求网页:

```
requester.h
/***********************************************
 Header name: request.h
 ***********************************************/


#include <sys/types.h>
#include <sys/socket.h>
#include <netinet/in.h>
#include <arpa/inet.h>
#include <netdb.h>
#include <stdio.h>
#include <stdlib.h>
#include <string.h>
#include <fcntl.h>
#include <sys/stat.h>
#include <unistd.h>


// Maximum Sizes
#define BUFSIZE 1024
#define HOST_NAME_SIZE 256
#define COMMAND_NAME_SIZE 3
#define FILENAME_SIZE 256
#define PORTNUMBER_SIZE 4

#define QLEN 128
```

```
requester.c
```

```
/*************************************************************
   Filename: requester.c
   Designer: Stephen Brinton - UML
   Overview: This program will continuously request and print
             Web pages Usage:

                client host portnumber command filename

   Example:  ./requester www.cnn.com GET index.html
   Function: make_socket() - makes a socket connection
 *************************************************************/

#include "requester.h"

int main(int argc, char *argv[])
{
   int sd;            // socket descriptor ID
   int n;             // number of characters to/from socket
   char msg[BUFSIZE]; // buffer used to hold socket message
   char host[HOST_NAME_SIZE];    // host address
   char command[COMMAND_NAME_SIZE]; // command - GET or PUT
   char filename[FILENAME_SIZE];    // filename to GET/PUT
   char port_number[PORTNUMBER_SIZE];
   // store portnumber from command line arguments

   int portnumber;  // portnumber to GET/PUT

   // **** GATHER THE ARGUMENTS FROM THE COMMAND LINE ****
   if (argc != 5)         // check if there are 5 arguments
   {                      // print error message otherwise
      fprintf(stderr, "Error - Usage:
            client host port_number command filename\n");
      exit(1);
   }
   {
      sprintf(host,argv[1]);
      sprintf(port_number,argv[2]);
      portnumber = atoi(port_number);
      sprintf(command,argv[3]);
      sprintf(filename,argv[4]);
```

```
        }

    while(1)
    {
        if (strcmp("GET",command)!=0 && strcmp("PUT",command)!=0)
        {
            fprintf(stderr, "Error - Invalid command entered:
                    %s (Must be either PUT or GET)\n", command);
                    exit(1);
        }
        // setup command to be sent through socket to host
        if (strcmp("GET",command)==0)   // Process the GET command
        {
            sprintf(msg, "GET %s HTTP/1.0\r\nHost: %s\r\n\r\n",
                    filename,host);
            if ((sd = make_socket(portnumber, host))== -1)
            {
                exit(1);
            };
            write(sd,msg,strlen(msg));
        }
        else // PUT command
        {
            FILE* fptr;
            int fd;
            int bytes_read;
            struct stat file_info;
            char* buffer;
            size_t length;

            if ((fptr = fopen(filename, "rb")) == NULL)
            {
                fprintf(stderr, "Error - File Not Found\n");
                close (sd);
                exit(1);
            }
            fd = fileno(fptr);
            fstat(fd, &file_info);
            length = file_info.st_size;
            if (!S_ISREG (file_info.st_mode))
```

```
        {
            fprintf(stderr, "Error - File is not regular\n");
            close (fd);
            close(sd);
            exit(1);
        }
        sprintf(msg, "PUT /%s HTTP/1.0\r\nHost:
                %s\r\nContent-type:
                text/plain\r\nContent-length:
                %d\r\n\r\n",filename,host,length);
        if ((buffer = (char*) malloc(length+strlen(msg)))== NULL)
        {
            fprintf(stderr, "Error - Insufficient
                    memory available to send file\n");
            close (fd);
            exit(1);
        }
        memcpy(buffer, msg, strlen(msg));
        bytes_read=fread(buffer+strlen(msg),1,length,fptr);
        close (fd);
        if ((sd = make_socket(portnumber, host))== -1)
        {
            free(buffer);
            exit(1);
        };
        write(sd,buffer,bytes_read+strlen(msg));
    }


    // **** READ AND DISPLAY MESSAGES FROM SOCKET ****
    // read from socket and keep doing it until nothing
    // remains in socket
    n = recv(sd,msg,sizeof(msg),0);
    while (n>0)
    {
        write(1,msg,n);
        n = recv(sd,msg,sizeof(msg),0);
    }
    close(sd);
}                   // **** CLOSE CONNECTION ****
return(0);
```

```
}

/******************************************************************
  Function name: make_socket
  Overview: This function setups a socket to be used by this client
******************************************************************/

int make_socket(int portnumber, char* host)
{
    struct hostent *ptrh;          // pointer used by gethostbyname
    struct sockaddr_in sad;
    int sd;                        // socket descriptor ID
    // **** PREPARE THE ADDRESS TO BE USED IN MAKING THE CONNECTION
    memset ((char *)&sad, 0,sizeof(sad));
    sad.sin_family = AF_INET;
    sad.sin_port = htons((u_short)portnumber);
    ptrh = gethostbyname(host);
    if (((char *)ptrh) == NULL)
    {
        fprintf(stderr, "Error - Invalid host entered: \%s\n", host);
        return -1;
    }
    memcpy(&sad.sin_addr, ptrh->h_addr, ptrh->h_length);

    // **** MAKE THE SOCKET ****
    sd = socket(PF_INET, SOCK_STREAM, 0);
    if (sd < 0)
    {
        fprintf(stderr, "Error - Socket creation failed\n");
        return -1;
    }
    // **** CONNECT TO SERVER ****
    if (connect(sd, (struct sockaddr *)&sad, sizeof(sad))<0)
    {
        fprintf(stderr, "Error - Connect failed\n");
        return -1;
    }
    return sd;
}
```

6.15 WEP 与 WPA 的主要区别如下:

① WEP 只使用了非常简单的挑战–回应认证协议认证设备,而 WPA 使用了安全性较高的 802.1X 认证协议认证设备.

② WEP 只使用了简单的 CRC 算法作为完整性校验,而 WPA 使用了安全性较高的迈克尔算法产生完整性校验码.

③ WEP 没有使用会话密钥,而 WPA 使用了一系列会话密钥(TKIP).

WEP 与 WPA 的共同之处是它们都使用 RC4 序列加密算法,并用密钥和以明文形式传递的初始向量生成加密和解密用的子钥. 事实上,WPA 就是为了能够使用 WEP 设备而设计的协议.

6.21 STA 将计算 (SNonce, sn) 的 MIC,则有可能 STA 忙于计算 MIC 而丢掉 message$_3$,因此 STA 便无法与 AP 相连. 解决这个问题的一个方法是在收到 message$_3$ 之前,在等待过程中 STA 应该拒绝所有其他 message$_1$. 当然必须设有时间限制,如果等待时间结束,则 STA 接受 message$_1$.

6.26 因为路由协议难以知道哪条路径安全. 而且路由器通常选取最快的路径,而这条路径可能正好被攻击者所控制.

A.7   第 7 章习题解答

7.1 软件即服务模式 (SaaS) 的例子,例如 Gmail 邮箱. 平台即服务模式 (PaaS) 的例子,例如 Google App Engine . 基础架构即服务 (IaaS) 模式的例子,例如亚马逊的弹性计算云服务 (EC2) . 存储即服务 (STaaS) 模式的例子,例如百度云盘等.

7.2 目前存储即服务 (STaaS) 模式的应用,包括国内的各种网盘等,很多都是直接明文存储或由云服务端进行加密,不能保证用户数据的隐私.

7.4 在 BBS 代理重加密方案中,如果代理者和被授权人合谋,则能够获得授权人的私钥,因此必须由代理者完成转加密操作,而不能把重加密密钥发给被授权人.

7.8 企业对私有云建设的顾虑主要包括: (1) 云计算的可靠性问题: 云计算把企业的整个信息系统集中在几台服务器上,一旦出现问题,会导致整个信息系统的崩溃; (2) 云计算的安全性问题: 云计算服务器上的虚拟机、云桌面的安全性以及数据的隐私,都是企业需要考虑的问题.

7.11 硬件辅助的虚拟化使用硬件技术,因此效率更高,虚拟机更接近物理机的速度。通过提高客户虚拟机的隔离性,增强了虚拟化的性能、灵活性和可靠性.

7.13 一种针对虚拟机的侧信道攻击方法,是在同一个物理 hypervisor 平台上放置一个恶意的虚拟机,随后访问虚拟机的共享硬件和缓存位置,执行各种侧信道工具,目的是获取用户的私钥.

7.17 计算 $g^f \bmod n$ 的时间复杂性与整数 n 和 f 的长度有关,改进这个协议的方法是使用密码散列函数 H,计算 $g^{H(f)} \bmod n$,这样能大大降低运算时间.

7.27 Song 等学者提出的密文关键词搜索方案,没有建立关键词的索引,因此对每个文档密文,需要逐个单词进行线性搜索,因此效率比较低.

7.28 在适应性选择查询安全的方案(CPA2-安全)中,即使攻击者根据以前的查询内容或结果来构造本次查询,也不能获得有用的信息; 而选择查询攻击安全(CPA1-安全)的方案则有可能获得有用的信息. 因此抵抗选择查询攻击的可搜索加密方案, 其安全性是比较弱的, 只能用于一次性的查询, 即查询一个或一次性查询一批关键词.

7.36 在 BBS 代理重加密方案中, 如果让被授权者自己重加密密文, 则被授权者获得重加密密钥 b/a, 那么被授权者能够利用自己的私钥 b, 计算出授权者的私钥 a, 即 $a = (b/a)^{-1}b$, 因此是不安全的.

A.8 第 8 章习题解答

8.2 因为线路网关设在网络层, 所以能将加密的 IP 包解密, 读出 IP 包头信息和 IP 包所封装的 TCP 包头信息, 获得其目的地 IP 地址和端口, 因此经过加密的 IP 包可由线路网关中转.

8.6 假设万维网服务器在端口 80 上运行, 代理服务器在端口 110 上运行, 而 SMTP 服务器在端口 25 上运行. 所求 ACL 规则如表 A.1 所示, 同时针对流入及流出 DMZ 的 IP 包.

表 A.1 外端过滤路由器的 ACL 规则表

编号	起始地址	起始端口	目标地址	目标端口	行动
1	*	*	192.63.16.4	80	放行
2	*	*	192.63.16.5	110	放行
3	*	*	192.63.16.6	25	放行
4	192.63.16.4	80	*	*	放行
5	192.63.16.5	110	*	*	放行
6	192.63.16.6	25	*	*	放行
7	*	*	*	*	拒绝

注: 最后一条 ACL 规则是默认规则, 因此也可以不列.

8.12 这个 IP 包应该被拒绝, 因为这个包只是主机与自身通信, 不应该从外网传入.

8.18 这个 HTTP 包应被拒绝. 因为万维网服务器设在 DMZ 内, 所以 HTTP 包应只能进入 DMZ.

8.24 应该放行. 如果拒绝, 则达不到共享文件的目的.

8.30 使用 NAT 以后, 局域网只需使用少数几个公共的 IP 地址作为局域网网关的地址, 局域网内其余主机和通信设备的地址都只用私人网地址. 因为私人网地址在不同的局域网内可重复使用, 所以虽然只使用 32 比特 IP 地址, 互联网仍可将多于 2^{32} 的主机和使用 IP 地址的网络通信设备连接在互联网上.

8.35 (a) 用指令 nslookup ebay.com 可得到以下 IP 地址:
66.135.221.10, 66.211.160.88, 66.211.160.87, 66.135.205.14, 66.135.205.13, 66.135.221.11

(b) 可用如表 A.2 所列的 ACL 规则阻止内网主机与 eBay 服务器进行通信.

(c) eBay 可以更换其服务器主机的 IP 地址使得在 (b) 中列出的 ACL 规则失效.

表 A.2 阻止内网主机与 eBay 服务器连接的 ACL 规则表

起始地址	起始端口	目标地址	目标端口	行动
*	*	66.135.221.10	*	拒绝
*	*	66.211.160.88	*	拒绝
*	*	66.211.160.87	*	拒绝
*	*	66.135.205.14	*	拒绝
*	*	66.135.205.13	*	拒绝
*	*	66.135.221.11	*	拒绝

A.9 第 9 章习题解答

9.2 (a) Zotob: W32.Zotob.E 蠕虫利用微软操作系统 Windows 的即插即用缓冲区溢出的弱点在受害者主机系统内植入后门. Windows 的即插即用缓冲区溢出的弱点在《微软安全简报 MS05-039》中有详细描述.

MyDoom.A: W32.Mydoom.A@mm（也称为 W32.Novarg.A）是一个批量邮件蠕虫, 它以邮件附件的形式传播, 其附件文件名通常包括如下扩展名: .bat、.cmd、.exe、.pif、.scr、.zip. 该蠕虫侵入用户主机系统后会开启若干 TCP 端口, 从 3127 到 3198, 在这些端口上设立进入用户主机系统的后门, 从而允许攻击者进入被此蠕虫侵占的主机系统, 并用其作为代理机盗用网络资源. 此外, 所开的后门还能用于下载和执行文件. 根据蠕虫的设计, 被此蠕虫侵占的主机系统中, 25% 的主机将在某特定的时刻发起拒绝服务攻击, 并在另一特定的时刻停止传播或拒绝服务攻击, 不过其后门将会继续运作.

MyDoom.B: W32.Mydoom.B@mm 是一个加密的批量邮件蠕虫, 它以邮件附件的形式传播, 其附件文件名通常包括如下扩展名: .exe、.scr、.cmd、.zip、.pif. 这个蠕虫会对微软公司的网站 www.microsoft.com 发动拒绝服务攻击, 并允许攻击者远程登录到被蠕虫侵占的主机.

W32/korgo: W32.Korgo.F 蠕虫与 W32.Korgo.E 蠕虫大体相同, 它利用微软 Windows 的 LSASS 缓冲区溢出的弱点进行传播. 这个弱点在《微软安全简报 MS04-011》中有详细描述. 此蠕虫还监听 TCP 端口 113、3067 及其他随机端口.

Bagle.C: Bagle 是一个批量邮件蠕虫, 它在 2004 年 1 月 18 日开始传播, 在同年同月的 28 日自动终止. 该蠕虫只向用户发送标题为 "Hi" 的邮件, 附件是一个带有扩展名 .exe 的随机文件. 此蠕虫会在所侵占的主机中植入后门.

Sasser: W32.Sasser.Worm 蠕虫利用《微软安全简报 MS04-011》所描述的弱点进行传播, 其方式是通过 IP 扫描并随机选取 IP 地址作为传播目标.

Sobig.F: W32.Sobig.F@mm 是一个批量邮件蠕虫. 它在目标主机内带有下列扩展名的文件中寻找所包含的电子邮箱地址作为目标主机进行传播: .dbx、.eml、.hlp、.htm、.html、.mht、.wab 及 .txt. 此蠕虫还带有一个小小的 SMTP 引擎并用之寻找新的攻击目标.

Dabber: Dabber 是一个网络蠕虫. 它利用 Sasser 蠕虫中的 FTP 服务器程序传播, 所以, 此蠕虫只能感染那些已被 Sasser 蠕虫感染的主机. Dabber 蠕虫修改 Windows 操作系统的注册表并植入软件后门.

(b) 表 A.3 为阻止 (a) 所列蠕虫进入内网的 ACL 规则.

表 A.3 阻止所列蠕虫进入内网的 ACL 规则

编号	起始地址	起始端口	目标地址	目标端口	行动
1	*	*	*	445	拒绝
2	*	*	*	1080	拒绝
3	*	*	*	2041	拒绝
4	*	*	*	2745	拒绝
5	*	*	*	3067	拒绝
6	*	*	*	3127	拒绝
7	*	*	*	3128	拒绝
8	*	*	*	5554	拒绝
9	*	*	*	8080	拒绝
10	*	*	*	8998	拒绝
11	*	*	*	9898	拒绝
12	*	*	*	9996	拒绝
13	*	*	*	10080	拒绝
14	*	*	*	*	放行

9.15 (a) 如果 Cookie 以明文形式传播, 则攻击者可通过网络嗅探装置截获, 从而获得 Cookie 所含的相关信息, 比如客户的用户名和登录密码.

(b) 如果用户可修改 Cookie, 则攻击者可以利用这个功能修改 Cookie 内容, 伪装成其他用户进入相关的万维网服务器主机而不需经过正常的登录程序.

A.10 第 10 章习题解答

10.2 在运行 Linux 操作系统的 PC 上安装 Snort 后, 作为网检工具可根据要求设置以下四种操作模式:

① 嗅探模式: 此模式将经过网络的 IP 包在屏幕上显示出来.

② 网包日志模式: 此模式将经过网络的 IP 包存储在网络日志中, 并将日志存在系统硬盘内.

③ 网络入侵检测系统模式: 此模式是 Snort 中最复杂的模式, 它允许用户自己定义检测规则, 根据用户定义的检测规则检测网包, 并采取相应的措施.

④ 内线模式: 此模式直接从 iptables 获取网包, 并根据特殊的内线规则对网包做出放行或拒绝的决定.

10.8 这是一个可疑的多机特征. 它是多机特征因为此行为涉及 3 台不同的主机, 它是可疑行为因为合法用户通常不会在一台主机登录失败后又去试图在第二台主机登录, 失败后又换到第三台主机企图登录. 这种行为更像攻击者在寻找可登录主机.

10.24 浏览目标主机文件夹的行为可能是正常行为也可能是入侵行为. 如果用户只是随意浏览目标主机文件夹并很快离开的话, 则这很可能是正常行为 (或无害行为). 但是, 如果用户浏览大量目标主机文件, 时间很长, 重复访问相同的文件, 或企图下载用户权限不允许的文件,则这类行为便很可能是入侵行为.

10.29 使用自杀节点的想法是给恶意节点设置障碍: 如果恶意节点冒充正常节点, 并报告说另一个正常节点已被颠覆, 则恶意节点本身也将被排除在网络之外. 如果节点 A 是正常节点, 节点 M 是被颠覆节点, 则这个方法能将被颠覆节点排除.

但是, 如果被恶意节点清除的正常节点是一个举足轻重的节点, 缺少它将对整个无线传感网络造成很大的负面影响, 则恶意节点会不惜牺牲自己去达到破坏网络的目的. 使用自杀节点的方法不能有效地解决这个问题.

附录 B　英语名词缩写表

ACK	Acknowledgement
ACL	Access Control List
AES	Advanced Encryption Standard
AJAX	Asynchronous JavaScript and XML
AH	Authentication Header
ALG	Application-Level Gateway; Application-Layer Gateway
AMS	Anti Malicious Software
ANSI	American National Standard Institute
AP	Access Point
ARP	Address Resolution Protocol
ASCII	American Standard Code for Information Interchange
AS	Authentication Server
ASIC	Application-Specific Integrated Circuit
ASP	Active Server Page
AVI	Audio-Video Interleaved
AWS	Amazon Web Services
Bootp	Bootstrap Protocol
CA	Certificate Authority
CBC	Cipher-Block-Chaining Mode
CBC-MAC	Cipher-Block Chaining Massage Authentication Code
CCMP	Counter Mode-CBC MAC Protocol
CEO	Chief Executive Officer
CERT	Computer Emergency Response Team (USA)
CGI	Common Gateway Interface
CLG	Circuit-Level Gateway
CIA	Central Intelligence Agency (USA)
CIFS	Common Internet File System

CHF	Cryptographic Hash Function
CLG	Circuit-Level Gateway
COFF	Common Object File Format
COM	Component Object Model
CPA	Chosen Plaintext Attack
CPU	Central Processing Unit
CQA1	Chosen-Query Attack
CQA2	Adaptive Chosen-Query Attack
CRC	Cyclic Redundancy Check
CSP	Cloud Service Provider
CTR	Center
DAC	Data Authentication Code
DES	Data Encryption Standard
DPF	Dynamic Packet Filter
DiF	Distributed Firewall
DIS	Digital Immune System
DLL	Dynamic Link Library
DMZ	Demilitarized Zone
DoS	Denial of Service
DDoS	Distributed Denial of Service
DHCP	Dynamic Host Configuration Protocol
DHBS	Double-Homed Bastion System
DPF	Dynamic Packet Filter
DSL	Digital Subscriber Line
DZ	Demilitarized Zone
EAPoL	Extensible Authentication Protocol over LAN
EBCDIC	Extended Binary Coded Decimal Interchange Code
ECB	Electronic-Codebook Mode
ECC	Elliptic-Curve Cryptography
ECDH	Elliptic-Curve Diffie-Hellman
EC2	Elastic Compute Cloud
EFF	Electronic Frontier Foundation
ELF	Executable and Linking Format
ESP	Encapsulating Security Payload
ESSID	Extended Service Set IDentifier
FCS	The Feistel Cipher Scheme
FAT	File Allocation Table
FTP	File Transfer Protocol
GAE	Google App Engine
GB	*Guo-jia Biao-zhun* (National Standards, China)

GCHQ	British Government Communications Headquarters
GMK	Group Master Key
GUI	Graphical User Interface
HBC	Honest-but-Curious
HIHAT	High Interaction Honeypot Analysis Toolkit
HMAC	Keyed-Hash Message Authentication Code
HBD	Host-Based Detection
HMM	Hidden Markov Model
HTML	Hypertext Markup Language
IaaS	Infrastructure-as-a-Service
IAT	Import Address Table
IBM	International Business Machines Corporation (USA)
ICMP	Internet Control Message Protocol
ICV	Integrity Check Value
IDEA	International Data Encryption Algorithm
IDES	Intrusion Detection Expert System
IDP	Intrusion Detection Policy
IDS	Intrusion Detection System
IE	Internet Explorer
IEC	International Electrotechnical Commission
IEEE	Institute of Electrical and Electronics Engineers (USA)
IETF	The Internet Engineering Task Force
IIS	Internet Information Services
IKE	Internet Key Exchange
IM	Instant Messaging
IMAP	Internet Mail Access Protocol
IP	Internet Protocol
IPS	Intrusion Prevention System
IPsec	IP Security
IPv4	Internet Protocol version 4
IPv6	Internet Protocol version 6
ISAKMP	Internet Security Association and Key Management Protocol
ISO	International Standardization Organization;
	International Organization for Standardization
ISP	Internet Service Provider
ITU	International Telecommunication Union
JSON	JavaScript Object Notation
JVM	Java Virtual Machine
JSP	JavaServer Page
KDC	Key Distribution Center

KDP	Key Determination Protocol
KGA	Key Generation Algorithm
KSA	Key Scheduling Algorithm
LAN	Local Area Network
LFSR	Linear Feedback Shift Registers
LPR	Line Printer Remote protocol
MAC	Media Access Control
MAC	Message Authentication Code
MBSA	Microsoft Baseline Security Analyzer
MIC	Message Integrity Code
MIDI	Musical Instrument Data Interface
MKPKC	Multiple-Key Public-Key Cryptography
MPDU	MAC Protocol Data Unit
MSDU	MAC Service Data Unit
NAT	Network Address Translation
NBD	Network-Based Detection
NBS	National Bureau of Standards (USA)
NESSIE	New European Schemes for Signatures, Integrity, and Encryption
NetBIOS	Network Basic Input and Output System
NFS	Network File System;
	National Science Foundation (USA)
NGVCK	Next Generation Virus Creation Kit
NIC	Network Interface Card
NIDS	Network-based Intrusion Detection
NIST	National Institute of Standards and Technology (USA)
NSA	National Security Agency (USA)
NTFS	New Technology File System
OAuth	The Open Authentication Protocol
OCB	Offset-Codebook Mode
OFB	Output-Feedback Mode
OLE	Object Linking and Embedding
ORAM	Oblivious Random Access Machine
OSI	Open System Interconnection
PaaS	Platform-as-a-Service
PAN	Personal Area Network
PAT	Port Address Translation
PDA	Personal Digital Assistant
PE	Portable Executable
PEM	Privacy-enhanced Electronic Mail Protocol
PGP	Pretty Good Privacy

PHP	Hypertext Preprocessor
PHT	Pseudo Hadamard Transform
PID	Process Identifier
PKA	Public-Key Authority
PKC	Public-Key Cryptography; Public-Key Cryptosystem
PKI	Public-Key Infrastructure
PKIX	X.509 Public-Key Infrastructure
PMK	Pairwise Master Key
POP	Post Office Protocol
POP3	Post Office Protocol version 3
POW	Proof of Work
PRAM	Probabilistic Random Access Machine
PRE	Proxy Re-Encryption
PRNG	Pseudo-Random Number Generator
PTK	Pairwise Transient Key
P2P	Peer-to-Peer
RADIUS	Remote Authentication Dial-In User Service
RAM	Random Access Memory
REST	Representational State Transfer
RSN	Robust Security Network
RSNA	Robust Security Network Association
SaaS	Software-as-a-Service
SA	Security Association
SAD	Security Association Database
SANS	SysAdmin, Audit, Network, and Security Institute (USA)
SAS	Security Association Selector
SCP	Secure Copy Protocol
SET	Secure Electronic Transaction
SFTP	Secure File Transfer Protocol
SHA	Secure Hash Algorithm
SHBC	Semi-Honest-but-Curious
SHBS	Single-Homed Bastion System
SIV	System Integrity Verifier
SLA	Service-Level Agreement
S/MIME	Secure/Multipurpose Internet Mail Extension
SMTP	Simple Mail Transfer Protocol
SOHO	Small Office and Home Office
SPD	Security Policy Database
SPI	Security Parameters Index;
	Stateful Packet Inspection

SPF	Stateful Packet Filtering
SQL	Structured Query Language
SRES	Singed Response
SSE	Searchable Symmetric Encryption
SSH	Secure Shell
SSL	Secure Sockets Layer
SSP	Secure Simple Pairing
STA	(wireless endpoint) Station
STaaS	Storage-as-a-Service
S3	Simple Storage Service
SYN	Synchronization
TCP	Transmission Control Protocol
TCPv4	Transmission Control Protocol version 4
TCPv6	Transmission Control Protocol version 6
Telnet	Teletype network
TGS	Ticket-Granting Server
TFTP	Trivial File Transfer Protocol
TSC	TKIP Sequence Counter
TKIP	Temporal Key Integrity Protocol
TLS	Transport Layer Security
TOS	Trusted Operating System
TTL	Time-to-Live value
TTP	Trusted Third Party
UDP	User Datagram Protocol
URI	Uniform Resource Identifier
URL	Uniform Resource Locator
Unicode	Unification Code
VB	Visual Basic
VBS	Visual Basic Script
VM	Virtual Machine
VoIP	Voice of IP
VPN	Virtual Private Network
VSSE	Verifiable Searchable Symmetric Encryption
WAP	Wireless Access Point
Wi-Fi	Wireless Fidelity
WEP	Wired Equivalent Privacy
WKDC	Wireless Key Distribution Center
WLAN	Wireless Local-Area Network
WN	Wireless Node
WPA	Wi-Fi Protected Access

WPA2	Wi-Fi Protected Access version 2
WPAN	Wireless Personal Area Network
WPKI	Wireless Public-Key Infrastructure
WSN	Wireless Sensor Network
XML	Extensible Markup Language

参考文献

[1] Adams C, Farrell S. Internet X.509 Public Key Infrastructure: Certificate Management Protocols [S]. RFC 2510, 1999.

[2] Adida B. Helios: Web-based Open-Audit Voting: Proceedings of the 17th conference on Security symposium [C]. 2008, 335–348.

[3] Agrawal M, Kayal N, Saxena N. PRIMES is in P [J]. Annals of Mathematics. 2004, 160(2): 781–793.

[4] Ateniese G, Burns R, Curtmola R, et al. Provable Data Possession at Untrusted Stores: Proceedings of the 14th ACM Conference on Computer and Communication Security [C]. New York: ACM, 2007, 598–609.

[5] Arkin O, Yarochkin F. Xprobe v2.0: A "Fuzzy" Approach to Remote Active Operating System Fingerprinting [R]. URL: http://www.xprobe2.org, 2002.

[6] Allen J. The CERT Guide to System and Network Security Practices [M]. Massacusetts: Addison-Wesley, 2001.

[7] Bace R. Intrusion Detection [M]. Indiana: Macmillan Technical Publishing, 2000.

[8] Bace R, Mell P. Intrusion Detection Systems [S]. NIST Special Publication 800–31. URL: http://www.csrc.nist.gov/publications/nistpubs/800-31/sp800-31.pdf, 2001.

[9] Barreto P, Rijmen V. The WHIRLPOOL Hashing Function [R]. URL: http://planeta.terra.com.br/informatica/paulobarreto/whirlpool.zip, 2003.

[10] Barrett D, Silverman R, Byrnes R. SSH: The Secure Shell (The Definitive Guide) [M]. 2nd ed. California: O'Reilly, 2005.

[11] Bass S. Top 25 Web Hoaxes and Pranks [J]. PC World. URL: http://www.pcworld.com/printable/article/id,131340/printable.html, 2007.

[12] Barta M, Bonnell J, Enfield A, et al. Professional IE4 Programming [M]. UK: Wrox Press, 1997.

[13] Bellovin S. Distributed firewalls [J]. USENIX Magazine, 1999, 39–47.

[14] Benaloh J. Simple Verifiable Elections: Proceedings of the USENIX/Accurate Elec-

tronic Voting Technology Workshop [C]. 2006, 1–5.

[15] Bertoni G, Daemen J, Peeters M, et al. The Keccak Reference [R]. 2011.

[16] Biham E, Shamir A. A Differential Cryptoanalysis of the Data Encryption Standard [M]. New York: Springer, 1993.

[17] Blaze M, Bleumer G, and Strauss M. Divertible Protocols and Atomic Proxy Cryptography: Proceedings of Advances in Cryptology – EUROCRYPT'98 [C]. 1998, 127 – 144.

[18] Boneh D, Di Crescenzo G, Ostrovsky R, and Persiano G. Public Key Encryption with Keyword Search: Proceedings of EUROCRYPT [C]. 2004, 506–522.

[19] Bluetooth Special Interest Group: Simple pairing whitepaper [S]. Version V10r00. URL: http://www.bluetooth.com/NR/rdonlyres/0A0B3F36-D15F-4470-85A6-F2CCF A26F70F/0/SimplePairing_WP_V10r00.pdf, 2006.

[20] Bluetooth Special Interest Group: Bluetooth Protocol Architecture [S]. URL: https://www.bluetooth.org/docman/handlers/DownloadDoc.ashx?doc_id=89&vId =128, 1999.

[21] Bluetooth Specification Version 2.1 + EDR Volume 0–4 [S]. URL: https://www. bluetooth.org/Technical/Specifications/adopted.htm, 2007.

[22] Blum L, Blum M, Shub M. A simple unpredictable pseudo-random number generator [J]. SIAM Journal on Computing, 1986, 15: 364–383.

[23] Borisov N, Goldberg I, Wagner D. Intercepting mobile communications: the insecurity of 802.11: Poceedings of the 7th Annual International Conference on Mobile Computing and Networking [C]. 2001.

[24] Brassard G, Bratley P. Fundamentals of Algorithmics [M]. New Jersey: Prentice Hall, 1996.

[25] Campbell K, Wiener M. Proof that DES is not a group: Proceedings of the 12th Annual International Cryptology Conference (CRYPTO'92) [C]. Berlin: Springer-Verlag, 1992, 518–526.

[26] Campbell P, Calvert B, Boswell S. Security Guide to Network Security Fundamentals [M]. 2nd ed. Massachusetts: Thompson Course technology, 2003.

[27] Cappé O, Moulines E, Rydén T. Inference in Hidden Markov Models [M]. New York: Springer, 2005.

[28] CERT Advisory. "Code Red" worm exploiting buffer overflow in IIS indexing service DLL. CA-2001-19 [R]. URL: http://www.cert.org/advisories/CA-2001-19.html, 2001.

[29] CERT Incident Note. "Code Red II:" Another worm exploiting buffer overflow in IIS indexing service DLL [R]. IN-2001-09. URL: http://www.cert.org/incident_notes/ IN-2001-09.html, 2001.

[30] CERT Advisory. Nimda worm [R]. CA-2001-26. URL: http://www.cert.org/advis ories/CA-2001-26.html, 2001.

[31] CERT Incident Note. W32/Sobig.F worm [R]. IN-2003-03. URL: http://www.cert.

org/incident_notes/IN-2003-03.html, 2003.

[32] Chai Q and Gong G. Verifiable symmetric searchable encryption for semi-honest-but-curious cloud servers: Proceedings of the IEEE International Conference on Communications (ICC'12) [C]. 2012, 917–922.

[33] Chandra P. Bulletproof Wireless Security: GSM, UMTS, 802.11, and Ad Hoc Security [M]. Paris: Elsevier, 2005.

[34] Chase M and Kamara S. Structured Encryption and Controlled Disclosure: Proceedings of Advances in Cryptology-ASIACRYPT 2010 [C]. Berlin Heidelberg: Springer-Verlag, 2010, 577–594.

[35] Chaum D. Blind signatures for untraceable payments: Proceedings of the Second Annual International Cryptology Conference (CRYPTO'82) [C]. New York: Plenum Press, 1983, 199–203.

[36] Chaum D, Fiat A, Naor M. Untraceable electronic cash: Proceedings of the 8th Annual International Cryptology Conference (CRYPTO'88) [C]. Berlin: Springer-Verlag, 1990, 403: 319–327.

[37] Chaum D and Pedersen T P. Wallet Database with Observers: Proceedings of the 12th Annual International Cryptology Conference on Advances in Cryptology [C]. 1992, 82–105.

[38] Chaum D, van Antwerpen H. Undeniable signatures: Proceedings of the 9th Annual International Cryptology Conference (CRYPTO'89) [C]. 1989, 212–216.

[39] Cheswick W, Bellovin S, Rubin A. Firewalls and Internet Security, Repelling the Wily Hacker [M]. 2nd ed. Massachusetts: Addison-Wesley, 2003.

[40] CNSS. National Policy on the Use of the Advanced Encryption Standard (AES) to Protect Security Systems and National Security Information [S]. CNSS Policy No. 15 Fact Sheet No. 1. URL: http://www.cnss.gov/Assets/pdf/cnssp_15_fs.pdf, 2003.

[41] Ciampa M. Security Guide to Network Security Fundamentals [M]. 2nd ed. Massachusetts: Thompson Course technology, 2005.

[42] Cohen F. A Short Course on Computer Viruses [M]. New Jersey: John Wiley & Sons, 1994.

[43] Cole E. Hackers Beware [M]. Indiana: New Riders, 2002.

[44] Comer D. Network Systems Design using Network Processors: Intel IXP 2xxx version [M]. New Jersey: Prentice Hall, 2006.

[45] Coppersmith D. The Data Encryption Standard (DES) and its strength against attacks [J]. IBM Journal of Research and Development, 1994, 38: 243–250.

[46] Courtois N, Pieprzyk J. Cryptanalysis of block ciphers with overdefined systems of equations: Proceedings of the 8th International Conference on the Theory and Application of Cryptology and Information Security (ASIACRYPT) [C]. Berlin: Springer, 2002, 2501: 267–287.

[47] Crume J. Inside Internet Security: What Hackers Don't Want You to Know [M]. New Jersey: Addison-Wesley, 2000.

[48] Curtmola R, Garay J, Karama S, et al. Searchable symmetric encryption: Improved definitions and efficient constructions [J]. Journal of Computer Security, 2011, 19(5): 895–934.

[49] Daemen J, Rijmen V. AES Proposal: The Rijndael Block Cipher [R]. URL: http://csrc.nist.gov/CryptoToolkit/aes/rijndael/Rijndael.pdf, 1999.

[50] Dawson E, Nielsen L. Automated cryptanalysis of XOR plaintext strings [J]. Cryptologia, 1996, 2: 165–181.

[51] Denning D. An intrusion detection model [J]. IEEE Transactions on Software Engineering, 1987, 13(2): 222–232.

[52] Desmdt Y. Threshold Cryptosystems: Proceedings of AUSCRYPT '92 [C]. 1993, 1–14.

[53] Diffie W, Hellman M. New directions in cryptograpy [J]. IEEE Transactions in Information Theory, 1976, 22: 644–654.

[54] Dingledine R, Matthewson N, and Syverson P. Tor: The second-generation onion router: Proceedings of the 13th conference on USENIX Security Symposium [C]. 2004, 303–320.

[55] Doraswamy N, Harkings D. IPSec The New Security Standard for the Internet, Intranet, and Virtual Private Networks [M]. New Jersey: Prentice Hall, 1999.

[56] Dornan A. The Essential Guide to Wireless Communications Applications [M]. New Jersey: Prentice-Hall, 2002.

[57] Easttom C. Network Defense and Countermeasures: Principles and Practices [M]. New Jersey: Pearson Prentice Hall, 2006.

[58] Edney J, Arbaugh W. Real 802.11 Security: Wi-Fi Protected Access and 802.11i [M]. Boston: Addison-Wesley, 2004.

[59] Electronic Frontier Foundation. Distributed.Net and EFF DES Cracker put the final nail into the Data Encryption Standard's coffin [R]. URL: http://www.eff.org/Privacy/Crypto/Crypto_misc/DESCracker, 1999.

[60] Elgamal T. A public-key cryptosystem and a signature scheme based on discrete logarithms [J]. IEEE Transactions on Information Theory, 1985, 31(4): 469–472.

[61] Filho D L G, and Baretto P S L M. Demonstarting Data Possession and Uncheatable Data Transfer [R]. In IACR ePrint archive, Report 2006/150, 2006.

[62] FIPS 46-3, Data Encryption Standard (DES) [S]. Federal Information Processing Standards Publication 46-3 (Reaffirmed), National Institute of Standards and Technology, 1999.

[63] FIPS-171, American National Standard Financial Institution Key Management (Wholesale) [S]. National Institute of Standards and Technology, 1995.

[64] FIPS 180-1, Secure Hash Standard [S]. Federal Information Processing Standards Publication 180-1, National Institute of Standards and Technology, 1995.

[65] FIPS 180-2, Secure Hash Standards [S]. Federal Information Processing Standards Publication 180-2, National Institute of Standards and Technology, 2002.

[66] FIPS 186-2, Digital Signature Standard (DSS) [S]. Federal Information Processing

Standards Publication 186-2, National Institute of Standards and Technology, 2000.

[67] FIPS-197, Announcing the Advanced Encryption Standard [S]. FIPS Special Publication 197, National Institute of Standards and Technology, 2001.

[68] FIPS-198, The keyed-hash message authentication code (HMAC) [S]. FIPS Special Publication 198, National Institute of Standards and Technology, 2002.

[69] FIPS-202, SHA-3 Standard: Permutation-Based Hash and Extendable-Output Functions [S]. Federal Information Processing Standards Publication 202, Natioin Institute of Standards and Technology, 2014.

[70] Fluhrer S, Mantin I, Shamir A. Weaknesses in the key scheduling algorithm of RC4: Proceedings of the 8th Annual International Workshop on Selected Areas in Cryptography [C]. London: Springer-Verlag, 2001, 2259: 1–24.

[71] Forouzan B. Cryptography and Network Security [M]. New York: McGraw-Hill, 2008.

[72] Fredkin E. Trie Memory [J]. Communications of the ACM, 1960, 3(9): 490–499.

[73] Goldreich O, Micali S, and Wigderson A. How to play ANY mental game: Proceedings of the nineteenth annual ACM conference on Theory of computing [C]. 1987, 218-229.

[74] Harley D, Slade R, Gattiker U. Viruses Revealed [M]. New York: McGraw-Hill, 2001.

[75] Gerkis A, Purcell J. A Survey of Wireless Mesh Networking Security Technology and Threats [S]. SANS Institute, 2006.

[76] Hammer-Lahav E. The OAuth 1.0 Protocol [S]. RFC 5849, 2010.

[77] Hardt D. The OAuth 2.0 Authroization Framework [S]. RFC 6749, 2012.

[78] Hayre J, Kelath J. AJAX Security Basics [R]. URL: http://www.securityfocus.com/infocus/1868/1, 2006.

[79] He C, Mitchell J. Analysis of the 802.11i 4-way handshake: Proceedings of the 3rd ACM Workshop on Wireless Security [C]. New York: ACM Press, 2004, 43–50.

[80] Housley R, Ford W, Polk W, Solo D. Internet X.509 Public Key Infrastructure: Certificate and CRL Profile [S]. RFC 3280, 2002.

[81] Howlett T. Open Source Security Tools: A Practical Guide to Security Applications [M]. New Jersey: Prentice-Hall, 2005.

[82] Hua L-K. Introduction to Number Theory [M]. Translated from Chinese by P. Shiu. Berlin: Springer, 1987.

[83] 华罗庚. 数论导引[M]. 北京: 科学出版社, 1957.

[84] International Standards Organization. Information Technology – Trusted Platform Module Part 1: Overview [S]. ISO 11889-1, 2009.

[85] International Standards Organization. Information Technology – Trusted Platform Module Part 2: Design Principles [S]. ISO 11889-2, 2009.

[86] Kamara S and Lauter K. Cryptographic Cloud Storage: Proceedings of Financial Cryptography and Data Security [C]. 2010, 136–149.

[87] Karro J, Wang J (王杰). Protecting Web servers from security holes in server-side Includes: Proceedings of Annual Computer Security Application Conference (ACSAC'98) [C]. Washington DC: IEEE Computer Society Press, 1998, 103–111.

[88] Karygiannis T, Owens L. Wireless Network Security: 802.11, Bluetooth, and Handheld Devices [S]. National Institute of Standards and Technology, Special Publication 800-48, 2002.

[89] Knightley P. The Second Oldest Profession, Spies and Spying in the Twentieth Century [M]. New York: Penguin Books, 1986.

[90] Knuth D. The Art of Computer Programming, Vol. 2: Seminumerical Algorithms [M]. 3rd ed. Massachusetts: Addison-Wesley, 1998.

[91] Koblas D, Koblas M. SOCKS: Proceedings of the Third USENIX Security Symposium [C]. 1992, 77–83.

[92] Kobliz N. Algebraic Aspects of Cryptography [M]. Berlin: Springer-Verlag, 1998.

[93] LAN/MAN Committee. IEEE Standard for Information technology: Wireless LAN Medium Access Control (MAC) and Physical Layer (PHY) specifications Amendment 6: Medium Access Control (MAC) Security Enhancements [S]. 2004.

[94] Linn, J. Privacy Enhancement for Internet Electronic Mail: Part I: Message Encipherment and Authentication Procedures [S]. RFC 989, 1987.

[95] Linn, J. Privacy Enhancement for Internet Electronic Mail: Part I: Message Encryption and Authentication Procedures [S]. RFC 1421, 1993.

[96] Massey J. SAFER K-64: A Byte-Oriented Block-Ciphering Algorithm: Proceedings of Fast Software Encryption [C]. 1993, 1–17.

[97] Massey J, Khachatrian G, Kuregian M. SAFER+. In Proceedings of the First Advanced Encryption Standard Candidate Conference [S]. National Institute of Standards and Technology, 1998.

[98] McKean C. Peer-to-Peer Security and Intel's Peer-to-Peer Trusted Library [R]. SANS Security Essentials, GSEC Practical Assignment, Version 1.2e, 2001.

[99] Mell P and Grance T. The NIST Definition of Cloud Computing [S]. NIST Special Publication 800-145, 2011.

[100] Merkle R. Secrecy, Authentication, and Public Key Systems [D]. San Francisco: Standford University, 1979.

[101] Miller, G. Riemann's Hypothesis and Tests for Primality [J]. Journal of Computer and System Sciences, 1976, 13(3): 300–317.

[102] Moore T, Clulow J, Anderson R, et al. New Strategies for Revocation in Ad-Hoc Networks: Proceedings of the 4th European Workshop on Security and Privacy in Ad hoc and Sensor Networks [C]. Berlin: Springer-Verlag, 2007, 4572: 232–246.

[103] Mirkovic J, Relher P. A taxonomy of DDoS attack and DDoS defense mechanisms [J]. ACM SIGCOMM Computer Communications Review, 2004, 34(2): 39–53.

[104] Nakamoto S. Bitcoin: A Peer-to-Peer Electronic Cashs System [R]. https://bitcoin.org/bitcoin.pdf, 2009.

[105] Neuman B-C, Ts'o T. Kerberos: an authentication service for computer networks [J]. IEEE Communications, 1994, 32(9): 33–38.

[106] Northcutt S. Network Intrusion Detection, An Analysit's Handmonograph [M]. Indi-

ana: New Riders, 1999.

[107] Oppliger R. Security Technologies for the World Wide Web [M]. Massachusetts: Artech House, 1999.

[108] PC Magazine's ten most common passwords [R]. URL: http://www.pcmag.com/ article2/0,1759,2113976,00.asp, 2007.

[109] Peterson L, Davie B. Computer Networks: A Systems Approach [M]. 3rd ed. Paris: Elsevier, 2006.

[110] Pfleeger C, Pfleeger S. Security in Computing [M]. 4th ed. New Jersey: Prentice-Hall, 2006.

[111] Pietrek M. Peering Inside the PE: A Tour of the Win32 Portable Executable File Format [R]. MSDN Magazine. URL: http://msdn2.microsoft.com/en-us/ library/ms809762.aspx, 1994.

[112] Pietrek M. An In-Depth Look into the Win32 Portable Executable File Format [R]. MSDN Magazine. Part I: URL: http://msdn.microsoft.com/msdnmag/issues /02/02/PE/default.aspx. Part II: http://msdn.microsoft.com/msdnmag/issues/ 02/03/PE2/default.aspx, 2002.

[113] Proctor P. The Practical Intrusion Detection Handmonograph [M]. New Jersey: Prentice-Hall, 2001.

[114] Provos N. A virtual honeypot framework: Proceedings of the 13th USENIX Security Symposium [C]. 2004, 1–14.

[115] Ramachandran V, Ahmad M. Cafe latte with a free topping of cracked WEP: retrieving WEP keys from road-warriors: Proceedings of ToorCon [C]. 2007.

[116] Ranum M. A network firewall: Proceedings of the First World Conference on Systems Administration and Security [C]. 1992.

[117] Rabin M. Probabilistic algorithm for testing primality [J]. Journal of Number Theory, 1980, 12(1): 128–138.

[118] Randomware [R]. URL: http://news.softpedia.com/news/Malicious-PDF-Docu- ments-Install-File-Encrypting-Ransomware-168965.shtml, 2010.

[119] Rescorla E. SSL and TLS: Designing and Building Secure Systems [M]. Massachusetts: Addison-Wesley, 2001.

[120] Rivest R-L. The RC4 encryption algorithm [R]. RSA Data Security, 1991.

[121] Rivest R-L. The RC5 encryption algorithm [J]. Dr. Dobb's Journal, 1995, 20: 146–148.

[122] Rivest R-L, Shamir A, Adleman L-M. A method for obtaining digital signatures and public-key cryptosystems [J]. Communications of the ACM, 1978, 21: 120–126.

[123] Rogaway P, Bellare M, Black J. OCB: A block-cipher mode of operation for efficient authenticated encryption [J]. ACM Transactions on Information and System Security, 2003, 6(3): 365–403.

[124] Rubin A. White-Hat Security Arsenal, Tackling the Threats [M]. Massachusetts: Addison-Wesley, 2001.

[125] Salomaa A. Public-Key Cryptography [M]. Berlin: Springer-Verlag, 1990.

[126] Seaminatha T, Elden C. Wireless Security and Privacy [M]. Massachusetts: Addison-Wesley, 2003.

[127] Schneier B. Applied Cryptography [M]. 2nd ed. New York: John Wiley & Sons, 1996.

[128] Schneier B. Secrets and Lies, Digital Security in a Networked World [M]. New York: John Wiley & Sons, 2000.

[129] Shaked Y, Wool A. Cracking the Bluetooth PIN: Proceedings of the 3rd USENIX/ACM Conference Mobile Systems, Applications, and Services (MobiSys) [C]. 2005, 39–50.

[130] Shamir A. How to Share a Secret [J]. Communications of the ACM, 1979, 22(11): 612–613.

[131] Shor P W. Polynomial-time algorithms for prime factorization and discrete logarithms on a quantum computer [J]. SIAM Journal on Computing, 1997, 26: 1481–1509.

[132] Skoudis E. Counter Hack, A Step-by-Step Guide to Computer Attacks and Effective Defenses [M]. New Jersey: Prentice Hall, 2002.

[133] Song D X, Wagner D, and Perrig A. Practical Techniques for Searches on Encrypted Data: Proceedings of the 2000 IEEE Symposium on Security and Privacy [C]. 2000, 44–55.

[134] Stallings W. Cryptography and Network Secuirty: Principles and Practice [M]. 4th ed. New Jersey: Prentice Hall, 2006.

[135] Steiner J, Neuman C, Schiller J. Kerberos: an authentication service for open network systems (Version 4): Proceedings of the Winter USENIX Conference [C]. 1988.

[136] Suehring S, Ziegler R. Linux Firewalls [M]. 3rd ed. Indiana: Novell Press, 2006.

[137] Szor P. The Art of Computer Virus Research and Defense [M]. New Jersey: Addison-Wesley, 2005.

[138] Thomas S. SSL and TLS essentials securing the Web [M]. New York: John Wiley & Sons, 2000.

[139] Tibbs R, Oakes E. Firewalls and VPNs Principles and Practices [M]. New Jersey: Pearson Prentice Hall, 2006.

[140] Trappe W, Washington L. Introduction to Cryptography with Coding Theory [M]. 2nd ed. New Jersey: Prentice Hall, 2006.

[141] Viega J, McGraw G. Buidling Secure Software [M]. Massachusetts: Addison-Wesley, 2002.

[142] Voice of America. Navajo Code Talkers [R]. URL: http://www.voanews.com/special-english/archive/2002-02/a-2002-02-01-26-1.cfm, 1999.

[143] Wack J, Cutler K, Pole J. Guidelines on Firewalls and Firewall Policy [S]. NIST Special Publication SP 800-41, 2002.

[144] Walker J. 802.11 security series part II: the Temporal Key Integrity protocol (TKIP) [R]. Intel Cooperation. URL: http://cache-www.intel.com/cd/00/00/01/77/17769_80211_part2.pdf, 2002.

[145] 王杰. 计算机网络安全的理论与实践[M]. 北京: 高等教育出版社, 2006.

[146] Wang J（王杰）. Computer Network Security: Theory and Practice [M]. Berlin: Springer, 2009.

[147] Wang X（王小云）, Yin Y, Yu H. Finding collisions in the full SHA1: Proceedings of the 27th International Annuanl Cryptology Conference (CRYPTO'05) [C]. Berlin: Springer, 2005, 3621: 17–36.

[148] WEPCrack [R]. URL: http://wepcrack.sourceforge.net.

[149] Whiteman M-E, Mattord H-J. Principles of Information Security [M]. 2nd ed. Massachusetts: Thomson Course Technology, 2005.

[150] Yao A. Protocols for secure computations: Proceedings of the 23rd IEEE Symposium on the Foundations of Computer Science (FOCS'82) [C]. 1992, 160–164.

[151] Ylönen T. The Secure Shell (SSH) Protocol Architecture [S]. RFC 4251, 2006.

[152] Ylönen T. The Secure Shell (SSH) Authentication Protocol [S]. RFC 4252, 2006.

[153] Ziv J, A Lempel. A universal algorithm for sequential data compression [J]. IEEE Transactions on Information Theory, 1977, 23: 337–343.

索　引